面向工业化的
化工并行开发方法
与实践

MIANXIANG GONGYEHUA DE
HUAGONG BINGXING KAIFA FANGFA
YU SHIJIAN

张新平 著

U0194392

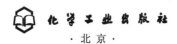

化学工业出版社
·北京·

内容简介

本书对化工创新过程进行了深入思考和研究，针对化工研发活动综合性、创造性和复杂性的特点，以及企业研发以市场和客户为驱动的内在要求，为提高化工创新活动的质量、效率和成功率，提出了面向工业化的化工并行开发方法，辅以相关实践案例系统介绍了在该方法指导下，多种类型的反应过程和分离过程开发、系统集成、中试、技术改造、工艺包设计和技术经济分析等过程开发的内容，使读者能够从方法理论到实际操作、全方位掌握化工并行开发方法。

本书对在企业进行科研创新的研究者和管理者具有较强的指导和借鉴意义，也可作为教材，提高学生解决跨学科复杂工程问题的能力。

图书在版编目（CIP）数据

面向工业化的化工并行开发方法与实践 / 张新平著.
—北京：化学工业出版社，2023.4
ISBN 978-7-122-42746-5

Ⅰ.①面… Ⅱ.①张… Ⅲ.①化工过程-技术开发
Ⅳ.①TQ02

中国国家版本馆 CIP 数据核字（2023）第 023327 号

责任编辑：傅聪智　高璟卉　仇志刚　　　　　　装帧设计：王晓宇
责任校对：宋　夏

出版发行：化学工业出版社（北京市东城区青年湖南街 13 号　邮政编码 100011）
印　　装：北京建宏印刷有限公司
710mm×1000mm　1/16　印张 27¼　字数 533 千字　2023 年 5 月北京第 1 版第 1 次印刷

购书咨询：010-64518888　　　　　　　　　　　售后服务：010-64518899
网　　址：http://www.cip.com.cn
凡购买本书，如有缺损质量问题，本社销售中心负责调换。

定　　价：198.00 元

序

在《面向工业化的化工并行开发方法与实践》即将付梓出版之际，作者张新平博士邀请我为此书写一个序言，让我很为难。其一是我从未给书写过序，不知如何下笔，很是忐忑；其二是我长期在高校工作，工程开发经验有限，恐不能胜任。但盛情难却，只好尽力而为。

我有幸协助袁渭康院士指导作者的博士论文工作。他在博士期间给我的突出印象是稳重，有主见，我想是因为他来读博士学位之前（具体来说是他在青岛科技大学读硕士学位之前）已有多年在化工厂的工作经历。他模拟计算能力很强，这与他的硕士论文和博士论文工作都有关系。化工过程开发中需要进行大量的模拟和计算，对此他驾轻就熟；此书中大多数开发案例的模拟计算都是他自己或在他指导下完成的。

如果没有具体开发案例而谈开发方法，就会停留在哲学思想层面：有开发实践经验的人可能深有体会，但新手会感到虚无缥缈，无所适从。此书通过大量作者作为项目管理人员和技术开发人员实践过的开发案例，介绍并行开发方法，其中有开发项目管理、开发工作部署，也有具体的开发过程与方案决策，让项目管理人员和技术开发人员都有代入感，从中得到启发和指导，并用到实际工作中。

化工设计和化工过程开发方法是化学工程与工艺专业的核心课程，教材很多，但由于篇幅的问题，也由于教材编写人员的开发经验问题，具体案例不多，而且这些案例可能只是开发工作的局部（如反应工艺开发），因此这本书作为化工设计和化工过程开发方法教学参考书也很有价值。此书中有大量的反应动力学和反应器建模与分析的实例，这对本科生可能会有些难，但对研究生，无论是学习高等反应工程，还是学习反应器模型化方法，都非常值得参考。

有关化工过程开发方法的书籍极少，我所仅知的一本书是陈敏恒、袁渭康两位先生著的《工业反应过程的开发方法》，他们通过自己实践过的开发工作，说明反应工程理论指导和正确实验方法论指导的重要性，深受工程设计与开发人员、化工过程开发方法教学人员等的欢迎。但遗憾的是很长时间以来再无此类书籍出版。我们非常期待更多的关于开发方法和开发案例的书籍能够出版，有理论和方法的应用、成功的经验，更要有思考和决策的过程、失败的教训。因此，《面向工业化的化工并行开发方法与实践》的出版是让人欣喜的。

周兴贵

于华东理工大学

2023 年 3 月 22 日

前　言

"周虽旧邦，其命维新。"当前创新发展成为国家战略，企业逐渐成为创新的主体，越来越多的企业建立了自己的研发机构，开始组织科研创新。但很多企业和研究机构仍然沿用传统的按职能部门组织研发的串行研发方式，不能满足国家创新发展的要求。

面向工业化的化工研发是极其复杂的活动，从横向上来说，需要化学、化学工艺、化学工程、分析检测、机械设备、自控仪表、电气工程、材料工程、技术经济、安全环保等多学科的共同参与；从纵向上来说，包含从最初提出有关的科学设想及概念的形成，到科研、设计、建设工厂，即从实验室研究成果过渡到实现工业化的全部过程。因此化工研发是一项范围很广的综合性、创造性活动。对于这么复杂的创新活动，以及企业以市场和客户为驱动的内在要求，在化工研发中应用并行开发方法就非常有必要。

作者在攻读博士学位前有 7 年化工厂的技术工作实践经历，了解一个化工装置是如何得以运转的，在攻读硕士和博士学位期间又接受了系统的化学反应工程和过程系统工程学术训练。此后，在几个知名的化工企业研究院从事化工开发和科研组织工作，有从小试、中试到工业化应用的工作经历，也有从成功与失败中获得的经验和教训。这些经历促使作者不断思考如何提升研发效率和成功率、如何高效组织科研开发。

这本书就是作者思考总结的结果。作者把化工并行开发方法定义为："以产业化为目标，在过程系统工程思想指导下，以概念设计为纲，加强技术与经济、工程与工艺、模拟与实验的早期结合，通盘考虑科学、技术、工程、市场（STEM），通过内外部各专业协作来提升研发质量和效率，提高项目成功率。"作者依此进行了全面的实践，取得了非常突出的效果，证实这是有效且高效的方法，值得介绍给从事化工行业创新工作的实践者，尤其是在国家大力强调自主创新的大背景下。

本书共分9章，前3章重点阐述和系统讨论了化工并行开发方法以及相应的组织方式和支撑系统。第4章到第9章则结合作者多年面向工业化的科研实践，寓化工并行开发方法于各种不同类型的项目开发之中，系统介绍在化工并行开发方法指导下，多种类型的反应过程和分离过程开发、系统集成、中试、技术改造、工艺包设计和技术经济分析等过程开发的内容。

例如，第4章聚焦反应动力学和反应过程建模研究，重点讲述怎么通过数学模型放大方法实现模拟与实验的紧密结合。第5章则在介绍多种反应器开发方法的同时，强调系统工程方法及通过科学、技术、工程、市场的早期结合，实现高效开发的重要性。中试是科学、技术、工程、市场的交汇点，是技术走向市场的关键一步，也是工艺与工程结合的主战场，因此第6章强调了中试时工程数据获取、过程放大规律认识和工程因素影响分析对项目产业化成功的重要性。除新技术、新产品开发外，对现有产品和装置进行技术改造和升级是另一类化工研发任务，第7章即对如何结合化工并行开发方法进行技术改造项目开发进行了阐述。工艺包是技术的载体和呈现形式，研发项目的内容和结果最终需要满足工艺包设计的要求，因此第8章对工艺包内容和深度要求进行了讨论，并指出以工艺包的系统性内容要求作为研发工作的框架，对促进研发项目在科学、技术、工程、市场的紧密结合，提高项目产业化成功率的重要作用。在研发的各个阶段进行技术经济分析，是化工并行开发方法的内在要求，第9章针对研发项目的技术经济分析方法进行了详细介绍。

许多公司或科研人员在实践中实际上已经自觉或不自觉地应用了并行开发方法的一部分原理和方法，但是不系统或不彻底。本书将其系统化。

本书的特点是：

（1）从科研组织方式到过程开发方法，知识体系系统、全面，弥补当前这一领域出版物的空白；

（2）强调系统性和实用性，本书在论述方法的同时，辅以大量实践案例，有助于读者从方法到实操全面掌握化工并行开发方法；

（3）组织即是生产力，一个良好的研发组织形式能极大地促进创新力的迸发。本书对化工行业研发组织形式的讨论，对各类化工研发组织的建设会有很大帮助；

（4）强调过程系统工程指导和结构化的开发思维。

化工并行开发方法不仅仅是一种开发方法，更是一种全新的科研组织方式。这一方面要求在思想上做出转变，另一方面也需要在管理上建立支撑化工并行开发这种结构化开发方法的流程并提供相应的组织保证。鉴于化工并行开发方法的全局性和系统性，本书的读者对象是所有从事化工研发创新的参与者，尤其是在企业进行科研创新的研究者和管理者。此外，本书也可作为高校化工相关专业研究生的教材，培养学生解决跨学科复杂工程问题的能力，加快培养国家急需的高层次复合型人才。

书中很多案例是不同时期科研团队共同努力的成果，感谢一起奋斗过的同事和团队。

张新平

2022 年 8 月

目 录

第 7 章 化工技术改造 ······································ 360

第 8 章 工艺包设计 ··· 389

第9章　研发项目技术经济分析 ……………………………405

第 1 章

并行工程

并行工程（concurrent engineering，CE）是并行开发方法的重要基础之一。因此，我们先来认识一下并行工程，从而为后面的讨论打下基础。

方法只有在被真正理解、认可的基础上才能在实践中自觉、高效地应用。所以本章会简要介绍并行工程的基本概念及其产生与发展的过程，重点是介绍并行工程的核心思想与关键要素，因为这对于学习、理解和在实践中使用并行开发方法更为重要。

如读者需要关于并行工程更系统的知识，可以自行阅读书后所列参考文献[1-9]。

1.1　什么是并行工程

1982 年，美国国防部高级研究计划局（DARPA）开始研究如何在产品中提高各活动之间的并行度。5 年之后，DARPA 发表研究结果。1986 年，美国国家防御分析研究所（IDA）发表了非常著名的 R-338 报告，提出并行工程定义。1988 年 DARPA 发出并行工程倡议，在美国西弗吉尼亚大学投资 4 亿～5 亿美元建立了并行工程研究中心。

IDA 对并行工程的定义是："并行工程是集成地、并行地设计产品及其相关过程（包括制造过程和支持过程）的系统方法。这种方法要求产品开发人员在一开始就考虑产品整个生命周期中从概念形成到产品报废的所有因素，包括质量、成本、进度计划和用户要求。并行工程的目标为提高质量、降低成本、缩短产品开发周期和产品上市时间。"

此外，并行工程还有一些其他的表述，如："并行工程，又称同步工程，是一种设计和开发产品的方法，通过不同阶段的同时运行，而不是序贯运行。它减少了产品开发时间和上市时间，从而提高了生产效率和降低了成本。"以及"并行工程（CE）是一种强调并行化任务（即并行执行任务）的工作方法，有时被称为使用集成产品团队方法的同步工程或集成产品开发（IPD）。它是指在产品开发中，将设计工程、制造工程等功能结合起来,以减少新产品上市所需时间的一种方法。"

在面向市场的商业环境中,一个更广泛的定义是:"并行工程是一种结构化的产品开发过程,它允许同时开发市场、产品和过程,并关注市场渗透。它促使开发人员在产品开发中考虑客户需求、市场研究、竞争需求、定价、产品权衡、制造过程的易用性、产品成本、产品质量、产品环境问题、法规问题、良好的工程实践和用户要求。它为信息技术的发展提供了条件,扩展了开发的合作性,包括市场营销、制造、供应商,选定的客户,经销商,顾问和适合于竞争定位和所选技术的有效实施的技术。"

综上所述,并行工程的核心要素是:

① 目标　缩短时间,提高质量,降低成本。

② 方法　系统工程方法。

③ 手段　多任务并行执行。

并行工程是相对于串行工程(sequential engineering,SE)方法而言的。传统的串行工程方法把整个产品开发过程细分为很多步骤,每个职能部门和个人都只做其中的一部分工作,他们的工作是以职能和分工任务为中心的,不一定存在完整的、统一的产品概念。这种方法也很形象地称为"抛过墙"(throw over the wall)法。而并行工程则强调人员要面向整个过程和产品对象,所以整个开发工作都要着眼于各个过程和产品目标。从串行到并行,是观念上的很大转变。

在传统串行工程方法中,对各部门工作的评价往往是看交给其的那一份工作任务是否完成得出色。而并行工程则强调系统集成与整体优化,它并不完全追求单个部门、局部过程和单个部件的最优,而是追求全局优化,追求产品整体的竞争能力。

采用并行工程方法可以带来明显的好处,据并行工程官网(https://www.concurrent-engineering.co.uk/)介绍:波音公司采用并行工程使波音777客机相比上一代767客机上市时间减少1.5年,并且比空客竞品更快上市;开发的新一代移动式导弹系统相比以往节省经费30%～40%。ITT公司应用并行工程使得电子对抗系统设计周期缩短33%,上市时间缩短22%;铁氧体磁芯产品开发费用节省25%。一些日本公司交付主要产品的时间是美国公司的一半,比如汽车领域,这一成功也得益于并行工程在日本的成功使用。

在化工项目开发中,实践证明应用并行开发方法也可以取得非常明显的成效,这将在本书之后的章节中进行介绍。

在项目或产品开发中实施并行工程之所以能带来好处,关键原因在于并行工程是面向整个过程和产品对象,可以系统地考虑项目或产品整个生命周期的问题,从而在开发的早期就以较小的代价解决问题。概念设计阶段的决策对产品成本影响最大,到了制造阶段再对产品进行优化降低成本的效果就很有限。采用并行工程方法,前期的工作量、花费的时间和设计费用的比例会增加,但整体的变更和开发费用会大幅降低，所以是非常值得的。换句话说，改进产品的开发过程比改进产品的生产过程获得的效益更大。

并行工程是一种长期的业务策略，对业务有长期的好处。虽然最初的实施可能具有挑战性，但竞争优势意味着从长远来看它是有益的。

1.2 实施并行工程的必要性

传统的串行产品开发过程主张企业内部专业分工，将产品的开发过程按专业特征分为市场营销、设计、工艺、制造和检验等一系列串行的子过程或活动。各子过程分别对应于不同的专业部门。各专业部门具有较强的独立性。这种串行工作模式在相当长的时期内，对合理地组织产品开发过程，有效保证产品开发过程的实施起到了积极的作用。

但是串行产品开发过程有以下重大缺陷：第一，将产品开发过程划分为一个个串联的活动或步骤，忽视了各个活动，特别是不相邻活动之间的交流和协调，形成了以部门利益为重而不考虑全局优化的"抛过墙"式工作环境；第二，按专业部门分解并组织产品开发过程的活动，使每一个产品开发活动相对独立，各专业部门的技术和管理人员，更多考虑的是其所在部门的局部产品开发工作，对自己在整个产品过程中的角色缺乏清晰认识，在很大程度上限制了他们对产品开发整体过程的综合考虑，造成产品开发的过程是局部最优化而不是全局最优化；第三，由于产品开发各部门的专业性相距甚远，考虑问题的角度往往不同，各专业部门间各自为政，造成上下游间矛盾与冲突不能及时得到协调；第四，各产品开发活动完成之后，将结果抛向下游，若发现问题则再返回上游，追溯至问题源头，造成重复工作，致使产品开发周期加长，同时也增加了成本。

传统串行工程方法使产品开发变成设计、加工、试验、修改大循环，而且可能多次重复这一过程，即组织分割迫使产品开发多次迭代，造成设计、生产、市场等部门互不信任，从而造成改动量大，产品开发周期长，开发成本很高。并行工程是解决这些问题的最佳方法。

并行工程是一种新的产品设计和开发思想，将不同的专业人员（包括设计、工艺、制造、销售、市场、维修等）组成开发小组，在同一个计算机环境支持下协同工作，将原来的串行过程尽可能并行进行，以保证在产品设计阶段尽量消除各种不必要的返工，使产品开发一次性成功，从而进一步缩短产品开发时间，降低开发成本。并行工程的产品开发流程将设计、制造、修改大循环分解为若干"小循环"，使相关人员及早介入产品开发，在产品开发的较早阶段全面考虑产品全生命周期的影响因素，并在更小的循环内发现和解决问题。

实施并行工程有助于一次性把产品开发做好。因为在依靠科技创新竞争的时代，很多情况下，一旦不能一次性开发成功（这也意味着需要返工及更长的开发周期），就再也没有成功的机会了。比如，竞争对手已经成功，市场、政策或法规发生变化，后续昂贵的开发费用无法承担等。这样的化工开发案例屡见不鲜，例如，项目缺乏整体的统筹组织，部门之间缺乏信任，存在自我保护、本位主义和相互扯皮现象等，决策效率低下，旷日持久的议而不决，甚至人事变动等各种非技术性因素的影响。最终的结果就是时过境迁，团队所有的努力都付之东流。

并行工程能够被广泛接受的原因除了节省时间、提高效率外，还在于为营销、生产等相关工作提供了一个框架，以便在开发过程的早期就参与进来，开始他们的支持过程，并在一个协作的环境中，共同降低产品设计的成本效益、开发高性能的产品。

并行工程不但对项目或产品开发的成功有好处，对开发者个人来说，也是有益的，如：公司的成功使自己也获得更好的回报；带来开发成功的成就感和个人价值的增值；减少做无意义的变更工作；可以有更多机会做新的、有趣的工作等。

即使是对于初创期的公司或者人数不多的小公司，实施并行工程也是很有必要的。一方面，一个公司从一开始就采用更高效的方法，建立合作共享的文化，可以让公司一开始就走在正确的道路上，减少待公司变大以后才采取变革所花费的巨大成本，加速公司的发展壮大，这就是笔者一个朋友所说的："有时候，方向比努力更重要。"另一方面，当一个公司拥有多名工程师时，一般就会有不同的小组或部门，就会产生沟通和协同工作的需要，这时候并行工程便可以发挥作用。

1.3 并行工程实施的关键

许多公司在实践中实际上已经自觉或不自觉地应用了一部分并行工程的原理和方法，但是不系统或不彻底，甚至有变形的地方，导致不能充分发挥并行工程的作用。本节将讨论并行工程方法实施的关键要求和做法。

组织管理和人的因素是并行工程成败的关键，这是各国研究人员共同得出的结论。传统的串行工程方法中，除了前面提到的组织管理方面的问题外，开发人员存在的传统意识也会阻碍并行工程的实施。如认为只有自己的设计方案完全成熟后，才愿意交给下游部门。再如设计部门在自己图纸全部完成以后才交给工艺部门编制工艺文件，但由于工艺人员事先没有参与进去，因此必须花很长时间去理解和消化设计图纸，而且往往难以领会设计人员的真正意图，造成无谓的时间损失和交接上的曲解。这种传统思想很不利于并行作业和及时信息交流，是并行工程的障碍之一。有些设计人员存在"独立""单干"以及所谓的"知识产权"等狭隘意识。他们担心如果其他人从头到尾参与进来，将会掌握和了解他们的知识和技术；担心其他人的指指点点会影响其创造性的发挥。因此，实施并行工程既要改变传统的组织方式和工作方法，也要改变人的传统观念。

并行工程方法的实施依赖于产品开发中各学科、各职能部门人员的相互合作、相互信任和共享信息，通过彼此间有效的通信和交流，尽早考虑产品整个生命周期中的所有因素，尽快发现并解决问题，以达到各项工作的协调一致。为了使产品开发人员能够考虑新产品生命周期的各种因素，在产品设计一开始就要集中各学科的人员，运用现代化的手段组成多种职能协同工作的项目组，通过上、下游信息的及时交流，使产品在开发的早期就能及时发现和纠正开发过程中的问题。

并行工程强调产品的一体化设计和协同设计。Concurrent 除了具有"并行、平行"的含义，本身也具有"协作、协同"的意义。

举个化工过程开发的例子。对一个催化反应过程的开发，如果用传统开发方法，在项目进入工艺开发放大的阶段，需要反应动力学来建立反应器模型并用于设计放大，但催化剂的开发人员主要聚焦在催化剂活性和选择性等性能上，并没有测试过反应动力学。所以在工艺开发需要动力学时，往往需要重新合成催化剂，重新准备装置等，造成时间、资源、人力等各方面成本的增加。催化剂开发人员经常感慨如果在进行催化剂评价时便知道有动力学测试需求，在催化剂的开发过程中就可以顺便完成了。这就是缺少协同而带来的问题。这个例子生动地说明了并行工程的重要性。

因此，并行工程开展的两个关键要素是：①多专业跨平台的项目组；②问题尽早得到定义和解决。

采用跨部门多专业合作的多功能型项目团队是开展并行工程的重要方法。要从组织方式和资源可用性方面保证多功能型团队的建立和顺畅运作。包括所有成员到位并在早期开展活动。所有项目开发所需的专业和角色从最初阶段就一起工作，才能实现合理运用并行工程技术，实现低成本、高品质以及快速开发成功的目标。并且，只有采用多专业跨平台的多功能型项目团队，上下游有充分的信息交流、快速的反馈、无间的合作，才能使问题尽早得到定义和解决，从而加快项目进度、节省项目成本。相比之下，在许多传统大规模生产设计中，参与的人数在一开始非常少，但在接近产品发布的时候达到峰值，成百上千的额外人员被迫加入进来解决本应该在初始阶段就解决的问题，会造成巨大的资源浪费和上市延迟。

因此，问题尽早得到定义和解决，是并行工程的内在要求和取得良好效果的本质原因。传统的产品开发会在对市场或客户的需求不清楚，对产品所要实现的功能或技术指标不清楚，对当前科学或技术所能提供的支撑不清楚，甚至对自身的资源、开发或生产能力等都不清楚的情况下就盲目开始工作。通常在开始时，只有少数人参与其中，而没有一个项目所需的多功能团队。团队多样性对于问题的早期定义和解决是非常有好处的，正是多样性及其引发的激烈讨论，促成了最佳决策。通过调用团队成员的广泛经验，可以避免陷阱并做出更好的决策。这样，如果没有多功能团队来全面地定义问题，只能在信息不充分的情况下做出决策，可想而知，这样的决策经常不能真正地解决问题，反而会把事情变得更糟。因为这些随意的决策将成为后续决策的基础，可能会使道路越走越偏，在错误的方向上资源投入越来越多，以至于以后很难进行优化或纠正。

并行工程强调过程集成，过程集成是并行工程最重要的技术特征。为了有效地把并行工程的思想、理论、方法和技术等应用到产品开发中，以最大限度发挥并行工程的优势，需要将系统工程的方法引入并行工程的应用中。跨平台多功能团队是系统工程方法实施的基础，同时，系统工程方法也能保证问题得到尽早定义和解决。

一个完整的多功能团队是在项目开始时即组成，所有相关的专业人员都在早期就积极参与活动。如果每个团队成员都能有多样性的背景，可以代表多种专长，那么团队可能会更小，更容易管理。多样性的成员将以不同的方式看待项目或产品。在发展新知识方面，这种异质群体已被证明比同质群体要好得多。项目或产品跨功能团队的有些成员可以是兼职的，但在整个开发周期中要保证团队成员的连续性。

除了全职的核心团队外，还有供应商、顾问和兼职专家等。他们可以提供很多有益的建议并解决一些相关或周边的问题。比如让供应商早期参与能够显著提高技术可靠性，缩短开发周期及减少开发成本。让专业的人干专业的事，开发团队可以投入更多资源到研发中。例如所选的供货模块避免了相关的设计工作；或者供应商帮助设计供货模块；利用其他项目或领域的一些新技术模块；解决外部的法规依从性问题等。这样，多功能项目团队的工作负荷会减少，可以聚焦在项目核心任务上。结果就是降低项目成本，加快上市时间。

多功能团队各种功能参与的方式并非一定要加入项目团队，也可以采取问卷调查、实地交流等多种方式来保证相关的输入和角色，如供应商、操作人员等。

对于并行工程小组内部的组织结构形式，人们一般认为为了使小组成员之间有效地相互作用，小组人数一般不能超过8~12人。然而，有时一个复杂的项目或产品往往需要组织中不同职能部门的数百人。因此，完成这样复杂任务的并行工程小组是由许多分小组组成的。不仅如此，整个并行工程小组还是由多层次的小组组成，需要对产品系统或工作任务进行分解，分解为一个个的子系统或子任务。至于分解的方法，我们会在后续的章节进行讨论。

实际上，只有有了系统详细的工作任务分解，才能在操作层面上保证并行工程的实施。在传统的串行开发模式中，工作任务只是按职能部门的设置分解为几大阶段，按时间次序串行执行。由于这些阶段划分太粗，几个阶段之间界线分明，后一阶段开发任务必须等前一阶段开发活动完成以后才能进行，因此各阶段必须顺序进行，很难并行交叉运作。但如果能对每个阶段活动加以细分，就会发现，在一个阶段的部分活动结束后，往往就能进行后一阶段的部分活动，而不必等到前一阶段全部活动结束。

这个原理叫作微观串行宏观并行原理：①在微观上，前置后续两项活动，前一项活动是后一项活动的基础，只有前一项完成，后一项才能启动，即微观上串行；②微观上的底层活动，都是由宏观上的活动经多级分解而形成；③在宏观上，由于实施了多级分解，任意两项前置的后续活动通过分解为子活动、子子活动间的并行，实现上层各级父活动的并行，并最终实现顶层该前置后续两项活动的并行，即宏观上的并行。并行设计的实现是基于任务分解的。将各阶段任务进一步分解，形成各阶段更紧密的联系，使每一个阶段其中的一些工作开始并不完全依靠上一阶段的最终成果。显然，由于存在上一阶段还未全部完成下一阶段就可以开始的情况，产品开发时间大大缩短了。

并行工程的实施方法解决之后，为了能把它在实践中实施好，以下四个方面的条件需予以满足或保证：

① 对项目负责人能力有较高要求；

② 高层的支持和制度保证；

③ 项目组责、权、利的统一；

④ 避免信息不对称。

产品开发团队的领导是成功的关键。从最初的开发阶段到稳定的生产，应该有一个强有力的团队领导，负责所有的目标、活动、计划和交付。团队领导要平衡创造力的需要和预算与时间表的压力；要避免过早地一头扎进技术细节的自然诱惑和来自团队成员的压力，应着眼于整体框架；要抵抗来自管理层对工作前期看不到明显进展产生的不满，追求项目或产品整体的最优化；要确保团队成员作为一个团队一起工作，而不是一项项互不相干的独立工作；要领导团队做前面所讨论的彻底的前期工作；要驱动团队面对并解决所有问题，并鼓励团队成员提出问题并抓住问题不放，确保每个阶段的任务在下一阶段开始之前都已完成。最后，如果因种种原因致使所有并行工程的原则还没有在全公司范围内实施，团队领导可努力创造这样一个小氛围，在这个氛围下，团队可以立即遵循这些原则工作，从而保证项目的成功。

此外，团队领导既要有卓越的工程技能，也要有对新机遇的直觉；既有远见又脚踏实地；既要指导、关爱、激励大家，保持团队良好氛围，同时也要纪律严明并保证团队的战斗力；既要冲锋陷阵参与实战又要高瞻远瞩整体规划；要确保团队成员之间的交流是持续的，确保团队成员密切合作、互相信任、平等相待、积极参与；要有不怕困难、百折不挠、咬定目标绝不妥协的精神和态度；同时也要是一名出色的沟通者，为团队和项目开展解决各种问题。对于面向市场的项目或产品，还要有对客户需求的本能感受和分析能力，即关键的决策、指导、资源游说，建立共同的愿景，将产品推向更高的层次，实现质量、安全、成本和时间目标都要从团队领导开始。

产品开发项目的成功与否取决于并行工程的实施情况、多功能团队的完善程度、整个团队活跃时间的早晚以及团队领导的领导能力。

大多数人都抗拒改变，在一个组织中进行变革必须通过那些在这个组织中最成功的人来实现。并行工程的实施将需要从公司的高层管理到生产基层的所有级别人员的思想转变，并进行组织方式的大幅变革，所以这种方法的实施需要来自高层管理者的强有力和持续地推动，尤其是一个组织最高领导者发自内心的认可、理解和强力推动。

有许多组织上的障碍可能阻止并行工程的成功采用，所有这些障碍都必须在高层管理者的支持下解决，比如：管理层对变革的必要性认识不足而缺乏紧迫感；没有愿景陈述从而导致员工不理解公司变革的方向；缺乏对新方法的支持；缺乏跨平台多职能团队工作方式的建立及相应的考核奖励制度；缺乏客户参与和供应商参与等。

高层管理者必须在批准项目和预算、建立多功能团队、指定团队领导、分配团队成员、给予团队授权、帮助团队解决困难方面发挥积极的作用，才能保证跨平台多功能团队工作的顺利开展。

对跨平台多功能团队进行充分的授权对并行工程的成功非常重要。只有得到充分授权，多功能团队才能实现"责权利"的统一。实施团队授权是一个艰难的转变。然而，一旦做出改变，管理者和员工都会更有成就感。管理者必须学会放弃很多他们曾经控制的决策权。授权后高级管理人员并非无事可做，而是不再被要求就他们所知甚少的设计做出详细的决定。相反，他们可以专注于战略和资源等更全局性的问题，包括任务和边界的定义、战略契合度的保证、提供职业机会和成长机会、支持和提供资源、通过评审来衡量进展等，是要求他们发挥更大的作用。是否愿意授权也是对合格的高层管理者的考验。

关于高层管理者的作用机制和作用方式。我们还会在后面的章节详细讨论。

并行工程的实施要在工作流程组织上避免信息不对称，要保证组织内部、外部及跨平台多功能团队内外部信息沟通、反馈的流畅，问题出现时能够及时发现、定义、讨论、沟通和解决。在早期，并行工程实施的信息技术支撑环境讨论得较多，但在现在，信息技术的支持已不是问题。

1.4　并行工程在中国

并行工程在 20 世纪 90 年代开始传入我国。国内的研究集中在 20 世纪 90 年代后期和 21 世纪前 10 年[4-9]，主要集中在机械设备制造行业。我国"863 计划"CIMS（计算机集成制造）主题下专门列入了并行工程方面的研究课题，作为 CIMS

的子研究内容。

国内 90 年代实行并行工程的调查结果显示：①我国绝大多数制造企业的新产品开发都采用以串行为主的模式进行。有些企业有时也采用一些并行方法，但大多数是局部的或无意识的；②国内已有几家企业开始实施并行工程。它们实施并行工程主要是从管理的方面进行的，如建立跨部门的新产品开发小组，成员集中办公，建立基于项目组的绩效评价和奖励制度等。

此后，随着研究和推广的深入，并行工程在各行业的应用不断扩展，尤其是最近 10 年来，随着我国科技实力跨越式地发展，并行工程在航天、航空、船舶、电力、汽车、工程建设等各方面的应用不断深化，发挥的作用也越来越大，应用研究成果频出，但对流程工业并行工程的研究基本没有涉及。

总体来说，与国外的企业相比，中国公司更多依赖于从内部的研发部门获取创意，而对公司内部其他部门（例如销售和服务部门）的员工的依赖较少。中国公司倾向于把创新视为研发部门的责任，并且较少令其内部部门协作，也不大愿意与他们的客户合作。

1.5　并行工程与化工

并行工程起始于离散工业，并得到了广泛的研究和应用。20 世纪 80～90 年代，国外企业就应用并行工程并取得良好效果，国内从 90 年代起进行并行工程的研究与实践，但也主要集中在机械、信息等离散工业。所以很遗憾，并行工程对国内很多化工研发人员和研发机构来说还是比较陌生的东西。

根据产品类型和生产流程的特点，工业生产类型可以分为离散工业和流程工业（也称过程工业）。

离散工业制造的产品往往由多个零件经过一系列并不连续的工序加工、装配而成。加工此类产品的企业可以称为离散制造型企业。例如火箭、飞机、武器装备、船舶、电子设备、机床、汽车等制造业，都属于离散工业。

过程工业即流程工业，是指基于通过物理和/或化学变化进行生产的行业，包括石油化工、炼油、冶金、轻工、建材、制药、食品等大批量连续性生产工业。在过程工业中，通常由几种原料生成大量产品，原料和产品多为均一相（固、液或气体）的物料，产品质量多由纯度和各种物理、化学性质表征。过程工业的生产过程包含着复杂的物理、化学过程，如化学反应、分离、合成、传热、传质过程等，生产常常是在高温高压、易燃易爆以及有毒的条件下进行的。

离散工业制造的产品可以毫无困难地逆转，拆分为组成其的各个不同的部分或零件。而对于流程工业制造的产品而言，则没有办法做到这一点。从技术上讲，我们可以将一个化工品输送泵（离散型产品）拆解并在另一个地方重新组装后使用，但不能从该化工品中取出生产它的原料。

因此，离散工业重在产品设计，以满足市场对产品多样化的功能性要求，并能够快速迭代以适应市场的快速变化。比如，一台手机要满足打电话、上网、拍照、玩游戏等多方面的功能需求，并根据不同细分市场的要求而有所侧重，要对不同零配件进行优化组合以实现功能多样化，并考虑价格和美观等市场因素，能够不断推出新一代产品以与其他手机生产商竞争，产品的更新迭代较快。

过程工业重在生产流程。因其一套生产装置一旦建成，生产的产品往往是长期不变的，更关注的是如何设计一套先进合理的流程，以低成本地生产产品。产品不变，流程可以变革、改进和优化。且由于过程工业的生产过程包含复杂的物理、化学过程，除了市场竞争的压力外，还面临着日益严格的安全和环境压力，需要特别关注。

虽然离散工业和过程工业有所不同，但都需要系统的集成：离散工业是产品的集成，过程工业是流程的集成。系统集成正是并行工程最重要的特征。所以虽然并行工程的理论和方法起源于离散工业，但对过程工业的协同开发也同样具有指导意义。

化工是典型的过程工业。化工过程是由各种单元设备以系统的、合理的方式组合起来的整体。它根据现有的原料和公用工程条件，通过最经济和安全的途径，生产符合一定质量要求的产品。过程开发和设计的任务是根据给定过程各类结构条件、需要生产的产品及其需求量、可供各生产步骤选择的生产设备、各产品的生产步骤及生产时间等，在满足生产要求的前提下，以获得最大的经济效益及最低的总投资费用为目标，通过一定的优化计算，确定生产设备的最优配置。

一个化工项目的生命周期通常包括研究开发、工艺包设计、工程设计、建设施工、开车运行、改造维修、关闭拆除等多个阶段。鉴于化工过程装置的系统性和整体性，在进行过程开发与设计时必须从全系统，而不是从过程单元的角度出发来考虑问题，否则会得出从单元设备来看也许是正确的，但从整个系统来看却是不正确的结论。化学工业的生产要求保证安全、稳定、长周期、满负荷、优化（安稳长满优）。因此，化工过程开发必须同时满足产品的数量和质量指标、经济性、安全性、可操作性、可控制性、环保、职业健康等各方面的合规性要求等。这使得过程开发与设计受过程内部及环境的众多严格和非严格约束条件、不确定性因素以及可持续发展各目标之间的相互关联和相互冲突的复杂关系的限制。过程开发者常常必须在得不到充分的科学信息和支持的情况下工作，而且必须在不确定的条件下做出决策，因而开发设计过程是一个交替进行过程合成与分析、不断做出选择、修改原有设想的迭代过程。随着柔性、安全和环境等问题变得越来越重要，设计过程的修改循环增多，也会使设计时间和成本增加，这就需要采取有效的方法和措施改变这种状况。

对化学工业生产系统，产生效益的优化问题在整个生命周期的各个层次、各个侧面的各级系统中都存在，但在各阶段优化的机会是大不相同的，早期阶段过程变化的自由度大，优化的机会也就多，所引起的投资也少。一旦到工厂建成开车，则即使有机会进行优化，改造投资的费用也大得多。因此，应用并行工程思想及方法，在过程开发和设计的各个阶段进行及时的信息反馈和有效的信息共享并协同内外部资源尽早解决问题，是提高项目质量、缩短项目时间、减少项目成本的关键。

并行工程与过程工业的结合称之为并行过程工程（concurrent process engineering，CPE）。由于过程工业开发与设计的复杂性，以及与离散工业产品开发的不同特点，尽管并行工程的原理和方法在化工行业的领先企业中已经自觉或不自觉地在实践中得到了部分应用，但总地来说，目前国内外对于并行过程工程的研究工作比较少，也没有系统性的专著出版。

国外对并行过程工程一些有益的探索性研究有：Stephanopoulos 讨论了将并行工程用于过程工业的可行性[10]；Lu 提出了一个基于 STEP 的多维面向对象信息模型(MDOOM)，该信息模型主要含有物理设备和化学及物理过程两类数据，用以支持并行过程工程信息建模[11]；McGreavy 研究了化工生产的并行工程环境，提出了并行工程过程设计的对象、智能体（agent）及工作流的建模方法[12]；Hawtin 描述了一个能够处理并行工程框架中活动模型的计算机项目管理系统[13]；Han 为了实现化工过程设计中的并行工程，提出了一种多维设计过程管理方法，并用一个装置布局的设计过程来说明在化工装置设计中如何进行基于智能体的设计协作[14]；Paulien 的研究表明，并行工程概念特别改进了化学设计工程师在过程设计中处理外部因素的方法，提出除了设计基础，在化工设计过程所有阶段，所有与过程设计可能相关的外部因素都应被考虑[15]。不同于离散制造业的产品设计，化工中的并行工程主要针对过程的设计，要求过程设计人员在设计阶段就考虑装置生命周期的各种因素。这些工作主要集中在 2000 年前后。

2010 年以后的工作有：Wiesner 提出面对化工行业的全球竞争，来自发达国家的特定公司不得不削减开发成本和推迟上市时间，以保持盈利。因此，并行工程等方法得到了越来越多的应用。然而，这些复杂的工作流需要足够的软件支持，以在面对异类软件环境时高效工作。但到目前为止，这种软件支持实际上还不存在于工业实践中。Wiesner 开发了一种基于语义技术的新型软件原型，用于集成和整合分布式工程设计数据，例如化工和过程工程中的典型设计项目，从而帮助提高过程和工厂工程的效率[16]。Yakovis 从过程控制的角度提出了设备与控制系统并行设计的概念以提高控制质量。通过同时选择工艺系统和控制系统的结构和参数，其总体目标是使经济产出最大化[17]。

国内的研究工作更少。许松林等讨论了并行工程在化工产品开发中的运用，案例为氢气鼓风机的选型问题[18]，但鼓风机其实是一个典型的离散型机械设备产品，与化工技术开发结合并不紧密。魏奇业等综述了并行过程工程的研究进展，并对并行工程在化工中的应用做了有益的讨论，指出并行工程的核心是开发过程中管理与技术的综合集成，为实现多功能设计团队的组织及协同工作，需建立能够支持设计团队协同工作的计算机集成过程开发环境[19,20]。

从以上研究可以发现，之前对并行过程工程的研究主要集中在两方面：①支持并行过程工程的技术和信息集成平台；②在过程工业设计工作中如何实施并行工程。

随着社会的进步和信息技术的飞速发展，信息技术支撑方面如今已不是太大的问题。我们现在面临的挑战是：创新已成为时代的主题，尤其中国经过多年的高速发展，面对新形势，必须走科技创新之路。因此我们不能仅仅关注如何高效开展设计工作，更应该关注如何高效进行研发，研发才是创新之源。

传统的并行工程书籍大多都是从设计开始讲的。对于离散型产品开发，五个典型的阶段是：计划、概念设计、设计、生产、销售。笔者的工作是要将并行工程拓展到过程工业的开发过程，即对过程工业来说，把并行工程贯穿到开发—设计—建设—运营—技术升级改造的全过程。因此，本书从下一章起将介绍笔者在多年研发工作中总结并受益的并行开发方法，以期能对从事化工开发的同行们有所裨益。

1.6　本章总结

（1）并行工程是当今工程和管理领域的一大变革，其实质是强调合作和协同，是从传统的分工化和专业化向集成化的转变。

（2）并行工程是集成地、并行地设计产品及其相关过程（包括制造过程和支持过程）的系统方法。这种方法要求产品开发人员在一开始就考虑产品整个生命周期中，从概念形成到产品报废的所有因素，包括质量、成本、进度计划和用户要求。并行工程的目标为提高质量、降低成本、缩短产品开发周期和产品上市时间。

（3）并行工程开展的两个关键要素是：①多专业跨平台的项目组；②问题尽早得到定义和解决。并行工程方法的实施依赖于产品开发中各学科、各职能部门人员的相互合作、相互信任和信息共享，通过彼此间有效地通信和交流，尽早考虑产品整个生命周期中的所有因素，尽快发现并解决问题，以达到各项工作的协调一致。因此组织管理和人的思想行为的变革成为并行工程成败的关键。

（4）离散工业重在产品设计，过程工业重在生产流程设计，虽然有所不同，但都需要系统的集成：离散工业是产品的集成，过程工业是流程的集成。而系统集成正是并行工程最重要的特征，所以虽然并行工程的理论和方法起源于离散工业并得到广泛应用，但对过程工业的协同开发同样具有指导意义。

（5）过程工业的并行工程又称为并行过程工程，国内外对其研究较少且主要聚焦于设计阶段，笔者提出要将并行工程拓展到过程工业的开发过程。

参考文献

[1] Salomone T A. What every engineer should know about concurrent engineering[M]. Boca Raton, FL: CRC Press, 1996.

[2] Skalak S. Implementing concurrent engineering in small companies[M]. New York: Marcel Dekker, 2002.

[3] Anderson D M. Design for manufacturability: How to use concurrent engineering to rapidly develop low-cost, high-quality products for lean production[M]. Boca Raton: Productivity Press, 2014.

[4] 熊光楞. 并行工程的理论与实践[M]. 北京: 清华大学出版社, 2001.

[5] 秦现生. 并行工程的理论与方法[M]. 西安: 西北工业大学出版社, 2008.

[6] 胡庆夕, 俞涛, 方明伦. 并行工程原理与应用[M]. 上海: 上海大学出版社, 2001.

[7] 陈国权. 并行工程管理方法与应用[M]. 北京: 清华大学出版社, 1998.

[8] 侯晓林. 并行工程原理[M]. 北京: 地震出版社, 2001.

[9] 潘雪增. 并行工程原理及应用[M]. 北京: 清华大学出版社, 1997.

[10] Stephanopoulos G. Artificial intelligence in process engineering: Current status and future trends[J]. Comp Chem Eng, 1990, 14(11): 1259-1270.

[11] Lu M L, Naka Y, Wang X Z, et al. A Multi-dimensional object-oriented model for chemical engineering[C]. Proc. of the 2nd Intl. Conf. on Concurrent Eng: Research and Application. Virginia: 1995: 21-29.

[12] McGreavy C, Wang X Z, Lu M L, et al. Objects, agents and work-flow modelling for concurrent engineering process design[J]. Comp Chem Eng, 1996, 20(Suppl): 1167-1172.

[13] Hawtin J W, Chung P W H.Concurrent engineering system for supporting STEP based activity model[J]. Comp Chem Eng, 1998, 22(Suppl): 781-784.

[14] Han S Y, Kim Y S, Sung T, et al. Multi-dimensional design process management by extended product modeling for concurrent process engineering[J]. Korean Journal of Chemical Engineering, 2001, 18(5): 612-622.

[15] Paulien M H, Margot P C W. A concurrent engineering approach to chemical process design[J]. Int J Production Economics, 2000, 64: 311-318.

[16] Wiesner A, Saxena A, Marquardt W. An ontology-based environment for effective collaborative and concurrent process engineering[C]//IEEE International Conference on Industrial Engineering & Engineering Management. IEEE, 2010.

[17] Leonid Y, Leonid C. Creativity and heuristics in process control engineering[J]. Chemical Engineering Research and Design, 2015, 103(11): 40-49.

[18] 许松林, 牛占文. 并行工程在化工产品开发中的运用[J]. 化工进展, 1993(3): 41-43+14.

[19] 魏奇业, 华贲. 过程工业并行工程述评[J]. 化工进展, 2004, 23(5): 501-505.

[20] 魏奇业, 华贲. 并行工程在化工中的应用研究[J]. 化工自动化及仪表, 2004(3): 6-10.

第2章
化工并行开发方法及实践

2.1 并行开发方法概述

由于开发活动的不确定性强、变量多、技术含量高、风险性大，因而在开发活动中，相比设计、制造等过程，就更需要科学严密地进行组织，并按照优化合理的开发程序和方法进行。而并行工程在开发上的应用也需要细化操作方法并加强项目控制[1-14]。

首先，在离散工业领域，为保证产品开发目标的实现，越来越多的企业改变传统的串行模式，转而实施基于并行工程的集成产品开发。

集成产品开发作为一种并行开发方法，与传统开发模型之间的本质区别在于它将产品开发过程中的各个活动视为统一的整体，从全局优化的角度出发，对该过程整体进行管理和控制，其与传统开发相比，有几方面的特点：

① 传统产品开发模式通常每个阶段只有少数的几个成员，故其组织结构简单、工作协调方便、易于组织；而并行开发模式开发团队成员来自开发各个阶段所需全部成员，团队成员多且更加多样化，组织管理的任务更重。

② 传统产品开发模式采用职能部门，这种模式的组织结构按管理职能由高层、中层到基层呈金字塔形分布，结构清晰，层次分明；各职能部门的职责、权限、义务和利益明确，管理流程严格、有序、可控，但由于各部门专业职能的严格分工及潜在的部门利益，使得各职能部门相对趋于封闭，部门间协调变得困难，推诿扯皮现象频发，使产品的协同设计和一体化开发受到阻碍。而并行开发模式开发过程是由经过充分授权的跨平台多专业的团队实施的，从组织结构上能够保证集成、协同开发的执行。

③ 传统产品开发模式是建立在信息高度保密的基础上的，每个职能部门或人员只知道自己所负责的那个阶段的信息。而并行开发模式要求协同开发、信息共享，每个团队成员从一开始就参与产品开发的各个方面，获取必要信息并充分表

达意见，从而在多专业的协同下及早发现问题并共同解决问题。

④ 相比传统产品开发模式，并行开发模式下任务的连续性要求开发人员之间有密切的合作，同时，由于在产品开发过程中出现问题的多样性、未知性，以及开发人员的学科背景、经验、对问题的观点不同，合作中的冲突也就不可避免。所以化解冲突，也是并行产品开发过程能够顺利进行的前提。

⑤ 产品开发过程实质上是一个发现问题、解决问题的动态、非确定性的过程。在整个协同开发过程中，不但会有没有预料到的新情况出现，导致任务的进度、任务的安排、甚至任务的目标都在发生动态变化。相比传统产品开发模式，并行产品开发模式由于有多个职能角色的参与和协同，更容易应对不确定性带来的变化，保证开发工作的顺利进行。

多家领先企业的实践表明，协作的产品开发过程、多功能的产品开发团队、恰当的并行工程应用和良好的技术风险管理是实现成功、高效开发的重要保证。

在并行开发中不要太过于强调保密。诚然，对于创新来说，知识产权的保护非常重要，但在一个团队内部，信息是需要共享的，至少要提供必要的信息，否则无法开展多学科、多专业的协同工作。对外部合作者和供应商也是如此，必须提供必要的信息，才能让他们参与项目协同开发或提供必需的专业服务和商品。某公司原来对保密工作过于强调，各研究所之间形成了一个个的信息孤岛，比如研究催化剂的完全不知道过程开发的工作内容，不理解过程开发为什么需要和催化剂相关的数据，也不提供这些数据；从事过程开发的同样不了解催化剂研发的工作，也拒绝提供工艺信息和数据给催化剂研发人员，从而造成工作不能协同，严重影响工作效率。在推行并行开发方法并建立相应的工作流程和制度后，各部门之间打破了信息壁垒，大大提高了该公司的研发效率。即科研信息保密工作既要抓信息安全，也要抓信息共享。

2.2 支撑并行开发方法的典型管理流程

2.2.1 精益产品开发方法（LPD）

在全球创新企业排名中，丰田屡屡入榜。为什么以丰田为代表的日本汽车企业在产品创新方面表现如此出色？众多学者在系统研究后，精炼总结出了精益产品开发方法（lean product development，LPD）并在汽车行业得到广泛应用[15]。

精益产品开发体系是面向客户需求，以并行工程的原理为基础，针对汽车行业产品开发的需求，对新产品开发全过程的管理模式及工作方式的一种设计及安排，以实现开发周期、成本以及质量等绩效目标。

丰田精益产品开发系统的十三个原则对这种方法的要点做了系统的描述：

① 明确由用户定义的价值，将增值与浪费区分开来。

② 在产品开发流程前期充分研究可选方案，因为此时设计改动的空间最大。

③ 建立一个均衡的产品开发流程。

④ 利用严格的标准化减少变异，创建柔性和可预测的产出。

⑤ 建立自始至终领导整个项目开发的总工程师制。

⑥ 建立适当的组织结构，找到功能部门内技术专长与跨功能整合之间的平衡。

⑦ 为工程师构造尖塔形的知识结构。

⑧ 将供应商完全整合到产品开发体系中。

⑨ 企业内部学习和持续改善。

⑩ 建立追求卓越、锐意进取的文化。

⑪ 调整技术以适应人员和流程。

⑫ 运用简单、可视化的沟通来理顺组织。

⑬ 运用强大的工具做好标准化和组织学习。

丰田在产品开发上的成功始于把产品开发看作一个流程，并把其根据自身行业的特点进行标准化、体系化、具体化。这样的产品开发流程，使得企业可以通过合适的流程管理工具和方法来减少不确定性，并建立均衡的流程流，同时不破坏开发优秀产品所需要的创造力。

2.2.2　产品及周期优化法（PACE）

产品及周期优化法英文名字是 PACE（product and cycle-time excellence），中文译作"培思"，是美国 PRTM 公司在 20 世纪 80 年代中后期提出的一种产品开发流程[16]。PACE 也是把产品开发看作一种"流程"，这个流程是可以被定义、构架及管理的。PACE 进而制订了一个关于产品开发的流程框架及被 PRTM 认为合理、高效的标准或体系。PACE 重点关注的是面向市场的产品管理，帮助用户及时响应市场需要，做更多"正确的事"。

PACE 中具有七个要素，分别用于项目管理和跨项目管理；这七个要素相互关联，只有将它们综合起来使用才能充分发挥效力。

用于项目管理有四个要素（图 2.1），分别为：阶段评审与决策、项目组织的跨职能核心小组、结构化的产品开发、设计技术和自动开发工具。这四个要素形成了 PACE 的基础，它们对于每一个产品开发项目都是必要的。掌握这些要素可以缩短产品的面市时间，准确安排项目进度，提高开发效率，避免对错误的产品进行投资。

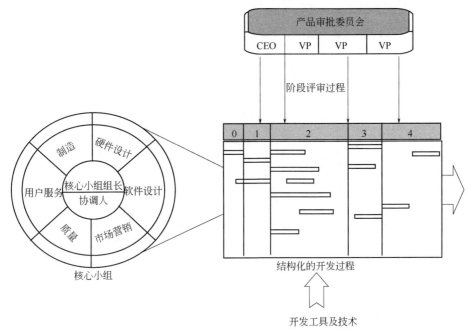

图 2.1　PACE 的四个项目管理因素

用于跨项目管理有三个要素，分别为：产品策略、技术管理、管道管理。这三个要素提供了必要的基本管理框架来综合管理所有的产品开发项目。通过掌握这些要素，可以使企业发现更好的产品机遇，更好地将技术开发综合起来，并从战略和策略的角度为各个项目配置资源。本节将介绍与产品开发密切相关的技术管理，其他两个要素在第 3 章研发项目组合管理中重点介绍。

2.2.2.1　阶段评审与决策

PACE 中的阶段评审分为 5 个阶段（见图 2.2），分别是阶段 0（概念阶段）、1～4 阶段（计划、开发、测试、推出产品阶段），每个阶段通过评审决定该产品开发是否要改变路线、放弃还是继续执行。阶段评审以决策会议的形式进行，而不只是简单地汇报或介绍。产品开发是由决策流程来推动的，PACE 要求在每次评审结束时做出明确的决策并明确地传达这一决策，这一流程决定要开始什么产品、产品开发资源的分配及是否要放弃开发等,通过决策流程形成的是一个漏斗机制，确保"做且仅做正确的事"。PACE 认为无法正确做出决策很多时候不能仅仅归因于做决策的人（通常是公司高层），而在于决策流程本身。要做到正确高效的决策，PACE 提到要做到两点：首先需要建立产品审批委员会（PAC），产品审批委员会由为数不多的公司高层组成，有权力提出、取消或重新确定项目优先级并分配开发资源，而判断的方向来源是市场；其次，确立阶段评审流程。

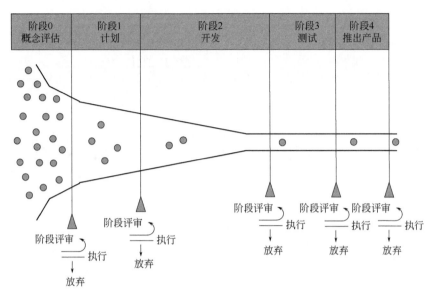

图 2.2 阶段评审及决策流程图

2.2.2.2 跨职能核心小组

PACE 认为要把产品开发过程中传统的职能部门之间的组织结构关系转换为一个核心小组，该核心小组成员来自市场、质量、软件、客服等各个职能组织，由核心小组组长带领并得到充分授权。核心小组协调人作为流程工程师负责关注流程改进。通过这一转变，核心小组的任务实施变成以并行工程为基础，负责产品成功，而传统的职能经理则负责组织内技术水平的提升和团队建设。核心小组关注的是项目组织结构，即执行流程的团队和人。核心小组通过有效的沟通、协调和决策，达到尽快将产品推向市场的目的。

2.2.2.3 结构化产品开发

所谓结构化，是指相互关联的工作要有一个框架结构，并要有一定的组织原则来支持它。通常结构化是一个"自上而下"的层次结构，工作从抽象到具体并且所有工作都有明确的定义。在 PACE 中，结构化的开发过程明确应做什么开发工作、相应的先后次序、其间的关联性以及开发项目的标准术语。有些组织可能缺少结构化，而有些则又过度结构化。PACE 认为应该在非结构化与过度结构化之间达成一种平衡，既不会阻碍创造力从而保证开发小组把精力放在开发产品这个实际问题上，同时在建立不同的开发项目时并不需要每次都重新建立开发过程。这种平衡就是 PACE 所推崇的层次模型。

基于 PACE 理念的结构开发包含四个层次：阶段、步骤、任务和活动，从阶段到步骤、到任务，最后再到各项活动。同时提供概念图、步骤日程表和任务日程表这三级进度表作为项目进度的不同视图，体现的实际是一种范围分解和计划管理的思路。在阶段评审过程所提供的框架中，一般有 15～20 个主要步骤来定义一个公司的产品开发过程，每一步又分成 10～30 项任务，规定每一步如何在公司里得以实施。这些任务又为每一步骤定义出标准周期时间，因此可以根据这些基本步骤编制进度表、预估资源需求、制订计划及进行管理。每一项任务还可进一步细分成各种各样的开发活动。根据任务的性质，每一步骤的开发活动数量从几个到二十或四十个不等。总地来说，各步骤与任务永远适用于各种项目，但开发活动则因项目不同而不同。

2.2.2.4　设计技术和自动化工具

PACE 形成于 20 世纪 80 年代，所以工具的重要性比较突出。但随着信息科技的迅猛发展，现在信息技术的支撑作用大大加强，这一点已不成为并行开发方法应用的瓶颈，故不展开讨论。

2.2.2.5　技术管理

PACE 中的技术管理为产品开发流程补充了两个重要方面：技术开发以及技术转化。技术开发与产品开发有很大程度上的不同。相比产品开发，技术开发的不可预测性更大，所以 PACE 认为应该把技术开发的管理与产品开发的管理分离开来。在技术开发过程中，技术评审（technical review，TR）流程为其提供主要框架，TR 与上文提到的阶段评审流程的做法类似，随着 TR 的推进，由于技术产生的不确定性不断降低，团队对技术的理解总体上在提高。多次 TR 的最终结果是将技术融入产品开发中，这就是技术转化。PACE 认为需要一个技术过渡小组专门负责技术转化的协调和流程。

据统计，美国各公司 1995 年投资的研发费用约 1000 亿美元，利用 PACE 的部分占了 150 亿美元，是总投资的 15%，包括 IBM、摩托罗拉、杜邦、华为、阿尔卡特等在内的许多公司已把 PACE 的各种理念方法付诸实践，在研究开发、管理等方面推行 PACE 的管理方法。

2.2.3　集成产品开发（IPD）

集成产品开发（integrated product development，IPD）现已成为一套产品开发的模式、理念和方法[17-19]。其思想便来源于产品及周期优化法（PACE）。在此基础上，摩托罗拉、杜邦、波音等公司在实践中继续加以改进和完善，由 IBM 在学习、实践中创建，并成功帮助华为实施了该体系。

IPD 思想强调以市场和客户需求作为产品开发的驱动力，在产品设计中就构建产品质量、成本、可制造性和可服务性等方面的优势；注重将产品开发作为投资进行管理；在产品开发的每个阶段都从商业角度而不是技术角度进行评估，以确保产品投资得到回报或尽可能减少投资失败所造成的损失；要求技术开发和产品开发分离，不在产品开发中解决技术问题，技术问题单独立项进行技术开发；实行跨部门合作，通过有效的沟通协调，达到尽快将产品推向市场的目的；采用结构化的并行开发流程，通过严密的计划，准确的接口设计，使原来的许多后续活动提前，以缩短上市时间。

IPD 中基本沿用 PACE 中的思想和工作方式，比如 IPD 参考了 PACE 的核心小组法并对它进行扩展。IPD 整体框架分为 4 大主流程，分别为产品战略流程、市场管理流程、产品研发流程和技术平台研发流程，每个主流程都有独立的小组负责流程的运作。由集成组合管理团队（integrated portfolio management team，IMPT）负责产品战略流程，组合管理团队（portfolio management team，PMT）负责市场管理流程，产品研发团队（product development team，PDT）负责产品研发流程以及技术平台研发团队（technology development team，TDT）负责技术或平台研发流程。其中 PDT 是 PACE 核心小组法在 IPD 中的最好体现，PDT 由各个职能组织的代表组成，组员完全代表相应的职能组织，执行由 IMPT 通过阶段评审和决策形成的计划书并对产品的最终上市负责，而 PDT 内部也通过技术评审和决策进行详细的计划和承诺管理。IPD 崇尚"强矩阵"组织结构形式的思想并通过 PDT 把这一思想发挥到极致。市场管理和产品快速推向市场的思想在 PACE 中也有所体现，但 IPD 把它上升到一个主流程的地位，是为了产品能应对快速的市场变化而做出的增强。相较 PACE，IPD 更加认为产品研发是一项投资行为，更需要基于市场进行创新。IPD 也采用结构化的流程，IPD 流程被明确地划分为概念、计划、开发、验证、发布、生命周期六个阶段，且流程中有定义清晰的决策评审点。这些评审点的评审已不是技术评审，而是业务评审，它更关注产品的市场定位和盈利情况。决策评审点有一致的衡量标准，只有完成了规定的工作才能进入下一个决策点。

IPD 流程不仅仅是开发流程，还是跨功能部门的业务流程。它将管理产品包所需的全部主要活动整合起来，形成结构化的并行业务过程，保证计划、交付、质量和生命周期管理工作的成功，实现产品开发的业务目标。它使开发、财务、制造、采购、市场和服务等多个业务领域的工作有机集成，以保证整体业务计划和目标的实现。IPD 流程变革主要集中于跨部门的团队、结构化的流程。在结构化流程的每个阶段和决策点，由不同功能部门人员组成的跨部门团队系统工作，完成产品开发战略的决策和产品的设计开发，通过项目管理和管道管理来保证项目顺利完成。跨部门团队一是 IPMT，属于高层管理决策层；二是 PDT，属于项目执行层。IPMT 和 PDT 都由跨职能部门的人员组成，包括开发、市场、生产、采购、财务、制造、技术支持等不同部门的人员，其人员层次和工作重点都不同。

华为作为国内 IPD 应用的典范，其强调 IPD 的本质是从机会到商业变现，整个 IPD 流程都是为了商业变现。不管是成熟的产品，还是新产品、新平台、新技术、外部合作等领域，均要对应整个商业变现过程。华为在组织建设上采用矩阵型组织架构，确保组织灵活性和对客户需求的快速响应。专门设立战略与客户常务委员会，推动整体战略的实施，并提供决策支持。建立遍布全球的客户服务中心，全方位贴近客户。华为也是由 IMPT 负责项目决策，由 PDT 团队负责具体项目实施，PDT 核心组代表不同的功能领域，通过这些功能领域的共同参与，将产品推向市场。执行 IPD 流程最基本的是由 PDT 核心组成员作为本功能部门主要代表参与工作。IPMT 和 PDT 均是跨职能部门团队，每个团队均有且只有一个来自各个职能部门的代表，每个代表得到所在的职能部门的充分授权。功能部门在 IPD 流程中占重要地位。功能部门在 IPD 流程中扮演着非常重要的角色，如果没有优秀强大的功能部门，IPD 就无法发挥作用。功能部门在管理本部门员工技能的培养、制订功能部门策略、向 PDT 和 IPMT 履行承诺、将本功能部门与其他部门联合起来、加强本功能部门对承诺的执行等方面发挥着巨大的作用。

IPD 集成了业界优秀实践的诸多要素，主要包括：系统全面的客户需求分析、优化的投资组合、跨部门团队、结构化流程、基于衡量标准的评估和改进、基于平台的并行和重用模式、职业化的人才梯队、项目和管道管理。IPD 思想、流程和方法已经被大多数优秀成功企业所采用，即使某些企业使用的流程与常见的 IPD 术语不一样，其实质也符合 IPD 思想。IPD 变革对企业来说是个长期实践和演进的过程。不同行业的企业还可根据自身业务情况，逐渐形成适合本公司的产品开发流程。

平时大家都十分熟悉华为的 IPD，其实中兴公司采用的也是 IPD 体系，由 PRTM 公司帮助建立，这里列出给大家作为参考。

中兴公司的 IPD

PRTM 通过充分的调研和分析，得出的结论是中兴公司和业界最佳有较大的差距，针对上述问题，PRTM 相应地给出了四个方面的建议：

（1）改进项目的跨职能运作能力，提高产品竞争力、研发速度和生产力；

（2）提高产品开发-供应链的集成能力，引入并行工程的结构化流程，以提高效率；

（3）在单项目运作成熟的基础上，改善项目组合管理，以促进公司的快速增长；

（4）改进职能与支持流程，以提高效能，包括关键职能领域的改进，如质量、系统工程等，以及人才管理、绩效和激励、流程管理等。

其中建议（1）和建议（2）优先实施，PRTM 给其建议起名为高效产品开发（high performance product development，HPPD）。由董事长和总裁挂帅，"自上而下"地推动 HPPD 整体工作。

建立跨职能团队：公司组建了跨职能团队，把以前的组织结构转变为"强矩阵式"组织结构。跨职能团队由三种团队组成：决策团队，规划团队、开发团队。决策团队负责产品投资决策，掌握资源调配权力，把握正确的方向；规划团队起着桥梁的作用，进行中观层次的决策，例如产品版本规划并上报决策团队，同时指导开发团队的具体开发工作；开发团队的人数比较多，负责执行开发过程，对整个开发过程负责。产品开发团队负责整个开发项目的产品开发工作，以及产品包的完整交付。产品开发团队由两部分组成，包括产品经理和核心组。产品经理由产品决策团队来任命，其主要的任务包括：确保"产品包"能达到预期的目标和完整交付；协调整个产品开发团队与各职能部门之间的运作；从各职能部门及产品优秀团队得到相关的承诺；对产品包业务计划书与业务计划进行组织制订；对产品开发成本进行控制，以及为产品开发的各个决策活动准备相关的资料；对产品的并行开发过程和产品管理加以确认；对相关部门进行考核。核心组中每个成员通常来自不同的职能部门，核心组成员是经过各职能部门充分授权的，必须利用所在部门的资源来为组织提供相关的保障，更好地完成产品的开发任务。核心组成员来自的职能部门包括研发、市场、售后、采购、质量、生产以及财务等，其主要的任务包括：对产品包的交付及产品变更进行负责和管理；参与产品规划，对相关的配套策略、产品需求以及产品包业务计划书进行分析和制订；作为职能部门与项目之间沟通的桥梁，向职能部门领导汇报项目情况；对产品的执行情况进行检测。职能部门领导的职责包括部门管理和支持产品开发，部门的相关工作包括：对产品开发人员资源进行确定并对各开发项目间的资源加以协调；培训、招聘、解雇员工，并对其进行考核；实施职能部门的预算；对职能部门的相关项目加以实施和管理。

引入并行工程的结构化研发流程：包括概念设计、计划阶段、开发阶段、验证阶段、发布阶段以及运营维护阶段。在研发流程中适当地设置评审点与决策点，但要尽量少干扰产品的开发活动，需要在干预与不干预之间找到一个平衡点。各个阶段的技术评审报告作为决策的输入之一。经过决策后，研发项目通常有五种选择，包括项目终止、项目暂停、项目继续、冒险继续和重新提交决策。并行思想贯穿于整个开发阶段。

2.2.4 门径管理系统（SGS）

由于门径管理系统（SGS）是更适用于支撑化工并行开发方法的管理框架和流程，所以本节会对 SGS 做比较详尽的介绍。

2.2.4.1　门径管理系统介绍

门径管理系统(stage-gate system，SGS)是由 Copper 博士（Robert G. Cooper）于 20 世纪 90 年代创立的一种新产品开发流程管理技术[19]，以经典书籍 *Winning at New Product: Accelerating the Process From Idea to Launch* 的出版为标志。这一技术广泛应用于美国、欧洲、日本的企业指导新产品开发，被视为新产品发展过程中的一项基础程序和产品创新的过程管理工具。随着时代的进步，SGS 也在不断与时俱进，目前已发展到第五代。

Copper 博士通过实证研究表明，平均来说，对于每 7 个新产品想法而言，有 4 个会进入开发阶段，有 1.5 个会投放市场，但是只有 1 个会成功。即使是成功的项目，也有 44%的新产品项目没有达到预期的利润目标，超过一半没有按时发布。但表现优秀的前 20%的公司却达到令人羡慕的 80%的市场投放比率，77%的新产品达到利润要求，同时 79%的产品按时投放市场。

分析这些表现优秀的公司，Copper 博士从中找出了成功创新的四个向量：

①　找到产品创新和聚焦于正确领域的技术战略。这是增长的动力。

②　一个积极的环境、文化、组织和领导。拥有一个良好的创新环境和文化，有进行革命性、高风险的项目的研究欲望，从上到下正确地领导，这些是首要的造就成功的创新型企业的要素。拥有正确的高层领导（以话语和实际行动支持产品创新的领导者）也是成功的关键。

③　好的创意，并用一个有效的实施体系——门径管理系统来匹配。

④　凭借有效的组合管理做出正确的决策。

美国生产与质量委员会一项调查研究显示，在所有业绩最佳的公司中几乎都采用了门径管理系统，而其中又有 73%的公司将此系统应用于新产品开发。图 2.3 为采用 SGS 的最佳实践公司与普通公司在创新上表现的对比。

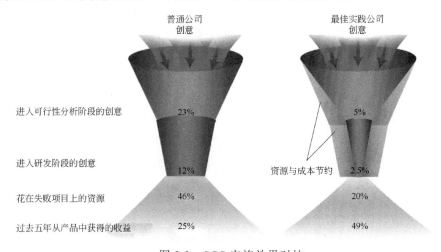

图 2.3　SGS 实施效果对比

如图 2.4 所示，SGS 的基本思想在于：

① 正确地做项目——听取消费者的意见，做好必要的前期准备工作，采用跨职能的工作团队；

② 做正确的项目——进行严格的项目筛选和组合管理。

SGS 强调以系统的思想管理创新项目，以使创新的整个系统发挥最高效率。

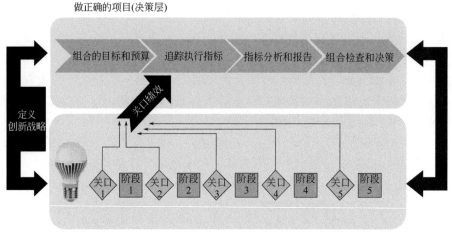

图 2.4 SGS 的基本思想

门径系统是通过管理产品创新来提高有效性和效率的一种路线图或者蓝图（见图 2.5）。门径系统将创新流程划分为一系列预先设定的、易管理的、离散的阶段。每个阶段由一组规定的、跨功能的、并行的活动组成，由一个跨功能团队执行某些收集数据的重要活动并进行数据分析和说明，创造关键的交付物。每个阶段的出口是一个关口，这些关口控制着过程，基于高层管理者或资源的拥有者的通过或终止决策，起到质量控制和决策检测点的作用。

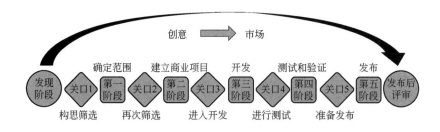

SGS：新产品发现和上市评估的5个阶段、5个入口

图 2.5 门径系统管理流程图

门径系统的结构见图2.6。每个阶段（stage）都被设计成用来收集把项目推进到下一个阶段或者决策点所需要的信息，市场、技术、运营等不同种类的信息都非常重要，因此每个阶段的工作都是跨职能领域的。这些阶段性活动在收集信息的同时降低不确定性，每个阶段都比上一个阶段花费更多的成本。SGS流程是一个承诺不断递增的过程。关口（gate）作为一种质量控制检测点、通过（go）/终止（kill）决策点和优选决策点，包括以下几个部分：

① 一系列要求的交付物（deliverables）：项目领导和团队向决策点提交的一系列已完成活动的结果。

② 项目的判断准则（criteria）：这些准则包括用于项目评估的要素和标准，根据这些标准对项目打分以确定项目的优先次序。

③ 确定的输出（output）：包括对项目的决策（开始/终止/继续进行/循环），获得批准的下一个阶段的行动计划（人员、资金、进度安排等），交付物清单和下一个关口的日期。

关口通常由各个职能部门的高层管理人员负责，他们掌握项目领导和团队要求的下一个阶段的资源。

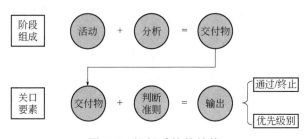

图2.6 门径系统的结构

下面对典型的SGS产品开发阶段-关口流程进行介绍。

发现阶段：这是SGS流程的第一个阶段，此阶段旨在发现和揭示机会并产生构思。

　　研发部门是新产品构思发现最重要的内容来源。美国的统计资料显示，所有的新产品构思中，88.9%来自企业内部，而其中60%来自企业的研究开发部门。

　　某企业研究院由于其定位是完全为集团公司内部服务，研发经费全部来源于集团，所以新产品构思主要来源于研发部门和内部客户-集团各二级生产企业。另一家企业研究院由于独立核算，有经营盈利任务，所以来自营销部门的项目占比较高，尤其是对于需要对市场变化做出更快速响应的精细化工品项目，来自市场项目的占比要达到50%以上。

关口 1：构思筛选。构思筛选的标准根据每家公司的具体情况和关注重点而有所不同，提供两个案例供读者参考。

埃克森美孚化学公司是最早实施 SGS 的化工公司，在这个流程的最初关口形成了一些重要的是/否准则：

① 战略复合型：是否符合公司规划的市场或者技术领域的战略重点；

② 市场吸引力：市场规模、增长率和机会是否具有吸引力；

③ 技术可行性：产品有没有被开发和生产出来的合理可能性；

④ 破坏性的可变因素：有没有任何破坏性可变因素的存在（如产品过时、环境问题和法律纠纷）。在这个"开始关口"的会议上，项目构思被对照上面四个准则进行审核，如果某项目在其必须满足的准则上被评判为"否"，则该项目被淘汰。这些决策关口的守门者同时包括技术和商业（市场）人员。

在国内某企业研究院，因为承担着集团现有装置技术进步、为集团创新发展以及自身造血盈利三重任务，所以在第一道关口，关注的重点主要有以下几个方面：

① 所提议的产品开发或技术开发项目是否容易被集团二级生产企业所接受并认可；与装置现有技术或使用的产品相比有何特点，在性能上是否有所提升，成本上是否有所降低；在集团的显示度如何，即能给公司带来多少利润；

② 是否与集团产业链延伸相关；市场体量多大；技术开发难度如何，以及是否能够形成技术壁垒从而为集团建立竞争优势；对研究院的产值和利润有多少贡献；如未来集团不实施该项目的话研究院自己实施或向外部市场推广是否容易；

③ 对于一些"短平快"项目，以市场调研是否准确充分，依靠研究院现有条件能否快速实施，如自己实施受限的话能否依托外部力量来快速实施，快速实施时会遇到什么样的市场和法规风险等为关注重点。

同样，要判断这些问题，必须有技术、市场和其他相关的人员（包括二级生产企业的相关高层领导）共同参与决策。

第一阶段：确定范围。这一阶段将快速确定项目的范围，是对项目快速、初步的调查，主要是对材料进行案头分析和研究工作。这一阶段通常在一个月内完成，需要以较低的成本和较短的时间进行初步的市场和技术评估，以获得初步的财务和商业分析作为下一阶段的输入信息。

关口 2：再次筛选。该关口结合第一阶段获得的新信息，对项目进行进一步评估。如通过的话，项目将会进入费用更多的第二阶段。相比关口 1，关口 2 会增加判断准则，包括必须满足的条目和应该满足的条目。这些准则用来处理销售团队和客户对提案产品的建议，潜在的法律、技术和管理法规方面的合规性问题，以及在第一阶段收集的新数据的结果。项目欲获得通过，则必须满足的准则必须得到肯定的答案；对应该满足的准则进行评分，通常包括战略重要性和适合度、产品和竞争优势、市场吸引力、协同作用、技术可行性、财务回报等六个维度。

第二阶段：建立商业项目。确定产品定义、新产品客户可接受程度验证、技术可行性分析、商业和财务分析是这一阶段的主要工作。为完成这些任务，该阶段可开展一些必要的初步设计或者实验室的工作，因此该阶段需要更多的资源投入。这个阶段的工作由一个跨职能团队来完成，这个团队的成员将会是未来项目团队的核心。该阶段的最终成果是完成项目的商业立项书。

关口 3：进入开发。开发计划、初步运作和市场计划将在这一关口得到审查和批准。若项目获得通过，该关口将会确定获得充分授权的项目团队负责人和组建完整的跨职能部门的项目团队。

第三阶段：开发。该阶段以技术开发活动为主，同时必要的市场和运营活动也要并行实施。

关口 4：进行测试。

第四阶段：测试和验证。这一阶段主要测试和验证整个项目的可行性，包括产品本身、生产或者运作流程、客户可接受程度和项目的经济状况。

关口 5：准备发布。这是最后一个可以终止该项目的决策点。如该关口获得通过，则将进行产品发布并全面启动生产和运营，开启全面商业化之路。

第五阶段：发布。这一阶段包括市场发布计划和运营计划的双重实施。包括生产设备采购、安装和使用、物流路径确定、销售开始等活动。

产品发布后的评审：在产品商业化后的某段时间（通常 6～9 个月后），新产品开发项目就会终止，项目团队被解散，同时产品将成为该公司生产线上的常规产品。通常也是在这个时候对项目和产品的性能表现进行评审。将最新的有关收入、成本、费用、利润和时间安排的数据和预测计划相对比来测量新产品的市场表现，对项目的优点和缺点做出重要评价。这种总结回顾标志着项目的结束。

对于技术开发，SGS 也提供面向技术开发项目的门径 TD 模型，它包括三个阶段和四个关口。

开始阶段：构思触发。发现和构思产生是整个流程的触发点。构思产生通常由科学家或者技术人员完成，但也可能是其他活动（如战略规划工作、技术预测或者是技术路线绘制工作等的结果）。

关口 1：构思筛选。该关口是一个温和的筛选关口，通过的标准主要是定性的，如战略上潜在的影响、杠杆效应、技术可行性等。关口决策者团队一般由高级研发人员构成，包括公司技术部门领导、其他高级研发人员及公司市场部门和商业发展部门的代表等。

第一阶段：确定范围。通过技术文献检索、专利和知识产权搜索、竞争替代性评估、资源缺口鉴定和初步的技术评估等工作来确定项目的范围。该阶段的工作一般以几周时间为限。

关口2：第二次筛选。该关口要决策是否投入有限的实验或者技术工作开展第二阶段的技术评估工作。关口2大多也是定性的分析并且不需要财务分析。关口决策者与关口1组成相同。

第二阶段：技术评估。阶段2的目的是证明理想情况下的技术可行性。该阶段的主要工作包括进行深入的概念技术分析，开展可行性试验，寻找合作单位，确定资源需求及评估技术对公司的潜在影响。该阶段的工作一般以几个月为限。

关口3：关口3以第二阶段中获得的新信息为基础，确定是否开展全面的技术开发工作。因此，关口3增加了更多、更严格的评判内容和标准。关口3的决策者通常包括公司技术部门领导及其他高级技术或研发人员、公司市场部门、商业发展部门和负责技术商业化的企业领导。

第三阶段：详细研究。该阶段的目的是实施全面的技术开发工作。其他同步开展的工作包括商品和流程的可能性定义、可能性的市场评估、生产影响性评估以及实施商业项目准备。这一阶段需要大量的资金投入和以年计的开发时间。完善的项目管理方法将在这一阶段被使用，包括定期的里程碑检查和项目评审。

关口4：应用路径关口。这是TD流程的最后一个关口，在这个关口，评审结果将决定技术的适用性、范围及对企业的价值。技术开发项目的关口4经常与产品开发流程中的早期关口结合，是技术开发与产品开发流程的结合点。关口决策者通常包括公司高级研发人员、公司市场部门、商业发展部门以及未来将承担最终商品开发项目的相关企业的领导者团队。

由于TD项目包含许多技术上的不确定因素（例如需要新的科学和发明的支持），因此TD流程是非常灵活的，关口较少依赖于财务标准而更多依赖于战略目标。

为了能使外部合作伙伴参与协同开发，在SGS中，还可以设置开放式关口，在这里，外部合作伙伴被邀请到关口会议中，以联合制订决策。

关口的决策对于项目的成功至关重要，没有严格把关的关口通常意味着同时执行过多的项目，并且大部分是价值有限的项目，从而导致研发效率和质量的下降。关口遇到的最大挑战是难以终止项目，不管是出于项目执行的惯性，还是某些利益相关者的坚持。或者项目团队不愿意放弃，或者因项目的深入推进而骑虎难下，或者提供的关口数据难以支撑决策以及关口没有清晰的终止标准。

那些终止不掉的项目是成功路上真正的威胁！

首先不要随便立项！其次不要立了项就终止不掉！

相信许多读者所在的研发机构都有这样的情况：立项随意，并且一旦项目立项，在后面就很难把它关闭掉，从而不断追加投入，占用资源，直至影响其他项目的进行甚至整个公司的运行。至于原因，虽然可能许多单位还没有使用 SGS，但前面所说的难以终止项目的原因应该都不陌生。

如某公司的一个研发项目虽然已经进入中试阶段，但存在严重的技术障碍且找不到可行的解决方案，项目应该被终止。但由于多方面原因，该项目在没有针对性解决措施的情况下又投入了大量的改造和原料、人员等资源，进行多次重复的中试，消耗了大量资源，影响了其他项目的开发。对于其他项目，从技术角度领导对项目有非常大的热情。尽管有些项目在开发过程中市场已经发生了非常大的变化而使得这些项目继续进行技术开发的必要性已经不存在，但项目还在继续执行，从而导致人力、物力和时间的不必要消耗。

另一家公司在采用门径管理系统之前，在研项目太多，甚至到了平均一个研发人员承担一个项目的程度。由于资源投入不足，项目推进缓慢。应用门径管理系统后，从前面说过的筛选项目的几方面标准入手，结合可提供的资源情况，最终把在研项目大幅缩减为以前的三分之一，并建立与各功能部门、研发分部和生产单位协同的多功能团队，使得项目的成功率大幅提升。在门径流程实施 3 年后，已有多个项目实现产业化。

有研究表明，高层管理者通常不能合理处置那些"执行中的偏好项目"。因此，高层管理者必须学会舍弃一些"萌芽期项目"并引进严格把关的关口作为保证，确保公司关注更少但是更好的开发项目，这样才容易取得成功。

综上所述，在创新流程中建立清晰的关口定义是至关重要的。设计优良的关口和关口会议需要传达清晰的信息；需要制订明确、清晰、易理解和可操作的决策标准和准则；必须有及时的、清晰的决策输出。在关口决策时，只有以下 5 个可能的选项。

① 继续：按要求分配资源并继续执行。

② 有条件继续：项目得到批准，资源也被分配，但附加一定的条件。

③ 中止：意味着项目满足关口标准，但由于资源分配不足，该项目被暂时停止。中止决策是一个排序问题，以后可能会重启。

④ 终止：意味着项目结束，停止项目的所有工作，不再分配任何资源，也不会在以后对项目重启。

⑤ 再循环：即项目返工，再循环表明项目团队没有达到期望的标准，需要补

充上一阶段的工作。

刚才说的都是关口的审查,在一个阶段的内部也会遇到影响项目前进的问题,比如:也会遇到了技术障碍,会增加开发的时间和成本,或者降低技术成功的可能性;项目比之前关口设定的时限长了很多,或者项目连续两次没有达到里程碑的要求;对产品设计或者产品规格进行了修正或者放宽(这会影响到消费者需求的满足和产品的定义);销售额比预期会有很大变化;产品成本预计会有很大变化;无法获取项目开发所需足够的资源等。当出现这些情况时,项目负责人要及时提出警报并协调解决问题,必要时可以召开紧急关口会议。

一定要充分重视项目的前期工作

不重视项目前期工作,一头扎进技术细节、希望尽快开展实验是很多研发人员的通病。实际上,充分的项目前期工作能极大提高项目的成功率,避免走弯路或做无用功,这对于公司和个人都非常重要。优秀的创新企业会努力平衡好市场导向的任务和技术活动,而做得不好的企业则倾向于一股脑投入到技术开发中,对于市场和产品只是在口头上表示重视。对于个人来说,人生有涯,要把有限的精力投入到有价值的工作中去,才有可能取得一点成绩。

我们常常听到的抱怨是这些细致的前期工作导致了更长的开发时间,但实际上从整个项目开发周期来看,很多实证研究和笔者的实践经验都表明,其实恰恰是这些工作减少了开发的时间,并且提高了成功的概率。

某单位科研管理最早采取传统做法,主要从技术的角度来选择项目,市场调研非常薄弱。不光对外部市场调研严重不足,对内部二级生产企业需求的调研做得也很不充分。没有独立的市场或营销部门。由于缺少第一手准确的信息,导致项目论证所需资料和有限的技术经济分析等都基于文献新闻报道和纸面工作,最终结果是花费了大量的人力、物力和时间,但项目成功产业化比例不高。

另一家单位也有类似的情况,该单位研发力量相对较弱,但好处是有专职营销部门,市场联络比较广泛。并且在各生产单位都有隶属该单位的工程技术研究中心,所以与各二级生产企业的交流沟通也比较方便。在认识到项目前期工作的重要性后,其充分发挥在内外部市场和客户联络方面的长处,大力强化前期工作,要求每个项目进行充分的市场调研,营销人员和技术人员一起亲自走访市场和内外部客户,而不是查阅资料、坐而论道;在市场和客户充分调研的基础上,进行多方案的概念设计、技术经济分析和综合评估;对于难以落实的技术问题,必要时安排短期的探索实验;在方案论证阶段就统计项目原料、工艺、"三废"等涉及的问题和环保情况并逐项落实在项目可能实施地的合规性要求。对近期计划产业化的项目，还实地落实原料运输、"三废"处置方案和处置单位等各项落地条件等。通过以上一系列细致的工作，基本能够判断这个项目在经济上是否有吸引力，具体的目标客户是谁，开发的目标是什么，可能的技术解决方案有哪些，公司技术力量能否提供支撑或需要哪些合作伙伴，由谁来提供原辅料供应，安全环保问题是否能够解决等。最后决定项目是否立项或继续推进。这些工作的效果是非常明显的，短短三年时间，该单位产业化成果就不断涌现，在集团的形象和地位也大幅改变。

其实，古人早已有精辟的总结："磨刀不误砍柴工""谋定而后动"。结论已经足够明确，强烈建议重视这些前期工作并确保工作的质量。没有良好的前期工作就不要让项目进入开发阶段！让这些行为成为行为准则并投入足够的资源去开展这样的工作。

2.2.4.2 SGS 创新管理与传统科研管理的区别

SGS 创新管理与传统科研管理的区别汇总于表 2.1。总体上说，传统的科研管理是单纯的技术视角，而 SGS 创新管理关注项目能够成功的系统因素并去促进成功。

表 2.1 SGS 创新管理与传统科研管理对比

差异类别	传统科研管理	SGS 创新管理
决策	技术副总，总工程师	企业家
目标导向	技术导向	商业视角，市场导向
管理范畴	技术研究、小试、中试	从创意到产品上市的全流程管理；从研究到开发，从"技术平台—新产品—产品改进"的全方位管理
项目执行	技术部门为主体 与其他业务部门通过串联方式进行	多个职能部门参与、设置产品经理；各职能部门协同并行前进
关注点	发表的论文/获得的专刊 关注技术开发成功率	关注经济效益，关注创新成功率

2.2.4.3 SGS 与 IPD 的比较

现在我们知道 SGS 和 IPD 都是支撑并行开发的流程管理方法，它们都起源于20 世纪 80 年代中后期并在 90 年代逐渐得到广泛应用。从思想和原理上来说，它们都是相同的，但针对不同的应用行业，它们在具体的实施细节和行业适应性上会有所不同。IPD 是 IBM 于 90 年代在 PACE 的基础上发展起来的，一开始就有IT 信息业的血统，并因为国内华为的使用而广为人知，它更适用于以产品开发为主的离散工业。而 SGS 的第一家用户是化工企业埃克森化学，并之后在化工类企业中得到了广泛应用，如 3M、宝洁、杜邦、陶氏、巴斯夫、壳牌、道达尔、伊士曼、塞拉尼斯、康宁等各大国际化工公司，在国内也有华谊等知名化工公司使用，其更适合化工等流程工业使用。

2.2.4.4　化工创新企业 SGS 实施案例

本节给读者介绍 3 个化工创新企业实施 SGS 的案例，其中前两个案例来自世界知名的化工技术开发公司 UOP 和托普索，第三个案例是国内某知名化工公司研究院的实施案例，通过这些案例，读者可能会对 SGS 在化工研发机构的实施有更具体的认识。

（1）UOP 案例

UOP（环球油品公司）是霍尼韦尔全资子公司，成立于 1914 年，总部位于美国伊利诺伊州的德斯普雷恩市。UOP 是国际领先的技术供应商和授权商，专门面向炼油、石化和天然气加工行业提供加工技术、催化剂、吸附剂、加工设备和咨询服务。UOP 在炼油工艺、催化剂和吸附剂的研制与商业化方面有近 100 年的经验，全世界的炼油厂都在使用其成果。在当今使用的 36 项炼油技术中，有 31 项是由 UOP 发明的。全世界有 60% 的汽油和 85% 的可生物降解洗涤剂是采用霍尼韦尔 UOP 技术制成的。UOP 为碳氢化合物加工行业中 6000 多套装置提供超过 70 种工艺技术。无铅汽油、可生物降解洗涤剂都是 UOP 创新技术的结晶。

UOP 的科研创新管理采用 SGS，具体流程如图 2.7 所示。开发的各个阶段和各个关口都要求跨职能部门团队的通力协作。在每一个关口检查前一阶段的要求是否已经达到；团队是否已经为下一阶段制订了能获得认可的方案；是否需要为下一阶段开发承诺资源投入。并在此基础上决定放行、补充、暂停或结束项目。

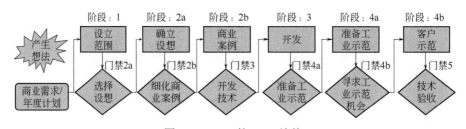

图 2.7　UOP 的 SGS 结构

UOP 强调新产品开发是一套涉及整个公司的流程，新产品开发需要所有商务职能团队参与，不同职能部门或人员要分别承担以下的角色：商务（五年战略规划、年度计划、项目组合）、市场（聆听客户声音、营销计划、定价、产品上市工作）；销售（销售流程、产品上市）、技术发现和交付、知识产权、制造和试车流程（包括供应链、产品管理、工程放大和工艺安全性、技术服务和商业运营等）。

（2）托普索案例

托普索（Topsøe）是全球知名的技术专利商、催化剂研发和制造商，其集团总部、中心研究实验室和工程部位于丹麦的灵比。托普索一直致力于多相催化领域，不断地发展并巩固了其在催化剂、催化反应和催化工艺技术领域的世界领先地位，市场涵盖炼油、化工、能源和环保等领域。

托普索的 SGS 结构如图 2.8 所示，同样强调采用矩阵管理的方式，组建跨职能部门的团队以实现并行开发。项目团队的成员包括新发现、研发、生产、过程、市场等各个职能角色，并在必要时引入外部的大学或科研机构进行协作开发，根据具体情况决定公司拥有或分享相关知识产权。公司设立评估委员会在各个关口把关，并在阶段内部每 3 个月进行一次阶段内的项目实施例会，解决实施中的具体问题。

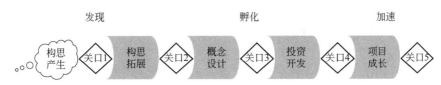

图 2.8　托普索的 SGS 结构

托普索的商业模式将从基础知识到实际实施的各个方面整合到一起，使工业效率达到最优化。产品组合涵盖催化剂、专利设备、工艺设计、工程和服务。研发、工艺设计、工程、催化剂生产和销售之间的紧密协作是托普索催化剂和技术不断优化的基础。其催化剂和生产工艺通过研究、设计和生产等部门之间的紧密合作完成开发，保证了催化剂和工艺工程技术符合甚至超出客户的预期。

（3）国内某研究院 SGS 实践

鉴于传统科研管理存在的弊端，国内某研究院全面推行并行开发方法，并结合其组织结构、组织文化和人才结构、行业等实际情况，建立相应的 SGS 工作流程和体系作为并行开发方法实施的支撑和保证。

首先是流程确立。结合其他单位的实施经验和该单位承担科研项目的具体情况，如既要开发延伸集团产业链的新项目，也要为集团生产装置的技术进步服务，最终把研究院项目归并为四类：调查研究项目、平台技术项目、新产品/新工艺项目和产品/工艺改进项目（图 2.9）。其中，调查研究项目属于软课题，主要为其他三类项目的决策和实施服务，采用两个关口简化的门径流程，研究获取的主要是知识。平台技术项目主要是研究新产品/新工艺项目和产品/工艺改进项目所需的共性技术，如加氢催化剂和技术等，重点关注技术的先进性、可靠性和可实施性等，也采用相对简单的三关口流程，研究结果是形成某种技术或能力。新产品/新工艺项目是全新的工作，面临的不确定性最多，因此采用最完整的门径流程，确保项目沿着正确的路径循序渐进，提升项目的成功率。对于产品/工艺改进项目，由于研究对象是已有的产品或装置，所以研究的范围和目标非常明确，也采用了简化的三关口门径流程。对于后两类项目，研究的目标是要实现商业化，所以对商业立项可行性和产业化及产品上市给予更严格的评估。

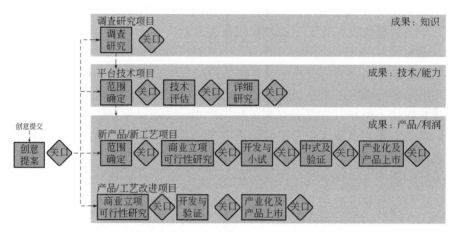

图 2.9　国内某研究院 SGS 流程结构

其次是科研管理制度的建立。整体流程确立之后，为把流程落地，必须要有配套的制度和实施细则来确保流程可实施、可操作。这样针对不同项目不同阶段的实施特点，分门别类建立了"创意、调研""探索、小试"和"中试、技改"三类科研项目管理制度（图 2.10）。

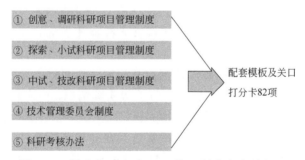

图 2.10　国内某研究院 SGS 管理制度和实施细则

对创意调研类项目，调研的主要任务是：

① 背景分析：论证国内外该领域技术或产品的发展方向和动向。

② 市场分析：产品市场（国内外）需求、供需关系变化、价格曲线、生产及需求企业分析等。

③ 指标分析：分析发展该领域技术或产品的优势（技术、经济、能耗、环保、安全分析）。

④ 可行性分析：论证发展该领域技术或产品的可行性，包括物资、设备、能

源及外协配套等内容。

为保证科研创新的活力和鼓励大家多提创意提案，对于调研类项目，关口的设置是较为宽松的，提案经过部门领导和分管院领导审查通过及科研管理部门备案后，即可进入调研阶段。项目的负责人可以是科研人员，也可以是经营或管理人员等，根据项目的性质和不同人员的专业特长来进行确定。

一般情况下项目负责人要在两个月内完成项目的调研报告。当项目不具有继续调研的价值时，调研人员还可以填写调研终止申请表来及时终止调研。调研结束时，提交项目调研报告。根据调查研究项目形成的知识，产生研发提案，促发平台技术项目（技术引进、合资合作、公司并购等）或新产品/新工艺项目。

调研报告如审查通过可以触发两类结果：需要进行一定的探索研究来加深认识再决定是否小试立项或者直接进入小试立项程序。

小试探索项目周期原则上不超过 3 个月，如未按计划达到预期目标，项目负责人应在探索期结束前提交探索项目延期申请单，经公司各级领导审核通过后延期进行，但总研发时间不得超过 6 个月。期间按照立项报告的探索期预期目标、节点、费用进行科研工作考核。

如调研比较充分，不需要进一步探索研究，也可以直接进入小试立项程序，小试科研项目立项程序如下：

① 调研报告审核通过后或达到探索期预期目标的项目，确定项目负责人，编写立项报告和立项申请表；

② 科研管理部门对立项报告进行形式审查；

③ 形式审查通过后科研管理部门组织公司技术管理委员会评审论证；

④ 评审通过后组织开发团队，编写小试科研实验方案，技术主管领导审核通过后，进入小试试验研究阶段。

通过评审的项目即列入公司年度工作计划进行科研日常工作管理，按照公司要求撰写年度目标责任书。对于小试科研项目，为了确保计划任务书的按时完成，将计划任务书总指标分解为年度与季度指标。科研进度按照目标责任书计划执行。目标责任书中包括项目负责人、项目年度总计划、季度计划、专利和文章的发表数量、项目费用控制等内容。

开发团队为跨部门的多功能团队，实行项目负责人制。团队中有过程开发人员负责概念设计、技术经济分析、过程开发、关键设备开发等工作；有分析人员进行分析方法的开发和项目所需测试工作；有经营人员负责项目所涉及的原料、产品、供应链、"三废"处置等与市场相关工作的调研，且每季度更新一次市场情况。

在项目研发过程中，受公司的人力、物力、研发方向等因素影响而不能继续支持研发继续进行时，对由公司一致同意中止的项目，应编写中止总结报告和中止申请表。中止的项目通知给技术管理委员会相关成员。中止的项目在公司资源重新允许的情况下还可以重启。由于市场、技术路线竞争力、实施条件等因素的变化导致项目不具有继续研究的价值时，项目负责人应填写科研项目终止申请表，召开临时技术管理委员会，决定项目是否终止。不管是中止还是终止的项目，都需要提交完整的交付材料，包括项目总结报告、发表的专利文章一览表、经费使用情况表、经济效益分析报告、用户使用（反馈）报告、全部实验记录本、分析测试数据等。

在正常的小试结题关口，科研管理部负责组织有关院内外专家组成的技术管理委员会进行项目评审并给出审查意见。涉及委托、合作开发的研发项目邀请相关代表参加；项目属于产品开发的，邀请用户代表参加。特别注意的是，此关口评审前小试研究结果要由公司领导指定科研人员进行实验重复性验证工作。未通过结题验收的，如同意项目组进行补充研究，则项目负责人应及时填写项目延期申请书报院领导审批。延期时间一般不超过一年。

中试项目的来源包括内部完成的小试技术，结题时经技术管理委员会确认具有技术和市场前景且同意开展中试的项目，对外合作完成的小试技术，调研项目过程中发现的具有市场前景的外部小试技术，以及经研发部门和营销部门进一步完善材料后，经技术管理委员会确认具有技术和市场前景，建议合作开展中试的项目。

对于中试项目的立项审查，由科研管理部门组织技术管理委员会从安全、环保、财务、供应、生产、技术、市场、专利和知识产权等方面，统筹 STEM（科学、技术、工程、市场），对项目进行打分。通过的项目可进入中试环节，各委员评审意见表和评审总结由科研管理部门存档。未通过的项目，由项目团队根据评审意见进一步完善材料，在 1 个月内给予一次重新答辩的机会。

中试阶段的工作由过程开发部门主导，由过程开发部门负责工艺包的编制，督促工程设计的实施，配合集团工程部对装置建设实行全程监管和检查验收。中试开车前任命开车技术组，由研发人员、过程开发主要人员、中试装置所在园区相关人员共同组成。指导中试、提取中试放大数据、保障中试顺利运行。技术组长由过程开发部门人员担任。技术组负责中试实验的实施，根据中试实验方案，提取完整的工程参数，满足工业化工艺包的编制要求。中试完成后，进入中试关口评审以决定是否实施工业化。

技术改造（以下简称技改）是指在公司范围内，采用新技术、新工艺、新设备和新材料等，对生产设施及相应配套设施进行改造、更新，以达到调整产品结构，提高产量、质量，促进产品升级换代，增强市场竞争能力，降低能源和原材料消耗，搞好资源综合利用和污染治理，提高经济或社会效益等目的的投资活动。技术改造的范围主要包括：生产工艺、技术、装备和检测手段的更新改造；现有企业调整生产结构，提高技术水平或产品档次而建设的新的生产装置和生产线；现有企业节约能源和原材料、治理"三废"污染、提高资源综合利用效率。

技改是企业研究院经常承担的另一项主要工作。根据技改项目的不同类型，技改项目的主体实施部门可以是研究院不同的研发部门。技改项目的立项是由项目主体实施部门提出技改申请，填写技改申请表，相关部门配合项目主体实施部门完善技改项目建议书。项目建议书要包括项目背景、市场分析与预测、竞争对手分析、技改方案概述、技术改造方案、装置选址及依托条件、装置设计、装置建设、装置运行与优化、投资估算、主要考核指标等各项必要的内容。由科研管理部门组织召开技改开题会，项目负责人进行现场开题阐述并答辩，通过的项目可进入技改研究和实施环节。技改项目实施完成后，由项目组配合集团生产技术部完成工艺标定。在此基础上，提交如下书面材料：技改项目立项申请表、项目建议书、项目前期评价表、实施效果评价表、项目论证纪要；技改项目设计方案、施工过程图纸、费用结算等方面相关资料；技改项目完成后的运行效果及安全环保效果评价；财务部门对技改资金使用情况及经济效益评价；工艺查定报告等。项目组配合由技改项目所在公司、集团生产技术部和研究院三方组成的技术管理委员会进行项目评审和验收，并针对技术管理委员会提出的问题和改进措施进行整改。

技术管理委员会是该单位的科技创新最高决策机构，其人员组成包括化工相关领域的资深专家及市场、财务、生产、供应、HSE 等多方人员，统筹 STEM（科学、技术、工程、市场），人员来自公司内部和外部（组成专家库）。技术管理委员会在科技创新过程中，对各节点结果起把关作用，对创意、探索、小试、中试、工业应用全流程的立项、结题等每一个项目节点进行审查。技术管理委员会接受公司董事会领导，委员由董事会任命。

技术管理委员会职责为：

① 审议公司科技发展战略方向；

② 审议公司重大投资、并购及技术引进提案，交付技术报告；

③ 审议科研项目（小试）立项提案；

④ 研究院设计项目、中试项目的立题论证工作，对是否立项进行决策；

⑤ 审查科研项目创意、探索、小试、中试、工业应用全流程节点；

⑥ 评审项目结题材料，鉴定科研成果价值。

每次项目评审时根据项目类型和所处阶段，相应的技术管理委员会委员从专家委员库中选取。专家委员库由公司、集团及集团外人员组成，定期更新。由科研管理部门根据需要组织技术管理委员会会议。技术管理委员会决议结果作为各项考核、奖励工作主要依据。

此外，为了加强项目过程管理和日常管理，还配套实施了新的科研项目考核办法，编制了各项模板和关口打分卡 82 项，确保各项工作的标准统一。

SGS 体系实施后，起到了非常良好的效果。一是将原来公司研发项目梳理缩减三分之二，使得各项目资源配置更为集中，商业化前景更为明确。二是多功能的团队令项目研发效率大幅提升，减少了研发人员的无效劳动，使得研发人员的创新热情大幅上升。三是由各内外部相关领域、相关单位组成的技术管理委员会进行评审，使得用户的早期参与成为现实，大大增加了研发项目落地的机会。四是多个项目的实施和落地增加了员工的信心，遏制了研发人员大量流失的不利形势。因此该项工作得到了上至集团下至普通员工的广泛好评。

举例来说，某环保技术开发项目，在国家环保政策要求下市场需求蓬勃发展，集团内部生产装置也有明确的需求，但此前受限于研发项目过多，资源分配不足和与集团有需求的二级生产企业缺乏沟通，导致研发目标不明确，项目研发了两年多没有明显的进展，对于何时能实现工业应用也无法做出准确估计。在环保政策的要求下，在要求的几年时间内，各相关生产企业会陆续上马相关工程，催化剂和工艺包、工程设计、总包的市场商机大量涌现，待配套环保装置建设完成后，此后只需进行催化剂的正常更换。因此，项目快速商业化对于抢占商机非常重要。在 SGS 体系实施后，由于研究院项目减少，可用资源大幅上升，并且由于该项目的重要性和开发的紧迫性，研究院还对该项目给予了资源倾斜，保证了各项科研设备、仪器的供应，增强了催化剂研发力量，组建了由过程开发、分析检测、经营、设备、生产等各方面人员组成的多功能团队，加强与集团生产技术部和生产企业的交流和沟通，明确了研发目标，更重要的是提前获取了集团生产企业新项目的订单（如达到生产企业外部采购催化剂的技术标准并能在规定日期前供货，价格不高于外部采购价格），广泛调研原料供应商和催化剂生产加工企业，获得外部资源的协同支持。在以上措施的保证下，经过项目组全体成员的不懈努力，项目仅用了不到一年的时间便获得突破，催化剂成功应用于集团环保新工程，运行效果优于外部采购的催化剂。在此基础上，总包集团之后的各相关环保工程，提供从催化剂到工艺、从设计到施工的全套服务，并在集团外部总包多套工程，成为研究院的重要利润增长源。

优秀的 SGS 管理软件能使门径系统实现自动化。在节约时间和减少工作量方面有非常明显的回报。该单位在 SGS 体系实施过程中，先是利用 SGS 原则进行项目筛选，然后不断制度化和完善化，并且在 OA 系统上建立了业务流程（图 2.11）。技术管理委员会可以在线上进行项目评审，初步实现了 SGS 体系的流程化、信息化。

2.2.5　并行开发管理流程总结与评述

研究是将金钱变成知识的过程，开发则是将知识转化成金钱的过程。从以上介绍可以看出，四种研发管理流程各有其历史源流和特点：精益开发起源于丰田，通行于汽车行业；PACE 更多关注于离散工业的产品开发，由 IBM 发展为 IPD 并指导华为公司实施，在 IT 行业有巨大的影响力；SGS 的第一个用户是化工企业，在化工行业得到广泛的使用。

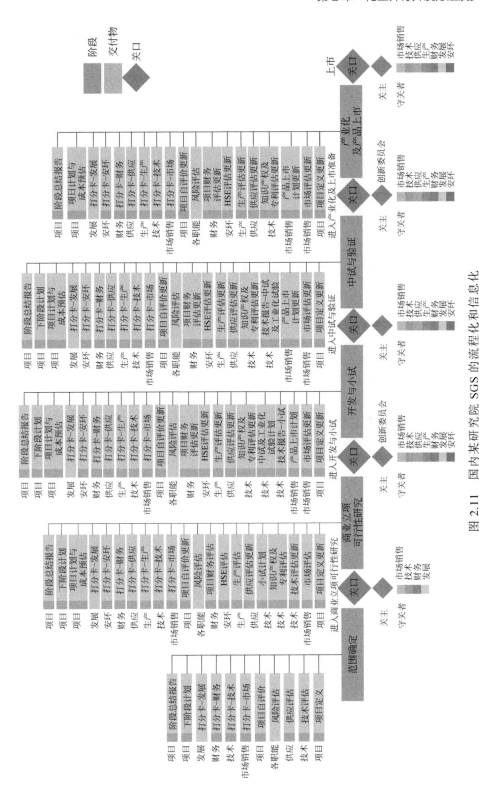

图 2.11　国内某研究院 SGS 的流程化和信息化

尽管有以上不同，但它们的精神内核是一致的，强调以市场和客户需求为产品开发的驱动力，注重将产品开发作为投资进行管理。在产品开发的每个阶段都从商业角度而不是技术角度进行评估。采用跨部门的多功能团队，它使开发整个生命周期多个业务领域的工作有机集成，以保证整体业务计划和目标的实现。并行工程是这几种并行开发管理流程的基础支撑和方法论，采用结构化的方法，将开发活动作为流程进行管理，通过门径管理、组合管理、管道管理规范优化决策和研发活动是共同的原则。各种开发方法是基于此的各种具体实现方式和框架。

条条大道通罗马，但总有一条路是最近的。我们要做的事情，不是盲目地去探索，而是要应用这些多年实践优化的原则，结合自己的具体情况，建立最适合自己的并行开发管理流程。

2.3 化工研发需要并行开发方法

2.3.1 化学工业的特点

分析化工研发的特点首先要分析化学工业的特点。

化学工业泛指生产过程中化学方法占主要地位的过程工业，包括基本化学工业和塑料、合成纤维、石油、橡胶、药剂、染料工业等，是利用化学反应改变物质结构、成分、形态等生产化学产品的部门。化学工业是国民经济基础产业之一，化学工业的范围在不同时代、不同国家不尽相同。化学工业既是原材料工业，又是加工工业；既有生产资料的生产，又有生活资料的生产。因此除了传统的无机酸、碱、盐、稀有元素、合成纤维、塑料、合成橡胶、染料、油漆、化肥、农药等细分行业外，现代化工还包括生物工程、生物制药等。现代化工在近年来发展非常迅速，给人类的生活带来了极大的便利，对人类生活方式产生了深远影响。

化学工业与其他工业最大的不同在于，其他工业的生产过程基本是物理过程，而化工生产过程的核心是化学反应。不同于物理变化，化学反应是非线性的。化工生产过程是把原材料经过化学反应转变成产品的过程。经过化工生产过程，分子的种类发生了变化。所以从工艺技术、对资源的综合利用和化学反应过程的非线性等方面来看，现代化学工业生产过程也有很多区别于其他工业部门的特点，主要体现在以下几个方面：

① 化学工业属于知识和资金密集型的行业。一方面，化学工业是让物质结构发生变化的行业，其发展在很大程度上要依靠科研和新技术开发的成果，且科研难度大、耗时长，从而开发费用很高，即使引进技术和专利也需要大量的资金；

另一方面，化工装置大多工艺流程长，生产设备多，自动化程度高，很多设备需要使用昂贵的特殊材料制造，所以投资较高。

② 化学工业生产技术具有多样性、复杂性和综合性的特点。化工产品品种繁多，每一种产品的生产不仅需要一种至几种特定的技术，而且原料来源多种多样，工艺流程也各不相同；即使生产同一种化工产品，也有多种原料来源和多种工艺流程。由于化工生产技术的多样性和复杂性，任何一个大型化工企业的生产过程的正常进行，都需要多种技术的综合运用。

③ 化学工业具有综合利用原料的特性。化学工业的生产是化学反应，在大量生产一种产品的同时，往往会生产出许多联产品和副产品，而这些联产品和副产品大部分又是化学工业的重要原料，可以再加工和深加工。因此，化学工业是最能开辟原料来源、综合利用物质资源的工业类型。

④ 化学工业的生产过程要求高度自动化。化工产品的生产对各种物料配比都有一定的要求，原料处理、反应、分离等各自需要控制在合适的工艺条件下，大多数是连续的生产过程。这些因素都要求化工生产必须采取自动控制进行调节，形成一个首尾连贯、各环节紧密衔接的生产系统。

⑤ 化学工业对从业人员的素质和能力有很高的要求。由于化学工业技术密集、过程复杂、自动化程度高，不仅需要有化工工艺专业的工程技术人员，而且需要有电气、仪表、计算机、机械设备、分析专业的工程技术人员，还要有众多具有一定文化技术素质、较强的现代化工艺操作能力且能熟练进行化工岗位操作的操作工人。

⑥ 化学工业具有能源消耗大、综合利用潜力大的特点。化工产品的生产多以煤、石油、天然气等为原料、燃料和动力，化学工业是燃料和电力的最大用户之一。有些化工过程需要在高温或低温条件下进行，无论高温还是低温都需要消耗大量能源。化学反应过程也是能量转移的过程，反应过程中释放的热量是一种有价值的能源，综合利用化学反应热，是化工生产技术进步的一个重要内容。

⑦ 化学工业需要高度重视安全环保问题。化工生产具有易燃、易爆、易中毒、高温、高压、腐蚀性强等特点，工艺过程多变，因此不安全因素很多。要想充分发挥现代化工业生产的优越性，保证高效、经济的生产，就必须高度重视安全，确保装置长期、连续地安全运转。同时在化工生产过程中，参加化学反应的物质除了生成主产品外，还有一些副产物和废水、废气、废渣，化工生产过程中排放的"三废"种类繁多，排放量大，"三废"的形成不仅浪费原材料，而且污染环境，危及人类健康。所以化工企业加强"三废"减排和综合治理十分重要。

化工产业是国民经济的基础产业，关乎各行各业的发展。国际化工协会联合会 2019 年的报告显示，化工几乎涉及所有生产行业，通过直接、间接和深度影响约为全球生产总值贡献了 5.7 万亿美元，提供了 1.2 亿个工作岗位。我国是世界化工大国，化学工业在国民经济中地位突出，既关乎经济发展和社会就业，也和产业链下游的电子信息、新材料、新能源等战略性新兴产业发展高度相关。结合上述提到的化学工业的一系列特点，化学工业的发展必须高度重视科技的作用，加强化工研发，提高技术水平，推动化学工业健康、持续、科学发展。

2.3.2 化工研发的特点

早期的化学工业以经验为依据，可称为手工艺式的。在生产和科学的长期发展中，化学生产逐渐从手工艺式的生产向以科学理论为基础的现代生产技术转变。现代化学生产的实现，应用了基础科学理论（化学和物理学等）、化学工程原理和方法，以及其他有关的工程学科的知识和技术。

化工研发是指从一个有关新产品、新技术或新工艺的概念的形成，到科研、设计、建设工厂，从实验室研究成果过渡到实现工业化的全部过程。涉及化学工艺、化学工程、分析检测、机械设备、自控仪表，电气工程、材料工程、技术经济、安全环保等多个学科领域，需要考虑原料和生产方法的选择、流程组织、设备选型、催化剂及其他物料的影响、操作条件的确定、生产控制、产品规格及副产品的分离和利用以及安全技术、环境保护和技术经济等问题。同时还包括实验、设计和试生产等各个环节，因此它是范围极广的工程技术的综合。

化工过程开发的特点在于：①原料、生产方法和产品的多样性和化工开发的多方案性；②重视能量和资源的充分利用；③环境保护和过程安全是化工过程开发中必须重视的问题；④重视技术经济，单纯技术领先而没有经济效益对于工业生产没有意义。

化工过程开发所面临的实际问题往往非常复杂，主要表现在化工过程涉及的物料种类众多，物性千变万化；过程既有化学过程，又有物理过程，并且两者时常同时发生，相互影响；体系复杂，既有流体，又有固体，时常多相共存，且流体性质在过程中也可有大幅度变化（如低黏度和高黏度、牛顿型和非牛顿型等）；边界复杂，由于设备（如塔板、搅拌桨、挡板等）和填充物（如催化剂、填料等）几何形状多变，使流动边界复杂且难以确定和描述。化工过程需研究多个尺度的相互影响和复杂行为（如催化过程从活性位点、催化剂孔道、催化剂颗粒、催化剂床层、反应器到生产装置、工厂园区等多个尺度），时空多尺度特征和行为是过程工业中所有复杂现象的共同本质和量化的难点；动量传递、热量传递，质量传递和化学反应（三传一反）同时存在，互相影响，等等。

新的化工技术从实验室走向工业化必须经过放大，而化工过程的放大与装备制造等离散型工业的放大有非常显著的不同。对于离散工业，放大是物理过程的放大，属于线性放大。而对于化工过程来说，放大是化学过程的放大，属于非线性放大。因此化工过程的放大更加复杂，是化工过程开发的核心。

化学工程的一个重要任务就是研究有关工程因素对过程和装置的效应，特别是在放大中的效应，以解决关于过程开发、装置设计和操作的理论和方法等问题。它以物理学、化学和数学的原理为基础，广泛应用各种实验手段，与化学工艺相配合，去解决工业生产问题。

化学工程初期的主要开发方法是经验放大，通过多层次、逐级扩大的试验，探索放大的规律。这种经验方法耗资大、费时长、效果差，人们一直努力试图摆脱这种处境。但是时至今日，对于一些特别复杂，人们迄今尚知之甚少的过程，仍不得不求助于或部分求助于此法。

20 世纪初相当盛行的方法是相似论和因次分析，其特点是将影响过程的众多变量通过相似变换或量纲分析归纳成为数较少的无量纲（无因次数）群形式，然后设计模型试验，求得这些数群的关系。用这两种方法归纳试验结果，甚为有效。对于反应过程，逐级的经验方法沿用了很长时间。由于不可能在满足几何相似和物理量相似的同时满足化学相似条件，用无因次数群关联实验结果以获得反应过程规律的思路归于无效。

直至 20 世纪 50 年代，在化学反应工程领域中才广泛应用数学模型方法。这一方法的影响波及化学工程的其他分支，使研究方法出现了一个革新。但即使采用了这个方法，试验工作仍占重要地位，基础数据要依靠试验测定，模型要通过试验得到鉴别，模型参数要由试验求取，模型可靠性要由试验验证。

由于许多化工过程的规律十分复杂，至今不能透彻了解，难以建立数学模型放大，所以目前开发工作中普遍应用的研究方法是部分解析法，这是一种将理论解析与试验相结合的放大研究方法。它是介于逐级经验放大与数模放大之间的一种行之有效的方法，是以化学反应工程和有关工艺技术学科的理论为指导进行的试验研究，不是把化工过程完全按黑箱处理，从而减少试验的盲目性，并使实际工作合理化，提高了研究的有效性。

各种化工研究方法的基础是试验工作，不论采用哪一种研究方法，都应力求使试验工作有效、可靠和简易可行。各种理论、各种方法以及计算机的应用，目的都是使试验工作更能揭示事物的规律，更节省时间、人力和费用。在上述方法的应用中，多方面体现了过程分解（将一个复杂过程分解为两个或几个较简单过程）、过程简化（较复杂过程忽略次要因素而以较简单过程简化处理）和过程综合（在分别处理分解了过程后，再将这些过程综合为一）的思想。

现代化工正在向两个方面发展：一是大型化，一是功能化[21-23]。一方面，现代工业生产的规模常要求一套装置的年产量达数十万吨或更高，以便提高规模经济效应。装置大型化必然面临大量的工程问题，而且指标稍有下降，就会带来很大的经济损失。科学技术的进步使得时时刻刻在创造新的产品和新的工艺。但这些新的产品必须借助工程的手段才能实现工业生产，新的工艺要有经济和技术的合理性才能取代原有工艺。另一方面，随着社会的进步，人民生活水平的不断提高，以及新能源、新材料、信息、军事等的发展，对新的药物、新的功能材料等功能性化工产品的需求不断增强。

传统的化工过程主要是生产小分子通用化学品，如"三酸"、"两碱"、合成氨等基本无机化合物，烯烃、芳烃、醇、有机酸等基础有机化学品。这些通用化学品的质量指标主要是化学纯度指标，不包括如晶型、结晶度、多相多组分结构、空间结构等产品的物理结构。针对这些通用化学品，生产技术发展的主要目标是通过使用便宜易得的原料、尽可能简单的工艺、造价低的设备来降低生产成本。技术的先进性主要体现在过程的物耗、能耗等方面。

随着时代的进步，现在对功能性化学品的需求越来越大。功能性化学品有两个重要特征：第一是功能，如对于药物，患者只关注药效和安全性，而不会关注药物的分子式和结构；第二是结构，如高分子化合物，它的结构层次繁多，如重复单元结构、链结构（或称分子结构）、聚集态结构，以及更高层次的多相多组分结构，而且同一结构层次的结构形式也多种多样，是决定功能的重要物理化学基础。

对于从单体小分子到聚合物大分子，从聚合物大分子到聚合物的聚集态（如晶态、无定形态或半结晶态），以及两种或两种以上聚合物形成的多相多组分的聚合物合金的高分子材料来说，需要解决的关键问题是产品纳微结构的构筑。除化学因素（如溶剂、表面活性剂、模板剂、反应）外，工程因素（如混合、流动、剪切、传质、传热，通过过程与设备表现）以及化学因素和工程因素的耦合、协同，都将对产品的纳微结构起决定性作用，因此化工研发不仅包括结构-性能关系，还包括结构调控。围绕功能性产品的设计与开发，加强对产品功能的设计。通过传递与反应调控进而调控产品纳微结构的研究是化工学科的重要发展方向。

面向化学工业的现在和未来发展需求，化学工程学科需要有新的理论和方法来支撑高附加值产品的研究与开发，而不仅是小分子产品生产的放大和成本降低。化学产品工程是面向专用化学品的过程工程，化学产品工程作为化学工程的新学科方向，周兴贵等[21]指出其主要研究需求包括以下方面。

① 产品描述：功能量化方法，例如如何量化口感、药效、溶剂效应；结构模型化方法，例如如何建立复合材料、多孔/发泡材料、微乳/悬浮膏霜产品等的物理结构模型。

② 产品设计：结构-性能之间的数学关系，包括理论、经验和半经验关系，用于从结构预测性能（正问题）和从性能优化结构（反问题）。例如如何根据特定的需求理性设计溶剂、药物、添加剂、催化剂、分离材料等。

③ 产品制造：结构调控，包括化学调控（如使用添加剂）、物理调控（通过成核、生长、混炼、造粒等）。例如如何通过物理和化学加工调变产品的纳微结构（如链段、晶型、晶习、粒径分布、相分布和相界面结构等）。

表 2.2 是产品开发和过程开发的对比。

表 2.2 产品开发与过程开发的对比

产品开发	过程开发
产品和过程都没有确定	产品已经确定，但过程没有确定
通过技术工作产生产品备选方案	通过技术工作产生过程备选方案
聚焦于产品性能模型	聚焦于生产流程模型
目标是通过增强产品性能来增加价值	目标是最小化生产成本

Cussler 和 Moggridge 提出了产品设计的四个步骤[23]，包括：

① 识别客户需求；

② 提出满足需求的多个创意；

③ 优选方案；

④ 制造产品。

他们认为对于产品开发，多功能项目型组织和并行开发方式比传统的按部门划分的功能型组织和串行开发方式更适用。

从以上分析可以看出，化工研发，不管是产品开发还是过程开发，都需要有一种系统的开发方法。

2.3.3 化工研发采用并行开发方法的必要性

综上所述，化工研发从纵向上来说，包含从最初提出有关的科学设想及概念的形成，到科研、设计、建设工厂等从实验室研究成果过渡到实现工业化的全部过程。从横向上来说，需要化学工艺、化学工程、分析检测、机械设备、自控仪表、电气工程、材料工程、技术经济、安全环保等多学科的共同参与。因此化工研发是一门范围很广的综合性工程技术和创造性活动。

对于化工产品和工艺的研究工作可以追溯到 18 世纪，但有组织的研究直到 19 世纪末才初具规模。当时美国杜邦公司建立了炸药试验室，埃克森研究和工程公司也宣告成立。从 20 世纪 30 年代开始，化工研发工作才日趋繁荣。各大化工公司纷纷建立了庞大的研究开发部门，其研究开发费用约为销售额的 2%～5%。一些独立的研究机构也相继成立。目前在美国、日本、英国、德国、法国等国家，研究和开发费用约占国内生产总值的 2%～3%，其中化工研究开发费用的比重为 10%左右。

在欧美各国，化工研究开发工作的主力为各化工公司，其次是独立的研究机构（其中有些是隶属于政府的）以及大专院校（主要从事基础研究工作）。政府的主要作用是进行政策性指导，并对一些风险较大且带有方向性的研究开发项目，给予财政支持。中国 1949 年以前从事研究开发工作的单位，主要有经济部的中央工业试验所和化工实业家范旭东创立的黄海化学工业研究社等。由于人员和经费不足，成果寥寥。中华人民共和国成立后，随着化工的发展，研究开发的机构和队伍也有较大的发展。传统上中国化工研究开发的主力为中央及地方政府所属的独立化工科研单位和高等院校，企业内部的研究开发力量比较薄弱。十八大以来，创新发展成为国家战略，并提出创新以企业为主体。目前企业的研发力量越来越强，并逐渐成为真正的创新主体。

对于这么复杂的创新活动，以及企业以市场和客户为驱动的内在要求，在化工研发中并行开发方法的应用就非常有必要。

采用并行开发方法，可以保证系统考虑整个开发周期的问题，确保各个专业的紧密协作，减少返工，提高研发效率，缩短研发周期，加快技术或产品上市。技术或产品第一个进入市场将会增强市场渗透力和领导力并获取超额利润。化工技术的开发有时对时间是非常敏感的。每一个技术都会有多家公司或研发机构同时在研发，第一个成功实现工业化的可能会赢者通吃，而其他研发者就再也没有机会了。这是因为化工装置资本密集型的特点，大部分投资者为了避免资金风险，都倾向于选择有工业业绩的技术，而不愿意做第一个吃螃蟹的人，第一个推向市场的技术会实现良性循环，业绩越来越多，其他开发者就很难有机会了。对于更新迭代快的精细化工产品或有市场机遇期的产品，能不能卖出产品完全依赖于产品投放市场的时间。能及时上市就能赚取高额利润，错过机遇期就会变得一文不值。这些情况下，研发周期长不但不能创造效益，而且前期巨大的研发投入也打了水漂。因此，提高研发效率，缩短研发周期，不光是创造效益的问题，还决定着项目甚至企业的生死。

采用并行开发方法，还可以降低开发成本。因为开发成本与周期时间是紧密相关的，如果周期缩短了，开发成本也就降低了。通过提高研发效率而节省下来的资源还可以再投入到其他的开发项目中去，使更多的新技术、新产品投入市场。

采用并行开发方法，可以提高企业和研发机构对人才的吸引力。最能干、最具有创造性的人才几乎总是最富有效率的，这一点对于以创造力和研发能力为前提的研发机构就更是如此。科研人员最大的心愿是自己研发的东西能够实现工业化或走向市场，因此，要吸引优秀的化工研发人才，尤其是高级研发人才，需要有一个能促进成功的工作环境，能让研发人员的辛勤努力转化为成功的技术和产品。这种环境允许他们在其职业生涯中参与更多的开发项目并取得成功。相反，如果长时间置身于一个效率低下、不断返工、疲于奔命的环境，他们会感到心灰意冷，从而不可避免地去寻找新的工作环境。公司或科研机构一旦拥有高效的并行开发方法，便能更好地吸引和留住优秀的研发人才。

采用并行开发方法，还有助于人才的培养。化工研发的特点，要求研发人员从全局系统的角度考虑问题，并且要有非常广泛的知识面，不但专，而且广，尤其对于项目负责人，会有更高的要求。并行开发方法应用多功能的研发团队，紧密协作进行研发，会极大地促进研发人员的成长，全面提升研发人员的能力。

2.3.4 化工研发所需的并行开发方法

大多数介绍研发方法的书籍讲的都是产品的开发。笔者在前面介绍了几种支撑并行开发方法的开发流程，也介绍了化工行业及化工研发的特点。因此，在讨论本节主题之前，让我们先看看什么是产品，产品有哪些类型。

从消费端来看，产品是指作为商品提供给市场，被人们使用和消费，并能满足人们某种需求的任何东西，包括有形的物品、无形的服务、组织、观念或它们的组合。从生产端来看，产品是"一组将输入转化为输出的相互关联或相互作用的活动"的结果，即"过程"的结果。从产品的来源和特征等方面来说，我们可以把产品概括为以下几个类型。

① 市场拉动型产品：它开始于市场机遇，来源于用户驱动或竞争驱动。日常所见的商品，例如体育用品、家具、家电等，大多属于市场拉动型的产品开发结果。

② 技术推动型产品：它开始于新技术。公司获得某种新技术后寻找应用该技术的目标市场。许多成功的技术推动型产品包括新型材料或新型生产工艺技术，技术推动型产品一般属于首创的高技术产品，一旦成功，通常会创造一个新的市场，并通过专利保护占据该市场的垄断地位，其他企业难以超越。

③ 平台产品：基于可重用的模块（对于化工来说，是基于可重用的技术）。平台是指可在多个产品中重用的模块或技术集合。一个公司往往投入巨资，经过多年的技术积累才能研发出一个平台，这一点与技术推动型产品相似，因此会基于该平台推出尽可能多的产品，即平台产品。

④ 工艺密集型产品：是指产品设计与生产工艺设计密不可分的产品。常见的工艺密集型产品有药品、食品、饲料、化学品、石油产品、半导体、计算机内存等。工艺密集型产品与离散型产品有很大的不同，其生产工艺具有连续性，产品质量由生产工艺决定，因此产品设计与生产工艺设计不可分割，必须在一开始就同时进行。其次，其生产工艺过程和设备往往十分复杂，控制对象常具有不确定性、非线性、大时延性和变量间的强耦合性。由于其生产工艺的连续以及设备的高昂费用，工艺密集型产品的产量往往是巨大的。

⑤ 定制产品：定制的新产品一般是基于标准配置的轻微变化。例如，可由用户选择表盘结构（即图案）的手表。定制产品的成本往往是高昂的，因此如何在降低成本的同时又能满足个性化需求是主要的研究课题。

⑥ 高风险产品：是指存在巨大的不确定性的产品。常见的高风险产品有药物、空间系统等。

⑦ 快速建造的产品：它的特点是产品迭代非常快速。借助目前 3D 打印、快速成型、虚拟样机等技术，开发团队通过迭代不断地接近最终的产品。

⑧ 复杂产品系统：复杂产品系统是指包含许多相互作用的子系统或部件的大规模系统，例如船舶、飞机。在系统级设计中，系统被分解为众多子系统，并进一步分解为部件。各子系统可以由多个团队并行地开发，再进行集成和验证。许多化工产品的生产需要复杂的生产流程或需要多套装置，具有复杂的上下游关系，也可以归结为复杂产品系统。

按以上分类，化工产品多属于技术推动型产品、平台产品、工艺密集型产品和复杂系统产品。实际上，"过程的结果是产品"这句话，对化工来说是非常适用的。与离散工业生产的产品由多个构件构成不同，化工产品呈现出的形式都比较简单，不管是甲醇、乙烯等简单的小分子产品，还是聚酯、聚丙烯等高分子产品，都是单一的物质，但生产这些单一物质的流程却往往要比离散工业生产流程复杂得多。另一方面，离散工业的产品通常市场更新快，迭代周期短，但化工产品在很多情况下，产品都是非常确定地存在了很长时间的产品，开发的是不同的或新的生产工艺，如不同的原料，或原料相同但不同的技术路线，或技术路线也相同但更高效的方法等。可以说，离散工业的研发重在产品设计，而流程工业的研发重在流程设计。

一方面，化工作为典型的流程工业，其研发特性重点关注的是技术开发，投入成本大，研发风险高，研发周期长，技术含量高。且与产品开发不同的是，技术开发的最终结果往往更难以预料。技术项目的开发往往会有全新的发现，因而难以预计开发所需时间的长短。技术开发任务的计划完成日期与其说是一种承诺，不如说是一种目标。

另一方面，我国已经发展到了创新以企业为主体的时代，但很多企业和研究机构仍然沿用传统的按职能部门组织研发的串行研发方式，不能满足国家创新发展的要求。

因而，化工产品所需要的并行开发方法和支撑流程需要更加关注、处理和支撑技术开发，需要能够更好地支撑技术平台的发展，需要能够方便企业和研究机构组织结构和业务流程的改变，从而更好地推进并行开发方法。最终把承诺变成可实现的目标。

2.4 化工并行开发方法要求开放创新

回顾过去的几十年，研发方式也发生了很大的变化。以前的重点是垂直整合的内部研发，从零开始，包打一切。但现在更多强调开放创新，充分利用外部资源。这是因为化工研发难度大、环节多、涉及专业众多。比如一些特殊设备的开发，如果内部开发的话，一方面专业人员很难保证，另一方面，由于只应用于一个项目，很难积累开发经验。而专业的设备公司可能就不一样，他们专注于这一细分领域，可以培养和招募专业的人才，可以在行业服务中不断获得反馈，积累和提高开发设计经验与能力，所谓专业的人做专业的事，如果和这样的公司合作，则既能缩短这种特殊设备的开发时间，也能保证不在这个地方出错从而影响整个开发项目。再比如和设计院或工程公司的合作，化工研发项目走向工业化必然经过设计环节，要满足工程实施的可行性。但研发人员对工程实施的可行性方面往往经验不足，如果能和工程公司进行早期交流和合作的话，由于工程公司有大量的工程设计和实施经验，可以大大加强项目的可实施性。因此说开放创新是化工并行开发方法的内在要求。

这里举三家不同企业研究院的案例来说明开放创新的好处。这三家单位都强调开放创新，在合作开放方面都有收获，但开放合作程度和重点关注的合作领域又都有所不同。

第一家单位是老牌国企，有很好的开放创新理念，但在合作的目的性、深度和早期合作方面都有所不足，合作领域更多是在大学和科研院所的应用基础研究方面，虽有协同作用，但受益领域更小一些。

第二家单位是位列中国 500 强的民企，在研发过程中，非常强调和原材料供应商、专业设备开发商以及设计院的早期结合和合作，在开发的早期就能充分考虑工业级原材料的考评、供应，解决设备问题，充分借鉴和利用设计院的设计和工程经验，为开发提供大量工程化的有用信息，从而大大加强了项目的可实施性。尤其与设计院的早期结合，因为设计院尤其是大院客户众多，可能做过多套类似装置，已经发现了大量工程实践中的问题并不断修改完善，积累了大量的工程经验，知道哪些地方应该特别注意，科研上应该获取哪些数据用以支撑工程放大。这些信息对于科研项目的工程化都非常宝贵。但第二家单位与大学和科研院所在应用基础研究方面合作比较薄弱，在项目的科学机理、实验表征等方面存在不足，即基础打得不牢，对有些开发难度比较大的项目会有制约。

第三家单位是另外一种情况。该单位体量更大，但研发系统建立得比较晚，所以积累较少。其与大学的结合非常紧密、深入，与多所顶尖大学建立了联合研究院或实验室，资助了大量的研究项目，投入大量经费，希望借助大学的创新能力来迅速推进研发创新。但该单位在工程转化方面的对外合作相对比较保守，由于很多领导来自生产系统，对工程建设和实施比较自信，所以希望工程转化方面都是自己完成，包括中试和工业化装置的工艺包设计、工程设计、工程管理和装置运行等。这样做既有收获也有很多需要完善的地方。与大学的合作确实使该单位的研发工作得以迅速启动，但毕竟大学擅长基础研究和应用基础研究，企业方更多考虑如何工程化，大学方更多考虑的是能否完成研发任务书的各项指标。双方都需要转变观念，不断磨合进而能实现良好的分工合作。

工程转化方面，虽然该单位所在集团为行业领先的制造业企业，在成熟工艺的工程实施方面有很多经验，但对于研发项目的工程转化方面经验较欠缺，不同类型项目的广度方面与设计院相比也有很大不足，且全部自己负责工程转化，对人力资源也提出了巨大的挑战。

从以上三个单位的例子来看，尽管在开放创新方面各有特点，也不是尽善尽美，但开放创新无疑都在不同程度上推动了项目的进展，而且开放创新做得越好，收益就越多。

2.5 化工并行开发方法

2.5.1 化工过程开发的内容及特点

过程是由各种单元设备以系统的、合理的方式组合起来的整体。它的作用是按照所需的原料和公用工程条件，经济、安全、环保地生产符合一定质量要求的产品。

一个过程的生命周期包括科研/开发、过程概念设计（过程综合）、初步设计、详细工程设计、建设施工、开车/运行、改造/维修、关闭/拆除等阶段。

过程工业要求保证安全、稳定、长周期、满负荷、优化生产，因此，过程装置设计必须同时满足：产品的数量和质量指标、经济性、安全性、国家和各级地方政府制定的环境保护法规、整个系统必须可操作和可控制。

为满足以上要求，在进行过程开发与设计时，就要从整个系统而不是单元设备的层面考虑问题，确定优化的流程结构，从而使经济效益最大化。这个设计和开发活动受各种内外部约束条件限制，存在着很多不确定性因素，需要处理可持续发展各目标之间相互关联和相互冲突的复杂关系。开发设计人员常常需要在得不到充分信息支持的不确定条件下做出决策，因而开发设计过程是一个交替进行过程合成与分析的迭代过程。

面对这样复杂的任务，Perris 提出了一个"完美工程师"的概念[24]：即一个无所不知和无所不能的工程师，他具有所有相关知识及所有相关技术和技能，因而这种知识和技能能够以一种真正的同时或全面的方式得到应用，能够在设计过程所有阶段维持一个优良的、全面的、和谐的设计，可以使：

① 所有操作问题被同时解决，可以确保不可避免的迭代过程是一个细化和优化过程，而不是一个大规模的变化过程；

② 在早期阶段就运用多学科技能，使潜在问题能被迅速发现，同时设计在很大程度上仍是柔性可变的，更改设计是简单而且成本低廉的；

③ 主要的设计循环被避免，设计过程变得更为高效。

这样的"完美工程师"在现实中是不可能出现的，但我们可以借助团队的力量，应用合理的方法来达到这一目标，这种方法就是化工并行开发方法。

在国内的教科书上，把化工过程开发分为过程研究和工程研究两个方面（见图 2.12）[25-34]。过程研究均是通过各种试验去认识、掌握化学反应和相关过程的规律，获得所需的各种工艺数据、指标，是通过实践活动认识自然规律的过程。过程研究含基础开发研究、必要的大型冷模实验和中间试验三个环节。基础开发研究的目的是研究化学反应规律。大型冷模实验了解过程的传递规律。中间试验验证数学模型，进行结果评价，提出改进意见。工程研究含概念设计、多级经济评价、工艺包设计三个环节。过程研究和工程研究在化工过程开发中是两种不同性质的研究工作。前者借助于试验装置进行科学试验，为过程开发提供放大的信息和依据；后者则依赖于研究者和设计者的思维，运用自身的知识和经验，为化工过程开发提供决策。

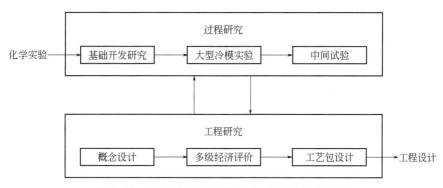

图 2.12　国内教科书介绍的化工过程开发程序

从以上教科书上介绍的新的化工过程开发程序来看，一方面已经注意了过程研究与工程研究的结合，强调过程开发人员要做工程研究（如概念设计、技术经济评价等）；另一方面，强调实验室的开发目标以放大和优化为主，注重对过程内在规律（特性）的探求。因此，实验的目的不是简单地改变操作条件以求取反应及产物的指标，而是要探求过程的内在特性、规律，以指导后续的放大设计。相比传统的开发方法，已经有很大的进步，也有了工艺开发和工程开发人员早期结合的思想，有对部分并行开发方法不自觉的应用。但总体上，仍然只是从技术的角度考虑问题，只关注过程开发阶段而不是研发项目的全生命周期；只涉及过程开发和工程开发人员而缺少其他项目开发所需多专业的参与，没有解决流程管理和组织保障问题。

2.5.2　什么是化工并行开发方法

综合以上的讨论和分析，笔者对化工并行开发方法的定义是："以产业化为目标，在过程系统工程思想指导下，以概念设计为纲，加强技术与经济、工程与工艺、模拟与实验的早期结合，通盘考虑科学、技术、工程、市场（STEM），通过内外部各专业协作来提升研发质量和效率，提高项目成功率的开发方法。"

以下我们就从这个定义所涉及的各方面进行阐述。

2.5.3　过程系统工程与概念设计

2.5.3.1　化工过程概念设计概论

化工过程的概念设计[35-42]又称预设计、估量设计、设计研究等。目的在于根据实验研究结果，对所要开发的工艺的技术成熟程度和经济合理性做出初步评价，确定开发研究的内容重点，并估计开发过程中的风险。

概念设计的内容通常包括设计规模和范围、原材料和成品规格、工艺流程图和简要说明、物料衡算和热量衡算、主要设备的关键尺寸和材质、主要技术经济指标、投资估算和产品成本估算、"三废"处理方法、安全风险及措施以及对试验研究的建议等。概念设计所需要的数据主要来自试验室研究报告、文献资料、现有类似产品生产的经验，以及根据热力学、动力学等理论或经验式、半经验式的计算结果等。至于数据的取舍和估计，特别是工艺流程的构成和设备的选型，则要取决于概念设计负责人的技术水平、经验和判断力。若在概念设计过程中，发现实验研究结果中有较严重的缺陷或错误，则要进行必要的补充试验。简单地说，概念设计的核心任务是寻找最佳工艺流程（选择过程单元及相互间的连接方式）和估算最佳设计条件，而不是设备和工厂设计的详细尺寸。

而化工过程开发的核心任务是把实验室结果变成可工程化实施的成熟工艺包。包括的主要工作内容包括过程单元选择、工艺流程安排、过程模拟与优化、实验验证和工艺包设计等。因此，化工过程概念设计是化工过程开发必须要掌握的重要方法。

对于化工开发来说，据统计，从研究到产业化的机会只有 1%～3%，从开发到产业化的机会约为 10%～25%，从中试到产业化的机会约为 40%～60%。因此，应用概念设计找到正确开发方向的必要性非常突出。成功的概念设计可以指导开发方向，加快开发速度，提高开发水平，节省人力物力。

值得注意的是，尽管概念设计在项目总费用中所占的比例非常有限，但它对工厂投资成本的影响最大。在概念设计层面上的错误决策将传导到设备采购和工厂设计的整个链条，最终在后期纠正设计错误的时候，会产生更高的成本。图 2.13

说明了一个工程项目从概念设计阶段到建设和调试等不同时期的项目费用和降低成本机会。概念设计阶段仅占项目总成本的 2%，但它在降低成本机会的贡献超过 30%。在详细设计阶段，工程成本大幅上升至 12%，而降低成本机会仅为 15%。相比之下，采购和施工阶段工程成本增加到 80% 以上，降低成本机会下降到 10%。在调试阶段，总成本已基本没有下降机会。所以做好概念设计是非常重要的。

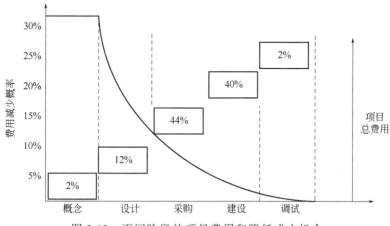

图 2.13　不同阶段的项目费用和降低成本机会

化工概念设计的难点在于完成同一个生产任务可能的工艺方案会有很多，如何做好方案的选择和优化，就需要过程系统工程的指导和分层次的设计决策方法。

同时，做好概念设计，还需要研发人员具备良好的能力素质，包括创造性的构想、扎实的理论功底、渊博的专业知识、敏锐的革新胆略和严谨细致的作风，既要有科学家的专业和严谨，又要具备艺术家的大胆假设和创新。

2.5.3.2　过程合成与分析的性质

化工过程分析与合成又称为化工过程系统工程[36-45]，过程合成指的是过程的综合和集成，过程分析指的是过程的模拟和优化。化工过程系统工程是在系统工程、化学工程、过程控制、计算数学、信息技术等学科边缘产生的一门综合性学科，以处理物料-能量-信息流的过程系统为研究对象。

张建侯、许锡恩于 1989 年出版的《化工过程分析与计算机模拟》是国内第一本相关领域的专著[43]。这本书对过程合成的定义是："过程合成的目标是确定系统中单元最优连接以及所用单元最优类型的选择和设计。所选单元及其连接代表了这一过程系统的结构。当系统的作用被确定以后，常可用不同类型的操作单元及其设计和多种可能的连接方式来实现。"对过程分析的定义是："分析是对任何具有明确界限的事务，即系统的详细考察，以求了解其特性，常是与一定的目的相联系的。过程分析是对一过程的特定问题的认识并探求问题的解决途径和方法。"

同年，杨友麒的《实用化工系统工程》[44]对过程合成的任务定义是："创制各种可以达到预定目的的替代方案流程，确定构成系统的各个单元要素及这些单元要素的结合方式，确定流程结构、参与过程的化学组分及设计性能要求等"。过程分析的任务是："①将系统逐级分解成一系列子系统，通常最后要分解到能写出数学模型的单元过程，根据系统分解原理确定系统的解算方法。②建立单元过程的物料及能量衡算模型，以便将输入、输出和设计要求关联起来，并算出设备尺寸大小和成本。③在上述基础上进行系统的稳态模拟计算，乃至动态特性分析，计算其可靠性和灵敏度。④系统的设备设计和成本核算。"

从以上的分析可以看出，过程系统分析的方法从本质上说就是从一个已知过程的输入求该过程的输出。过程合成方法的本质则是已知过程的输入和输出，构造可将输入变换成输出的过程，而这种变化不是唯一的。过程系统工程的研究内容，也就是概念设计的内容，其任务是：在一定的输入输出条件下，寻求一个整体最优的过程系统。对一个待求的未知系统应指出该系统如何规划、设计、操作、控制。合成和分析是化工概念设计的两大主要手段，化工概念设计过程实际上是交替使用这两种手段的一个复杂的过程。

概念设计的目标是得到一个理想的过程系统，它具有最优的系统结构，并具有最合适的子系统。

例：某化工过程系统以 B+C 为原料生产 A，且副产 P。

可能的过程流程一：树结构流程

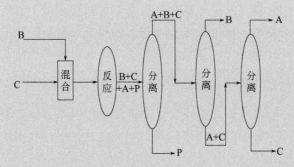

可能的过程流程二：再循环结构流程

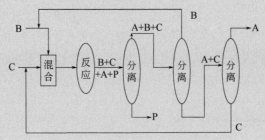

> 对于分离子系统，为了得到合格的产品 A，也可以选择不同的单元操作，可以应用精馏的方法，也可以应用萃取的方法。如果选择精馏的方法，接下来要考虑是选择板式塔还是填料塔；对于萃取，则需进一步考虑是采用间歇萃取设备还是连续萃取等。
>
> 这种在多种备选方案中进行选择及排除，以构造最理想系统的过程为系统的综合过程。

为了得到最优的过程系统，我们必须对得到的多个技术方案进行技术经济评价。技术经济评价的准确性是随着开发项目的推进而不断完善和提高的。但即使是前期精确度范围较大的费用评估，对于方案的形成和选择也是非常重要的。

技术经济评价是在化工过程开发工作中对开发项目进行技术可靠性和经济合理性的考察，以便对技术方案和开发工作进行决策。技术经济评价应贯穿开发工作的始终，体现在项目立项、小试、中试到工业化开发过程各阶段中。随着化工过程开发的不断深入，所做的评价工作也逐渐深入，并且越来越准确，所形成的开发设计方案也不断得到完善。技术经济评价的主要内容主要包括社会评价、技术评价、技术经济评价和环境评价等。通过这几方面的评价可以预测项目方案实施后所产生的效果，从而提出一个具有可比性和比较客观的标准。对于重大项目、重点项目，还需做市场评价、生态评价、资源评价和能源评价等较为详细的评价工作。

除了方案寻优，概念设计在小试研究和技术改造方面也有非常大的作用。对于小试研究，有助于辨识出过程中对经济影响最大的变量，从而投入更多研究精力和资源；对于技术改造，便于寻求、改进已有过程的各种办法，并能够快速估算和权衡。

在 James M. Douglas 的《化工过程的概念设计》中，设计估算的种类及估算精度如表 2.3 所示[35]。

表 2.3　设计估算的种类和精度

种类	估算精度
数量级估算（比值估算）	基于以前类似项目的费用数据，其精确度可能超过±40%
研究估算（分解因子估算）	具有主要设备的费用，其精确度可能达到±25%
初步估算（范围估算）	基于充分的数据，允许进入预算的估值，精确度约为±12%
确定估算（项目控制估算）	基于几乎完整的数据，但仍在制图与规格表完成之前，精确度±6%
详细估算（承包商的估算）	基于完整的工程图纸、规格表和厂址勘察等，精确度约为±3%

对应于我国的不同阶段的费用估算，如图 2.14 所示。

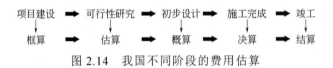

图 2.14　我国不同阶段的费用估算

概念设计的分层次方法中，对复杂过程的抽象归纳能力是分层次决策的基础，具体做法上是先顶层设计，再逐层添加细节。决策层次从上到下依次为：间歇还是连续、系统输入输出结构、系统循环结构、分离系统的总体结构（气体回收系统/液体回收系统）和能量集成。在分层决策中，有两个原则：一是逐级引入细节，这可以显著提高解决问题的能力；二是只有在较高层次的空间里，成功的规划充分证明了它的重要性时，才考虑它的细节。这样做可以大大减少所需搜索空间的份额。

前面已经提到，面向化学工业的现在和未来发展需求，化学产品工程在化学工程学科中占据的地位越来越重要。有必要开发一种基于将整体设计问题分解为任务和子任务层次的系统的化工产品-过程集成开发方法。

图 2.15 是产品开发流程和过程开发流程结合的示意图。前面是产品开发的用户需求识别、需求转化为创意及选择创意方案三个阶段。当确定产品方案后，产品开发切换到过程开发，这一阶段从间歇和连续工艺之间的选择开始；然后是输入/输出分析，在此过程中，初步的物料和能量平衡以及环境问题得到解决；反应-分离循环步骤对应于连续工艺的流程合成或间歇工艺的设备选择和操作调度；下一步是解决工艺集成问题，如能源管理、溶剂回收、水和废物处理。过程开发完成后，产品进入制造阶段。

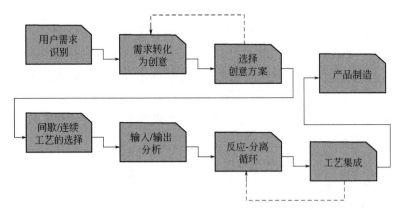

图 2.15　化工产品-过程集成开发流程示意

2.5.3.3　应用案例：草酸二甲酯加氢水解制乙醇酸

乙醇酸甲酯（MG）可被广泛应用于化工、医药、农药、饲料、香料及染料等许多领域。乙醇酸甲酯作为化工中间体有以下用途：加氢还原制乙二醇；水解制乙醇酸（GA），GA 用于生产可降解的聚乙醇酸（PGA）及用作清洗剂；羰化制丙二酸酯；氨解制甘氨酸；氧化脱氢制乙醛酸酯，进而生产乙醛酸，用于生产香兰素，口服青霉素及尿囊素等。从而形成以乙醇酸甲酯为中心的下游产品分支，具有广阔的应用前景。在乙醇酸甲酯的诸多用途中，水解制乙醇酸具有重大的开发价值和广阔的市场前景。

在全球范围内，杜邦是最大的乙醇酸生成商，销售浓度为 70%的乙醇酸水溶液及纯度大于 99%的乙醇酸晶体产品。据统计，目前乙醇酸的全球年产量在十多万吨左右，国内的需求大部分依靠进口。而当前国内还没有成熟的工艺路线，一直沿用氯乙酸和苛性钠溶液混合反应再酯化等一系列工艺过程来生产。生产氯乙酸的原料是乙酸，采用硫黄为催化剂，氯法生产。这样的工艺过程虽然方法简单，但生产过程中腐蚀重、污染重且成本高。而国外已经在乙醇酸（或乙醇酸甲酯）合成的新路线和新工艺方面取得了较大的实质性进展。因此，针对国内路线能耗高、污染重、成本高的缺点，亟需开发一条环境友好的合成及工艺路线。

近些年来，在生产草酸二甲酯（DMO）的上游工艺技术成熟稳定的条件下，进一步发展 DMO 下游的产品链条是该领域的研究热点和重点。DMO 加氢生成乙醇酸甲酯（$HOCH_2COOCH_3$，MG）的主要反应步骤如下：

$$(CH_3COO)_2 + 2H_2 \longrightarrow HOCH_2COOCH_3 + CH_3OH$$
$$HOCH_2COOCH_3 + 2H_2 \longrightarrow HOCH_2CH_2OH + CH_3OH$$
$$HOCH_2CH_2OH + H_2 \longrightarrow CH_3CH_2OH + H_2O$$

第一步加氢生成乙醇酸甲酯过程中，如加氢过度，就会生成乙二醇（EG），继续深度加氢，还会生成乙醇。目前该催化反应基本以负载型 Ag 基催化剂为主，控制深度和防止过度加氢是草酸二甲酯加氢制乙醇酸甲酯的关键。目前，由于煤制乙二醇技术的发展，一氧化碳和亚硝基甲酯催化合成草酸二甲酯及其加氢制乙二醇已经率先在中国实现了工业化，这对推动 DMO 加氢水解制乙醇酸具有十分积极的意义。

我们以此项目为案例，说明过程系统工程指导下分层次的概念设计方法并重点说明概念设计对研发的指导作用。表 2.4 为该反应体系所涉及物质的主要物性。

表 2.4 反应体系物质主要物性

物质	CAS	分子量	熔点/℃	沸点/℃	密度/(g/mL)
MF	107-31-3	60.05	−100	31.75	0.974
MeOH	67-56-1	32.04	−98	64.7	0.791
EtOH	64-17-5	46.07	−114	78.29	0.790
DMC	616-38-6	90.08	0.5	90.25	1.069
MG	96-35-5	90.08	<−10	151	1.167
DMO	553-90-2	118.09	50～54	163.45	1.148
DBO	110-63-4	90.12	−50	196.42	1.017
EG	107-21-1	62.07	−13	197.3	1.220

按照分层次的决策方法，首先该过程是一个气固相催化过程，且有比较大的市场规模，所以适合采用连续流程。系统的输入输出结构见图 2.16，系统输入为草酸二甲酯和氢气，系统输出为产品乙醇酸和副产品甲醇。

图 2.16　DMO 加氢过程输入输出结构

由于反应的氢酯比大于 10，所以未反应的氢气需要回用，同时为保证氢气的纯度，避免循环过程中惰性气体的累积，需要对部分循环氢气进行驰放。未反应完的 DMO 也要循环到加氢反应器继续反应，这样就确定了流程的循环结构（图 2.17）。

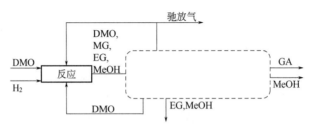

图 2.17　DMO 加氢过程循环结构

接下来，需要确定分离系统的总体结构，这时候就会有两个方案需要进行更细致的分析和选择。

决策 1：流程结构——分离与水解的顺序

方案一是先对加氢产物进行分离，分离得到的 MG 再去水解得到 GA；方案二是加氢产物不分离直接进行水解，水解后再对反应混合物进行分离依次得到各个分离产物。对这两个方案都建立模拟流程进行计算，模拟结果见表 2.5 和表 2.6。

表 2.5　DMO 加氢不同分离顺序模拟结果

设备	项目	先分离后水解方案	先水解后分离方案
脱轻塔	理论塔板数	11 (7)	11
	最佳进料位置	6 (4)	6
	回流比	0.3 (0.18)	0.3
	塔顶温度/℃	63.62	63.75
	塔顶热负荷/kW	−4963.10 (−2228.51)	−7404.18
	塔底温度/℃	153.51	168.88
	塔底热负荷/kW	1929.99 (1395.41)	2690.08

续表

设备	项目	先分离后水解方案	先水解后分离方案
MG 和 GA 精制塔	理论塔板数	20	27
	最佳进料位置	13	15
	回流比	0.65	1.1
	塔顶温度/℃	148.84	164.93
	塔顶热负荷/kW	−4086.22	−6227.74
	塔底温度/℃	194.53	194.94
	塔底热负荷/kW	4122.20	6253.78

注：括号中为先分离后水解方案水解后乙醇酸与甲醇分离塔数目。

表 2.6　DMO 加氢不同分离顺序公用工程需求汇总

项目	先分离后水解方案	先水解后分离方案	差值
塔顶热负荷/kW	−11278	−13632	2354
塔底热负荷/kW	7448	8944	−1496

DMO 加氢产物先分离后水解方案比先水解后分离方案能耗要低，且 MG 精制塔所需理论板数较少，设备投资也低，所以采用先分离后水解的工艺，流程结构见图 2.18。

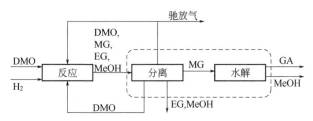

图 2.18　DMO 加氢优化的分离顺序结构

接下来，分别对反应系统和分离系统进行进一步细化。对于反应系统，有几个参数需要进行决策，分别是进料浓度、氢酯比和催化剂类型。

决策 2：反应系统参数

表 2.7 是不同 DMO 进料浓度对反应结果的影响，根据此反应结果，计算了不同 DMO 进料浓度对产品毛利润的影响（图 2.19）。可以看到，DMO 浓度增大会降低公用工程费用，增加产品毛利润，但当 DMO 浓度超过 50%时，产品毛利润增加不大。

结合 DMO 溶解度实验结果（图 2.20），DMO 浓度大于 50%时，DMO 在环境温度下容易结晶析出，对稳定生产造成不利影响，因此综合考虑，建议 DMO 进料浓度优选值为 50%左右。

表 2.7　不同 DMO 浓度对反应结果的影响

序号	DMO 浓度（质量分数）/%	DMO 转化率/%	MG 选择性/%	EG 选择性/%
1	15	99.89	82.85	16.80
2	30	99.85	80.39	19.27
3	45	99.96	79.48	20.16
4	50	99.63	79.22	20.37
5	60	99.30	76.15	23.24

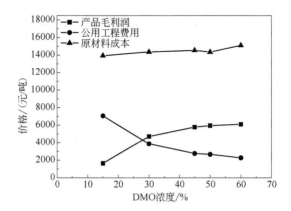

图 2.19　不同 DMO 浓度对产品毛利润的影响

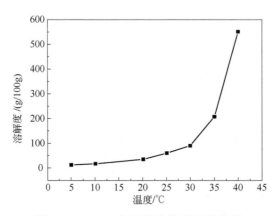

图 2.20　DMO 在甲醇中的溶解度数据

　　表 2.8 是不同氢酯比的经济性分析计算结果。可以看到，氢酯比增加引起物耗和能耗的增加，因此建议采用尽可能低的氢酯比。

　　在开发初期，针对该反应系统开发了铜基和银基两种催化剂。铜基催化剂的特点是价格便宜，但选择性低于银基催化剂。银基催化剂价格比较昂贵，但选择性可以达到 80% 以上。基于这两种催化剂，在不同的操作模式下进行操作，经济评价结果如表 2.9 所示。

表 2.8　不同氢酯比的经济性分析计算结果

项目	氢酯比			
	100	200	300	400
产品销售收入/元	20000	20000	20000	20000
副产收益/元	2991	2966	2943	2921
原材料成本/元	17314	17234	17314	17294
公用工程成本/元	1722	2988	4265	5540
总成本费用/元	19036	20222	21579	22834
毛利润/元	3955	2744	1364	87

注：纯 DMO 进料，催化剂寿命 1000h，DMO 转化率 99%，MG 选择性 80%，EG 选择性 20%。

表 2.9　不同催化剂的经济性分析计算结果

项目	1 号-高选择性	1 号-高转化率	2 号-高选择性	2 号-高转化率
净利润/元	325	1151	−158	1625

注：1. 1 号铜催化剂，寿命 2000h；2 号银催化剂，寿命 1000h。

2. 1 号高转化率方案转化率 100%，选择性 50%；高选择性方案转化率 90%，选择性 70%。

3. 2 号高转化率方案转化率 100%，选择性为 80%；高选择性方案转化率 90%，选择性 90%。

可以看到，高转化率操作的经济性好于高选择性操作。这是由于经济评价时，采用精馏操作，而 DMO 和 MG 精馏分离是非常困难的，分离成本很高。表 2.10 为 DMO 精馏分离费用的比较。因此，还需进一步分析有没有其他的分离方法，可以降低 DMO 的分离费用，从而可以采用高选择性的操作模式，并确定催化剂的类型。

表 2.10　DMO 精馏分离能耗比较

MG 分离塔	塔板数	回流比	能耗
DMO 未完全转化	96	30	8t 蒸汽/t MG
DMO 完全转化	13	0.25	0.5t 蒸汽/t MG

决策 3：分离方案

首先想依据 DMO 和 MG 熔点的不同，采用结晶进行分离。但 DMO 的熔点是 50~54℃，MG 的熔点<10℃，结晶的话，DMO 会结晶析出，而 MG 留在母液中。根据 DMO 在 MG 中的溶解度曲线（图 2.21），DMO 和 MG 溶液一次结晶后 MG 母液纯度最高可达 89%，达不到产品指标，结晶分离不可行。

萃取也是常用的分离手段，分别选取了多种极性溶剂和非极性溶剂进行实验，实验结果见表 2.11。

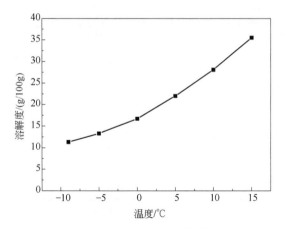

图 2.21　DMO 在 MG 中的溶解度曲线

表 2.11　DMO 萃取分离结果

溶剂种类	极性溶剂			非极性溶剂		
	水	苯胺或三乙醇胺	乙醇	甲苯	乙酸乙酯	环己烷
实验温度	5℃	5℃	5℃	5℃	5℃	10℃
实验现象	MG 纯度最高达到 88.0%	三者互溶	三者互溶	三者互溶	三者互溶	物系分层，二者微溶于环己烷，溶解度相当，均小于 1g/100g 环己烷，其中萃余相 MG 含量 77.4%
结论	MG 与 DMO 不可分					

可以看到，由于 DMO 在 MG 中溶解性较强，利用二者在溶剂中溶解性不同，分离程度有限，达不到 MG 产品纯度要求。因此，通过以上工作，确定产物采用精馏方式，并且要保证 DMO 接近完全转化不再循环。分离方式确定后的流程结构见图 2.22。

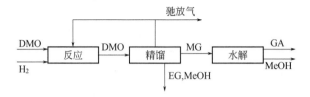

图 2.22　分离方式确定后的 DMO 加氢流程结构

决策 4：精馏分离序列

再往下，就是要确定精馏分离的序列。

图 2.23 是常规按挥发度顺序确定的分离流程。经过实验，该流程存在的问题是：聚合反应剧烈，产品损失率高；MG 和 DMO 不能实现清晰分离；DMO 在 EG

中的溶解度小，进料保温要求高；DMO 易结晶，由塔顶采出，对设备要求苛刻且不利于安全生产。因此，不建议采用该方案。

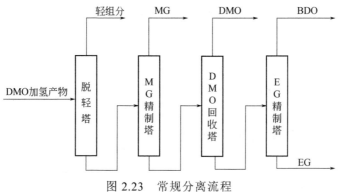

图 2.23　常规分离流程

由于体系容易聚合，属于热敏性物质，所以建立了考虑热敏性的分离流程，如图 2.24。该流程考虑了热敏性问题，做到了 MG 和 EG 的快速脱离，经实验验证是可行的。

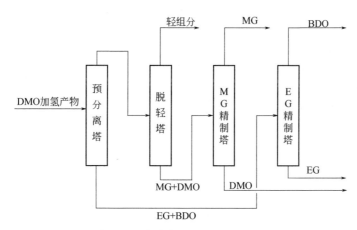

图 2.24　考虑热敏性的分离流程

在 DMO 加氢项目中，在项目早期通过过程系统工程指导下分层次的概念设计工作，有力地指导了催化剂开发方向，加快了过程开发进程，得到优化的工艺流程。

2.5.4　化工并行开发方法开发实践

在本节，我们通过在三个不同领域的开发案例，进一步阐述和说明化工并行开发方法。

2.5.4.1 案例1：甲苯甲醇择形烷基化制对二甲苯

本案例旨在说明如何以过程系统工程为指导，践行技术与经济、模拟与实验、工程与工艺三个早期结合，通过贯穿开发各阶段的概念设计来指导研发方向，加快项目推进。

（1）项目背景

对二甲苯（PX）作为重要的有机化工原料，主要用于生产精对苯二甲酸（PTA），而 PTA 是合成聚酯纤维和塑料的主要原料。除作为重要的石油化工基础原料外，对二甲苯在医药、农药、染料及溶剂等领域也有极其广泛的用途。

图 2.25 显示了近年来我国 PX 产量及表观需求量的变化规律。统计数据显示，2020 年实际的 PX 进口总量约在 1300 万吨的高位水平，国内产量为 1900 万吨左右，产量和总需求量与预测值都十分吻合。可以看到，国内 PX 的供应还存在上千万吨的供应缺口，因此，尽快加快 PX 的供应能力，选择合理的工艺方案，降低生产成本，从而提高我国 PX 的市场竞争力，势在必行。

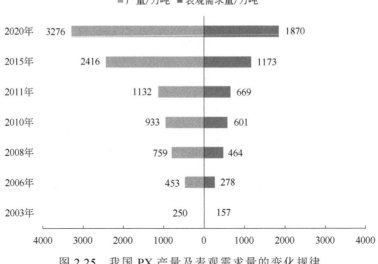

图 2.25　我国 PX 产量及表观需求量的变化规律

传统上典型的对二甲苯生产方法，是从石脑油催化重整生成的碳八芳烃（C_8A），通过多级深冷结晶分离或分子筛模拟移动床吸附分离技术，将对二甲苯从沸点与之相近的异构体混合物中分离出来。而 C_8A 异构化工艺可将邻二甲苯和间二甲苯转化生成热力学平衡的混合二甲苯，同时将与对二甲苯沸点接近的乙苯转化或脱除，然后再经过分离得到 PX。

甲苯歧化和烷基转移技术是将炼油产出的廉价甲苯和碳九芳烃/碳十芳烃（$C_9A/C_{10}A$）转化为混二甲苯和苯的有效途径。对于芳烃联合装置，50%以上的混二甲苯由该技术生产，对二甲苯通过结晶或选择吸附分离获得，剩余的邻二甲苯和间二甲苯循环到异构化单元，极大限度地提高了对二甲苯的产量。该技术是工业上增产对二甲苯的主要手段之一。

甲苯择形歧化工艺是将甲苯通过择形催化剂催化直接生成对二甲苯和苯。其中对二甲苯在二甲苯异构体中的组成大于 85%。传统的甲苯歧化和烷基转移工艺制二甲苯是一个热力学平衡产物。典型的组成为对二甲苯（PX）：间二甲苯（MX）：邻二甲苯（OX)=24：54：22。甲苯择形歧化可以进一步提高对位选择性以及对二甲苯的收率，高的对位选择性将大幅度降低分离能耗，有效降低对二甲苯的生产成本。

这三种工艺中，由于前两种工艺需要从 C_8 混合芳烃中分离对二甲苯，因而要得到高纯度的对二甲苯，在技术上有如下困难：① 由于二甲苯异构体之间的沸点很接近，要得到纯度 99%以上的对二甲苯，分离条件极为苛刻。一般精馏方法难以解决分离问题，由于对二甲苯只占 24%左右，故必须采用深冷结晶分离或模拟移动床吸附分离方法，才能得到较纯的对二甲苯。② 在二甲苯异构体中对二甲苯的平衡浓度约占 24%，分离后要使邻、间二甲苯再进行异构化，分离和异构化需不断反复循环，物料处理量大。甲苯选择性歧化催化技术生产对二甲苯工艺由于原料单一，流程简单，合成的二甲苯产物中，对二甲苯浓度远高于热力学平衡值的 24%，对二甲苯浓度达到 85%以上，通过简单结晶分离便可得到较纯的对二甲苯，可以在原有甲苯歧化反应装置上大量增产对二甲苯。然而该工艺每生成 1mol 对二甲苯需消耗 2.5mol 甲苯，同时产出大量过剩的苯，甲苯利用率相对较低。

甲苯与甲醇择形烷基化（也称甲基化）技术是一种 PX 生产新技术，与已经工业化的甲苯歧化法、烷基转移等工艺相比，甲苯-甲醇烷基化路线具有以下优势：① 每吨对二甲苯所需的甲苯数量可由约 2.8t 降到 1.0t，甲苯利用率非常高；② 甲醇作为烷基化试剂，是煤化工的主要中间产物，受国内产能的快速增长及廉价进口甲醇竞争的影响，国内甲醇价位将在未来相当长的时间内维持较低的水平，因此甲醇来源广，价格低廉，具有成本优势；③ 甲醇在参加烷基化反应的同时，会进行联产烯烃的副反应，烯烃价值较高；④ 甲苯-甲醇烷基化工艺产苯率低，符合国内苯市场原料过剩的趋势，相较择形歧化工艺具有优势。因此，择形烷基化制对二甲苯技术作为未来芳烃转化的关键新技术必将引起更加广泛的关注。

（2）研发思路

本项目开发的指导原则即化工并行开发方法的三个早期结合：

① 技术与经济性相结合的原则：在保证催化剂活性、技术可行性的前提下，以经济性时刻指导工艺优化、方案筛选，确定研究工作的切入点；

② 计算机模拟与实验有机结合的原则：动力学、反应器模拟与实验验证；多段进料工艺优化及实验验证模拟结果；产物分离模拟后开展验证实验；

③ 工程思想与工艺开发相结合的原则：化学工程解决共性问题（三传一反，热

力学，分离工程等）；化学工艺解决个性问题（原料路线，工艺路线，全流程集成等）。

反应过程开发的研究内容主要包括热力学、动力学、反应过程放大和全流程集成优化，如图 2.26 所示。

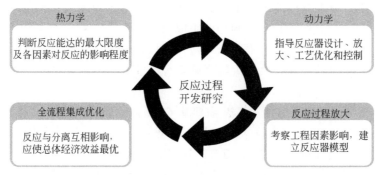

图 2.26　反应过程开发研究内容

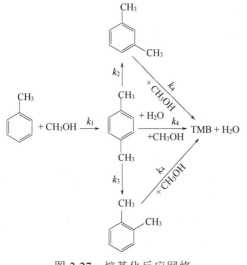

图 2.27　烷基化反应网络
（TMB 为三甲苯）

为了确定开发思路，首先对甲苯-甲醇择形烷基化制 PX 的反应体系进行分析。该反应过程主要包括烷基化反应和甲醇自身生成低碳烯烃的副反应两部分。烷基化反应网络见图 2.27。

甲醇生成低碳烃主要包括以下几个反应：

$$2CH_3OH \longrightarrow C_2H_4 + 2H_2O$$

$$3CH_3OH \longrightarrow C_3H_6 + 2H_2O$$

$$C_2H_4 + H_2 \longrightarrow C_2H_6$$

$$C_3H_6 + H_2 \longrightarrow C_3H_8$$

$$CH_3OH + H_2 \longrightarrow CH_4 + H_2O$$

该反应体系的特点是以氢气和水蒸气作为载气，在温度 480～560℃下进行气固非均相催化反应；具有串并联反应的复杂反应体系：烷基化反应的主要产物为对二甲苯，气体副产物为低碳烃，需通过合理手段提高甲醇烷基化有效利用率；虽然主反应为强放热反应，但载气移走了大量的反应热，绝热温升不高。

基于以上的认识，在化工并行开发方法的指导下，项目整体的开发思路如图 2.28 所示。

整个项目的开发流程如图 2.29 所示，在项目开发过程中力图建立系统的开发方法，便于后续参考。

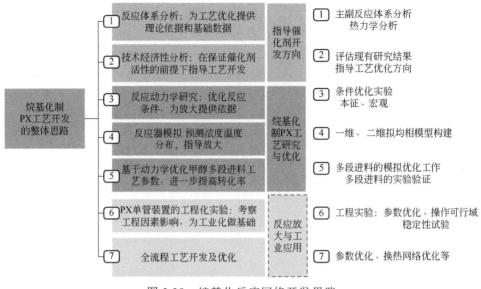

图 2.28　烷基化反应网络开发思路

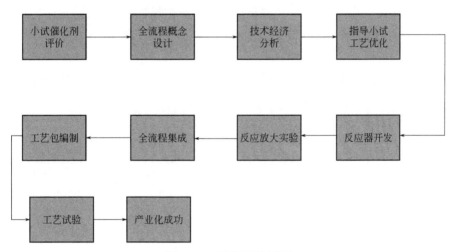

图 2.29　项目开发流程

（3）技术经济分析

在小试催化剂评价和反应体系分析的基础上，在项目早期即开展概念设计和技术经济分析工作。通过这些工作，可以评估现有催化剂的优劣，提出催化剂的性能要求；指导反应器选型及反应优化方向，起到指导催化剂和过程开发方向的作用。

技术经济分析所涉及的原料、产品及公用工程价格见表 2.12 和表 2.13。

对于不副产烯烃的催化剂，解吸气以燃料气的形式销售；对于副产烯烃的催化剂，解吸气经分离以燃料气、乙烯、丙烯三种形式销售。产物中其他芳烃主要为三甲苯，按甲苯的价格销售。

表 2.12　原料及产品价格

物质	价格	物质	价格
甲苯	8250 元/t	甲醇	3000 元/t
氢气	1.2 元/m³	对二甲苯	10800 元/t
混二甲苯	8700 元/t	燃料气	3900 元/t
乙烯	8000 元/t	丙烯	10600 元/t
固定床催化剂	90 万元/t	流化床催化剂	30 万元/t

注：价格来源于生意社网站。

表 2.13　公用工程价格

项目	价格	项目	价格
电价	0.675 元/kWh	中压蒸汽	150 元/t
氮气	0.35 元/m³	仪表空气	0.18 元/m³
锅炉水	29 元/t	循环水	0.20 元/t

催化剂损耗方面，固定床催化剂寿命为 8000h，90% 的贵金属可回收，参考 FCC、MTO、FMTP 等流化床工艺，PX 流化床工艺催化剂损耗值取为 2kg/t 对二甲苯。

氢气与低碳烃分离方面，工业上采用的分离方法主要有深冷分离、变压吸附（PSA）、油吸收和膜分离四种方法。其中油吸收法由于烯烃易聚合堵塞，中冷油所需温度低，冷量消耗大，除个别小型厂外，大型乙烯装置已不采用此法。其他三种分离方法的比较见表 2.14。

表 2.14　氢气与低碳烃分离方法比较

项目	膜分离	PSA 法	深冷分离
规模（标况）/(m³/h)	100～10000	100～100000	100～100000
氢纯度/%	80～99	>99.99	90～99
氢回收率/%	约 90	约 95	约 98
操作压力/MPa	0.1～1.0	1.0～3.0	3.0～8.0
压力降/MPa	较高	0.1	0.2
尾气压力的影响	不影响	影响很大	有一些影响
原料气最小氢含量/%	30	40～50	15
原料气的预处理	需要预处理	需要预处理	需要预处理
产品氢中 CO 含量	原料气 CO 含量的 30%	<10μg/g	10^2μg/g 量级
产品氢中 CO_2 含量	较高	<10μg/g	
H_2/CO 比例调节	可以	可以	可获得纯 H_2 及 CO 产品
副产品	有	无	有
操作弹性/%	20～100	30～100	50～100
扩建的难易程度	很容易	较容易	较难

由表可知，膜分离法规模较小，以年产 80 万吨 PX 的规模计算，气体处理量在 $10^7 m^3/h$ 以上，因此该方法不满足规模要求。深冷分离法氢气回收率和回收纯度均较高，但深冷分离对设备材质要求较高，对原料组成要求也十分严格，设备投资大，能耗较高，其分离能耗在 $4 \sim 6kg$ 标油$/kg\ H_2$ 左右。

变压吸附分离后的氢气纯度最高，回收率在 90%左右，产品气压力适中，方便后续工艺使用。大化石油化工公司年产 70 万吨 PX 装置进 PSA 装置的气体组成与现有两种催化剂的产物气体组成接近，大化公司 PSA 装置的能耗的标定值约为 0.093kg 标油$/kg\ H_2$（中石化平均值为 0.0182kg 标油$/kg\ H_2$），远低于深冷结晶的分离能耗。

为进一步确定 PSA 分离方案的可行性，请专业公司制订了氢气的回收提纯方案。如图 2.30 所示。经上述 PSA 分离方案后，产品气中氢气浓度在 99.9%（物质的量浓度）以上，含少量甲烷、乙烷，氢气回收率为 90%，公用工程能耗经折算约为 0.081kg 标油$/kg\ H_2$。

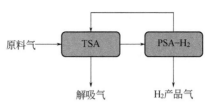

图 2.30　变压吸附工艺提纯氢气流程简图

因此，综合经济性、氢气回收率及回收氢气纯度等多种因素，确定 PSA 工艺为氢气和烯烃分离的优选方案。

对于副产烯烃的催化剂，为回收 PSA 解吸气中的乙烯、丙烯，提高混合烃类的附加值，需要确定合理的乙烯丙烯分离方法。乙烯丙烯分离方法主要包括：低温精馏法、惠生 MTO 烯烃分离技术以及吸附分离技术。其中，吸附分离技术处理量偏小，成熟度差且费用较高。惠生 MTO 烯烃分离技术属于惠生公司专有技术，技术许可费用高。而低温精馏技术是当前主流技术，较为成熟且处理量大。因此确定低温精馏技术为从混合气体中得到乙烯、丙烯的优选方案。

接下来是对二甲苯的分离问题。二甲苯同分异构体的密度十分接近且沸点的差距也极小，故无法通过精馏操作将三者分离。针对这个问题，许多化工研究人员进行了研究探索，目前从二甲苯异构体混合物中分离对二甲苯的方法主要有吸附分离法、结晶分离法和沸石膜分离法。

吸附分离法是当前对二甲苯分离最常用的方法，占全世界对二甲苯生产总能力的 60%左右。代表性工艺为 UOP（美国环球油品公司）的 Parex 工艺和日本 Toray 公司的 Aromax 工艺。分离使用的吸附剂对不同的二甲苯异构体具有不同的吸附能力，吸附分离法正是利用这一特点实现混合物中不同组分的分离。吸附分离工艺的主要设备、材料为吸附剂、脱附剂和模拟移动床，吸附剂选择对对二甲苯具有选择吸附能力的物质，如八面沸石型分子筛。脱附剂一般选择二乙苯或二甲苯，这两者与 C_8 化合物互溶，同时沸点与之相差较大、易于回收。进行吸附和脱附操作后，将脱附剂中的对二甲苯和溶剂分离，便得到对二甲苯产品和可循环使用的脱附剂。吸附分离法投资成本较高，工艺复杂。随着择形歧化、异构化技术的发展，得到的粗产品中对二甲苯含量逐步上升，普遍可达到90%以上。这时，吸附分离法则显得较复杂，分离成本过高。

沸石膜分离法是将沸石制成单层结晶膜，用于分离混合二甲苯中的对二甲苯，并通过实验对比得到了最优的分离温度和压力。沸石膜制造复杂，造价较高，所以该法一般只应用于小型生产装置。

结晶分离法主要分为两种：深冷结晶工艺和熔融结晶工艺。深冷结晶法一般分为两段结晶。第一段结晶操作时，控制温度在−62～−67℃，停留时间大约3h，之后通过离心机将母液分离。第一段结晶的目的是保证对二甲苯的回收率。第二段操作过程中则将一段结晶熔融后重结晶，结晶温度为−10～20℃，此段结晶的目的是保证对二甲苯的纯度。得到的结晶用甲苯萃洗，然后熔融、脱甲苯，可得到纯度99.8%的对二甲苯。虽然研究人员通过实验研究，通过优化、控制结晶过程的停留时间、料液流量、结晶温度来调节结晶粒度分布等因素，希望提高深冷结晶法的对二甲苯回收率，但最终也只能使该法的对二甲苯回收率达到70%，所以该方法逐渐被替代。

熔融结晶分离工艺能耗低、产品纯度高、生产程序简单，且不需要有机溶剂，对于PX含量较高的混二甲苯分离具有优势。图2.31是高浓度PX进料与理论回收率的关系。

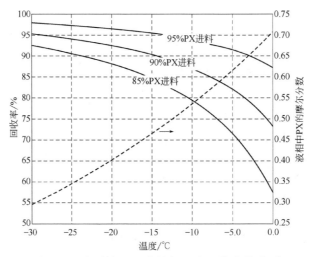

图2.31　高浓度PX进料与理论回收率的关系

由于本项目是甲苯-甲醇的择形烷基化，PX的选择性>90%，所以对二甲苯的分离优选熔融结晶工艺。

以上技术方案确定后，建立了甲苯-甲醇择形烷基化的全流程模拟方案（图2.32），作为技术经济评估的基础。

利用技术经济分析结果可评估现有研究结果并指导工艺下一步优化方向。

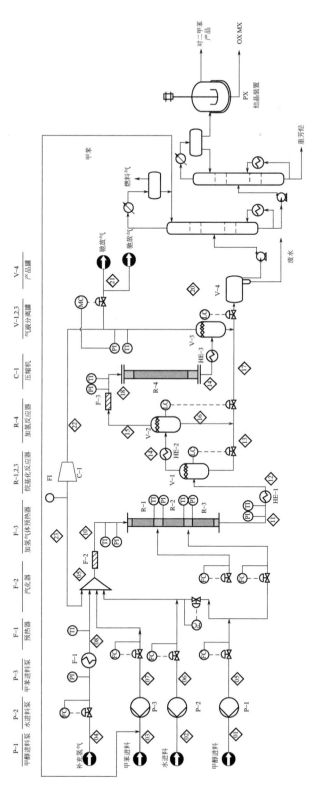

图 2.32　甲苯-甲醇择形烷基化模拟流程图

① 评估现有研究结果　评估两种效果较优的催化剂，两者的载体及活性组分相同，仅制备方法不同。其中，催化剂 I 对二甲苯选择性较高，但产物轻烃中烯烃浓度不高；催化剂 II 对二甲苯选择性略差，但产物轻烃中烯烃浓度较高，可副产烯烃。

在各自的优化工况下，应用上面建立的概念设计模型对这两个催化剂进行技术经济评价，得到以下结果：

a．催化剂 II 经济性差，原因在于二甲苯、PX 选择性低及结晶工艺产物 PX 存在损失，导致更高的物耗；

b．固定床工艺不适合副产烯烃。虽然乙烯、丙烯分离使气体产物价值有所提升，但烯烃分离需要建立大规模的气体分离装置，投资较大，能耗较高。

所以对于固定床工艺的开发，要以开发长寿命不副产烯烃的催化剂为目标，在催化剂 I 的基础上继续优化。

② 指导工艺下一步优化方向　除了优化催化剂外，工艺参数的优化也是提高经济效益的重要因素。通过技术经济分析计算，反应温度、二甲苯及 PX 的选择性、水醇比、甲苯转化率、氢醇比对经济性的影响性依次增强，其中氢醇比是最敏感的因素（图 2.33）。据此，项目组重点对氢醇比和甲苯转化率进行优化，经工艺参数优化及催化剂配方改进，毛利润大幅提高，优化后每吨 PX 的经济效益可提高近 1700 元。

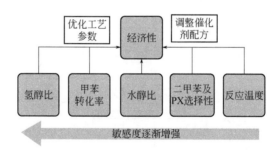

图 2.33　甲苯-甲醇择形烷基化工艺参数对经济效益的敏感性

由此可见，项目早期阶段的概念设计和技术经济分析对于确定研发方向会起到非常关键的作用。

（4）热力学与动力学研究

对于反应过程开发，化学工程师必须明确反应所能达到的最大限度和反应达到预定转化率的速率快慢，即反应热力学研究和反应动力学研究。这些问题对工艺设计、生产条件的选定以及经济性核算等都是必不可少的，是实现技术与经济、模拟与实验、工程与工艺紧密结合的必备基础。

首先，来研究甲苯-甲醇择形烷基化反应体系的热力学特性。

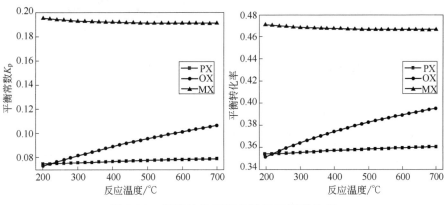

对于反应物甲苯来说，其自身有可能会发生歧化反应，生成苯及邻、间、对二甲苯。

图 2.34 为计算得到的不同温度下甲苯歧化反应的平衡常数和平衡转化率，可以看到生成二甲苯不同异构体的平衡常数都小于 1，为可逆反应。平衡转化率仅受温度影响，且温度对歧化转化率的影响不大，转化率最高不超过 50%。相对来说，甲苯歧化更易生成苯和间二甲苯。

图 2.34　甲苯歧化平衡常数及平衡转化率

此外还计算了生成不同异构体的反应热（表 2.15），可以看到，各个反应的反应热值都很小。

表 2.15　甲苯歧化反应热

温度/℃	反应热/(kJ/mol)		
	PX	OX	MX
460	0.3932	0.3932	0.1389
480	0.4071	0.4071	0.1731
500	0.4224	0.4224	0.2113

另一个反应物甲醇自身会发生生成烯烃的反应,从反应产物分析检测结果看,主要有乙烯、丙烯和丁烯:

$$2CH_3OH \Longrightarrow C_2H_4 + 2H_2O$$
$$3CH_3OH \Longrightarrow C_3H_6 + 3H_2O$$
$$4CH_3OH \Longrightarrow C_4H_8 + 4H_2O$$

从图 2.35 和表 2.16 可以看到,甲醇生成烯烃的反应平衡常数远大于 1,反应进行程度很高。甲醇生成低碳烯烃趋势是:丁烯>丙烯>乙烯。随温度升高,乙烯摩尔分数逐渐升高、丁烯摩尔分数逐渐减少,丙烯摩尔分数先升高再减小。并且甲醇生成烯烃的热效应比较显著。

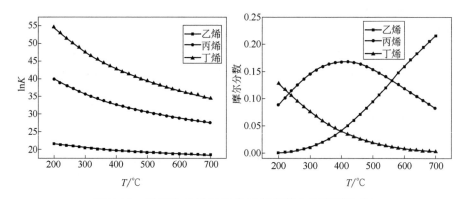

图 2.35　甲醇生成烯烃反应平衡常数及平衡转化率

表 2.16　甲醇生成烯烃反应热

温度/℃	反应热/(kJ/mol 甲醇)		
	生成乙烯	生成丙烯	生成丁烯
460	−10.76	−29.96	−48.39
480	−10.69	−29.89	−48.25
500	−10.23	−29.82	−48.12

本工艺以氢气和水蒸气作为载气,所以可能存在烯烃加氢生成烷烃的转化反应:

$$C_2H_4 + H_2 \Longrightarrow C_2H_6$$
$$C_3H_6 + H_2 \Longrightarrow C_3H_8$$
$$C_4H_8 + H_2 \Longrightarrow C_4H_{10}$$

从图 2.36 和表 2.17 可以看到,低温时,烯烃加氢可以进行到较高的程度,而随着温度的升高,烷烃的裂解程度加大,烯烃加氢的平衡常数逐渐降低。烯烃加氢的反应热都在 100kJ/mol 以上,反应热在该反应体系涉及的反应中是最大的。

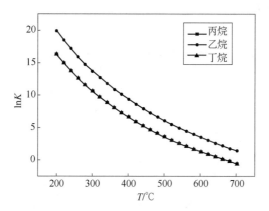

图 2.36　烯烃加氢反应平衡常数及平衡转化率

表 2.17　烯烃加氢反应热

温度/℃	反应热/(kJ/mol 甲醇)		
	生成乙烷	生成丙烷	生成丁烷
460	−136.13	−125.14	−124.58
480	−136.69	−126.33	−125.76
500	−136.71	−126.54	−126.11

对于甲苯-甲醇烷基化反应来说，除了生成二甲苯，还会生成三甲苯（TMB）：

ΔH=−72.72kJ/mol

ΔH=−71.70kJ/mol

ΔH=−71.70kJ/mol

ΔH=−72.45kJ/mol

图 2.37 是甲苯-甲醇烷基化反应的平衡常数与温度的关系。可以看到，各个反应的平衡常数均大于 1，反应能自发进行。不同温度下，二甲苯三种异构体的平衡常数接近，需开发择形催化剂从动力学角度抑制副产物的生成。生成三甲苯的平衡常数与二甲苯接近，该反应会对二甲苯收率提高造成影响。从各个反应的反应热数值来看，甲苯-甲醇择形烷基化反应是放热量中等的反应。

国内外文献报道的该体系反应动力学只考虑了烷基化反应，忽略了甲醇生成烯烃这一平行反应（见图2.27）。模型对不同苯醇比、氢醇比适用性差，不能用于甲醇多段进料优化工作。所以对文献报道的反应网络进行了修正，增加了甲醇生成烯烃的平行反应，并以乙烯代表生成的轻烃集总（图2.38），既简化了模型又保证了模型的完整性。修正后的动力学模型具有更好的适用性，可用于甲醇分多段进料的优化工作。

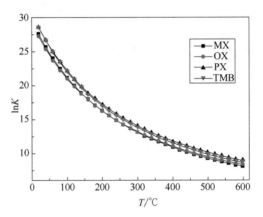

图2.37　甲苯-甲醇烷基化反应平衡常数

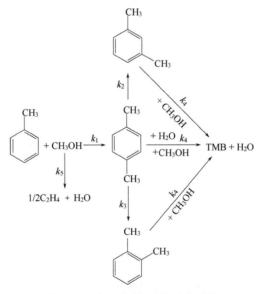

图2.38　本工作修正的反应网络

因为动力学测试是在积分反应器中完成的，所以建立积分反应器模型进行动力学参数的回归。

模型方程组：

$$r_{\mathrm{T}} = \mathrm{d}x_{\mathrm{T}} / \mathrm{d}t = k_1 P_{\mathrm{T}} P_{\mathrm{M}}$$

$$r_{\mathrm{PX}} = \mathrm{d}x_{\mathrm{PX}} / \mathrm{d}t = k_1 P_{\mathrm{T}} P_{\mathrm{M}} - (k_2 + k_3) P_{\mathrm{PX}} - k_4 P_{\mathrm{PX}} P_{\mathrm{M}}$$

$$r_{\mathrm{MX}} = \mathrm{d}x_{\mathrm{MX}} / \mathrm{d}t = k_2 P_{\mathrm{PX}} - k_4 P_{\mathrm{MX}} P_{\mathrm{M}}$$

$$r_{\mathrm{TMB}} = \mathrm{d}x_{\mathrm{TMB}} / \mathrm{d}t = k_4 (P_{\mathrm{PX}} + P_{\mathrm{MX}} + P_{\mathrm{OX}}) P_{\mathrm{M}}$$

$$r_{\mathrm{C_2H_4}} = \mathrm{d}x_6 / \mathrm{d}t = a k_5 P_{\mathrm{M}}^2$$

式中，r_{T} 为甲苯消耗速率；r_{PX}、r_{MX}、r_{OX}、r_{TMB}、$r_{\mathrm{C_2H_4}}$ 分别为对二甲苯、间二甲苯、邻二甲苯、三甲苯和乙烯的生成速率；x_{T} 为甲苯转化率；x_{PX}、x_{MX}、x_{OX}、x_{TMB} 分别为对二甲苯、间二甲苯、邻二甲苯、三甲苯的收率；x_6 为转化为烯烃的甲醇占总进料甲醇的百分含量；a 为甲苯与甲醇的摩尔比；P_{T}、P_{M}、P_{PX}、P_{MX}、P_{OX} 分别为甲苯、甲醇、对二甲苯、间二甲苯、邻二甲苯在整个体系中的分压；$k_1 \sim k_5$ 为各反应速率常数。

所有芳烃均来自甲苯，以甲苯转化率的形式建立动力学方程，方程求解更为方便。

目标函数为：

$$S = \sum_{j=1}^{m} (y_{\exp,j} - y_{\mathrm{cal},j})^2$$

基于 Marquardt 机理利用非线性回归，在 MATLAB 中求得五个未知参数的值。

表 2.18、表 2.19 是动力学参数拟合结果，可以看到，烷基化主反应、深度烷基化反应活化能较大，主反应活化能高于副反应，从模型角度解释了温度升高对甲苯转化率提高有利。

表 2.18　不同温度下反应速率常数拟合结果

动力学常数	常数值		
	480℃	520℃	560℃
$k_1/[\mathrm{mol}/(\mathrm{g \cdot atm^2 \cdot h})]$[①]	2.69	5.28	8.69
$k_2/[\mathrm{mol}/(\mathrm{g \cdot atm \cdot h})]$	2.98×10^{-3}	3.09×10^{-3}	3.10×10^{-3}
$k_3/[\mathrm{mol}/(\mathrm{g \cdot atm \cdot h})]$	1.95×10^{-3}	2.04×10^{-3}	2.34×10^{-3}
$k_4/[\mathrm{mol}/(\mathrm{g \cdot atm^2 \cdot h})]$	1.21	1.87	2.93
$k_5/[\mathrm{mol}/(\mathrm{g \cdot atm^2 \cdot h})]$	12.64	20.62	25.08

① 1atm=101325Pa。

表 2.19　指前因子和活化能

动力学常数	指前因子（k_0）	活化能（E_a）
k_1	$5.66 \times 10^5 \mathrm{mol}/(\mathrm{g \cdot atm^2 \cdot h})$	76.66kJ/mol
k_2	$5.10 \times 10^{-3} \mathrm{mol}/(\mathrm{g \cdot atm \cdot h})$	3.38kJ/mol
k_3	$1.23 \times 10^{-2} \mathrm{mol}/(\mathrm{g \cdot atm \cdot h})$	11.60kJ/mol
k_4	$1.16 \times 10^4 \mathrm{mol}/(\mathrm{g \cdot atm^2 \cdot h})$	57.50kJ/mol
k_5	$1.73 \times 10^4 \mathrm{mol}/(\mathrm{g \cdot atm^2 \cdot h})$	44.90kJ/mol

图 2.39 是反应动力学模拟结果，计算可模拟出不同工况的反应结果，且与实验结果有着较好的吻合性，说明模型具有较好的适用性。

图 2.40 是应用动力学模型在 500℃和 540℃下的预测结果，不同温度、空速、配比下的计算值与实验值吻合较好，有比较准确的预测性并具有一定的外推性，这是原反应网络不具备的。

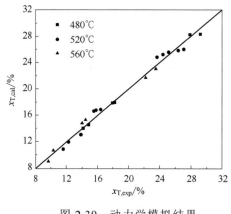

图 2.39　动力学模拟结果

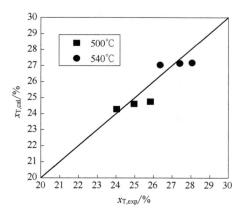

图 2.40　动力学预测结果

（5）反应器模拟优化

基于上节得到的反应动力学方程，分别建立了一维和二维拟均相模型。

① 一维拟均相模型的建立（图 2.41）：沿反应器截面取长度为 $\mathrm{d}l$ 的反应器体积微元进行质量、热量和动量衡算，得到的常微分方程组即为固定床反应器的一维拟均相模型，采用 Runge-Kutta 法求解。

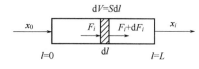

图 2.41　一维拟均相模型

物料衡算方程组：

$$\frac{\mathrm{d}y_i}{\mathrm{d}l} = \frac{(-r_i)\rho_{\mathrm{B}}A}{F}$$

热量衡算方程：

$$\frac{\mathrm{d}T}{\mathrm{d}l} = \frac{\sum_{i=1}^{5}(-\Delta H_i)(-r_i)\rho_{\mathrm{B}}A}{Fc_{\mathrm{p}}}$$

动量衡算方程：

$$\frac{\mathrm{d}p}{\mathrm{d}l} = \left(\frac{150}{R_{\mathrm{em}}} + 1.75\right)\left(\frac{1-\varepsilon_{\mathrm{B}}}{\varepsilon_{\mathrm{B}}^3}\right)\left(\frac{\rho_{\mathrm{g}}u_{\mathrm{m}}^2}{d_{\mathrm{s}}}\right)$$

边界条件：

$l=0$ 时，$p=p_0$，$T=T_0$，$y_T=y_{T_0}$，$y_M=y_{M_0}$，$y_{PX}=y_{MX}=y_{OX}=y_{TMB}=0$

式中，A 为反应器的截面积；ρ_B 为催化剂的堆密度；r_i 为反应速率；y_i 为反应各物质摩尔分率；F 为反应器内气体流量；T 为反应温度；ΔH_i 为各反应的反应热；c_p 为混合气体的比热容；p 为反应器的压力；ρ_g 为反应混合气体密度；R_{em} 为用于固定床的修正的雷诺数；ε_B 为床层空隙率；u_m 为反应混合气体流速；d_s 为催化剂的粒径。边界条件中，下标 0 表示入口条件；y_T、y_M、y_{PX}、y_{MX}、y_{OX}、y_{TMB} 分别为甲苯、甲醇、对二甲苯、间二甲苯、邻二甲苯和三甲苯的摩尔分率。

② 二维拟均相模型的建立（图 2.42）：以反应管轴线为中心线，取一半径为 r、径向厚度为 dr、轴向高度为 dz 的环状微元体。在定态条件下，进微元体量－出微元体量=微元体内反应量。

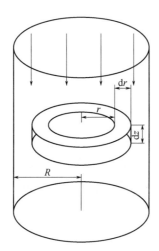

图 2.42 二维拟均相模型

物料衡算方程组：

$$\frac{D_{er}}{u}\left(\frac{\partial^2 y_i}{\partial r^2}+\frac{1}{r}\frac{\partial y_i}{\partial r}\right)-\frac{\partial y_i}{\partial l}=\frac{(-r_i)\rho_B A}{F}$$

热量衡算方程：

$$\frac{\lambda_{er}}{u}\left(\frac{\partial^2 T}{\partial r^2}+\frac{1}{r}\frac{\partial T}{\partial r}\right)-\frac{\partial T}{\partial l}=\frac{\sum_{i=1}^{5}(-\Delta H_i)(-r_i)\rho_B A}{Fc_p}$$

式中，r 为反应器径向距离；u 为反应器内气体的流速；D_{er} 为径向有效扩散系数；λ_{er} 为径向有效导热系数。

图 2.43～图 2.46 为反应器模拟结果。从图 2.43 可以看到，随着床层轴向距离增加，甲苯转化率随之增加，$L>1.2$m 以后甲苯转化率增速减缓。

从图 2.44 可以看到，随着床层轴向距离增加，PX 收率逐渐增加，$L>1.2$m 以后 PX 收率增速减缓，但二甲苯、三甲苯收率随着床层轴向距离的增加而一直逐渐增加。三甲苯的收率随着催化剂床层轴向距离的增加较间二甲苯、邻二甲苯的收率有明显的增加；虽然甲苯与甲醇反应生成的对二甲苯增加了，但副反应也有一定程度的提高。对二甲苯因进一步在催化剂孔道内和催化剂外表面发生异构化，生成间二甲苯和邻二甲苯，对二甲苯的收率基本保持不变。

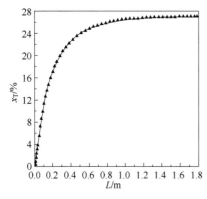

图 2.43　甲苯转化率随管长的变化

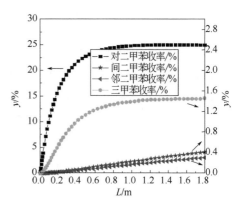

图 2.44　对二甲苯收率随管长的变化

　　图 2.45 和图 2.46 分别为反应器轴径向温度分布和不同苯醇比（T/M）条件下的温升情况，可预测反应器各处温度分布及不同工艺条件下的反应结果及温升情况，从而为单管实验和工业反应器的设计提供基础。

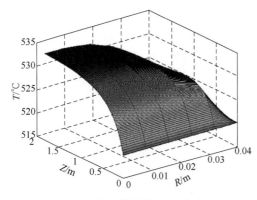

图 2.45　反应器轴径向温度分布

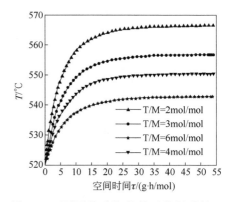

图 2.46　不同苯醇比条件下的温升情况

（6）甲醇多段进料优化

　　图 2.47 为甲醇分段进料的流程示意图。前面技术经济分析时提到，甲苯转化率是影响经济性的重要因素。甲醇多段进料，是提高甲苯转化率的有效手段。因此，在单段固定床模型基础上，建立了多段反应器模型，并结合实验手段，寻找最优的分段数。

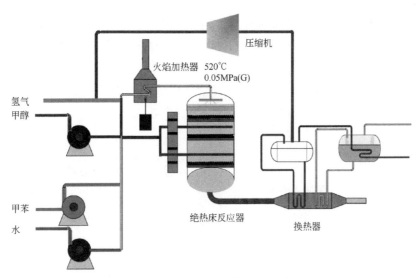

图 2.47　甲醇分段进料流程示意图

表 2.20 是甲醇两段进料实验值与模拟值的比较，可以看到，两段进料可以有效提高甲苯的转化率，并且对二甲苯的选择性也有一定程度的提高。

表 2.20　甲醇两段进料实验值与计算值的比较

项目	甲苯转化率/%	对二甲苯选择性/%
计算值	31.84	97.32
实验值	32.62	95.90
甲醇一段进料	26.38	95.03

继续模拟不同段数对反应结果的影响，图 2.48、图 2.49 分别是分段数对甲苯转化率和选择性的影响。可以看到，甲苯转化率在段数超过 4 段后增速不明显，甚至出现下降趋势；随着甲醇分段数的增加，选择性基本维持不变。考虑到设备制造成本、催化剂装填难度等各方面因素，甲醇分三段进料是最优方案。

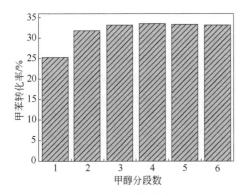

图 2.48　分段数对甲苯转化率的影响

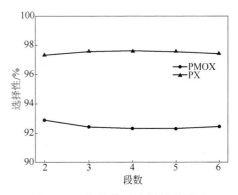

图 2.49　分段数对选择性的影响

图 2.50 是基于分段优化研究结果，为反应放大所设计的三段单管反应器。经过进一步的单管实验验证，经多段工艺优化后，经济性可提高 1236 元/t PX。

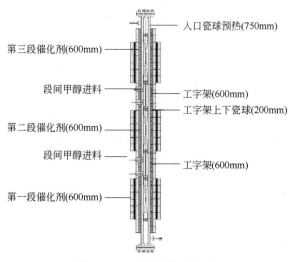

第三段催化剂(600mm)

段间甲醇进料

第二段催化剂(600mm)

段间甲醇进料

第一段催化剂(600mm)

入口瓷球预热(750mm)

工字架(600mm)

工字架上下瓷球(200mm)

工字架(600mm)

图 2.50　三段单管反应器

（7）总结

该项目以过程系统工程为指导，通过各阶段概念设计有力地指导了研发方向。通过技术与经济、模拟与实验、工程与工艺相结合，项目得到快速推进，经济效益得到大幅提高。

2.5.4.2　案例 2：中低温 SCR 催化剂、反应器及工艺开发

本案例旨在说明需求导向下，组织多专业跨职能的并行开发团队并通盘考虑科学、技术、工程和市场，对于项目快速推进和抢抓市场机遇方面的显著作用。

（1）背景

2005 年至 2015 年，我国焦炭产量占世界焦炭产量的比例由 53.3%提高到68.6%。2015 年我国生产焦炭 44778 万吨，其中 90%以上为冶金焦。根据环境统计数据，2015 年，焦化行业主要污染物烟粉尘、二氧化硫、氮氧化物排放量分别为 28.3 万吨/年、36.5 万吨/年、24.6 万吨/年，占全国工业烟粉尘、二氧化硫、氮氧化物排放量比例分别为 1.9%、2.1%、1.7%。因此，焦炉烟气污染排放的治理不容忽视。表 2.21 列出了国家标准 GB 16171—2012 规定的排放限值。

表 2.21　《炼焦化学工业污染物排放标准》（GB 16171—2012）规定的排放限值

污染物排放环节	排放控制要求	氮氧化物	二氧化硫	颗粒物	监控位置
焦炉烟囱	排放浓度限值	500	50	30	车间或生产设施排气筒
	特别排放限值	150	30	15	

《炼焦化学工业污染物排放标准》（GB 16171—2012）要求从 2015 年 1 月 1日起，现有焦化企业焦炉烟囱 NO_x 排放浓度限值为 500mg/m³，并提出根据国家环境保护工作的要求，在国土开发密度较高、环境承载能力开始减弱、大气环境容量较小、生态环境脆弱、容易发生严重大气污染问题而需要采取特别保护措施的地区，应严格控制企业的污染物排放行为，对在上述地区的企业执行大气污染物特别排放限值。

表 2.22 为现有焦炉烟气各种脱硝技术的比较。由于选择性催化还原（selective catalytic reduction，SCR）脱硝技术的优势，目前焦化行业脱硝 80% 以上为 SCR法脱硝。

表 2.22　焦炉烟气脱硝技术比较

脱硝工艺	适应性	优缺点	脱硝率	投资
SCR	适合排气量大，连续排放源	二次污染小，效率高，技术成熟；投资大，关键技术难度大	80%~98%	较高
SNCR	适合排气量大，连续排放源	不用催化剂，设备和运行费用少；NH_3 用量大，二次污染严重，难以保证温度（850~1000℃）和停留时间	30%~60%	较低
液体吸收法	处理烟气量小	工艺设备简单、投资少，有些方法能同时回收 NO_x 和 SO_2；效率低副产物不易处理，目前不适于处理烟气，技术不成熟	效率低	低
微生物法	适用范围大	工艺设备简单、能耗及处理费用低、效率高、无二次污染；微生物环境条件难以控制，不适于烟气，处于研究阶段，技术不成熟	40%~80%	低
活性炭吸附法	排气量不大	同时脱硫脱硝，回收 NO_x，运行费用低；吸收剂用量大，设备庞大，一次脱硫脱硝效率低，再生频繁	40%~60%	高
电子束法	适用范围大	同时脱硫脱硝，无二次污染；运行费用高，关键设备技术含量高，不易掌握	70%~85%	高

（2）焦炉烟气脱硝催化剂的开发

工业催化剂的开发是一个典型的需要科学、技术、工程、市场紧密结合，协同开发的领域，包括反应机理、活性位点等科学问题，催化剂放大制备等技术问题，满足抗堵塞小压降等工程问题，技术、经济指标先进性等市场问题。只有系统筹划、通盘考虑、协同推进，才能保证面向应用的工业催化剂的快速开发成功。

SCR 技术是脱除 NO_x 最成熟的一种工艺技术，使用该法脱硝率高、选择性好，其反应机理如下：

$$6NO + 4NH_3 \longrightarrow 5N_2 + 6H_2O$$

$$4NO + 4NH_3 + O_2 \longrightarrow 4N_2 + 6H_2O$$

$$6NO_2 + 8NH_3 \longrightarrow 7N_2 + 12H_2O$$

$$2NO_2 + 4NH_3 + O_2 \longrightarrow 3N_2 + 6H_2O$$

SCR 技术起源于电力行业，电力行业运行温度较高，主要在 $300 \sim 450℃$ 左右，且烟气条件相对稳定。但焦炉烟气温度比电力行业低，一般在 $200 \sim 300℃$。受荒煤气净化工段影响，燃料工况条件不稳定，导致烟气中二氧化硫含量易超标，通常在 $300mg/m^3$ 左右，超标时可达 $1000mg/m^3$。焦炉煤气中氢含量高，所以燃烧后烟气中水含量也高，为 $15\% \sim 22\%$，会与反应物产生竞争吸附同时生成硫酸铵盐。并且焦炉烟气还有个特有的特点，因为生产过程中存在换向，换向期间 NO_x 含量急剧降低，造成焦炉烟气组成会有非常频繁的周期性波动，造成短时间内喷铵过量。

第一套焦炉烟气 SCR 脱硝项目于 2015 年底在宝钢湛江上马，该技术在焦化行业应用时间较短，技术成熟度不高，需要进一步开发适合焦化行业的脱硝催化剂和成套工艺。

对于脱硝催化剂来说，温度低会导致两个问题：a. 催化剂活性低，空速低，造成投资过大；b. 该温度区间生成的硫酸铵盐不易分解，直接覆盖在催化剂表面造成催化剂失活。

故焦炉烟气脱硝催化剂的开发要点是：a. 提高低温活性，增加低温条件下的空速，减少投资，降低脱硝成本；b. 减少硫酸铵盐的生成（或降低硫酸铵盐分解温度），防止催化剂失活。

燃烧过程中 SO_2 经催化剂氧化后生成 SO_3，SO_3 与氨易反应生成硫酸氢铵（ABS）和硫酸铵（AS）（图 2.51），其可能存在的反应如下：

$$NH_3 + SO_3 + H_2O \longrightarrow NH_4HSO_4 \qquad (1)$$

$$NH_4HSO_4 + NH_3 \longrightarrow (NH_4)_2SO_4 \qquad (2)$$

$$2NH_3 + SO_3 + H_2O \longrightarrow (NH_4)_2SO_4 \qquad (3)$$

$$SO_3 + H_2O \longrightarrow H_2SO_4 \qquad (4)$$

$$NH_3 + H_2SO_4 \longrightarrow NH_4HSO_4 \qquad (5)$$

硫酸铵是一种干燥性粉末物质，易通过吹灰吹出去，不会对催化剂造成过大影响。而硫酸氢铵具有黏性，易吸附烟气中的飞灰，从而造成催化剂表面覆盖及孔道堵塞。另外，氨过量引起的铵盐堵塞及炉体窜漏、燃烧不完全也会造成催化剂失活。

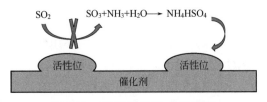

图 2.51　硫酸氢铵形成示意图

ABS 开始挥发的温度为 173.7℃，当温度高于 323.59℃时，ABS 会大量挥发。因此，正常工况下一旦有 ABS 生成，极易和飞灰黏结在催化剂表面，造成堵塞，最终导致催化剂失活。

从动力学角度，据纪培栋等人研究[46]，对于脱硝主反应，其受反应控制，在催化剂壁面 1mm 范围内即可完成。但 SO_2 氧化为 SO_3 的副反应受扩散控制，沿着催化剂整个壁面厚度转化率不断提高。

因此，中低温脱硝催化剂开发时，如果单纯增加活性组分含量，会导致含硫化合物氧化率增加，导致大量硫酸铵盐生成，覆盖在催化剂表面造成催化剂失活。所以，在提高催化剂低温活性的同时，需要提高催化剂的选择性，降低 SO_2 的氧化；降低水以及硫氧化物在催化剂表面的吸附以及降低硫酸氢铵的分解温度。

因此，催化剂开发时需要同时考虑催化活性位（微观尺度）调控，如几何和电子结构，也需要研究催化剂颗粒（介观尺度）内反应和传质的系统作用，如多级孔道和表界面结构设计。同时也需要考虑宏观尺度复杂的扩散和反应的交互影响过程。

所以，催化剂的性能调控从以下几个方面着手：

① 催化剂性能调控：活性组分

a. 以其他金属替代部分催化剂的活性组分，降低活化能，提高催化剂的低温活性。这里边，V 起到主要的催化作用，为催化剂的主要活性组分；W 起到稳定剂和助剂的双重作用；Mo 的添加不仅提高了催化剂的脱硝活性，同时拓宽了其脱硝温度窗口。

b. 加入助剂，降低含硫化合物（包括二氧化硫和亚硫酸铵盐）的氧化率，同时降低表面硫酸铵盐的分解温度，延长催化剂寿命。其中，Nd 可提高催化剂表面氧化还原能力和酸性，有助于 NH_3 和 NO_x 吸附，促进低温活性，而且具有良好的抗硫抗水性能；Sb 可降低硫酸氢铵与催化剂之间的键能，使硫酸氢铵更容易分解。

② 催化剂性能调控：载体改性

a. 采用三元混合载体。TiO_2 抑制 SO_2 氧化的能力强，能很好地分散表面活性物种；SiO_2 的添加可降低催化剂的 SO_2 氧化率；Al_2O_3 可解决 Mo 的偏析问题，并增强催化剂机械强度，加强酸性位点。

b. 调控催化剂表面性质。通过催化剂表面酸碱性的调控，减弱 H_2O 与 SO_2 在催化剂表面的吸附，减少硫铵生成；通过调控催化剂表面的亲疏水性质，降低催化剂表面对 H_2O 的吸附。

c. 优化孔道结构。通过调控催化剂的孔道结构，找到一个比较合适的孔道分布，减弱 SO_2 在孔道内的扩散，降低硫酸铵盐在催化剂孔道内的生成量。

③ 催化剂性能调控：成型制备

由前面的介绍可知，脱硝主反应在很薄的壁面厚度即可完成，催化剂壁面厚度的增加既不利于催化剂活性组分的充分利用，同时还会增加 SO_2 的氧化率。因此，催化剂生产制备的目标是开发孔数更多的薄壁催化剂，既抑制 SO_2 的氧化，同时也提高活性组分的利用率。

表 2.23 和图 2.52 是项目组开发的不同规格的中低温脱硝商业催化剂。

表 2.23　不同规格的中低温脱硝商业催化剂

孔数	截面/mm	外壁厚/mm	内壁厚/mm	孔径/mm	几何比表面积/(m²/m³)	开孔率/%
18	150×150	1.7	1	7.2	415	74.65
20	150×150	1.5	0.9	6.5	455	75.11
22	150×150	1.5	0.8	5.85	503	72.53
25	150×150	1.15	0.75	5.17	567	74.19
30	150×150	1.10	0.70	4.30	687	73.96
35	150×150	1.10	0.70	3.54	769	68.22
40	150×150	1.00	0.50	3.21	914	73.27

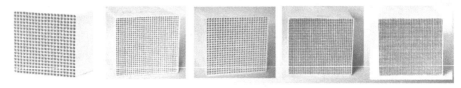

图 2.52　不同规格的中低温脱硝商业催化剂

图 2.53 是催化剂生产流程图。在试生产期间，经常出现纵裂、黑心等现象（图 2.54），导致催化剂的合格率较低，通过生产团队和研究团队通力协作，对每一步生产过程进行同步平行小试，分析成型过程中出现纵裂、黑心等不正常现象的原因并提供解决方案，很快解决了生产放大中出现的问题。

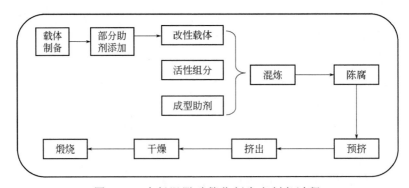

图 2.53　中低温脱硝催化剂生产制备过程

因为烟气有灰尘且烟气引风机能够提供的压头有限，所以脱硝催化剂一般都是整体成型的蜂窝催化剂。在研究过程中，也有人提出能否采用颗粒催化剂，从而减少催化剂体积，降低反应器造价。对这个问题进行计算分析后，结果见表 2.24。

图 2.54　催化剂纵裂

表 2.24　不同粒径颗粒催化剂计算结果汇总

催化剂规格/mm	形状因子	床层空隙率	颗粒催化剂床层体积/蜂窝催化剂床层体积	床层高度/mm	颗粒催化剂床层总表面积/蜂窝催化剂床层总表面积	压降/Pa	风机需增加的功率/kW	每年增加的运行费用/万元
蜂窝催化剂	—	0.74	1	1820	1	400	0	0
1×2	0.83	0.36	0.41	923	2.97	74402	5232	2721
1×5	0.70	0.43	0.46	1037	2.62	33936	2386	1241
1×10	0.58	0.52	0.55	1231	2.50	16596	1167	607
2×5	0.80	0.38	0.43	953	1.43	21596	1519	790
2×10	0.70	0.43	0.46	1037	1.31	12904	907	472
2×20	0.58	0.52	0.55	1231	1.25	6535	460	239
3×10	0.76	0.40	0.44	985	0.91	10236	718	374
3×20	0.65	0.46	0.49	1094	0.85	6039	425	221
3×30	0.58	0.52	0.55	1231	0.83	3965	279	145

注：以蜂窝催化剂为基准；取电价为 0.65 元/kWh。

从计算结果可以看出：

① 颗粒催化剂床层的压降要大于蜂窝催化剂，导致风机功率增大，运行费用增加；

② 对于颗粒催化剂来说，随着催化剂长径比的增加，床层空隙率增加，相应催化剂的装填体积增大，总表面积减小，压降减小，从而增加的风机功率和对应的运行费用也减少；

③ 相比蜂窝催化剂，使用颗粒催化剂可使脱硝反应器床层降低 1m 左右，对反应器投资影响不大。

所以颗粒催化剂需配合径向床的开发才可能有意义。

项目组对自己开发的催化剂进行工业侧线性能评价，脱硝侧线烟气评价条件见表 2.25。

表 2.25　脱硝侧线烟气条件

项目	指标
烟气流量	10000m³/h
烟气温度	200～290℃
烟气组分	CO_2：8%～9% CO：0.1%～0.2% O_2：6%～7% NO_x：1000～1400mg/m³ SO_2：200～300mg/m³ H_2O：15%～20%
催化剂装填量	1.64m³

图 2.55～图 2.59 为不同条件下的催化剂性能考察和对比。可以看到，项目组开发的催化剂不论低温活性还是抗 SO_2 性能上，都要好于当前市场上的商用催化剂，并且具有较宽的操作范围和良好的稳定性。

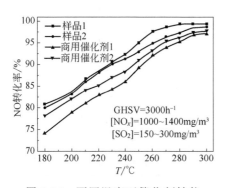

图 2.55　不同温度下催化剂性能

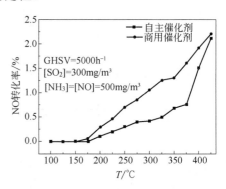

图 2.56　催化剂抗 SO_2 性能

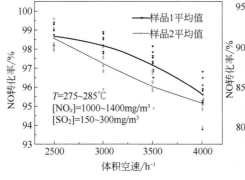

图 2.57　不同空速下催化剂性能

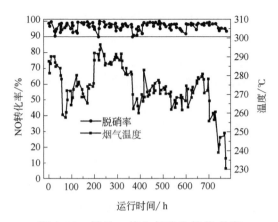

图 2.58　样品 1 催化剂稳定性能考察

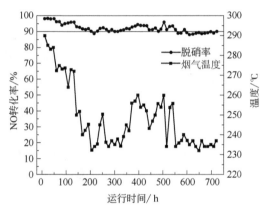

图 2.59　样品 2 催化剂稳定性能考察

（3）脱硝工艺优化设计

结合焦炉烟气的特点，配合催化剂的优化，项目组在 SCR 脱硝工艺上也进行了大量的优化工作，该工艺主要有以下特点：

① 配备热解析装置：及时热解生成的硫酸氢铵，保证催化剂使用寿命。

② 优化控制系统设计：进行 NO_x 前馈与反馈控制，减少喷氨过量情况发生。

③ 合理选择催化剂空速：高空速催化剂孔节距小，硫酸氢铵生成量大，与烟气中的灰尘及焦油一道会加快催化剂的堵塞。焦化行业推荐空速 $2000\sim5000h^{-1}$。

④ 增加焦油吸收装置：对于烟气中含焦油比较多的情况，在脱硝前增加焦油吸收装置，降低焦油对催化剂的损害。

⑤ 强化反应器流场设计模拟。

（4）SCR 反应器流场优化

催化剂确定后，脱硝效率及氨逃逸率主要取决于 SCR 反应器流场的均匀性，对于流场优化，主要从以下几个方面着手：

① 入口烟道优化布置导流板，使烟气在入口烟道内就达到流场分布均匀；

② 喷氨格栅的形式及最优喷氨位置的确定；

③ 入口烟道内强化氨/氮混合，在进入反应器之前达到良好的混合效果；

④ 反应器内首层催化剂前部设置整流器，改善烟气入射角度、减小速度梯度和回流现象。

设计主要优化指标为：

① 以第一层催化剂入口横截面的速度相对标准偏差（RSD）值为优化目标，设计要求≤15%；

② 以第一层催化剂入口横截面的速度偏角平均值为优化目标，设计要求≤10°。

图2.60是优化后的反应器结构，喷氨格栅与烟气流向垂直，上下2层布置，并且在其上方还布置了一排静态混合器；导流板共有4组，分别位于入口处、扩大段、下弯头和上弯头；反应器入口处布置了整流格栅。

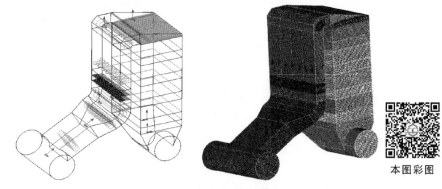

本图彩图

图2.60 优化的反应器结构和网格划分

图2.61是优化的反应器内部速度场和浓度场的分布情况。可以看到，喷氨格栅布置在流速分布均匀的竖直烟道内，有利于氨与氮的混合。烟气流经喷氨格栅下游静态混合器产生的湍动旋涡，强化了组分间的湍流扩散过程，使得氨分布更为均匀，提高了脱硝效率，降低了氨的逃逸率。不同位置导流板的设置抑制了烟气流场分离现象，明显减小了烟道内的速度梯度，消除了回流区域，入口烟道内速度分布整体均匀；反应入口处整流器的设置极大改善了烟气入射角度，消除了速度梯度和边壁区域的回流，避免了对催化剂造成冲刷、磨损，堵塞孔道等风险。

（5）工程业绩

本技术开发成功后，其优异的技术性能和良好的经济性已获得多套工程业绩，略举三例如下：

业绩1：某焦化有限公司1号、2号、3号焦炉

① 参数

焦炭产能：4.3m×60孔×3　120万吨/年

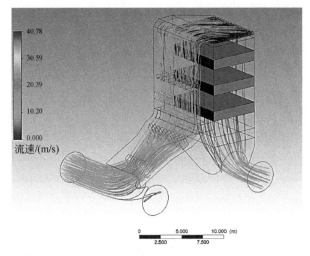

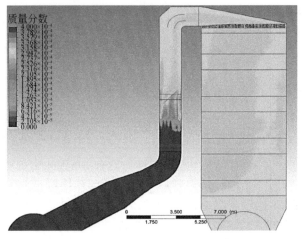

本图彩图

图 2.61　优化的反应器速度场和浓度场分布

烟气量：95000m³/h（单座）

烟气温度：230～320℃

SO₂浓度：160mg/m³

NOₓ浓度：600mg/m³

含水量：15%

② 催化剂：2 层 22 孔，装填体积 32 m³

③ 反应器出口 NOₓ指标：≤50mg/m³

业绩 2：某焦化有限公司五期焦炉

① 参数

焦炭产能：5.5m×65 孔×2　130 万吨/年

烟气量：300000m³/h

烟气温度：230~340℃

SO_2 浓度：300mg/m³

NO_x 浓度：1200mg/m³

含水量：20%

② 催化剂：3+1 层 22 孔，装填体积 120 m³

③ 反应器出口 NO_x 指标：≤50mg/m³

业绩 3：某能源有限公司焦炉烟气脱硝装置

① 参数

烟气量：240000m³/h

SO_2 浓度：200~300mg/m³

NO_x 浓度：1400mg/m³

② 催化剂装填量：59m³

③ 反应器出口指标

出口 NO_x 浓度：≤50mg/m³

脱硝效率：98%以上

（6）总结

本项目的成功，一方面得益于以行业需求为导向，通盘考虑科学、技术、工程和市场，开发出符合市场需求的技术；另一方面也在于针对问题的特殊性，组织了催化剂开发、反应器开发、工艺开发、中试、工程设计、分析检测、催化剂生产、市场营销和工程服务紧密结合，协同开发的跨职能并行开发团队，从而使项目得以在 2 年内以较短的时间开发成功，抓住了市场的机遇；最后还需要提到的一点是，之所以能够组织如此复杂的多功能并行开发课题组，在于该项目所在研究院良好的组织结构基础：除了像其他企业研究院一样具有多个研究所外，在每个生产园区还都有配套的工程技术中心，可以承担中试和生产的任务。下属的工程公司，可以承担工程设计和总包的工作。

2.5.4.3　案例 3：高性能聚酰胺热塑性弹性体

高分子产品面对多种多样的应用场景和不同的加工要求，相比通用化工产品，市场开发更为重要，本案例通过一个高分子产品聚酰胺热塑性弹性体的开发历程，重点说明通盘考虑科学、技术、工程、市场（STEM）及早期进行市场开发对促进项目商业化成功的重要性，以及与设计、设备等外部单位早期对接，通过内外部各专业协作来提升研发质量和效率。

（1）背景

近年来，在具有橡胶弹性和塑料热加工性能的热塑性弹性体获得了广泛应用的同时，人们对热塑性弹性体的性能提出了更高的要求，希望其具有更宽的耐高低温范围、更高的强度和更好的耐磨性等，以适应更加严苛的工作环境。

聚酰胺热塑性弹性体（TPAE），分子结构由聚酰胺硬段和聚醚/聚酯软段组成，其耐高低温范围宽、一般可达 $-70 \sim 150℃$，强度高、拉伸强度可达 $10 \sim 50MPa$，硬度区间大、位于 75A～80D 之间，并且与极性基体具有良好的黏结包覆性。1979 年德国休斯（Huls）公司首次实现了 TPAE 的工业化生产，随后日本 DIC 株式会社、法国 Arkema、瑞士 EMS、德国 Evonik 等也陆续投入生产。已商品化的 TPAE 主要应用于轨道交通、工业输送、尼龙制品包胶、增韧尼龙树脂、医用输液管、运动鞋、食品包装等诸多方面，并且需求量呈现逐年增大的趋势。尤其是近些年来，我国加快了轨道交通、汽车、电动汽车等领域的发展，更是提高了 TPAE 的需求量。然而，目前 TPAE 的生产技术主要由国外大型公司掌握，形成垄断，我国未能实现 TPAE 的大规模产业化，不得不付出极大的代价进口大量产品，自给率几近为零。

当前工业化的 TPAE 多由聚酰胺 12/聚酰胺 11（PA12/PA11）等长碳链聚酰胺采用两步法制成，存在原料来源少、工艺路线复杂、生产成本高、产品价格高的问题。高昂的售价导致下游用户需求谨慎、市场需求增长缓慢。因此，开发出原料来源充足、工艺路线简单、综合性能优异且制造成本低的 TPAE 生产技术、使 TPAE 国产化，将有助于提升 TPAE 产品竞争力、拓宽应用范围、增大市场规模、消除或减轻产品进口依赖、增强我国相关产业制造安全。

与长碳链聚酰胺原料相比，己内酰胺（CPL）作为生产尼龙 6 的主要原料已经得到了充分的发展。当前，CPL 全球产能约 780 万吨/年、产量约 560 万吨/年，存在一定的产能过剩，部分国外企业开始关停 CPL 生产装置，产品价格呈现逐渐降低的趋势。因此，本项目以产品附加值高、技术代表性强、需求不断增长的 TPAE 为目标产品，选择来源广泛、价格低廉的 CPL 为聚酰胺原料，研发具有自主知识产权的 TPAE 连续生产新技术。新技术不但具有工艺条件温和、可操控性强、工艺流程短、生产成本低的特点，而且通过建设千吨级和万吨级连续化生产示范性装置，形成产业化技术体系和规模化市场，释放 CPL 的过剩产能，对于促进 TPAE 和 CPL 产业良性发展具有重要意义。

目前，市场上的热塑性弹性体主要有五种类型：聚苯乙烯类热塑性弹性体（TPS/SBC），聚烯烃类热塑性弹性体（TPO），聚氨酯类热塑性弹性体（TPU）、聚酯类热塑性弹性体（TPEE）和聚酰胺类热塑性弹性体（TPAE）等。表 2.26 是各类热塑性弹性体的代表性生产企业。

苯乙烯类热塑性弹性体（TPS）为丁二烯或异戊二烯与苯乙烯嵌段型共聚物，主要品种为 SBS。目前 TPS 全球生产能力为一百万吨左右，产品性能最接近硫化橡胶。

表 2.26　热塑性弹性体代表性生产企业

名称	结构	代表性生产企业
SBC	苯乙烯类嵌段共聚物（SBS、SEBS、SIS）	科腾、巴陵石化
TPO	烯烃类共聚物（EPDM、POE）	陶氏、燕山石化
TPV	合金，PP/EPDM	陶氏、道恩
TPU	聚氨酯类	巴斯夫、烟台万华
TPEE	聚酯类（PBT、PET）	杜邦、华烁科技
TPAE	聚酰胺类（PA6、PA12）	阿克玛、EMS、旭阳

聚烯烃类热塑性弹性体（TPO）由橡胶和聚烯烃构成，通常橡胶组分为三元乙丙橡胶（EPDM）、丁腈橡胶（NBR）和丁基橡胶；聚烯烃组分主要为聚丙烯（PP）和聚乙烯（PE）。目前产品中用量最大的是（EPDM/PP）。由于它比其他的 TPE 相对密度小，耐热性高，耐候性和耐臭氧性也好，价格低廉，成为一种快速发展的品种。

聚氨酯类热塑性弹性体（TPU）是第一个可以热塑加工的弹性体，它是一种很重要的热塑性弹性体，具有高强度、韧性好、耐磨、耐油等优异性能。

聚酯类热塑弹性体（TPEE）是以聚对苯二甲酸丁二醇酯为硬段，聚醚或聚酯为软段的嵌段共聚物，目前最大的特点是在低应力下，其拉伸应力比相同硬度的其他聚合物制品大，因此其制件厚度可以做得更薄，而且低温韧性、耐化学品性、耐油性优良，且具有良好的电绝缘性能。

聚酰胺热塑性弹性体（TPAE）与其他四种相比，是最近开发出来的一种新型热塑性弹性体。聚酰胺类热塑性弹性体与聚氨酯热塑性弹性体和聚醚酯热塑性弹性体一样，都属于分段型嵌段共聚物。它具有优异的耐腐蚀性和良好的加工性能，在较大的温度范围内坚韧抗磨。拉伸强度及低温抗冲强度高，柔软性好，弹性回复率高，在-40~0℃的低温环境下，仍能保持冲击强度和柔韧性不发生变化，耐屈挠性变化小，有良好的耐磨性及耐屈挠性。同时适宜在高温下使用，保持很好的拉伸性能，最高使用温度可达 170℃，并可在 150℃下长期使用，较聚氨酯弹性体的长期最高使用温度 100℃要高很多，即使是在不加任何热稳定剂的条件下也可耐长期环境下的热老化。

图 2.62 和图 2.63 是各类热塑性弹性体的性能和价格比较。综上所述，尼龙 6 弹性体是一种理想的热塑性弹性体，用其增韧改性塑料、尼龙包胶、食品肠衣包装可以满足下游客户的需求。同时，优异的热塑性加工性能和比其他弹性体更优秀的耐低温性与耐高温性，使该产品有较强的竞争力，市场前景广阔。

表 2.27 与图 2.64 是全球产能及 TPAE 的产品消费结构，可以看到，TPAE 作为高端的热塑性弹性体材料，在多个方面具有广泛的用途。

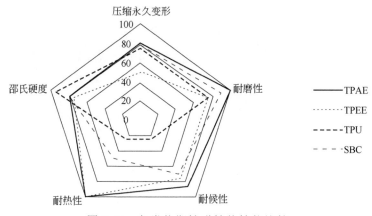

图 2.62　各类热塑性弹性体性能比较

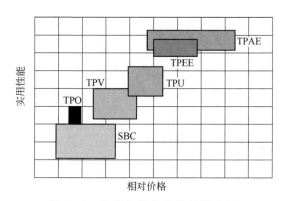

图 2.63　各类热塑性弹性体性价比

表 2.27　TPAE 全球产能及价格区间表

序号	厂家	产能 /(万 t/a)	价格 /(万元/t)	应用市场
1	Arkema	5	9～12	医疗、线缆、运输、机械、抗静电
2	Evonik	4	9～12	体育、汽车、运动鞋
3	EMS	2.5	9～12	医疗、线缆、汽车、运输、机械
4	UBE	1.5	9～12	医疗、线缆、汽车、运输、机械
5	DSM	2	9～12	医疗、线缆、汽车、运输、机械
6	Toray	1	9～12	医疗、线缆、汽车、运输、机械
7	Dow	0.5	9～12	运输领域、重机、医疗、户外装备
8	DIC	0.5	9～12	运输领域、重机、医疗、户外装备
9	Brugemann	0.5	9～12	运输领域、重机、医疗、户外装备

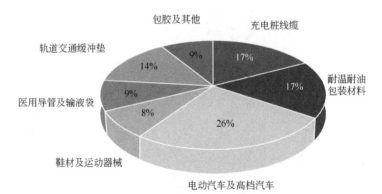

图 2.64　TAPE 产品消费结构

图 2.65 是国内 TPAE 各应用领域的需求量和需求增长率。目前，国内 TPAE 产品需求总量约 4.5 万 t，国内无生产厂家，全部依赖进口，价格昂贵，亟需国产化产品替代。

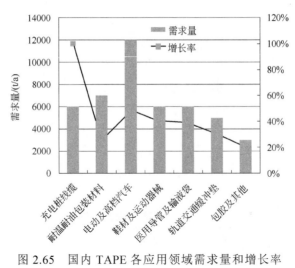

图 2.65　国内 TAPE 各应用领域需求量和增长率

（2）工业反应系统开发

本项目以己内酰胺和聚醚为原料，经过一系列的聚合、酯化等反应，得到热塑性弹性体产品。

中试采用间歇聚合工艺，反应过程分为几个阶段：程序升温，原料预聚；升温程序完毕后，进行排气泄压工作；排气泄压结束后，进行氮气吹扫增黏；吹扫结束后，进行抽真空增黏。

中试有一个与小试不同的现象：反应时间随反应器的增大而延长，并且时间延长主要在增黏阶段。图 2.66 为不同容积反应釜所需的聚合时间。分析原因，其本质在于终聚受脱挥扩散控制。

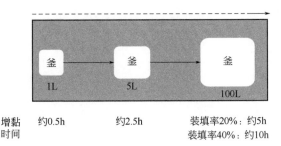

图 2.66　不同容积反应釜聚合时间

从中试到工业化，面临着如下问题需要决策：

① 反应路线　本装置以何种路线更为有利？

a. 沿用中试单釜间歇式路线？

b. 参照尼龙 6 工业化连续生产路线（VK 管）？

c. 多釜串联式的连续化（根据反应阶段，设置单独分段反应釜）路线？

② 反应器形式

a. 沿用中试的间歇式一锅法，反应时间显著影响于反应器的比表面积，则何种反应器的结构形式更便于工业化大生产，同时在工业间歇生产中更为成熟？

b. 如果借鉴尼龙 6 连续聚合法，那么这种塔式反应器在设计时，除考虑物料的停留时间外，是否需内置特殊构件以提高反应传热传质及避免反应器堵塞等？

c. 采取连续釜式工艺路线，前几步操作由于物料黏度未发生明显变化，可选择常规搅拌釜，而最后的增黏阶段为减少反应时间、提高效率，需采用特殊的表面更新反应器，则哪种更适用、更成熟、更经济？

为回答以上问题，需要工艺与工程、实验与设计的早期结合，通过概念设计来逐一回答。图 2.67 为工业装置的初始概念设计流程图。

对于间歇聚合反应器，反应物体积正比于反应器直径的三次方，但反应物脱挥表面积正比于反应器直径的平方。对于 2000t/a 的工业示范装置来说，反应釜将增大到 10m³，则反应体积增大 100 倍，表面积只增大 21.5 倍，增黏时间相比中试大约还要增大约 5 倍，反应时间随反应器的增大而大幅延长，对于工业化装置间歇方案不可接受。

至于反应器的选型问题，还需要结合聚合反应器的知识来进一步讨论。图 2.68 为各类搅拌器的黏度适用范围[47]。

为了让大家对不同物质黏度范围有个直观的认识，表 2.28 列出日常生活中各物质的黏度范围。对于 TAPE 来说，不同牌号的产品其动力黏度大约在 1500～2500Pa·s 之间，是黏度非常大的物质。

接下来就来认识一下不同类型的处理高黏体系的聚合反应器及其适用范围。

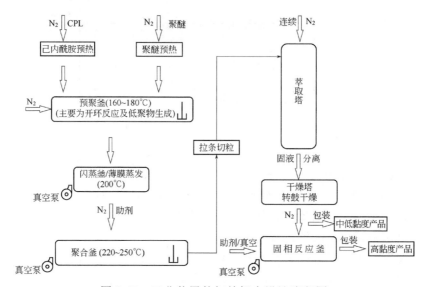

图 2.67 工业装置的初始概念设计流程图

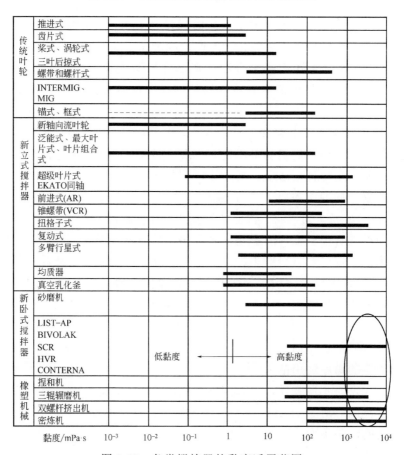

图 2.68 各类搅拌器的黏度适用范围

表 2.28　日常生活中各物质的黏度范围

物质	动力黏度	物质	动力黏度
水	约 1mPa·s	牙膏	约 50Pa·s
低黏乳液	约数 mPa·s	口香糖	约 100Pa·s
重油	约数十 mPa·s	嵌缝胶	约 1000Pa·s
润滑油	约 0.1Pa·s	塑料熔体	近万 Pa·s
蜂蜜	约 1Pa·s	橡胶混合物	近万 Pa·s
涂料	约数 Pa·s	涂料	约数 Pa·s
油墨	约数十 Pa·s		

在本体聚合和缩聚反应后期，反应物料的黏度可达 500～1000Pa·s，甚至高达 5000Pa·s，必须使用特殊聚合反应器。按反应物料在反应器内滞留量的大小，可以分为低滞液量型反应器和高滞液量型反应器。

低滞液量型反应器物料在反应器中停留时间一般在 10～20min 以内，主要类型有螺杆型反应器及薄膜型反应器（见图 2.69～图 2.71）。

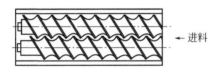

图 2.69　螺杆形反应器

（适用范围：单螺杆：黏度低于 100Pa·s；双螺杆：黏度高于 1000Pa·s）

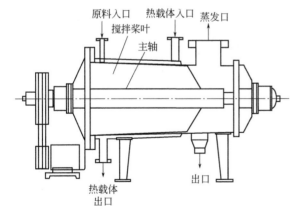

图 2.70　卧式离心薄膜蒸发器

（应用黏度：50Pa·s）

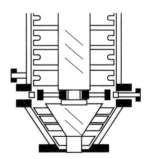

图 2.71　竖管薄膜蒸发器

（应用黏度：500～1000Pa·s）

高滞液量型反应器物料停留时间 1h 以上，依赖物料的表面更新来达到工艺要求，主要类型有卧式单轴式和卧式双轴式。单轴式结构简单，但对物料的剪切作用难以达到轴附近，聚合物易黏附在轴上，适合制备黏度相对不太高的聚合物

（图 2.72，图 2.73）。双轴式结构复杂，但旋转体相互啮合，聚合物在轴上黏附现象减少，且能将物料撕裂成薄膜，有助于促进表面更新，适用于更高黏度物料的聚合（见图 2.74）。

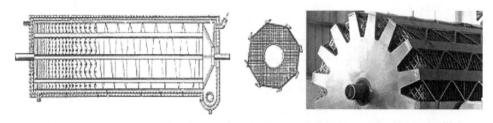

图 2.72　单轴式笼式反应器

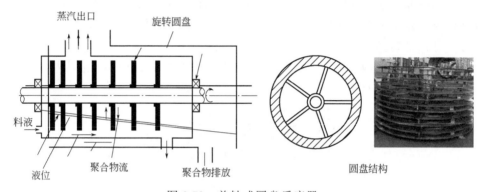

图 2.73　单轴式圆盘反应器

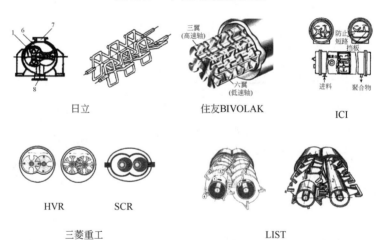

图 2.74　双轴式反应器

　　解决问题的方法首先是进行任务分解（任务分解的具体方法见第 3 章），按工业化工艺包设计的要求，梳理出待解决问题和解决措施，逐一落实。比如根据任务分解，提出为确定聚合反应器选型和满足搅拌器计算等工程开发需要，需要测量相关物性数据，尤其重点要测量动力黏度数据。

其次，与有相关设计经验的工程公司、设计院以及关键设备厂商进行早期对接，充分利用他们的设计开发经验进行协作开发。并行开发方法要求通过内外部各专业协作来提升研发质量和效率，通过和设计院的早期交流对接，确定了整体工艺流程，并根据工程公司的能力特点，将反应系统和后处理系统分别交给最有工程经验的两家工程公司，既保证了设计的专业性，同时也有利于技术保密。通过与聚合反应器、各类脱挥反应器、切粒机等多家专业设备厂家的交流，不但有助于解决设备选型问题，而且早期就选定了合格供应商，在工程实施阶段大大加快了设备采购进程。

同时，设计与实验紧密结合，根据设计需要设计实验和测试项目，提供物性数据，满足工程开发的需求。比如从中试的间歇反应变为工业示范的连续聚合反应过程，为了合理确定连续反应过程分段和各反应阶段反应器选型，根据反应过程升温曲线，测试了各阶段物料的动力黏度及产品的动力黏度，为上述问题的解决提供了重要的支撑。

最终通过上述一系列的工作，工业示范装置采用了多釜串联连续工艺，并对各阶段反应器进行合理选型，既保证了产品分子量分布，又保证了反应脱挥的停留时间需求，并且单套设备生产能力大，取得了满意的放大效果。

连续工业示范装置的成功开车实践证明该项目工业化开发是成功的，装置很快进入正常生产状态，各个牌号的产品都满足技术指标要求并获得客户的认可，打破了国内公司的技术垄断。

（3）小结

本技术的商业化成功，主要得益于以下几个方面：

① 通盘考虑 STEM：由于之前 TPAE 都是国外的产品，对于国内第一套生产装置来说，市场开拓是一项非常重要的工作。本项目在小试阶段即对市场需求、供应商牌号、目标客户及应用领域等进行了细致的调研。在中试产品产出后即开展广泛的客户开发和试用工作，并根据试用结果不断调整工艺参数和牌号。在工程设计和建设阶段，中试装置一直开车生产产品用于市场开拓并获取了足够的订单，保证了工业示范装置的正常生产。

② 工艺与工程、实验与设计的早期结合：过程开发和工艺包设计人员全程参与中试工作，亲自获取工程放大所需参数，充分了解中试过程的细节和问题，及时设计、调整试验方案、及时测试开发放大所需的各种物性数据，从而保证了工艺方案、设备选型和工程放大的成功。

③ 借用外力开放开发："专业的人做专业的事。"本项目开发过程中，在工程设计和设备选型开发方面充分借用外部的专业力量，既加快了开发过程，保证了专业性，也保证了工程设计和设备采购的无缝对接。

2.6 化工并行开发方法的实施

上一节系统阐述了化工并行开发方法并结合案例进行了详细说明，本节说明化工并行开发方法实施所需的必备条件：

（1）转变观念

① 系统观念：从高层到研发人员都要具有系统观念，在项目的立项、开发、商业化过程中，都要从项目总体、全局的层面来考虑问题和制订方案，要谋定而后动，避免匆匆忙忙就进入具体的实验研究，浪费资源和人力。

② 市场概念：项目的成功是商业化的成功，是市场上的成功，一定要避免只从技术的角度考虑问题，需要技术和经济紧密结合，通盘考虑 STEM。

（2）工作方法

① 以过程系统工程思想为指导：以过程系统工程为指导就能在应用基础研究、过程开发、工程转化和商业化等项目实施的整个环节及工艺流程的整体优化这两个维度上进行系统的考虑、研究和安排，保证项目在技术和商业上的成功。

② 以概念设计为纲：从有了项目的最初提案开始，就要做概念设计。概念设计贯穿于整个开发过程，不断指导开发并在开发过程中不断丰富细节。概念设计是经济性评估的基础，从而使技术和经济得以结合；概念设计是系统优化的起始，也是系统优化的结果，从而使过程系统工程思想指导得以落实；通过概念设计可以联结起项目开发的各个环节和各个专业，从而使多功能团队并行开发得以实现。

③ 贯彻三个"早期结合"：三个"早期结合"，既强调"结合"，又强调"早"，唯有早结合，才能保证立项的严谨，保证项目的成功率；唯有早结合，才能尽量"一次做好"，减少项目返工和开发费用；唯有早结合，才能提高协作程度、加快项目进程。

④ 要开展外部协作开放搞科研：现代社会专业分工越来越细，所以问题都靠自己解决既不现实也不高效。通过外部协作，充分利用外部专业资源是加快研发进度、保证专业高效的有效途径。

（3）组织保证

① 需要有支撑结构化开发方法的流程：所有与项目开发有关的人应该清楚他们所参与的是什么工作，用什么方法去完成，而不需要每次重新建立开发过程。化工并行开发方法是一种结构化的开发方法，需要有 SGS 等这样的管理流程来保证开发方法的有效实施。

② 三个"早期结合"和跨平台多功能项目组需要组织保证：要有合理的组织文化和组织结构来保证跨平台多功能项目组的建立，并使跨平台多功能项目组团

队真正得到充分授权，保证化工并行开发的有效实施以及三个"早期结合"得以实现。

至于如何从组织、流程和管理上支撑化工并行开发方法的实施，将在下一章进行详细阐述。

2.7　本章总结

本章介绍了何为并行开发方法，以及精益产品开发方法（LPD）、产品和周期优化法（PACE）、集成产品开发（IPD）及门径管理系统（SGS）等几种典型的支撑并行开发方法的管理流程，并通过几种流程的分析对比，指出门径管理系统（SGS）是更适用于化工开发的并行开发管理流程。通过对化学工业和化工研发特点的分析，探讨了为什么化工研发需要并行开发方法以及化工研发需要什么样的并行开发方法。结合作者多年化工开发的理论与实践，笔者提出了化工并行开发方法的定义："以产业化为目标，在过程系统工程思想指导下，以概念设计为纲，加强技术与经济，工程与工艺，模拟与实验的早期结合，通盘考虑科学、技术、工程、市场（STEM），通过内外部各专业协作来提升研发质量和效率，提高项目成功率的开发方法。"同时对其进行了详细阐述。为加强读者对化工并行开发方法的理解，笔者还列举了多个实际案例以进行详细说明。最后，对化工并行开发方法的实施要点做了阐述和说明。

参考文献

[1] Crawford C M, Di Benedetto C A. 新产品管理[M]. 刘立, 王海军, 译. 北京: 电子工业出版社, 2018.

[2] 产品开发与管理协会. 产品经理认证(NPDP)知识体系指南[M]. 北京: 电子工业出版社, 2017.

[3] Ulrich K T, Eppinger S D. 产品设计与开发[M]. 杨青, 译. 北京: 机械工业出版社, 2018.

[4] 陈劲, 伍蓓. 研发项目管理[M]. 北京: 机械工业出版社, 2009.

[5] 任君卿. 新产品开发[M]. 北京: 科学出版社, 2019.

[6] 赖朝安. 新产品开发[M]. 北京: 清华大学出版社, 2014.

[7] Wheelwright S C. Leading product development: The senior manager's guide to creating and shaping[M]. New York: Free Press, 1994.

[8] Loch C, Kavadias S. Handbook of new product development management[M]. Oxford: Butterworth-Heinemann, 2007.

[9] Trott P. Innovation management and new product development[M]. Essex, England: Pearson, 2016.

[10] Kaynak E, Mills N, Brooke M Z, et al. New product development: Successful innovation in the marketplace[M]. London, New York: Routledge, 2012.

[11] Wheelwright S C. Managing new product and process development: Text cases[M]. New York: Free Press, 2010.

[12] Barclay I, Dann Z, Holroyd P. New product development[M]. New York: Routledge, 2010.

[13] Priest J, Sanchez J. Product development and design for manufacturing: A collaborative approach to producibility and reliability[M]. 2th ed. Boca Raton, FL: CRC Press, 2001.

[14] 欧阳莹之. 工程学：无尽的前沿[M]. 上海：上海科技教育出版社, 2008.

[15] Morgan J M, Liker J K. 精益产品开发体系 丰田整合人员、流程与技术的13项精益原则[M]. 北京：人民邮电出版社, 2017.

[16] McGrath M E. Setting the PACE in product development: A guide to product and cycle-time excellence [M]. Burlington, MA: Butterworth-Heinemann, 1996.

[17] Magrab E B, Gupta S K, McCluskey F P, et al. Integrated product and process design and development: The product realization process (Environmental & Energy Engineering)[M]. 2th ed. Boca Raton, FL: CRC Press, 2009.

[18] 郭富才. 新产品开发管理，就用 IPD[M]. 北京：中华工商联合出版社, 2015.

[19] 刘选鹏. IPD 华为研发之道[M]. 深圳：海天出版社, 2018.

[20] 库珀·罗伯特. 新产品开发流程管理：以市场为驱动[M]. 北京：电子工业出版社, 2013.

[21] 周兴贵, 李伯耿, 袁希钢, 等. 化学产品工程再认识[J]. 化工学报, 2018, 69(11): 4497-4504.

[22] Ng K M, Gani R, Dam-Johansen K. Chemical product design: Towards a perspective through case studies[M]. Amsterdam/London/New York/Tokyo: Elsevier, 2006.

[23] Cussler E L, Moggridge G D. Chemical product design[M]. Cambridge: Cambridge University Press, 1998.

[24] Perris T. Concurrent process engineering: Current practice and future needs. TWG4/FAP/Current Practice & Future Needs/Rev1.0. [EB/OL]. 2000-04-14. http://cape-alliance.ucl.org.uk/CAPE-Applications-etc/Initiatives-and-Networks/About-CAPENET/Key-Research-Areas/CPE-Main-Directory/CPE-Scope-and-Vision.pdf.

[25] 徐宝东. 化工过程开发设计[M]. 2 版. 北京：化学工业出版社, 2019.

[26] 谢明和. 化工过程开发实验方案设计导论[M]. 北京：石油工业出版社, 2015.

[27] 于遵宏. 化工过程开发[M]. 上海：华东理工大学出版社, 1996.

[28] 黄英, 王艳丽. 化工过程开发与设计[M]. 北京：化学工业出版社, 2008.

[29] 张钟宪. 化工过程开发概论[M]. 北京：首都师范大学出版社, 2005.

[30] 陈声宗. 化工过程开发与设计[M]. 北京：化学工业出版社, 2005.

[31] 张浩勤. 化工过程开发与设计[M]. 北京：化学工业出版社, 2002.

[32] 武汉大学. 化工过程开发概要[M]. 北京：高等教育出版社, 2011.

[33] 韩冬冰. 化工开发与工程设计概论[M]. 北京：中国石化出版社, 2010.

[34] 李丽娟. 化工实验及开发技术[M]. 北京：化学工业出版社, 2012.

[35] Douglas J M. 化工过程的概念设计[M]. 北京：化学工业出版社, 1994.

[36] Duncan J M, Reimer J A. Chemical engineering design and analysis[M]. Cambridge: Cambridge University Press, 1998.

[37] Zhao W. Handbook for chemical process research and development[M]. Boca Raton, FL: CRC Press, 2016.

[38] Sinnott R K. Coulson and richardson's chemical engineering[M]. 2th ed. London: Elsevier, 1993.

[39] Branan C R. Rules of thumb for chemical engineers[M]. Amsterdam/London/New York/Tokyo: Elsevier, 2012.

[40] Dimian A C, Bildea C S, Kiss A A. Integrated design and simulation of chemical processes[M]. 2th ed. Amsterdam/London/New York/Tokyo: Elsevier, 2014.

[41] Richard T. Fundamental concepts and computations in chemical engineering[M]. Upper Saddle River, NJ: Prentice-Hall, 2017.

[42] Utgikar V. Analysis, synthesis and design of chemical processes[M]. Upper Saddle River, NJ: Prentice-Hall, 2018.

[43] 张建侯, 许锡恩. 化工过程分析与计算机模拟[M]. 北京: 化学工业出版社, 1989.

[44] 杨友麒. 实用化工系统工程[M]. 北京: 化学工业出版社, 1989.

[45] 王弘轼. 化工过程系统工程[M]. 北京: 化学工业出版社, 2006.

[46] 纪培栋. SCR 催化剂 SO_2 氧化机理及调控机制研究[D]. 杭州: 浙江大学, 2016.

[47] 陈志平. 搅拌与混合设备设计选用手册[M]. 北京: 化学工业出版社, 2004.

第 3 章
化工科研管理

科研开发是一项极富创造性的活动，涉及技术和管理两个层面。在技术层面上，科研开发需要创新的科学理论基础和工程技术的支持，并需要相应的开发方法和开发工具的支持。在管理层面上，则要开展适合科研开发的文化建设、组织结构建设、团队和人员管理、流程建设、绩效管理等，需坚持技术和管理并重。

从一个具体的项目来说，则要包括研发项目的战略与规划、选择与评价、过程管理、组织模式、计划与控制、研发人员的管理、研发项目知识管理、绩效评价和项目审计等具体管理事宜。

相比设计、制造等过程，科研开发活动的不确定性更强，涉及变量更多，风险性更大。尤其对于化工科研开发来说，其特点是产品开发与工艺开发一体化，因此就更需要科学严密地进行组织管理，并按照化工并行开发的程序和方法进行。

3.1 文化转变和组织保证对于化工并行开发的重要性

3.1.1 研发过程的可管理性

在人们的传统观念里，尤其是在科学家群体里，会强调对于科研活动必须允许其不加约束地自由探索。技术或产品是天才与灵感相结合的产物，而不是规划和管理的产物。他们认为科研活动是不可管理的，需要的只是一个合适的氛围。因此，对研发过程进行管理被视为自由思考的障碍，面临着很强的文化挑战。

这种挑战可能会导致研究和开发分成两个不同的部门，即研究是科学家的事，而开发是工程师的事。但这样的划分，又使研发活动被人为切分成串行的过程，其种种弊端前面已做了详细说明，会极大地降低项目的成功率和效率。

同时，研发部门或具体的研发项目也并没有无限的资金或时间来进行完全自由的探索。因此，我们要做的事其实是找到合适的管理方法和管理工具，在保证科研项目整体目标明确、推进有序的同时，也要给科学研究留出一定的自由度，确保创新精神和创新实践充分发挥作用。

研发活动是有其共性的，通常，对一个公司开发的所有技术或产品来说，其过程都是相似的。虽然产品各有不同，但项目团队的构成、项目管理、决策、计划，以及许多具体步骤的实施方法是一致的。事实上，不同公司的研发过程也具有很大程度的相似性。这种相似性使得研发过程可以进行规范、定义和管理，并使所有项目都能从中受益。因此，积极的科研管理并不会窒息创新，反而会以结构化的方法明确研发活动的流程及相关的职责，并给予项目团队充分授权。在这个基础上，项目团队就可以把注意力更多地放在创新活动本身上，从而使创造力更好地发挥。因此，研发活动是可以被定义、构架及管理的，并且像其他任何流程一样，可以不断改进完善。

管理科学理论的发展阶段取决于实践的需要层次，管理科学理论的发展速度取决于实践的需求强度。面对研发活动更大的不确定性和复杂程度，需要在科研管理工作上做出更大的努力。

项目和项目管理已在社会及其各种组织中广泛应用，其知识体系中包含范围管理、时间管理、费用管理、质量管理等九大管理领域。由于科研项目管理知识领域的特殊性，不确定性和风险因素较多，科研项目的可交付成果是知识产品，因此对科研项目而言，还应突出强调创新管理、知识管理、不确定性和风险管理这三方面的内容[1,2]。

本书提出的化工并行开发方法及相应管理流程，就是实现高效率化工研发所需要的新管理理念、方法和框架。

3.1.2　结构化开发的重要性

所谓结构化，是指相互关联的工作框架结构及支持它的组织原则。结构化的方法需要结构化思维。结构化思维是指以事物的结构为思考对象，引导思维、表达和解决问题的一种思考方法。结构化思维在思考、分析、解决问题时，以一定的范式、流程顺序进行，分析问题构成的要素，对要素进行合理分类，对重点分类进行分析，寻找对策，制订行动计划。其是一种思维方式，同时也是一种管理方法。

对于结构化开发方法，重要的是在一个结构化的框架下分析和解决问题，在这个框架下，所有与研发相关的人清楚他们所参与的是什么工作，用什么方法去完成；可以保证重要决策步骤不会漏项，并且研发团队理解决策流程的合理性，增加对决策的支持；易于积累知识和经验。

革新与创造是无法精确地计划和控制的，但是，把日常工作安排得井井有条可使注意力集中到更有创造性的活动方面。如果没有结构化的开发流程，则对于每一个新的研发项目，都需要重新定义开发流程，结果不同的项目组即使在执行相同或相似的开发任务时，开发方式可能也迥然不同。这样，一方面开发经验不能得到积累，另一方面流程难以衡量和改进。因此，需要一个结构化的流程来定义研发工作。

至于如何实现开发活动的结构化，这里以 PACE 为例进行说明[3]。在 PACE 中，开发活动是以一个层次结构来构架的：从阶段（最高和最广的一级）到步骤，到任务，最后再到各项活动（最具体的一级）。阶段对所有的项目来说都是一样的，这是第一个决策层次。步骤对所有的项目也是一样的（虽然某些项目可能省略一些步骤），这是第一个制订计划和进度表的层次。任务是为某个步骤如何完成提供指南。各项具体的科研活动则完全由研发小组确定。这几点综合起来就形成了一个决策、项目进度制订、资源规划、过程衡量以及持续改进的基础。对于化工研发项目来说，可能划分为创意提出、立项、研发、成果转化、后期评价等几个阶段。在研发阶段，可能分成探索研究、小试、工艺开发、中试等几个步骤，在小试研究步骤中，可能又分为催化剂开发、反应评价、分析方法开发等几个任务。其中，在催化剂开发任务中，可能要分为理论计算、活性组分筛选、载体筛选、制备方法等不同的具体研发活动。后面我们要讲到的研发项目管理工具——WBS 就是支持研发任务分解的一种管理工具，支持采用结构化的思维方式，采用结构化的方法来分析和规划研发活动，从而加强研发项目的管理。

在结构化方法的应用过程中，要注意避免两个极端：一个极端是没有结构化，例如研发活动不受任何约束，研发过程不可重复，研发工作没有衡量标准，研发过程没有文字记录，不断尝试不同的想法等。这样做的后果是项目无序、低效和大幅增加失败风险。另一个极端是过度结构化，表现在规定得过严过细，规定僵化、考核标准太多太细、决策和各项手续烦琐等，导致的结果要么是使研发人员的精力过多地花在流程上，要么是这套管理方法变成废纸，无人使用。我们希望建立的结构化开发方法是要在原则和创造力之间达成一种平衡，要针对研发的共性，适度、能够不断改进并适用于所有研发项目。

3.1.3　研发项目管理的灵活性

不过，作为创新型活动，研发项目管理其与工程项目的管理还是会有所不同，表 3.1 对比了工程项目管理和现代研发项目管理在项目不同阶段的特点[1,4]。

表 3.1　工程项目和研发项目管理对比

项目阶段	工程项目	研发项目
项目定义	通常是明确的，给定的和定义的范围	高度灵活、创造性和动态的
项目规划（设计）	直接遵循项目定义	只有经过技术评估和初步试验后才有发现

续表

项目阶段	工程项目	研发项目
项目规划（评估）	主要的标准是成本效益分析和投资回报	附加的标准包括风险、竞争优势和产品管理等
项目执行（组织）	通常是正式的结构，项目经理、团队成员和承包商有明确的职责	通常具有深远的合作伙伴关系、多个投资者以及更加多样性的项目团队
项目执行（控制）	更严格地控制预算、进度和质量标准	对成本、时间和结果具有更高的灵活性和容忍度
项目执行（风险）	通过关键路径和风险登记进行管理	由试验和测试支持的更动态的风险评估
项目结束	结构化的构建、安装、操作和移交过程	在投放市场之前，通常需要进行广泛的试验并获得监管部门的批准
阶段转换	对项目生命周期各阶段之间的移交和签署进行良好的管理	通常灵活管理从研究到开发的技术转移，以及各个阶段之间的技术转移
对细节的态度	一切都在控制之下	细节很重要，同时也要考虑整个项目大局

对于一个研发项目内部来说，不同的研究阶段对管理的要求也不一样（见图3.1），从基础研究到技术或产品开发，对管理灵活性的要求会逐渐减弱[1]。

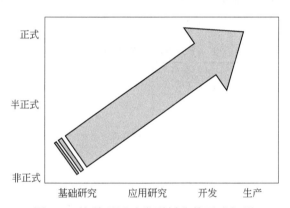

图 3.1　按科研活动类型划分的正式级别

综上所述，一个工程项目的生命周期特征更加规范和可控，而一个典型的研发项目的生命周期趋向于更加灵活、动态和具有创造性。因此，对于化工科研项目的管理，要从两方面给予一定的灵活性：一是针对项目的不同特点及项目所处的不同阶段，施行针对性的管理措施；二是在化工并行开发方法实施的时候，不急于一步求成，而是循序渐进，不断推进，给予一定的适应和缓冲。

并行开发方法的实施是相当灵活的，在其提供的通用框架和方法学基础上，研发机构可以结合实际情况，进行具有自身特色的实践体验。

针对项目的不同特点和不同阶段的灵活管理可以给予不同的授权。比如在基础研究阶段，就可以给项目团队更大的授权来保证他们研究的自由度和积极性，而在技术或产品上市阶段，就得要求团队完全按照建设程序、政策法规、商业规则等规范操作。

对于项目规模较小、技术难度或复杂度较低的研发项目，还可以采取简化的管理流程，例如将概念和计划阶段合并到一个阶段，这样概念和计划评审就合并为一次评审，大大减少了研发团队不必要的工作量，从而可以把精力放在更有创造性的活动上面，并且流程的实施成本也得到了合理控制。

对于不同阶段之间关口的决策，也可以通过允许"有条件通过"这个不同于普通决策（继续/终止/重做/搁置）的决策来加速运行：失误所产生的成本通常是可以量化的。比如不得不取消生产设备的订单或者项目继续前进所增加的设备、材料、人员费用等。如果延迟的成本远远超过失误的成本和概率，那么就可以让那些有较长研发周期的项目继续进行。这样就增加了科研项目管理的灵活性。

从化工并行开发方法和管理流程实施的角度来说，灵活性在于其实施是个循序渐进的过程。前面介绍的 PACE 就把其实施演变分为 4 大阶段：分别是非正式的零阶段、以职能为核心项目管理为特点的第一阶段，以跨职能的项目管理为特点的第二阶段，以及以公司范围的产品开发整合为特点的第三阶段。IPD 则把产品研发管理体系演进分为 5 个水平层次，分别是试点级、推行级、功能级、集成级和世界级。表 3.2 为不同级别对应的变革状态。

表 3.2　IPD 演进的五个级别

项目	试点级 （0～1.0）	推行级 （1.1～2.0）	功能级 （2.1～3.0）	集成级 （3.1～4.0）	世界级 （4.1～5.0）
变革程度	试点运作	正在推行 （>20%）	继续推行 （>60%）	推行工作完成 （>80%）	完成推行 （100%）
结果衡量 标准	衡量标准 不明确	明确衡量指标	在关键的衡量 指标上取得改 进效果	在关键的衡量 指标上取得重 大改进效果	在关键衡量指 标上达到业界 最佳绩效
业务结果	市场与研发对 接存在断点	从局部、个别单 元开始试点	已经获得可复 制的成功经验	持续成功	实现持续改进
能力要求	开始变革行为	完成流程设计 和团队建设，进 行试点	流程在多数产 品线得到应用	流程在工程得 到应用	持续优化

因此，化工并行开发方法和相应科研管理流程实施的时候，就可以根据企业或研发机构的具体情况逐步推行，循序渐进，这样也就为科研管理的变革带来了灵活性。

当然，科研管理流程实施要做到既有灵活性，也要有原则性。因为对于初次接触化工并行开发方法及门径管理系统的科学研究者来说，这些管理方法和流程的新要求对他们来说看起来像是多余的工作。一些人认为所有的额外工作都是条条款款的限制，是多余的，跳过这些任务和环节可以节约大量的时间和资金。但是，正如前面所分析，这些"额外"的工作值得我们努力投入并且在增加成功概率、减少项目成本方面具有重要价值。从长远上看，往往能缩短商业化的时间。我们应该非常谨慎地区分缺少管理灵活性和项目团队精神上懈怠或执行马虎之间的不同。

3.1.4 文化转变和组织保证

上一章我们已经讲过，化工并行开发方法的实施，首先要完成观念的转变，要求从最高领导者、高层、中层和基层研发人员，都树立系统观念和市场概念。这里面最高领导者的作用是最为重要的，只有其充分理解、发自内心地认同这种方法，才能从全公司或研发机构的层面强力推动化工并行开发方法的执行。广大中高层和研发人员对方法的理解、认可、接受也非常重要，因为他们是化工并行开发方法的执行者，只有从观念上真正地理解、接受、认同这种方法，才能使其得到很好的推行，执行到公司的每一个"毛孔"并不断得到反馈从而持续优化。

从工作方法上，化工并行开发方法要求以过程系统工程思想为指导，以概念设计为纲，强调"技术与经济""工程与工艺""模拟与实验"三个早期结合，要求开放合作搞科研。这些工作方法，一方面要求在思想上做出转变，一方面也需要在管理上建立支撑化工并行开发方法这种结构化开发方法的流程并提供相应的组织保证。

因此，化工并行开发方法的实施对于传统科研管理方法来说，是一次深刻的变革，首先需要进行文化上的转变。因为文化转变横向跨越所有职能部门，纵向涉及所有层面。靠发布指令来实施这种转变收效甚微，认为写下一个新的流程并颁布就能成功是不切实际的。如果企业没有从思想、文化及组织上做相应的调整，那么要想自然地过渡到新的开发方法完全是不可能的事情。

采用化工并行开发方法及相应管理流程对技术或产品开发流程的改进，对组织内的每一个人都产生影响。大大小小、成千上万的变化必然牵涉组织的各个部门和各级领导层。如此规模的变化肯定会对已有的权力关系产生冲击，组织的考核体系也发生变化。这些变化势必会对旧的观念和思维方式产生挑战。不过化工并行开发方法的全面实施是一个循序渐进的过程，一旦开始实施，就能逐渐显示成效，因而有利于化工并行开发方法的进一步展开。但完全彻底地采用化工并行开发方法仍取决于组织内的各级员工。当他们接受这一全新的经历，并将化工并行开发方法作为他们日常工作的一部分时，化工并行开发方法的实施才算真正成功。

组织再造是化工并行开发方法实施的前提。组织保证方面，高层的作用最为重要。刚才说过，并行开发方法的实施将需要从公司的高层管理到研发人员所有级别的思想转变。因为人的本性大多不愿改变，所以这种方法的实施需要来自高层管理的强力支持,尤其是最高领导者的作用至关重要。并行开发方法如此有效,有些组织仍不接受的原因之一就在于一个组织中进行变革,最大的困难是必须通过那些在这个组织中最成功的人来实现,而这个人就是最高领导者。

有许多来自组织的障碍可以阻止化工并行开发方法的成功采用。比如管理层还未认识到变革的必要性而缺乏紧迫感;缺乏组织结构和流程对新方法的支持;没有新方法实施效果的愿景陈述从而使员工不理解组织公司变革的目的;依然采取以职能部门为单位的串行研发从而缺乏沟通和共享;基于部门目标而不是公司目标的考核制度从而弱化跨平台的协作;员工缺乏主动参与改革的意识;没有开放合作从而缺乏客户和供应商的参与等。所有这些障碍都必须由高级管理层来解决。在没有高层支持的情况下,一个成功的改变是不可能发生的。

高层管理者需要确立改革的目标并强力推动;需要向员工解释改革的目的并描述愿景;需要建立能支撑化工并行开发方法的结构化的开发流程;需要建立能支撑跨平台多功能协作团队的组织结构;需要建立高效的阶段评审过程并进行高效决策,确保在项目的早期即参与过程,制订战略决策和确定项目方向(因为项目早期的决策对项目结果的影响最大最有效);需要建立项目团队,任命团队负责人,分配资源并为团队充分授权;需要建立开放合作的科研氛围和机制;需要建立鼓励和推动化工并行开发方法实施的考核激励制度;需要科学合理地规划技术或产品组合及其随时间的演变,以获取最大的收益;需要保持资源的可用性及合理的财务支持;需要鼓励大量的前期工作以提高项目的成功率和研发效率;需要为研发人员提供职业机会和成长机会等。总之,高层管理者应该更多关注组织目标及其实现的方法而不是具体的项目目标。

建立充分授权的、跨职能的团队是成功实施化工并行开发方法的基础。高层管理者必须学会放弃很多他们曾经控制的决策,授权后项目内部的计划安排和技术决定由项目团队决定,管理者不应再参与。授权后高级管理人员不是无事可做,而是要发挥上述更大的作用。实施团队授权是一个艰难的转变。然而,一旦做出改变,管理者和员工都会更有成就感。管理者们不再被要求就他们所知甚少的项目具体工作做出详细的决定,相反可以更专注于战略和资源等更全局性的问题。员工更有成就感,因为他们的决定直接影响到研发的技术或产品,他们觉得自己能够为公司做出更多真正的贡献。

许多组织都建立了跨平台多功能团队,但大多数效果不佳。分析起来,有以下几个典型的原因:跨职能项目团队和职能部门的责权不明确而造成困惑;跨职能项目团队只被赋予责任,却没有授予相应的权力和资源,从而没有能力去实现目标;缺乏对并行开发方法和工具的熟练应用而使研究效率不能得到有效提升;多功能项目团队的负责人没有足够能力领导跨平台多功能的团队。

为使化工并行开发方法得到良好的实施,在组织上要保证建立一个真正跨部门、得到充分授权的、有能力为高效实现目标而执行多功能任务的跨平台多功能团队。关于跨平台多功能团队的组织结构形式，一般认为为了保证团队成员之间有效的相互作用，小组人数一般不能超过 8～12 人。但对于复杂的技术或产品的开发，往往需要跨职能部门数百人同时协作。因此完整的跨平台多功能团队是由许多分/子团队组成的。一种高效的方法是按照工作分解结构（work breakdown system，WBS）来排列小组（后面章节会专门介绍），以承担分解的相应子任务。

当然，跨平台多功能团队也可以有不同的组织形式和组织深度，有学者把技术或产品创新的程度分为几个级别：

① 世界级创新产品：指该产品对公司和市场都是新的产品；

② 扩展产品：指对市场很新但对公司不是很新的产品；

③ 公司级产品：指对公司新但对市场不新的产品；

④ 改进产品：对现有产品很小的改动。

研究表明，产品创新程度和组织结构之间越吻合，最终产品就越易达到需要的质量，市场成功率、开发时间以及开发人员满意程度就越好。对于化工研发来说，不同的类型应该采用什么样的跨平台组织形式，将在本章后面的章节进行重点讨论。

这种跨平台的多功能团队的成员将会以不同的方式和专业角度来看待项目和任务。在发展新知识方面，这种异质群体已被证明比同质群体要好得多。

至于跨平台多功能团队负责人的选择，团队负责人要承担起整个团队的组织管理和沟通协调任务，要能调动起整个团队的积极性并带领团队百折不挠地向目标前进。不同于常见的工程项目管理等其他项目管理工作，除了通用的项目管理技能外，研发项目管理还要解决高度创新性所要求的研发人员的自由度和项目规范管理之间的紧张关系，需要一个项目经理来充当研发人员和外部非学术世界之间的调解人。调解这种功能性紧张关系对研发项目经理是一个很大的挑战，为应对这个挑战，研发经理要增加对项目管理过程的知识并加深理解，同时也要面对并承受研发项目管理的复杂性和额外的风险。所以研发项目团队领导人应有技术背景，但不需要是技术大师，因为技术大师通常深入研究技术问题而对管理缺乏关注。在化工并行开发方法实施的初级阶段，为了使跨平台多功能团队能够很好地运行，项目负责人最好具有较高的职位，这样方便克服各种阻力。当化工并行开发方法实施已经比较成熟时，对跨平台多功能团队负责人的要求可适当降低。跨平台多功能研发项目团队的负责人需要极高的综合素质和能力，需要能在管理和技术工作间自如切换，所以组织要多注意对项目负责人的培养和遴选。

在团队成员方面，应考虑从团队组建的开始就配置足够的人员以保持团队的稳定性，但工作量不饱和的成员可以承担多个项目。在选择团队成员时，有两种类型的特征很重要。一方面团队需要在某些技术领域有能力的成员，例如催化剂开发人员、过程开发人员、设备开发人员等。另一方面，除了他们的技术专业知识之外，团队成员必须具有团队互动合作能力。在一个团队中，广泛而深刻的知识和对基本工程概念的理解更为重要，团队合作需要更广泛和更高的个人能力水平，而不是更狭窄或更低的水平。

一个构建良好的团队将包含广泛的不同学习和工作风格的成员。例如，一群内向的人可能会忽视客户的关注，一群直觉成员可能不会在最终报告中推荐急需的实验验证工作。团队成员需要在尊重彼此独特风格的基础上进行专业的互动，利用这种多样性来提高创造力，改善与不同类型客户的沟通，并帮助所有团队成员发展更广泛的能力。

使一个组织快速有效地成功实施化工并行开发方法并迅速取得效果植根于人及其技能、组织结构和程序、战略和战术、工具和方法以及管理流程。这就是为什么组织很难改进，也是改进后会获得强大的竞争优势的原因。

> 某企业研究院在化工并行开发方法推行方面执行得最好，已经到了从级别4向级别5推进的程度，这主要得益于最高领导有海外大公司研发中心工作经历，完全理解并愿意推动体系的转变；得益于高层领导班子有能力有意愿全面推动系统的部署和实施；得益于吸收了其他单位的经验和教训而实施得更加合理；得益于该研究院正在组织再造期间，各项政策有推行的动力和氛围；得益于广大研发人员经历了传统管理方法失败的教训，希望求新求变。

3.2　科研项目管理的重要性

在说科研项目管理之前，首先我们来明确一下什么是项目。在 PMBOK® Guide 第五版中[4]，对项目的定义是：项目是为创造独特产品、服务或成果而进行的临时性工作（A project is a temporary endeavor undertaken to create a unique product, service, or result.）。项目可以创造：

一种产品，既可以是其他产品的组成部分，也可以本身就是终端产品；

一种能力（如支持生产或配送的业务职能），能用来提供某种服务；

一种成果，例如结果或文件（如某研究项目所产生的知识，可据此判断某种趋势是否存在，或某个新过程是否有益于社会）。

项目管理则是将知识、技能、工具与技术应用于项目活动，以满足项目的要求。

PMBOK® Guide 是 A Guide to the Project Management Body of Knowledge 的缩写，即项目管理知识体系，是项目管理协会（PMI）对项目管理所需的知识、技能和工具进行的概括性描述。

所以项目就有以下几方面的特性：首先，项目的目标是创造独特的产品、服务或成果，那么独特意味着未知性；其次，项目是临时的、一次性的活动，这意味着每一个项目都有明确的开始与结束时间、市场机遇是临时的，根据市场的要求，项目组织的建立、活动、发展也都是临时的，项目结束时团队即解散。但同时也要注意到，临时性并不意味着项目的持续时间必然短，项目的成果（产品、服务、能力）并非临时的。再次，项目的发展是逐步完善的过程。

因此，一个项目的执行需要消耗资源，需要经常跨越组织边界，项目活动需要被划分成阶段来管理，外界因素对项目具有很大的影响，需要通过计划和监控来防止失败。因为产品、服务及能力的独特性，项目成本难以确定。由于项目相关方利益的差别，经常会有冲突产生。

所以在项目经理评估、计划、确定范围、预算、管理和监控之前的那些活动都不是项目。

科研项目是项目的一种，即开展科学技术研究的一系列独特、复杂并相互关联的活动，这些活动有着一个明确的目标，必须在特定的时间、预算、资源限定内，依据规范完成。项目参数包括项目范围、质量、成本、时间、资源等。虽然科研项目如前面所述，相比其他类项目，有更高的创新性和风险性，但作为项目，项目管理的一般性要求都是适用的。

基于以下几方面的原因，现代社会中项目管理的必要性越来越突出：对新产品、新服务的要求日益提高；项目提供的产品与服务日趋复杂；企业的成功与生存越来越多地依靠关键项目的成败；项目的实施越来越要求统一管理各种资源；靠少数人完成的项目越来越少；速度与效率越来越成为成功的关键因素；竞争日益残酷；经济全球化的要求。

项目成功的三要素为时间、质量和成本，即要在规定的时间期限内，在一定的预算成本内，在满足要求的适当性能和规格下完成任务，并得到客户或最终用户的认可。

影响项目的主要因素有：领导对项目的重视程度，组织结构，项目经理的授权，责、权、利的平衡，计划、实施与控制，工作绩效的评估以及和各利益相关方的良好沟通等。

图 3.2 是项目过程的"痛苦之谷"。由于高度创新性所带来的科研项目的高难度、高风险、高不确定性特征，表现尤甚，相信很多科研人员都有切身的感受。本书所介绍的化工并行开发方法和流程，以及科研管理知识都是为了能使科研项目尽量避免进入痛苦之谷或能有效步入正轨。

有调查显示，只有不到30%的项目是成功的，对于化工开发来说，其成功率就更低，据统计，从研究阶段到产业化的机会只有 1%～3%，从开发阶段到产业化的机会约为 10%～25%，从中试到产业化的机会约为 40%～60%。导致项目失败通常有以下一些主要原因（表 3.3）。可以看到，技术问题造成的原因只占4.3%，大部分项目的失败是由于缺少科学合理的开发方法、流程和管理。

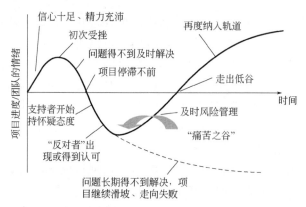

图 3.2 项目过程的"痛苦之谷"

表 3.3 导致项目失败的主要原因

因素	所占比例	因素	所占比例
来自高层管理者的支持不够	9.3%	没有项目计划	8.1%
缺少客户的参与	12.4%	项目不再被需要	7.5%
缺乏资源	10.6%	没有有效的项目管理	6.2%
不现实的期望值	9.9%	技术问题	4.3%
不完整或者不清楚的需求	13.1%	其他	9.9%
需求和期望的变更	8.7%		

3.3 项目管理实用工具

图 3.3 是项目规划过程的示意图，为了对项目实施良好的管理，需要首先明确项目目标和范围，然后进行工作任务分解，根据工作任务分解情况，制订项目进度计划。项目规划是一个循序渐进的过程[4-6]。

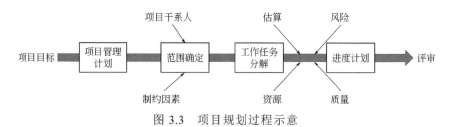

图 3.3 项目规划过程示意

3.3.1 项目范围说明书

项目范围说明书详细地说明了项目的可交付成果和为提交这些可交付成果所

必须进行的工作。项目范围说明书还是所有项目干系人对项目范围的共同理解，说明了项目的主要目标。项目范围说明书还使项目团队能够实施更详细的规划，在执行过程中指导项目团队的工作，并构成了评价变更请求是否超出项目边界的基准。

项目范围说明书的内容包括：

① 产品范围描述：逐步细化在项目章程和需求文件中所述的产品、服务或成果的特征。

② 产品验收标准：定义对完成的产品、服务或成果的验收过程和标准。可交付成果既包括组成项目产品或服务的各种结果，也包括各种辅助成果，如项目管理报告和文件。

③ 项目的除外责任：通常需要识别出什么是被排除在项目之外的。明确说明哪些内容不属于项目范围，有助于管理项目干系人的期望。

④ 项目制约因素：列出并说明与项目范围有关、且限制项目团队选择的具体项目制约因素，例如客户或执行组织事先确定的预算、强制性日期或强制性进度里程碑。

⑤ 项目假设条件：列出并说明与项目范围有关的具体项目假设条件，以及万一不成立而可能造成的后果。在项目规划过程中，项目团队应该经常识别、记录并验证假设条件。

3.3.2　工作分解结构（WBS）

PMBOK® Guide 第五版中对工作分解结构（work breakdown structure，WBS）的定义是：工作分解结构是以可交付成果为导向的工作层级分解，其分解的对象是项目团队为实现项目目标、提交所需可交付成果而实施的工作。工作分解结构每下降一个层次就意味着对项目工作更详尽的定义。

WBS 是将项目目标层级分解为以可交付成果为导向的任务，项目团队通过执行这些任务来完成项目的总体目标。WBS 的定义依赖于经验和专业知识。WBS 的质量直接影响着项目的顺利实施。WBS 是项目管理的核心所在，是所有项目规划活动的支柱。它将项目工作范围分解成更小更简单、易于预测、易于管理的工作包，以提高对项目活动的控制力。WBS 总是处于计划过程的中心，也是制订进度计划、资源需求、成本预算、风险管理计划、采购计划和确定项目组织、确定责任归属、定义工作顺序等的重要基础，使我们对开发项目情况有更加深入详细的了解，特别是对应承担的工作有了更为透彻的概念，便于掌握整个项目开发系统的结构，也便于合作、协调。

要注意 WBS 包含了定义在项目范围中的全部工作，任何没有包含在 WBS 中的工作都被视为在项目范围以外。WBS 是有层次的，没有层次的活动列表不是

WBS。可交付成果可以被分解成子交付成果，将工作分解成一个员工或小组可以完成的层次是必需的，这样易于管理及追踪。

WBS 最底层的各组成部分被称为工作包。工作包包括用于完成工作包可交付成果的进度活动及里程碑。项目经理在创建 WBS 时面对的一个主要问题是如何正确判定工作包的大小。过大的工作包意味着对活动的控制力薄弱，而工作包过小意味着管理所需的耗费更大。项目经理常常使用 8/80 规则，即工作包应当不小于 8h，不大于 80h。在每个 80h 或少于 80h 结束时，只报告该工作包是否完成。通过这种定期检查的方法，可以控制项目的变化。

生成 WBS 有以下几个原则：

① 第一级应在项目进一步分解前完成；

② WBS 的每一级都是其上一级的子任务；

③ 一个工作单元只与一个上层单元相关；

④ 上层单元的工作内容应该等于其所有直接下层工作单元的总和；

⑤ 一个工作单元由一个人或一个小组负责。

对于任务时间的估算，让某项活动的负责人进行该项活动的工期估计，由有经验的人进行估计以及参考历史数据都是较好的做法。估计应既富于挑战性，又符合实际。

对于估算资源，就是确定在实施项目活动时要使用的资源种类（人员、设备或物资等）、数量及时间等。在估算资源类型时，要了解有关那些资源可供本项目使用及可利用的时间的信息，资源估算过程的成果就是识别与说明项目需要使用用的资源类型、数量和时间。

1. AAA
   1.1 Abcde
   1.2 Qrstu
2. BBB
   2.1 Zyxwv
   2.2 Uvwxy
   2.3 defgh
3. CCC
   3.1 Jklmn
   3.2 Nopqr

图 3.4　WBS 大纲视图

典型的 WBS 有三种格式，分别是大纲视图、表格视图和树状视图。图 3.4 为大纲视图的示意，在这种格式中，用不同等级的缩进来体现 WBS 结构。WBS 编码与每个元素一同出现。

表 3.4 是一个工业化应用项目的 WBS 分解情况，应用了表格视图的格式。在这种格式中，用表格分栏来体现 WBS 的层级结构。

表 3.4　某项目工艺包开发项目子课题拆分

序号	拆分课题	主要研究内容	负责人	完成日期
工艺包开发——项目立项				
1	概念设计	文献调研、编制调研报告		
2		筛选工艺路线		
3	项目开题	编制开题报告		
4		开题答辩		

序号	拆分课题	主要研究内容	负责人	完成日期
		工艺包开发——小试课题研究		
5	原料投料	原料投料方式		
6		进料速率对反应的影响		
7	原料指标	原料指标确定		
8	产品指标	产品指标确定		
9	分析化验	开发原料分析方法		
10		开发中控分析方法		
11		产品分析测试方法		
12		编制分析化验手册，主要包含以下内容：各原料、辅料、产品、中间物料的分析要求、分析标准、分析方法、使用的仪器设备、操作方法、精度要求等		
13	反应配方优化	催化剂选择及用量		
14		苯胺/马来酸酐配比		
15		溶剂的选择和用量		
16		阻聚剂使用、种类、用量		
17		反应温度		
18		反应时间		
19	洗涤方式	洗涤顺序		
20		碱洗量		
21		水洗量		
22	过滤脱色方式	活性炭使用与否对产品质量的影响		
23		活性炭用量		
24	结晶工艺优化	溶剂种类筛选		
25		溶剂用量考察		
26		结晶温度考察		
27		结晶降温方式考察		
28		滤液中产品回收试验		
29	溶剂回收套用	溶剂 A 回收套用		
30		溶剂 B 回收套用		
31	传质、传热考察	反应带水效果的影响		
32		搅拌混合的影响		
33	"三废"处理方案	初步废水处理方案		
34		初步废气处理方案		
35		初步废渣处理方案		
36		初步废水中有机物回收方案		
37	经济性测算	技术经济性分析		
38	物料衡算	编制物料平衡表		
39	项目结题	编制结题报告		
40		结题答辩		

序号	拆分课题	主要研究内容	负责人	完成日期
		工艺包开发——中试研究课题		
41	中试开题	编制开题报告、开题答辩		
42	中试装置整改	提出中试装置存在的问题		
43		提出改造方案		
44		设备改造实施		
45	中试原料	原料采购		
46		中试原料分析		
47	小试验证	以中试原料进行小试评价		
48	开车前相关准备工作	编制中试放大方案		
49		装置整改验收		
50		中试操作规程编制		
51		编制中试操作法		
52		工艺卡编制		
53		安全检查、开车确认		
54	中试试验	验证小试优化条件		
55		验证设备选型		
56		验证溶剂回收的影响		
57		中试工艺条件优化		
58		中试稳定性工艺研究		
59		提供合格聚合产品440kg		
60	物料衡算	编制中试物料衡算表		
61	经济性测算	进行全流程经济性测算		
62	"三废"处理方案	水洗、碱洗废水收集、分析测试		
63		合理的废水处理方案		
64		确定活性炭残渣合理的处理方案		
65		确定产品干燥尾气的合理处理方案		
66	中试结题	编制结题报告		
67		结题答辩		
		工艺包开发——工艺包编制		
68	项目背景	项目来源、意义等		
69	设计依据	依据的技术文件、成果鉴定书、重要文件等		
70	设计范围	工艺包设计范围、界面划分		
71	技术来源	工艺技术来源、使用的专利技术		
72	装置规模	装置规模的确定、依据		
73	装置组成	单元操作组成、操作时间、操作周期等		
74	原料、辅料、产品规格	标准要求、物化性质		
75	公用工程	种类、规格、要求		

续表

序号	拆分课题	主要研究内容	负责人	完成日期
76	标准规范	执行、采用的各类标准		
77	工艺原理及特点	工艺原理、特点、反应方程式		
78	工艺操作条件	温度、压力、投料量、配比、控制指标等		
79	工艺流程说明	物料变化、设备操作条件、关键控制要求和原则等		
80	工艺流程图 PFD	流程设计、物料衡算、主要控制指标等		
81	物流数据表	测定各主要物流数据、物化性质		
82	物料消耗量	原料和辅料年消耗量、吨产品单耗		
83	公用工程消耗量	蒸汽、循环水、冷冻水、电、氮气、仪表空气等正常操作用量、最大消耗量		
84	界区条件表	各物料进出界区的条件		
85	卫生、安全、环保措施	根据工艺特点，提出相关要求：包括设计、建设、操作、事故处理等阶段所采取的措施		
86	"三废"排放	废气、废液、废渣的来源、排放量、污染物含量、排放频率、建议处理方法等		
87	化学品安全技术说明书	各物料 MSDS 及储运要求		
88	管道仪表流程图 PID	详细工艺流程设计，管道尺寸、等级，控制手段、仪表设置、开停车流程设计、联锁方案等		
89	设备布置图	建议的主要设备相对关系、尺寸		
90	设备选择	工艺设备选型原则、设备特点等		
91	设备数据表	储罐、计量罐、反应器、换热器、泵、离心机、干燥设备、真空系统等设备的操作条件、介质物性、材质、结构尺寸、接口规格等		
92	仪表数据表	仪表名称、工艺参数、主要规格等		
93	管道索引表	管道号、公称直径、物流物性、工艺参数等		
94	安全释放设施数据表	安全阀、爆破片的释放介质、工艺参数等		
95	工艺操作程序	开车准备、开停车操作、应急处理程序等		
96	操作取样	取样地点、频率、方法、注意事项等		
97	工艺危险因素分析及控制措施	物料因素分析、工艺分析、其他危险源分析及相应的危险控制措施		

图 3.5 是某项目树状视图格式的 WBS 分解。在这种格式中，用树状结构来体现 WBS，每一个子元素都由连接线连到父元素上。父元素描述高层，它的分解即是子元素。三种格式中，树状视图是使用最为广泛的。

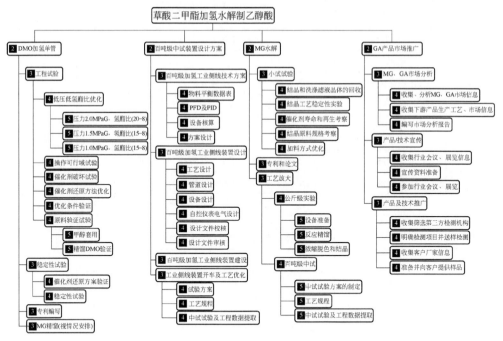

图 3.5 某项目工作分解结构（WBS）

WBS 是进行过程管理的基础。并行开发的实现是基于任务分解的。通过工作任务的进一步分解，使得各阶段的工作任务更加清晰和更加结构化，从而为各项子任务的并行实施提供基础。也就是说，WBS 不仅利于资源配置和进度控制，也是并行开发的需要。

笔者推荐利用思维导图软件 MindManager 来实行 WBS 分解。MindManager 是专业思维导图工具，由美国 Mindjet 公司开发，是全球领先的推动企业创新的平台，在全球拥有 400 多万大用户，包括 ABB、可口可乐、迪斯尼、IBM 及沃尔玛等著名客户。MindManager 不仅是一款思维导图软件，更是一套完整的项目管理与协作方案，包含非常强大的思维导图和头脑风暴工具，帮助用户组织项目、从项目各分支分配任务给不同的人，将所需单独的待办事项和工作完整规划从而保证项目成功，无论是管理个人待办事项还是与几十、几百个人协作，都可以得心应手。

MindManger 的界面非常直观、易用，其图形化的、分层次的结构添加方式特别适合 WBS 的建立，并且可以无缝将分解好的 WBS 导入 Microsoft Project 项目管理软件程序，很好地协助项目经理发展项目进度计划，为任务分配资源，跟踪进度、管理预算和分析工作量，大大提高工作效率。

3.3.3 项目进度计划

项目管理是通过计划来驱动开发流程的。制订计划，业界用得比较多的有两种方法：甘特（GANTT）图和网络计划方法（通常统称为 PERT/CPM 方法）。最早用于科学管理的计划模型是 GANTT 图，也称横道图，它由美国工程师 Herry L. Gantt 于 1917 年发明。其简单、明了、直观和易于编制，但早期版本不支持活动迭代。对于复杂的项目来说，甘特图就显得不适应。

关键路径法（critical path method，CPM）最早出现于 1956 年，当时美国杜邦（Du Pont）公司的主要负责人 Morgan Walker 和雷明顿兰德（Remington Rand）公司的数学家 James E. Kelly 研究如何能够采取正确的措施，在减少工期的情况下尽可能少地增加费用。1957 年 Kelly 借用了线性规划的概念来解决项目计划自动计算的问题，简单地说就是确定了每个活动的工期和活动间的逻辑关系，输入电脑后就能自动计算项目的工期。1959 年，Kelly 和 Walker 共同发表了"Critical Path Planning and Scheduling"论文，阐述了关键路径法的基本原理，还提出了资源分配与平衡、费用计划的方法。

PERT（program evaluation and review technique）即计划评审技术，最早是由美国海军在 20 世纪 50 年代计划和控制北极星导弹的研制时发展起来的。简单地说，PERT 是利用网络分析制订计划以及对计划予以评价的技术。它能协调整个计划的各道工序，合理安排人力、物力、时间、资金，加速计划的完成。在现代计划的编制和分析手段上，PERT 被广泛地使用，是现代化管理的重要手段和方法。PERT 网络是一种类似流程图的箭线图。它描绘出项目包含的各种活动的先后次序，标明每项活动的时间或相关的成本。对于 PERT 网络，项目管理者必须考虑要做哪些工作，确定时间之间的依赖关系，辨认出潜在的可能出问题的环节，借助 PERT 还可以方便地比较不同行动方案在进度和成本方面的效果。

CPM 和 PERT 是 20 世纪 50 年代后期几乎同时出现的两种计划方法。但其基本原理是一致的，即用网络图来表达项目中各项活动的进度和它们之间的相互关系，并在此基础上，进行网络分析，计算网络中各项时间参数，确定关键活动与关键路线，利用时差不断地调整与优化网络，以求得最短周期。然后，还可将成本与资源问题考虑进去，以求得综合优化的项目计划方案。因这两种方法都是通过网络图和相应的计算来反映整个项目的全貌，所以又叫作网络计划技术。

具体应该采用哪一种进度计划方法，主要应考虑下列因素：

①　项目的规模大小。很显然，小项目应采用简单的进度计划方法，大项目为了保证按期按质达到项目目标，就需考虑用较复杂的进度计划方法。

②　项目的复杂程度。这里应该注意到，项目的规模并不一定总是与项目的复杂程度成正比。例如修一条公路，规模虽然不小，但并不太复杂，可以用较简单的进度计划方法。而研制一个小型的电子仪器，要很复杂的步骤和很多专业知识，可能就需要较复杂的进度计划方法。

③ 项目的紧急性。在项目急需进行，特别是在开始阶段需要对各项工作发布指示，以便尽早开始工作时，如果用很长时间去编制进度计划，就会延误时间。

④ 对项目细节掌握的程度。如果在开始阶段项目的细节无法解明，CPM 和 PERT 法就无法应用。

⑤ 总进度是否由一两项关键事项所决定。如果项目进行过程中有一两项活动需要花费很长时间，而这期间可把其他准备工作都安排好，那么对其他工作就不必编制详细复杂的进度计划了。

⑥ 有无相应的技术力量和设备。例如，没有计算机，CPM 和 PERT 进度计划方法有时就难以应用。而如果没有受过良好训练的合格的技术人员，也无法胜任用复杂的方法编制进度计划。

此外，根据情况不同，还需考虑客户的要求、能够用在进度计划上的预算等因素。到底采用哪一种方法来编制进度计划，要全面考虑以上各个因素。

CPM 和 PERT 直观但很难懂，不少研发项目经理花很多时间来研究如何使用它们。实际上这是没有必要的，因为 CPM/PERT 图适合物理流项目，如工程项目。研发项目是信息流项目，不适合 CPM/PERT 图，有人调研过至少 5000 家科研机构和高科技企业，用 PERT 图开发计划的还不到 10 家，而且效果不好。因此对于化工研发项目，GANTT 图是适合的、实用的。

IBM 在推行 IPD 的过程中使用了很多优秀的 IT 工具，在项目进度编制方面，使用了 CA 的 CASuperPrj 和 Microsoft 的 Project。Project 是微软出品的通用型项目管理软件，在国际上享有盛誉，凝集了许多成熟的项目管理现代理论和方法，可以帮助项目管理者实现时间、资源、成本的计划、控制。传统甘特图的缺点是不能表示活动间的逻辑关系。目前的 Project 项目管理软件已经解决了这个问题。它们通过连接箭头来表示活动间的关联。这样，简洁易懂的甘特图成为人们制订项目进度计划的常用工具。Project 默认包含五个视图：甘特图、任务分配状况、工作组规划器、资源工作表和报告。当然还有其他视图，例如网络图、日历、日程表等，我们可以在菜单栏选择相应的视图进行展示。

对于工程项目，还有一个常用管理软件是 P6，关于这两个计划软件的比较和选择，某国外工程咨询公司提出了以下指南：超过 500 项活动的大型项目、同时进行多个项目分析、需多人同时更新日程的项目、价值超过 1000 万美元的项目、需要进行施工进度监督和详细分析的项目建议选用 P6，而非建设项目或面向过程的计划进度制订建议采用 MS Project。所以对于化工研发项目，我们采用 Project 就基本够用了。图 3.6 是与图 3.5WBS 分解对应的、由 Project 制订的某项目计划进度。

凡事预则立，不预则废，周密而严谨的计划等于项目成功了一半。利用以上工具制订好项目计划进度，可以有效促进项目的良好运行。

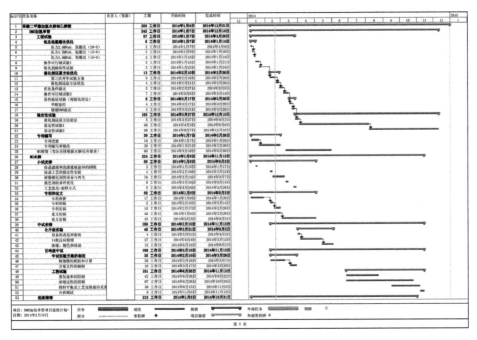

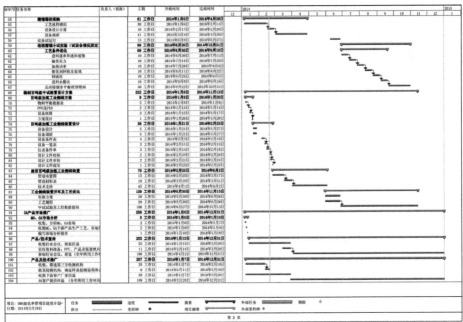

图 3.6　某项目计划进度表

3.4　科研项目管理

3.4.1　科研项目进度管理

前面已经介绍过，对于项目时间管理，主要有甘特图和网络计划 CPM/PERT 两种工具，其中甘特图对于化工研发项目的复杂度和规模来说，已经够用。同时要将截止时间视为神圣不可侵犯的对象，并且不管怎样都要将项目向前推进。如果关口决策者不能及时地做出决策，那么就应该自动让项目通过，并把这个措施变成公司的一项规定。

从方法学上，为保证项目及时完成，重要的是还要做好以下事情：

① 控制项目范围：对系统边界的任何修改都可能引起意想不到的问题，导致无效的工作甚至项目返工，而使开发过程延期。

② 消除项目瓶颈：任何系统的表现都受制于最薄弱的环节，因此，要提升研发的效率，必须首先提升最薄弱环节的资源供给和效率。

③ 安排好优先级和重点：把有限的资源投入到过多的项目中，最容易导致项目的进度减慢。将资源集中到真正值得开发的项目中，不仅会使工作质量得到提高，而且还会提高效率。

④ 一次性就把事情做好：在项目开发中的每项任务和每步都保证执行的质量。最好的节省时间的方法就是避免返工。质量的保障可以导致好的结果并减少拖延。

⑤ 前期工作和定义：做好前期工作和明确项目定义可以节约很多时间，这就意味着明确的开发目标和更少的重复。

⑥ 组建一支真正的跨职能团队：跨职能团队对及时地开发非常重要。75%的项目拖延的原因是在垂直的组织中需要逐级上下传递信息来完成决策并串行地解决问题。跨职能团队可以高效传递信息并提高研发的并行程度。

⑦ 并行的开发流程：通过并行开发流程，在同样的运行时间里就可以完成更多的任务，当然这样的开发流程需要更加严格的项目计划。

3.4.2　科研项目成本管理

有一种误解，认为成本不是研发的主要标准，但有许多例子表明，一个研发项目不得不放弃，往往由于在项目的后期，项目成本上升变得难以维持。研发项目成本管理可以分为三个相关而又独特的领域：研发项目的资金投入、项目成本评估、项目成本控制。

项目成本控制方面，研发项目的成本控制应遵循与常规项目类似的成本管理实践。最初的项目预算是根据编制项目提案时所使用的费用概算编制的。总预算应该分解在项目 WBS 上，这样每个工作包都有一个专门的预算，每个工作包中都有一个针对每个任务的预算。评估的准确性取决于项目所处的阶段。例如，在发现阶段成本估算更灵活，30%到 40%的精度是可以接受的，而在开发阶段精度要达到 20%，在交付阶段准确性最好能够达到 5%。按照会计准则，每个预算要素都应该有一个直接和间接费用的成本代码。大多数项目的预算不是固定不变的，但是任何变更都必须基于正式的审查程序并得到批准。

在笔者的实际工作中并没有强调利用 WBS 来进行成本控制，WBS 的作用主要是在制订项目计划时识别出所需资源，从而制订更为准确的项目预算，避免需要不断进行过程控制和项目变更。日常控制并定期回顾研发费用，这样比较简单实用，不用牵扯研发人员更多的精力。管理需要适度灵活，要在结构化方法和因地制宜方面达到平衡，保证最高的研发效率。

3.4.3　科研项目质量管理

质量管理也是科研项目的一个重要方面，按时完成项目但项目质量不能保证是没有任何意义的。质量管理的三个维度是产品质量、过程质量和组织质量。具体可参考笔者翻译的 Ron Basu 的专著[1]，其提出的研发项目的"七步质量管理法"包括：

① 制订质量管理组织和计划；

② 建立项目成功标准和关键绩效指标；

③ 确保质量管理计划的导入；

④ 管理定期的质量会议；

⑤ 考虑卓越运营的概念；

⑥ 执行质量审核；

⑦ 建立定期的自我评估。

3.4.4　科研项目风险管理

由于科研项目的结果存在更多的不确定性，风险的概率和影响在科研项目中都要高得多，除了所有项目所共有的商业和市场风险外，科研项目还有独有的技术失败的风险。化工项目开发周期长（有些项目需要长达 20～30 年），经常需要不同规模的中试和工业示范装置多级放大验证，投资巨大；项目开发周期长也可能会导致开发过程中开发的技术或产品因为原料路线、技术路线的变化甚至市场需求的变化而失去价值从而颗粒无收。

风险和不确定性有三种基本来源，分别是已知的未知、未知的已知和未知的未知。套用在化工研发项目上，已知的未知就是对于研发中会碰到的有些技术难题和技术风险，我们是知道的，研发就是要花力气去解决这些还没有解决或不确定的问题；未知的已知则是研发可能碰到的知识、方法、技能和困难等，是我们已经掌握或可以处理的，只是不知道在具体的项目中我们会碰到哪些、用到哪些；未知的未知那就是最大的风险了，我们根本不知道我们会碰到哪些风险，说明或者我们对项目调研不足，或者项目难度极大甚至超出了我们的能力范围。所以化工研发项目非常需要并行开发方法和风险管理控制手段，以降低项目风险。

风险管理试图识别并控制产品开发中的这种不确定性，一般的步骤是：

① 系统地识别潜在的技术风险领域；
② 确定每个领域的风险水平；
③ 确定并纳入消除或减少风险的解决方案；
④ 继续监测和衡量在最小化方面的进展。

3.4.5 科研项目评估

科研项目的各个阶段都要进行项目评审或评估，表 3.5 和表 3.6 列出了评估或评审时要考虑的因素及项目失败常见的各种原因，可在设计项目评估标准时进行参考。

表 3.5 科研项目评估参考标准

序号	评估参考标准	典型问题
1	技术	有技术方面的经验吗？ 有技术和设备吗？ 技术成功的概率是多少？
2	研究方向与项目平衡	与研究目标的兼容性如何？ 如何平衡项目组合中的风险？
3	竞争情况	这个项目和竞争项目相比如何？ 有必要保护现有的业务吗？ 这个项目开发的技术或产品是否会更好？
4	知识产权	能得到专利保护吗？ 这对防御性研究意味着什么？
5	市场稳定性	技术的稳定性如何？ 市场开发好了吗？ 是否有行业标准？
6	集成和协同作用	这个项目的整合程度如何？ 是否能与其他项目形成协同作用？
7	市场情况	市场的规模有多大？ 这是一个不断增长的市场吗？ 是否可以利用现有的客户基础？ 资源是否能够得到市场保证？

序号	评估参考标准	典型问题
8	契合度	是否有可能感兴趣的现有客户，或者是否需要寻找新客户？
9	生产或制造	可以使用现有的资源吗？ 需要新的设备、技能等吗？
10	财务	预期投资要求和回报率是多少？
11	战略协调性	是否支持公司的短期和长期业务计划？

表 3.6　项目失败的常见原因

序号	失败原因
1	技术或产品没有提供任何新的或改进的性能
2	研发或推广的预算不足
3	市场调研和技术（产品）定位不到位，误解市场需求
4	缺乏高层管理者支持
5	缺少客户参与
6	特殊因素，如政府决策等不可抗力
7	市场太小，要么是销售预测误差，要么是需求不足
8	与公司能力不匹配，技术或市场经验不足
9	渠道支持不足
10	竞争对手能够迅速采取行动，面对新技术或产品的挑战
11	内部组织问题，通常与沟通不畅有关
12	投资回报率太低，迫使公司放弃项目
13	消费者需求的意外变化

3.5　研发项目组合管理

前面我们一直在讲单个项目的管理，但实际上一个组织不可能只做一个项目，要想健康良性地发展，一定是要有一个大中小、近中远等各种项目的合理规划和组织。这就是本节要讲的内容。

企业战略的影响通常在研发项目的选择上最为明显。比如一个企业做出强化某个新兴战略业务的决定，则可能导致几个其他现有业务方向的研究项目被取消。理想情况下，需要一个系统将研发决策与公司战略决策联系起来。然而，在研发部门中，根据项目依次做出决策是很常见的，在这种情况下，每一个项目都根据其自身的价值独立进行评估。然而，这种决策过程只有在资金不受限制的情况下才有效，而这种情况很少发生。在实践中，资金受到限制，项目之间为了未来几年的持续资金而相互竞争。不是所有的项目都能得到资助。企业必须反复自问：企业的需求是什么？研发应该做什么？研发能做什么？这个过程既不是自底向上的过程，也不是自顶向下的过程，需要的是高级管理层和研发管理层之间的持续对话。

一个组织要在技术或产品创新上获得成功，一定要在以下两方面都做好工作。

一方面要正确地做项目：确保一个有效的跨职能团队及时到位，团队成员做好前端准备工作；引入客户声音；争取获得差异化的卓越技术或产品；采用高效合理的并行开发方法和流程；以进度计划为驱动的良好项目管理等。

另一方面是做正确的项目：如何通过项目的合理组合使组织的长期利益最大化；综合考虑当前和未来的增长机会；根据新技术、风险、成本、时间等方面的挑战准备和最优化分配资源；关注能够从技术或产品开发、运营和供应链管理等方面具有协同效应的项目组合（如采用已建立的公共技术平台或投资为未来带来持续收益的公共技术平台，而不仅仅是做一个个孤立的项目）；包含代表未来趋势的项目并为这些项目的突破留出资源和预算；努力选择那些成功概率大的项目，放弃那些成功概率小的项目等。一个组织的资源毕竟是有限的，很少有公司会把大笔资金投资仅仅作为一种信仰行为。所以项目的合理选择和组合管理成为对组织发展至关重要的因素。

项目组合管理[1]是一个动态的决策过程，据此，企业的研发项目列表不断地更新和修改。在这个过程中，对新项目进行评价、筛选、优先次序划分，现有的项目可能被加速、否决或下调优先次序，将资源进行分配或重新分配给活跃的项目。项目组合决策过程的特点是不确定和变化的信息、动态的机会、多重目标和战略考虑、项目之间的独立性及多决策者和多地点。最大化项目组合的价值是大多数企业的主要目标。

项目组合管理和资源分配具有两个决策制订层次。这种分层次的方法某种程度上简化了决策上的挑战：

层次 1——战略组合管理：主要聚焦在研发的整体方向性上，企业应该将其开发资源（人力和资金）投在哪些地方？企业应该如何在项目类型、市场、技术或者产品类型之间分配资源？企业应该将资源集中在什么样的重大举措或者新平台上？

层次 2——战术组合决策：重点集中在具体项目上，但也遵循战略上的决策。战术组合决策主要解决以下问题：企业应该做什么样的具体项目？其相对优先级是什么样的？每个项目应该分配什么样的资源？

必须执行两种决策过程以便更好地处理战术组合决策，包括门径系统的关口以及定期的组合评审。关口必须作为组合管理系统中的一部分，有效的关口对技术或产品创新至关重要：关口将那些不良的项目尽早淘汰并将需要的资源输入到值得开发的项目中。但是仅有关口是不够的。很多企业已经拥有关口流程，但是他们将关口与全面的组合管理系统相混淆。做正确的项目要胜于仅仅在项目会议上进行个别项目选择；项目选择只是处理"树"的问题：继续/终止决策针对个别项目，每个项目的评判依靠其自身的优点。组合管理处理"森林"的问题，它是整体且关注项目投资的集合。在组合管理中，高层管理者每年定期对所有项目进行组合评审。这时，高层管理者也要做出继续/终止以及优先次序划分的决策，所有项目都要通盘考虑。在典型的组合评审中，关键的议题和疑问包括：所有的项目都是战略契合的吗？（这些项目支持企业的创新战略吗？）在这些项目中，有正确的优先次序吗？是否存在一些进行中的项目应该被否决？项目有可能加速吗？企业项目是否已经得到正确、均衡、适当的搭配？企业中是否存在过多小而不重要的项目？企业拥有足够的资源来操作所有的项目吗？是否存在一些项目应该被否决或者待定？企业是自给自足的吗？如果企业进行所有的项目，企业会实现既定的产品创新目标吗？

以上的两个过程，关口筛选及组合评审，需要并且必须紧密结合起来。关口是关于具体项目的，并对每个项目进行全面、深入、实时的评审。相比之下，组合评审更加全面，组合评审关注所有的项目，但对于每个项目来说关口细节问题较少。大部分的组合评审是在每季度或者半年一度的组合评审中制订的，项目评估和项目组合评估是并行进行的。

项目组合管理所带来的收益是战略上的。项目组合管理的要素主要包括产品战略、管道管理、技术管理等。

产品战略主要关心四个问题：开发什么技术或产品；目标客户是谁；技术或产品怎么到达顾客以实现价值；为什么客户选择我们的技术或产品而不是其他竞争者。产品战略是对产品或技术机遇的战略性认识。若没有这种前瞻性认识，看不到各种机遇的全貌，举措将会是盲目的。

技术管理关心的问题是：发展什么样的技术；从哪里获得技术（内部/外部）；有没有相应的人力资源和能力来发展或获得这些技术（即使从外部获取技术，也需要内部有一定的专业人员和专业能力来评估外部技术和外部研发能力）等。

管道管理将产品战略与项目管理和职能管理联系起来，从而更加合理地部署与企业产品开发相关的资源（人力，资金，设备）。管道管理主要包括在开发管道中项目的动态分布（不同项目应处于不同阶段）和不同项目所需资源的动态平衡这两个方面。管道管理中的战略平衡、管道载量和职能部门间协调三个活动必须同时展开。使大家的注意力从单个项目或职能部门的最佳表现过渡到对整个产品开发的整体表现上。

把产品战略作为一个流程来管理有助于加快效益的增长。管道管理可以帮助公司部署、平衡各种资源以支持多项战略。技术管理使技术开发既能执行产品战略，也能在预期时间内迅速把产品推向市场。

通常来说，在没有良好的项目组合管理之前，大多数公司的情况都是有太多的项目，分散而不是集中资源。在这样的环境中，项目完成将不可避免地远远晚于最高管理层的预期，也远远晚于项目组所计划的时间。此外，由于资源被过度使用，一旦任何一个项目遇到问题需要增加资源，则或者无法获取或者只能从其他项目中获取，这就给其他项目带来后续的麻烦，并产生连锁效应。太多的项目还会造成开发资源不能集中在商业战略所需要的主要项目上，相反，开发工作变成了主要应对短期压力或者紧急不重要的项目或事情上去。造成的结果是组织对开发工作的战略使命关注太少，而对短期压力关注太多。

举一个摩托罗拉公司的案例：2002 年，摩托罗拉的计算机业务部门试图开发120 种产品，但资源分散得如此之少，以至于根本没有推出任何产品。第二年，他们将开发任务削减到 22 个项目，并推出了 8 个产品。在 2004 年，当他们变得更加专注于只有 20 个项目时，他们成功地在前一年一半的时间里推出了几乎两倍多的产品。在这段时间里，生产效率提高了两倍，早期故障减少了 97%，客户满意度从 27%上升到 90%，收入增加了 2.4 倍，运营收益也从−6%上升到+7%。

另一个案例是苹果公司的，当史蒂夫·乔布斯 1997 年重返苹果公司时，他发现当时的公司内部士气低落，把资源分散在多个产品平台上，多个产品平台开发团队为了生存而互相竞争。然后乔布斯把公司的产品从 15 种削减到了 4 种并集中资源开发，结果有目共睹。

国内某研究院通过削减项目，集中资源，保证了每个项目必需的研发人员和研发资源配置，两年半的时间里，有 6 个项目实现工业化，4 个项目进入中试阶段，使该研究院实现了跨越式的发展。

那些具有高研发强度的组织意识到对他们的研发组合进行有效的战略管理是他们在基础业务上取得长期成功的竞争优势。同样明显的是，承担适当的风险是成功竞争的基础。项目组合管理提供了许多业务优势，包括：在更长的时间内维持业务的竞争地位；最大化研发投资的回报；有效配置稀缺资源；加强项目选择与商业战略的联系；支持目标项目选择和改进部门之间的协作。

在资源分配的优先次序方面，应优先满足那些与其他开发项目有最大协同作用的高回报开发工作，这里所说的高回报可以是利润、公司影响力等。有时候公司的影响力也是非常有价值的。最优先的是那些能够带来更多业绩的项目，如可以建多套装置，产品产量大或单位附加值高、技术难度大、可打破国外垄断等可为公司获得很大的影响力或尊重的项目。

UOP 公司的项目组合管理

UOP 是全球领先的石油炼制和石油化工的科研、设计和工程技术服务公司。在 UOP，由产品批准委员会（PAC）作出门径决定，在产品线层面管理项目。产品批准委员会由开发部、市场部、工程部、客户服务部、制造部等部门组成，进行项目的具体决策。由产品批准委员会（PAC）执委会在公司层面管理项目组合，包括需要汇集哪些设想，产品何时可以上市，新产品开发流程的效率（质量/预算/周期），以及公司发展的战略性决策。

在 UOP，前瞻性研究项目费用大约占 20%，而开发和商业化项目费用占 80%。

3.6 研究机构的组织结构形式

3.6.1 组织结构概述

上一节说过,合理优化的组织机构是保证创新成功的关键因素,有研究表明,那些能够促进创新过程和研发管理的组织都有以下组织特征(表 3.7)。

表 3.7 促进创新过程和研发管理的组织特征

序号	研发需求	组织特征
1	发展方向	致力于长期增长而不是短期利润
2	警惕性	组织意识到它面对的威胁和机会的能力
3	技术承诺	愿意对技术的长期发展进行投资
4	接受风险	在平衡的投资组合中包含风险机会的意愿
5	跨职能的合作	组织结构支撑跨部门协作
6	接受能力	了解、识别和有效利用外部开发的技术的能力
7	适当的松弛	管理创新困境的能力,为创新提供空间
8	认知	企业目标和经营战略的高度透明化
9	项目管理	良好的项目管理能力和系统
10	市场定位	对市场需求和变化性质的认识
11	技能的多样化	专业与知识和技能多样性的结合

对于项目管理,五种常见的组织结构见表 3.8。这五种组织结构实际上是从职能型到弱矩阵、强矩阵到完全的项目小组的一个完整谱系。

表 3.8 项目管理的五种组织结构

结构	说明
职能结构	项目被划分为几块,并分配到有关职能区域和职能区域内的小组,项目通过职能部门和上层管理加以协调
弱矩阵结构	项目经理拥有有限的权力,协调跨不同职能部门的项目
平衡矩阵结构	项目经理对项目实施监督,并与职能经理共同承担完成项目的责任,共享权力
强矩阵结构	项目经理对项目实施监督,对完成项目具有首要的责任和权力。职能经理分配所需要的人员和提供技术专家
项目小组	项目经理负责项目团队,其人员来自若干职能部门,这是一个专职的项目团队,职能经理没有正式参与

职能型组织形式是按管理职能以及职能的相似性来划分工作部门的层次性管理组织。这种组织形式属于纵向划分组织结构,如图 3.7 所示。在这种组织形式

中各职能部门在自己职能范围内独立于其他职能部门进行工作，各职能人员接受相应的职能部门经理或主管的领导。

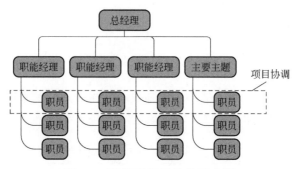

图 3.7　职能型组织结构示意图

职能型组织的最大优点一是有利于专业化水平的提高。由于职能型组织是以职能的相似性而划分部门的，同一部门人员可以交流经验及共同研究，有利于专业人才专心致志地钻研本专业领域的理论知识，有利于积累经验与提高业务水平。同时，这种结构为项目实施提供了强大的技术支持，当项目遇到困难时，问题所属职能部门可以联合攻关。二是有利于人力资源的灵活利用和低成本。职能组织形式项目实施组织中的人员或其他资源仍归职能部门领导，因此职能部门可以根据需要分配所需资源，而当某人从某项目退出或闲置时，部门主管可以安排他到另一个项目组工作，可以降低人员及资源的闲置成本。

职能型组织形式的缺点有：a. 职能部门利益优先于项目利益，具有狭隘性；b. 组织横向之间的联系薄弱、部门间协调难度大；c. 项目组成员责任淡化。由于项目实施组织成员只是临时从职能部门抽调而来，有时工作的重心还在职能部门，因此很难树立积极承担项目责任的意识。职能部门的工作常常是面向本部门的，而项目则是面对问题的，两者之间存在很大的区别。当需要处理的问题在项目利益与部门利益发生冲突时，项目组成员往往会将部门利益放在第一位。因此，这种职能型组织形式不能保证项目责任完全落实。

总地来说，职能型组织是更适合串行开发的组织形式。

矩阵结构是指按照职能划分的纵向领导系统和按项目（任务或产品）划分的横向领导系统相结合的组织形式。这种结构使得同一个员工既同原职能部门保持组织与业务的联系，又参加产品或项目小组的工作，即在直线职能型基础上，再增加一种横向的领导关系。

矩阵型组织的优点是项目组织与职能部门同时存在，既发挥职能部门纵向优势，又发挥项目组织横向优势。专业职能部门是永久性的，项目组织是临时性的。职能部门负责人对参与项目组织的人员有组织调配和业务指导的责任，项目经理将参与项目组织的职能人员在横向上有效地组织在一起。项目经理对项目的结果负责，而职能经理则负责为项目的成功提供所需资源，职能经理有三件重要的事情：一是培养优秀的人；二是向产品开发团队输送人才；三是做好技术积累。矩阵型组织是一种混合体，是职能型组织结构和项目型组织结构的混合。它既有项目型组织结构注重项目和客户（业主）的特点，也保留了职能型组织结构的职能特点。这种结构将职能与任务很好地结合在一起，既可满足对专业技术的要求，又可满足对每一项目任务快速反应的要求。

矩阵型组织的缺点是组织结构复杂，各项目组织与各职能部门关系多头，协调困难。组织中信息和权力等资源一旦不能共享，项目经理与职能经理之间势必会为争取有限的资源或权力不平衡而发生矛盾，这反而会适得其反，协调处理这些矛盾必然要牵扯管理者更多的精力，并付出更多组织成本。另外，一些项目成员接受双重领导，他们要具备较好的人际沟通能力和协调矛盾的技能；成员之间还可能会存在任务分配不明确、权责不统一的问题，这同样会影响组织效率的发挥。

按项目经理权力大小及其他项目特点，矩阵型组织分为弱矩阵、平衡型矩阵和强矩阵。弱矩阵组织保留了职能型组织的许多特点，项目经理的角色更像协调人员而非一个管理者。弱矩阵形式适合技术比较简单的项目或现有产品的后续开发，是大部分中小企业实行并行开发方法所采取的方式。因为技术简单的项目中，各职能部门所承担的工作，其技术界面是明晰的或比较简单，跨部门的协调工作很少或很容易做。平衡型矩阵项目经理和职能经理的权力比较均衡。有中等技术复杂程度而且周期较长的项目可能更适合采用平衡型矩阵组织。采用平衡型组织结构，需要精心建立管理流程和配备训练有素的协调人员才能取得好的效果。在强矩阵组织中，具有项目型组织的许多特点：拥有专职的、具有较大权限的项目经理。对于技术复杂而且时间相对紧迫的项目，比较适合采用强矩阵组织。

项目小组结构是项目经理权力最大的一种结构，这种矩阵组织的特点是由项目经理从各职能部门抽调人手，并负责由各职能部门的人员组成的项目小组的所有工作，而职能经理不参与项目小组的工作。这种矩阵结构由于权责明确，能较快地完成各项任务，因而组织的效率比较高。但这种组织机构不利于继承和积累技术，不利于专门技术的培养，并且项目小组技术水平受到小组成员水平的限制。项目小组是一种专职小组，比较适合复杂的项目或全新技术或产品的开发及阶段性、临时性的重大任务。

在某种意义上，项目型组织是功能组织的准确镜像。它关注的是项目结果，而忽视了建立长期的技术卓越。相比之下，功能型组织专注于构建技术卓越，而忽视了对最终结果的强力关注。

组织结构的合理性取决于环境因素和任务特点。任务与环境的最大化契合对于减少产品开发过程中消耗组织资源的不必要交互非常重要。组织类型的选择取决于哪种因素对成功最为重要。如果培养专业化技能最为关键，则应选择职能组织。例如飞行器制造公司中的流体力学专家通常纳入职能部门管理，可同时兼职参与多个项目。如果迅速有效的协作最为关键，则应选择项目型组织，例如生命周期短暂的电子产品通常是由项目团队进行开发。矩阵型组织综合了前两种组织的优点与缺点。当多种因素是关键因素时，考虑采用多元组织。多元组织是指一个组织的组织结构不是整齐划一的一种，而是根据不同情况，同时具有上述提到五种组织结构中的多种。

一方面，任何组织要保持长期的竞争优势，必须能同时进行渐进式创新（增量式创新）和突破性创新。突破性创新要求大量的资金和高水平的技术力量，同时也需要旺盛的创新精神（创新程度评估可参考表 3.9）。一般认为多元组织是一种能使大型领先企业同时进行渐进性和突破性变革的组织形式。采取多元组织策略的企业往往同时存在两个不同组织形式的研发组织：从事突破性创新研究的组织和从事渐进性创新的组织。另一方面，对于横跨不同业务领域的多元化组织，也需要针对不同业务领域的特点构建与其相对应的组织结构。这样的话，任何单一的职能型组织、项目型组织或两者的混合，都难以同时具备以上条件，一个复杂组织内部采用多元组织形式就成为非常有必要的事情。

表 3.9　技术创新程度评估参考

评估项目	评价分值
开发时的创造度	3 分：从零着手的创造型开发 2 分：虽然已具备技术模型，但要投入相当的创意巧思 1 分：完全属于应用开发
对技术进步的影响度	3 分：影响极大（技术进步向前提高 2 年以上） 2 分：有某些进步（技术进步向前提高 1～2 年） 1 分：不太有影响
对商品化的接近度	3 分：在 1 年以内商品化（处于产业化阶段） 2 分：在 2 年以内商品化（处于试制阶段） 1 分：需花 3～5 年才能商品化（处于技术模型阶段）
市场形成力	3 分：大规模的销售额 2 分：中规模的销售额 1 分：小规模的销售额
总评分值	10～12 分：划时代的开发 8～9 分：优秀的开发 6～7 分：尚可的开发 5 分以下：有疑问的开发

作为科研机构，与高校、科研机构、科技公司等进行合作开发也是经常进行的科研活动，因此除了组织的内部组织结构外，还需要考虑外部合作的组织形式。合作开发有几种常见的组织形式：a. 完全委托给合作方开发，或者由合作方独立承担一部分研发任务；b. 成立联合课题组，双方分别提供相应资源进行共同开发；c. 成立固定的联合实验室、研究院等固定合作机构，在合作机构下组织合作课题

的开发。每种合作开发组织形式也都根据具体情况有不同的适用场景，例如，如果企业自己的开发能力比较弱，资源受限或者合作方在该合作领域有非常强的技术实力，就可以采取第一种方式，由合作方独立承担开发任务；而合作项目较少、合作双方在研发任务中各有优势或者企业希望在合作中培养自己的研发人员和提高研发能力时，采取联合课题组的形式可能就比较合适。如合作双方有长期紧密的合作或者合作内容比较广泛、比较多，则可以采取成立固定联合实验室或研究院这种合作方式，通常情况下采用这种合作方式的组织都已经有比较强的经济实力，可以保证稳定长期的投入。

3.6.2　不同行业的研发组织形式

为了讨论化工研发单位合理的组织形式，让我们先来看一下其他各个行业的研发组织形式[1]。

① 医药行业：在领先的制药企业中，在研发阶段围绕着功能单元组织，这些功能单元称为发现性能单元（DPUs），专注于特定的治疗领域。每个 DPU 由 20 到 60 名不同背景的科学家组成，主要是化学家和生物学家，因为这两个核心学科在现阶段被更广泛地用于药物合成和测试。每个 DPU 的科学家共享一个公共的物理空间（如实验室和办公室等），并向 DPU 的主管汇报，而不是向他们所在的职能部门汇报。每个 DPU 都有一个相对长期的分配预算，在此期间可以根据需要自由支配。研发涉及的其他学科和职能被组织成按需为 DPU 提供服务的部门。这些部门包括计算化学和结构化学（提供预测化合物不同性质的模型）等技术部门以及制造和供应等与生产、销售相关的部门。

② 信息通信行业：过去，大型信息通信技术公司通常采用高度垂直整合的创新模式，其中大部分新创意来自内部；但目前信息通信技术创新的模式正朝着分散和协作共享资源的方向发展，尤其是将研发的决策结构分散，以期在创新激励、主动性和创造力方面带来好处。

③ 汽车行业：丰田公司的研发活动分为两个层次。第一个层次是由每个事业部独立进行的产品开发和改进；第二个层次是由公司研发中心集中承担的通用先进技术研究。例如位于日本 Kyowa 的研发中心对基础汽车技术进行更先进的开发，包括新材料和其他支持技术的开发，旨在作为所有业务部门的共同先进技术平台。这些被认为是每个部门未来产品的关键。丰田公司在美国、德国、法国、比利时和泰国也设有地区研发中心，实现全球的研发协作。汽车行业的另外一个特征是积极利用外部供应商的研发能力进行协作研发。

④ 快速消费品行业：雀巢公司的基础研究在总部研发中心进行，总部研发中心负责集团内涉及广泛领域的项目，而为了确保接近消费者，在世界各地的 28 个产品技术中心和研究中心进行面向市场的研究，或对特定领域进行更专门的研

究。宝洁公司 50%的创新来自外部，创新的重点放在最大化内部和外部的创新理念上。即从外部寻找新的创新理念，并将其引入来提高公司的内部能力。与许多历史悠久的技术型公司一样，联合利华多年来一直是一家垂直整合的跨国公司，总体上专注于在自己的研究中心进行内部产品开发。然而，自 2000 年以来，这种内部研发战略已经开始改变，在开发新产品和制造过程方面，该战略现在正朝着更加开放的创新文化迈进。联合利华正在应用一种名为开放创新的模式，在这种模式中，公司的创新来源既有外部的，也有内部的。

3.6.3 化工行业研发组织形式探讨

说到化工行业研发组织形式，对于不同规模的企业，需要考虑的维度不一样。对于大型企业集团来说，有两个层级的决策：一是集团战略层级的组织机构的规划（比如研发功能放在集团还是二级企业/事业部）；二是研发中心层级具体的机构组织形式。而对于中小企业或独立的科技公司和研究机构来说，只需要考虑本单位具体的科研组织机构即可。

（1）集团战略层级

科技创新在集团战略层次的决策就是决定由哪一层负责科研开发工作的整体实施。通常来说，有三种常见的组织形式：一是把科研开发工作作为集团公司一级的事，由集团公司负责总体决策和管理，二级企业/事业部专心生产和业务拓展，不负责科技创新工作；二是科研开发工作的一切事务由二级企业/事业部负责和规划，集团公司不管，只起控股的作用；三是科研开发工作实行两级管理的体制，总体规划分为集团公司和二级企业/事业部两级，这是比较常见的情况。

是集中化还是分散化或两者结合，很大程度上取决于企业的战略、性质和特点以及开发项目的性质等许多因素，主要有以下几个方面：

① 企业业务的多元化程度和二级企业/事业部之间的共性：如果企业的多元化程度较高，或者事业部之间的差异性较大，则科研创新分散在各事业部实施就比较合适。反过来，如果集团业务方向比较集中，各事业部之间的共性越强，则能共同利用的开发资源就越多，集中化开发的可能性也就越大。

② 事业部实力的大小：事业部的实力越强，则独立组织实施科研开发的可能性就越高；而各事业部实力比较平均，集团的管控能力越强，在集团层面集中化组织科研开发的可能性就越强。

③ 科研开发项目的特性：有共性的、可重复使用的、可形成平台性技术或产品的项目宜采用集中化的开发方法，这样可充分调动各方面资源并降低开发成本，避免分散开发造成的资源浪费；而对于独特性比较强的新技术/新产品开发，则宜采用分散化的开发方式，由负责该项业务的事业部组织开发，以充分利用其积累的专业知识和技能。

④ 新产品开发战略：变革型的新技术/新产品开发往往要求新产品开发实施集中化的开发方式，以集中优势资源，减少开发风险；而改进型的技术/产品开发可以实施分散化的开发方式，将其放在二级企业/事业部开展工作，由更接近生产线的技术人员来实施，以便提高研发效率和降低开发成本。

某研究院所在集团拥有能源化工、精细化工、高分子材料、轮胎等业务板块。这几大业务板块中，能源化工、高分子材料和精细化工在技术上通用性较强，尤其是能源化工和比较通用性的精细化工产品，以及材料板块的单体生产，在技术上有很强的通用性，产品多是大宗通用产品，研发更聚焦于新技术的开发。而轮胎的生产工艺与上述板块的差别则较大，并且产品面对的是最终用户，需要研发对市场有快速的反馈能力。当然在精细化工和先进材料板块中也包含一些细分的板块，像涂料、染料、颜料等比较专业化的产品（比如颜料，不同的颜色对应不同的牌号，需要有关于颜色的非常专业化的知识），更关注于产品的开发，需要有长期积累的关于产品开发的知识和技能。该集团总体上采用集团–二级企业两级研发模式，在集团设中央研究院，在各板块对应的二级企业设技术中心或研究所。在中央研究院层面开展与能源化工、精细化工和高分子材料业务板块对应的新技术/新产品开发，这些板块下面的技术中心或研究所主要进行技术改进、产品改进以及上述提到的需要非常专业化知识和技能的特殊功能性新产品开发任务。但轮胎由于与其他业务板块差异性较大，其研发工作完全由相应板块承担，包括相应的项目规划、项目决策、研发实施等工作，全部由板块承担，集团研究院完全不承担该板块的科技创新工作。相应地，能源化工、精细化工和高分子材料板块的技术中心或研究所接受集团中央研究院和业务板块的双重领导，而绿色轮胎板块的研发完全由相应二级公司管理。总体上，该集团科技创新体系是与其业务特点相适应的，主要的挑战在于业务板块研发中心或研究所双重管理体系的良好运行。

另一企业研究院所在集团领导人非常重视科技创新工作，该集团建立了集团直属研究院，并成立了由集团研究院管理的工程公司。在每个生产基地建设期间，都会同步建设该生产基地的工程技术中心，通过多年建设，已经形成集团研究院—园区工程技术中心—公司技术中心组成的三级研发体系，建立了从小试、中试到工程设计的全研发业务链。集团研究院负责新技术、新产品的小试、过程研究及工艺包开发，以及整个研发体系的经营、财务和管理职能。各生产基地的工程技术中心负责与该基地产业链相关中试实验的开展以及研究院总部安排的与该生产基地相关的部分小试研究任务。工程公司的业务范围为工程设计、工程总承包和技术服务，为集团内外服务，优先满足集团研发系统科研项目工程转化和工程实施的需求。各公司技术部门主要负责装置技改工作，集团研究院和各生产基地工程技术中心在必要时可向其提供技术支持。其中工程技术中心由研究院和生产企业双重领导，工程公司以研究院管理为主，接受集团工程部的业务指导。

集团研究院从集团规划、市场容量、产品定位三个维度考虑规划研发项目，原则上新开发项目需要满足以下几个条件：与集团整体产业链规划一致；千吨级以上产品规模；10亿元以上市场容量。并围绕特种材料开发催化剂、单体及精细化学品。

该集团从一开始就重视科研创新体系的顶层设计，建立了比较完善合理的覆盖研发全链条的三级创新体系，为依托创新发展的战略打下了良好的基础。尤其在集团研究院和各生产基地工程技术中心协同上，取得了良好实践效果。首先研究院拥有工程技术中心的大部分考核权和人事任命权，其次加强科研项目的统筹布局，使得研究院和工程公司上下结成利益共同体，再次加强对工程技术中心的业务指导和协作开发，最后加强对工程技术中心的管理和服务，使得该集团的研发体系真正形成了"上下一盘棋"。

（2）研发中心层级

具体到一个研究院或研发中心内部，组织结构如何设立是本节要讨论的问题。一些研究人员认为，每一个企业都必须在以功能为导向的组织和以产品为导向的组织之间选择。以功能来组织能保障非常深入的专业化的知识得以积累、保持和加强，这对长远的发展是至关重要的。然而，它也使公司形成部门主义，降低研发效率，这对企业有不良影响。另一方面，由产品来组织则能集中组织的力量去面向客户，强化对产品的持续关注，但是这种形式却对企业的专业知识积累不利。

如某企业研究院内部组织结构经历了从完全职能型到弱矩阵型，再到完全项目小组型的演变。在研究院前期几年中，组织结构和科研活动是完全按职能形式运作的：除几个管理部门外，研究院按业务类型分为四个研究所和两个中心（分析检测中心、成果转化中心），其中成果转化中心主要负责中试任务。研发完全按串行组织，比如和催化剂相关的项目，则首先在工业催化研究所进行催化剂研究，如催化剂开发顺利，接下来转入过程开发研究所进行过程开发，过程开发完成后由成果转化中心进行中试实验。这种模式研发效率低、返工多、沟通协调成本巨大、对大家的研发积极性也有很大的影响。为提高研发效率，后来在重点研发项目中试行了弱矩阵管理形式，即从研究所中抽取一个人作为项目负责人来统筹该项目的研发，一定程度上强化了项目的管理，提高了研发的效率。但该项目负责人没有任何相应的人事、财务等权力，实际只是一个协调人的角色，整个项目运行效率仍然深受职能框架的影响。再后来进行了比较激进的改革，组织框架进行了大规模的调整，从职能型直接转向了项目小组型，完全取消了各研究所，整个研究院除管理部门外，只有动态存在的多个研发项目组，各方向专业人员都分散在了多个项目组里。这样做，一定程度上提高了项目的研发效率，尤其是对已经有一定成果的项目组来说，有比较大的正面作用。但也有一定的负面作用，一是很多项目组并不能长期存在，人员的不断变动组合导致研发骨干流失比较严重；二是完全按项目切割资源同样造成资源利用的低效率；三是专业人员视野只局限于一个项目所涉领域，不利于专业知识的拓展、积累和提高。

另一家企业研究院在并行开发方法推行之前，也采用职能型组织形式，并且由于过于强调保密，部门间的壁垒更加高耸，项目研究各阶段严重脱节。推行并行开发方法之后，为适应并行开发方法的要求，建立了基本属于强矩阵形式的组织结构，使得研发效率大幅提升，员工积极性和组织凝聚力也大为提高，遏制了之前比较严重的人才流失问题。具体说就是保留并优化各研究所，将之前 7 个研究所优化合并为化工、材料、过程三个研究所，并成立由研发人员和分析、营销、中试、生产等职能部门组成的跨平台多功能项目团队。该项目团队由全部研发人员加各个职能的一个代表组成，每个职能代表都代表其所属的职能部门和职能功能，如自己还不能全部完成任务的话，要把项目任务带到部门中，应用职能部门的力量来完成项目任务。对每一个项目负责人进行充分授权。项目负责人可以直接向高层建议项目组人员，并对项目组成员拥有更大权重的考核权，有一定额度的采购权。

什么是合理的化工研发机构组织形式，可能并没有一个普适的答案，而是与企业规模的大小、企业业务的多元性程度、企业在研发上的积累程度、产品的复杂程度、产品目标市场变化快慢、技术开发的难度等相关。

对于一个初创期的公司，人员少到不可能按职能划分，可能天然地就是项目型的组织，全公司都为希望推向市场的某个或某几个产品或项目服务。而当公司逐渐成长后，对于小公司或产品品种少的公司，可以按专业划分的职能部门及跨平台多功能团队来组织研发。对于中型公司或有多个不同产品线且差异性较大的公司，则以按产品功能划分的职能部门和按专业划分的技术专业平台职能部门组成混合型职能部门及跨平台多功能团队来组织研发是一种可选的方式。对于采用事业部制的大型企业集团，正如前面所述，需要统筹集团层面和事业部层面的特征和研发需求来决策部署。

前已述及，化工技术开发和 IT 及离散工业产品开发是不同的。化工研发涉及化学工艺、化学工程、分析检测、机械设备、自控仪表、电气工程、材料工程、技术经济、安全环保等多个学科领域，涉及学科更广；化工过程涉及的物料种类众多，物性千变万化；过程既有化学过程，又有物理过程，并且两者时常同时发生，相互影响，面临的实际问题更加复杂；化工过程涉及多种有毒有害或易燃易爆的原料、产品、副产品和不希望的产物，经常在高温高压下生产或者过程异常有造成高温高压的风险，因此对于环境保护和过程安全的要求更加严格；化工过程的放大也与离散型工业的放大有非常显著的不同。对于离散工业，放大是线性的物理过程的放大，而对于化工过程来说，放大是非线性的化学过程的放大，复杂性大幅增加。

传统的化工过程主要是生产小分子通用化学品，创新主要体现在生产技术上的创新，重在技术研究和开发。而随着时代的进步，现在对功能性化学品的需求越来越大，对于功能性化学品，化工研发不仅包括结构–性能关系，还包括结构调控。在加强产品功能设计的同时，仍需通过传递与反应调控即过程技术研究来调控产品纳微结构[7]。因此尽管功能性化学品相比通用化学品，产品属性更强更复杂，但与 IT 和离散工业产品功能的多样性和市场变化的快速程度相比还是要低。

从这个角度来说，技术开发和技术平台对于大部分化工企业更为重要，业务相似度较大的化工企业采用按专业划分的职能部门及在此基础上建立跨平台多功能研发团队应该是比较合适的形式。

另一个需要考虑的维度是组织结构是否有利于组织的学习进步和知识、能力的积累。学习型组织是美国学者彼得·圣吉在《第五项修炼》一书中提出的管理概念，其提供了一套使传统企业转变成学习型企业的方法，使企业通过学习提升整体运作"群体智力"和持续的创新能力，成为不断创造未来的组织，从而避免了企业"夭折"和"短寿"。其核心是一个简单的概念，即成功的公司有能力获得知识和技能，并有效地应用这些知识和技能。一个公司的知识和能力基础在很大程度上决定了它的创新能力，当然也对任何创新策略的选择有很大的影响。

如何通过组织结构的优化来提高研发效率和成功率，一直是笔者不断思考和实践的课题。笔者认为，采用哪种组织形式，取决于哪种方式更有利于专业化知识的积累、保持和加强。怎么有利于专门知识和技能的积累和传承就怎么组织，而不必在按专业划分或按项目组形式来组织之间二选一。对于一些功能性的化工产品，如颜料、高分子材料等可按产品分类组织，而通用大宗型化工产品开发则按专业功能分类组织更为合理。笔者多年的实践得到的结论是：对于业务比较相似的企业，采用以专业划分为基础的矩阵式管理结构是企业研发中心的最佳实践。但公司越大，业务范围越多元化，组织形式就可以越丰富。如某企业横跨化纤、材料、化工、石化，对于需要不断开发的差异化、功能化化纤产品的研发，就可以以产品为导向建立组织，而在石化方面，则可以以专业功能为导向建立组织。即在一个企业内部，也可以是混合型组织。成功并不是某种特殊组织形式或跨部门管理的函数，最成功的企业是那些从不对某单一答案满足的企业。不断优化，不断调整，与时俱进，与事俱进，才能使组织的效力在动态平衡中保持最优。

案例 1　某研究院的混合型组织实践

某研究院所在企业是横跨石化、材料和材料产品业务上下游一体化的企业，其研究院的研究方向也由化工、材料和材料产品三部分构成。从化工到材料产品，实际上是从以技术开发为主，逐步过渡到了以产品开发为主。像这样一个业务特点差异较大的研发中心，如何做好组织设计就是一个需要认真考虑的问题。该研究院的做法是先按每个研发方向设置研发部门，分别为化工方向、材料方向和产品应用方向的研究所，并设立统筹三个方向工程转化的工程转化部门。化工所内部主体按专业设置研究室，按矩阵式组织科研。但同时对个别适合按产品组织的研发方向（如"化工三剂"），按产品组织设立研究室，但反应、分离等工艺开发需求仍然由相应专业研究室提供人员和技术支持，组成联合团队进行科研。材料所和产品所则基本按产品方向建立研究室，在研究室内部配齐小试所需的各个专业。在此组织框架下，当化工研发项目（如某种材料单体）和材料研发项目（如该种单体制备的聚合材料）需要互动和协作时，以工程转化部门为中枢，组成一个多功能的大团队进行联合攻关。

除内部的研究所外，该研究院在开放创新方面也做了大量的探索，与国内知名高校建立了联合研究院或联合实验室。在这些联合研究机构的管理上，也因地制宜，各有特色。例如与顶级的综合性大学成立联合研究院，由大学提供研究场所，企业投入经费，建立专职研究人员和管理人员团队来运作，并每年向校内外公开发布研究课题指南。这成为该研究院探索创新课题的重要来源。而与某些方面突出的专业类院系，则建立联合实验室，联合实验室作为研究院和学校的联络通道，负责合作项目的征集和管理，必要时由研究院派相关项目研究人员参加合作项目研发工作。

案例2　丰田的组织结构——强矩阵和总工程师体系

如何实现产品开发的最佳组织结构？这是一个难题，需要在各种利弊权衡中找到平衡。支持以产品为中心的各种不同的组织形式早已取代了那些在20世纪非常流行的传统功能型组织结构。现在的企业已经否定了功能型组织结构，而支持以产品为中心的组织结构。这看起来对比鲜明，但是精益产品开发体系却哪一种也不用，或者说两种一起用。

功能型组织的优势：功能专家相互之间能够使用同一种专业语言进行有效交流；功能专家相互之间分享最新的技术和方法，以提高各自的技术水平；功能专家参加相同的专业会议，阅读相同的刊物，并且在离开学校后长期持续地学习；功能专家能够将他们应用于产品的方法和现行技术标准化，以节约成本并分享解决问题的办法；功能专家能够根据项目需要进行有效的人员部署，这样就充分利用了所有的工程资源。

这种组织方法存在一个很大的问题。功能专家倾向于聚集并更拘泥于他们的功能和专业，而不是关注企业、产品以及客户。衡量他们成功与否的标准是部门的绩效如何以及获得了多少预算。功能专家认为其专业能力可以成为企业的救世主。如果能够按照其想法推进，那么企业将会比想象的还要成功。但结果是在与其他部门协调配合方面，没有哪个部门做得特别好。如今，这些孤立的功能部门常常被人们用"竖井"或者"烟囱"这样的贬义词来形容。

产品型组织的优势：围绕共同的目的与目标，创造满足客户需求的产品，把不同的功能部门联结在一起；有效的沟通和合作可缩短开发周期；从多个不同的角度制订产品和决策流程，并确保所作决策能被大家所共知，以此提高产品质量；创建自我管理型团队，使其对环境的变化具有灵活性和适应性。但是，产品型组织也存在一些问题。功能内的标准化工作丢失（例如共享通用零部件）；形成"产品烟囱"，这导致了各平台交叉资源的低效使用；工程师固定在一个产品组织里，降低了人员使用的效率。

丰田获得成功的秘诀就是把一个基于高度专业化的强功能型组织和总工程师体系结合起来，依靠这个矩阵组织，丰田同时使用这两种方法进行管理。

用矩阵型组织结构管理产品开发流程的优点是：实现了专业技术和跨功能整合之间的完美平衡；保留了功能型组织的技术深度和效率，同时将产品型组织的以客户为中心的理念贯彻其中；具有为不同项目配置资源的灵活性，以及针对新问题提出创造性解决方案的技术深度。矩阵型组织有一个重大缺陷，容易混乱。为了避免这个问题，丰田培养其总工程师们在矩阵中扮演项目经理的角色，以排除这些问题。

图 3.8 是丰田车辆开发中心的组织形式[8]，每一个中心都以强矩阵形式进行组织。大部分后轮驱动的车辆在第一中心，而大部分前轮驱动车辆在第二中心。第三中心致力于所有的雷克萨斯汽车。请注意，由于零部件和汽车系统是可以共用的平台技术或产品，所以其浓缩为在开发中心共享的资源进行集中化的开发，以便在不同项目之间通用。

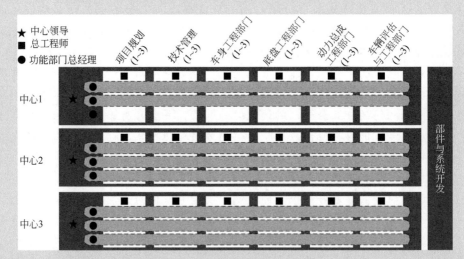

图 3.8　丰田车辆开发中心组织形式

深层次的专业技术对精益产品开发体系来说是必需的，但协调跨功能部门以坚持"客户至上"也是必需的。这就是矩阵型组织结构如此盛行的原因——它提供了一个平衡功能型组织和产品型组织的机会。但是矩阵在现实中总是不平衡的。要么功能型组织占据统治地位，导致大批跨功能技术专家缺乏互相交流；要么产品型组织占上风，使企业不断丧失专业技术深度和产品特征的标准化。丰田打破了这种平衡，它通过在各功能部门发展尖塔形的专业能力，不断在总工程师制度上深入，保持功能专家们对客户和车辆的关注度。

3.7　研发绩效管理

从这节开始的本章后面三节（即绩效管理[9,10]、营销管理和供应商管理）[11-13]，笔者并不准备展开去讲，主要结合化工并行开发方法，谈谈自己在多年实践中的体会。

首先研发绩效考核必须是有利于组织发展的，不能为了考核而考核。其考核指标一定要基于其核心业务流程体系展开，要以如何做成事为目标进行设计，要从系统角度考虑保证全局最优而不是局部最优。如果在某些地方不清楚该如何设计考核指标才能推动业务发展，那宁可暂时不考核。

其次，研发绩效管理一定要采用结构化的方法自上而下进行分解。公司的决策层董事会确定业绩目标后下达给公司经营管理层，经营管理层再把指标分解到研发、市场、销售和技术支持等部门；负责研发管理的高层再把考核指标分解到项目经理、部门经理和研发人员。考核项目经理时，以技术或产品作为考核依据，考核部门经理时，以部门绩效作为考核依据。关注什么就考核什么。这是一个结构化的过程。很多研发管理人员不擅长结构化，做事情要么一上去就陷入细节，要么眉毛胡子一把抓。结构化会让我们纲举目张、条理清晰。

关键绩效指标(KPI)适合中高层管理者和项目经理。对团队成员，需要另外的考核方法。因为研发是一个团队工作，某个个体对产品的贡献是有限的，很难把产品的进度、计划、质量下达给某个研发人员。所以对研发人员的具体考核就变成了具体工作任务和工作计划的完成情况。一般包括以下 3 个方面：

① 工作结果：在考核期之内要做什么事情，什么时间开始，什么时间结束，完成质量如何。

② 工作过程：研发人员应强调做事的规范性和严谨性。

③ 团队合作：对这个组织有什么贡献。

绩效考核根据组织结构的不同，一般有三种评价方式：

① 如果采用职能型的管理方式，就很简单，由职能经理进行绩效评价。

② 如果采用项目型的管理方式，也很简单，由项目经理做绩效评价。

③ 如果采用矩阵型的管理模式，则根据组织形式是强矩阵、平衡型矩阵和弱

矩阵而有所不同。总的原则是职能部门和项目团队考核相结合，只是根据矩阵形式的不同，对职能部门和项目团队所占权重做相应调整，这样考核维度就比较全面、客观。每名研发人员的项目经理（可能会有多名）通过项目计划分解到个人的任务，加上部门工作分解到个人的任务，就是研发人员的个人计划。一名员工做多个项目的时候，可以由多个项目经理对这名员工在各个项目中的表现分别评价，并由部门经理来平衡研发人员在每个项目中的权重。传统的考核方法中，最终考核结果会根据矩阵强弱分别由项目经理或部门经理最后汇总。在现代信息技术的支持下，更推荐的方式是部门经理和项目经理都直接考核自己负责的部分，由人事部门来统筹汇总。

基于团队进行奖励，团队负责人在进行奖励分配时，注意要同时考虑项目团队、相关职能部门和利益相关人，充分调动一切积极因素，为团队所承担项目的成功服务。现在很多企业实行股权激励（如股票分配和产品利润分红等），这也是一种非常好的激励方法。

为了提高团队的绩效，除了金钱激励外，充分信任和授权以及及时表扬都是非常重要的激励方法。在团队建设活动中，国外曾有人做过这样一个试验。将一个试验群体划分成四个小组，管理者对第一个小组只是赞扬，对第二个小组只是批评，对第三个小组赞扬批评兼而有之，对第四个小组却不闻不问。在最后结果评价时发现，第四个小组的绩效最好，第二个小组绩效最差。这些研究者于是从中得到一个重要的结论：高效团队中最好的奖励是给予自主权。表扬会比金钱奖励更好，带来的问题较少。表扬应来自团队尊敬的人，由受表扬的人介绍自己的做法，这样获得表扬的同时又可以传递方法。有的公司在宣布新产品的同时会向外界介绍研发团队以资鼓励。许多公司会把金钱和非金钱激励结合起来，如奖励、官方认可、允许在工作时间做自己喜爱的事等。最常采用的奖励方式是项目庆功宴，参与更大型、更有意义的项目的机会，在组织特刊中刊登表扬，组织表彰晚宴等。

对于不同类型的项目，也要考虑采用不同的考核方式。如对于"短平快"的产品开发项目（如精细化工产品）或者技术难度较小的技术开发项目（如技术改造或升级），奖励与项目利润相关联可以提升绩效；但对于技术难度大、研发周期长、风险较高的技术或产品开发项目，根据项目开发过程中的表现（组织效率、研发效率、工作态度、行为、新产品流程阶段的完成等）来奖励是比较好的。对于第二类项目，如果根据结果来奖励，项目团队会因为风险太大或执行太难而退却。此外，企业也可以考虑采用里程碑奖励的方式，这样有助于激励团队士气，对组织文化也有正面影响。

日常考核要和结果考核相结合。"结果"导向可以有力保证企业战略目标的实现，但如果以"结果"作为绩效考评的唯一依据，一方面，不利于工作任务的分解和实施监控，不能及时发现不足并采取措施；另一方面，结果考核不能全面反映工作过程中的努力程度，会对工作量大、难度大的工作造成不客观的评价，甚至打击工作积极性。过程考核和结果考核加权考核的方法既兼顾全局的工作目标的完成，又兼顾阶段的、局部的工作任务的达成，突出了不同性质工作的考核重点和侧重，使考核结果具有公正性和可比性，得到令人满意的考核激励效果。即结果考核是主线，过程考核为辅助。

　　考核目标和方式的不同，会对员工工作积极性有非常显著的影响。某研究院虽然也设置了种种考核办法，但每个人的收入总额是固定的，一顿考核操作下来，其实只是朝三暮四或者朝四暮三的事，不管你承担的工作多少，还是努力程度如何，其实收入上基本没有差别，一旦员工知道了这个真相，工作积极性就会大受影响，那套设计复杂的考核办法也就完全失效了，此后的工作只能靠个人的责任心、素质、对科研的热爱来支撑。即考核是要真正让员工看到效果的，否则再精致的绩效考核设计也全无用处，或者说完全是反作用。

　　另一家单位有两层激励考核机制，第一层级是股权激励，该单位全员持股，并以每个人年终奖的金额作为可投入的股权最大份额，即股权的多少也一定程度上反映了每个人贡献的大小，通过这种方式来增加大家对公司的认同和主人翁意识。另一个层次是科研工作中设计的一套以结果为主，过程为辅的考核体系。在这套考核办法中，月度和季度考核的主要是过程指标，如是否按规定制订实验方案、是否及时做技术总结、HSE 管理及各项日常工作完成的质量等；年度考核则主要考核结果，是否完成了项目年度目标是主要考核指标。月度和季度考核金额在总收入占比较小，基本起到的是及时表扬、提醒、批评和督促的作用，年度考核则占收入比较大的比重，体现了"结果"导向的原则。除此之外，在每个项目的里程碑节点，如中试、工业化等节点，都会有单独的奖励，奖励力度很大。通常在该单位，大项目的中试奖励是几十万级别的，工业化后的奖励一般按几年从产品或装置收益中提取。这种结果结合过程的考核方式是比较符合科研项目这种不确定性较大，研发周期较长的特点的，即短周期以过程考核为主，长周期以结果考核为主。在该单位，考核结果会及时反馈给大家，既是对管理人员的督促，也是对研发人员的信任，实践证明这本身就是一项巨大的激励工作，使得该单位的团队凝聚力获得很大的提高。

　　还有一家单位的做法也值得参考，比如说在股权激励上，该单位不采取全员持股的方式，而是在每个产品和技术成功孵化后，成立独立的项目公司，在此项目公司，项目相关人员根据贡献大小参股，这样使得股权激励的针对性更强。

　　最后一点必须要强调的是：考核结果必须及时向员工反馈！很多单位由于各种各样的顾虑，只考核不反馈，等工资发下来了，员工只能看到工资是增加了还是减少了，对原因却一无所知，这样对被奖励的员工起不到激励的作用，对被考核的也起不到提醒教育的作用，反而起到的是相反的效果，大家会认为考核都是暗箱操作，这样的考核不仅完全没有意义，还会是对组织发展的巨大伤害。按制度公平公正地考核，把结果及时反馈给大家、有问题及时沟通解决，这才是正确的做法。

3.8 研发营销管理

在化工并行开发方法中，营销工作是项目开发整体工作中的一部分，营销人员在项目开发的早期就加入跨平台多功能团队，在整个流程中，营销人员不断向新产品团队提供关于产品开发应如何与公司营销能力及市场需求相匹配的建议。营销部门从市场收集各种各样的信息，如哪些产品或技术是市场上紧缺或热门的，哪些产品或技术的市场变化趋势等有助于公司的项目立项；对于已经立项的项目，则要不断跟踪市场、客户、竞争者的情况，筛选他们认为重要的、可能被遗漏的以及关键的信息给新产品团队。

营销还需要在项目的不同阶段采用不同的方法去接触客户、开拓市场。如在项目立项和小试研发阶段，可以寻找潜在的合作伙伴和目标客户。在中试完成后，就通过小批量的产品供应和试用开拓客户，为工业化生产或技术授权和许可做好准备。

对于为了培养或维护客户关系而不得不做的不赚钱的小批量、高技术难度及定制产品，可以委托外部供货部门或在公司自己建立的专门处理这些订单的损益中心去做，并把这些损失看作是销售和营销费用。

研发、生产、营销应密切配合，对于品种多、市场迭代快的化工产品，如精细化工产品、高分子产品等，可以多专业紧密合作，建立可方便切换、灵活生产多种产品的"多功能"或"柔性"生产装置，以提高资源利用效率和应对市场的及时性和灵活性。

在某公司，营销团队工作做得最棒，与研发、生产等配合得也最好，充分支撑了化工并行开发方法在该单位的良好实施。总结下来，其良好经验主要体现在：

① 单位重视：该单位从战略上把营销工作当作研发工作的一部分和实现组织目标的重要手段，从而为提高营销团队积极性和各部门的良好合作奠定了良好的基础。

② 人员得力：首先，营销部门有个认同公司理念、愿意合作、自我激励、擅长管理的优秀团队负责人，在他的带领下，营销团队气氛融洽，人人努力、

愿意出差、愿意为同事提供服务；其次，营销人员素质高，大部分为硕士毕业，有良好的专业背景，愿意从事营销工作。这些保证了营销团队的整体战斗力。

③ 做得更多：在该单位，营销团队不仅仅从事传统的营销工作，还负责为研发团队解决各种外部相关的问题，如在工艺三废方面寻找合作方和处理方，并提供相关信息，为项目的实施解决实际问题。如有些三废其实对另外的单位或生产过程来说，可能就是原料，营销团队可以从原料需求方获得原料指标、需求量等很多信息提供给研发团队，很多情况下通过共同努力甚至可以使三废变废为宝；再比如为研发团队寻找合适的原料、设备等供应商，有些是非常难找的供应商。通过这些工作，既提高了项目成功的效率和机会，也获得了同事的认可。

④ 参与得早：在项目的创意提出和立项阶段即参与进来，为项目决策提供各种有用信息，在研发阶段也不断对研发团队提供相关信息，充分体现了营销在化工并行开发中的作用。

⑤ 信息灵通：营销团队经常出差，不是在参会，就是在拜访客户的路上，去了一个地方，总要顺路拜访几个相关的客户或朋友，平时也和潜在的合作者经常保持联系，常联络感情，保证了信息和资源的及时可用。在这方面，该单位与外部精细化工生产企业开展合作，充分利用其闲置生产能力，推进该单位已有产品技术的产业化，快速将绿色环保技术生产的精细化工产品推向市场。

⑥ 结合紧密：营销团队和研发团队、生产团队等结合紧密，快速响应市场。一个典型的案例是该单位多功能精细化工平台的建立，营销团队负责联络与中科院、大学、高科技公司进行合作，引进优秀科研成果。通过小试或中试平台上进行试验和验证，找到真正适合该企业的优秀成果，并反馈市场信息，选择合适的产品；研发团队负责技术实现和功能整合；生产团队负责装置建设和根据市场变化灵活排产。共同努力下，多功能精细化工平台成为该单位的一个重要盈利增长点。

3.9　研发供应商管理

供应商管理是指对供应商的了解、选择、开发、使用和控制等综合性管理工作的总称。

在传统的由企业单独进行新产品开发的模式中，企业依靠的仅仅是自身的资源和能力，而此时供应商与企业的关系，表现为一种单一的对立关系，企业主要的活动在于供应商选择以及与供应商的关系维持，以供应商与企业之间相互博弈的驱动力为竞价机制。为实现企业的利益最大化，企业往往采取多源采购的方式，在多个供应商之间分配购买量，激励供应商之间进行竞争，从而引导供应商降低价格，提高品质。在这一过程中，企业与供应商之间保持着一种短期的合同关系。供应商管理的目的，就是建立起一个稳定可靠的供应商队伍，并为企业生产提供可靠的供应。

而在供应商参与企业新产品开发的模式中，企业与供应商之间不仅存在对立关系，更多地表现为一种合作关系。对供应商管理的目的，除了常规的物资供应外，还应该要起到推动、加速研发的作用，充分整合和应用供应商的能力，起到1+1>2 的作用。企业的开发团队需要与供应商不断沟通协调，识别各个供应商的优势，在此基础上充分利用各个供应商的资源，特别是知识性资源的共享。考虑到中小企业可利用资源较少，知识存量有限的状况，这种模式对于中小型企业显得尤其重要。通过与供应商之间的互惠合作，可以在一定期间内实现利益共享、风险共担，而企业可以有效提高新产品的开发速度与质量，降低成本。

因此研发单位供应商管理的不同之处在于：不是简单的物资供应，供应商要承担一定的开发任务，是科研中的一环。如原料的供应，可能要针对开发项目的原料指标需求，由供应商开发满足原料要求（产品对杂质的要求、催化剂的要求、聚合的要求等）的原材料；开发特殊要求或用途的科研设备、仪器、模具或检测方法；开发专有设备等。

供应商参与项目开发，可以起到以下几方面的作用：

① 有利于缩短项目开发时间：制造商与各主要供应商尽早进行合作开发，可充分利用供应商的知识和经验，充分利用供应商现有的设计、研发、制造及检测能力，将产品开发的部分工作交供应商进行开发，可大大缩短项目的开发周期。

② 有利于提高项目开发的成功率：由于供应商对其承担部分的熟悉程度、专业性都非常高，非常清楚和理解其生产工艺、制造要求、使用条件和技术要求，可以通过其专业团队对其承担的产品开发进行强有力的支持，所以企业在和供应商的开发合作，能避免和控制开发风险，使企业更加关注于项目的整体集成，提高项目的开发成功率。

③ 有利于降低项目开发的成本：通过供应商参与项目开发和在设计、制造、质量控制等方面提出专业性的改进和优化的意见，大大地降低了企业在后期发现问题所付出的成本；另外项目研发阶段还可以利用供应商研发人员、各类设备和检测条件等，有效降低企业在项目开发阶段投入的成本。

④ 有利于保持技术领先：通过供应商参与项目开发，制造商和供应商之间开展长期的战略合作，使用供应商的开发成果，提供区别于竞争对手的差异化技术或产品，保持在市场中的领先地位，从而占据更大的市场份额。

⑤ 有利于集中精力开展核心业务：当今的市场，竞争越来越激烈，分工越来越细，企业不可能在每个领域都能做到非常有竞争力，因此，企业必须集中有限

的资源和精力专注开展自己的核心业务。对于企业自身没有优势的、非核心的业务更多的是交由供应商来承担，一方面可以让企业有更多的精力关注自己的核心业务，另外也可以利用供应商的专业知识和经验加快产品开发。

⑥ 有利于保证所需资源的及时到位：研发一开始的采购需求往往是新的、复杂的和小批量的，一方面由于较高的技术要求，能满足采购要求的供应商有限，另一方面采购业务量比较小，符合条件的供应商又对此业务不感兴趣。所以合作关系的建立，有利于形成良好长期的合作伙伴，保证开发所需资源的及时到位。

与供应商的合作关系会给研发单位提供很多好处，那供应商是否愿意参与到新产品开发中呢？根据研究，供应商愿意参与合作开发主要有以下几个方面的原因：

① 竞争压力：企业在进行供应商管理时会刻意创造多个供应商相互竞争的局面，以便保障企业能够以适当的价格获取所需的商品。在这种情况下，供应商往往面临来自其他供应商的竞争压力，供应商也就愿意主动进行创新，通过参与企业新产品/新技术开发的方式来深化与企业的合作。

② 进入新市场的机会：对于某些专注于技术的供应商而言，其技术能力较强，但是往往会缺乏独立开发新产品的管理能力、资金实力以及营销能力。而与项目开发企业合作，则可以有效实现优势互补，实现供应商进入新的市场。

③ 业务量大幅增长的机会：尽管在研发阶段，供应商获得的是小批量且技术负责的订单，并且还要付出额外的努力，但如果项目开发成功，则未来可能会取得巨大的市场，供应商也会随之有业务量和利润的大幅增长。

④ 提高自身的竞争力：供应商在与企业合作的过程中，需要投入资源开发新的技术；双方合作开发过程中，需要共享知识和信息。这些有助于提升供应商的能力，提高其在市场上的竞争力。

⑤ 有助于双方的长期合作，确保供应商长期收益。

在这些因素的影响下，供应商往往主动参与到企业的新产品/新技术中去，以实现自身的利益最大化。

供应商参与企业新产品最早应用于汽车制造业，最早的应用实践来自日本丰田公司在 20 世纪 60 年代将其供应商纳入新产品开发体系中。在此之后，这一模式在欧美得到广泛应用，许多跨国企业纷纷将符合标准的供应商纳入企业的新产品开发体系中。丰田对待供应商的原则是：与新供应商或陷入困境的供应商合作，以提高速度；在产品开发过程的早期对供应商做出承诺，并履行承诺；构建简单且适用于产品生命周期的契约；在成本和质量上做最好的平衡；尊重合同不违约；尊重供应商，尊重知识产权的完整性；与供应商合作完成价格目标。

很多公司虽然将供应商引入项目开发中，但是公司的供应商参与企业的项目开发存在着许多缺陷，从而使得研发绩效并没有得到明显的改善。具体包括：

① 认识还没有完全转变，尤其是企业高层：许多企业虽然有供应商参与到企

业的新产品开发中，但是所开发的项目大多对于企业的重要程度不够。究其原因，企业的认识，尤其是高层不够重视是造成这一结果的主要原因，许多企业的领导对与供应商合作的优越性没有足够的认识，对于供应商管理的唯一要求仍然在于增加竞争，降低企业采购成本。

② 供应商的选择缺乏长远的规划：企业在选择供应商时应从多方面加以考量。评估供应商除了常规的指标外，更需关注供应商的技术能力、协同性、知识产权记录、研发能力等。

③ 对于知识的重视程度不够：企业在将供应商引入新产品开发的过程中，其中一个非常重要的目的在于获取供应商的知识，而且这一趋势随着技术的发展显得越来越重要。但许多企业对于知识的重视程度不够，在将供应商引入到企业的新产品开发过程后，仍然关注的是物流、资金流方面。

④ 新产品开发的管理水平不高：供应商参与到企业的新产品开发后，会对企业原有的管理行为造成冲击，企业需要按照并行开发方法的要求从多方面进行管理以适应新的变化。

⑤ 对供应商缺乏有效激励：供应商参与到企业的新产品开发过程中的主要目的在于实现自身的利益。为了保证供应商能够全力地参与到企业的新产品开发过程中，企业应通过一系列的激励手段去引导供应商行为而不仅仅是价格激励。

⑥ 信息共享能力差：企业与供应商之间的信息沟通交流能力是合作中必须关注的一个问题，企业与供应商之间的信息共享能力直接决定了双方之间的沟通交流所能够达到的程度。

⑦ 相互之间合作层次较低：企业与供应商之间的合作层次高低对绩效有着很重要的影响，企业与供应商之间的合作程度越高，知识和技术的共享程度就会越高，双方也会建立很强的信任，合作的效果就越好。

⑧ 对供应商的利益没有进行有效地保护：供应商愿意参与到企业项目开发过程中的目的在于获取自身的利益，但是许多供应商在参与到企业的新产品开发过程中，自身的利益并没有得到很好的保护，例如技术外泄、知识产权的划分等，直接牵涉供应商的利益，应以合理的方式加以确认。

为促进双方共同利益的最大化，提高与供应商的合作水平，应主要从以下几个方面加强建设：

① 提供适当的激励措施　从供应商的角度而言，参与企业的项目开发，首先意味着资金的投入和短期利益的损失，供应商参与企业项目开发的主要目的或者激励因素在于长期的收益，表现为获取长期的竞争优势，同企业保持长期的联系等。在这种情况下，企业应根据实际状况，提供适当的激励方式，鼓励供应商主动参与到企业的项目开发过程中，向企业提供优异的技术资源。企业常见的激励方式主要包括：价格激励、订单激励、商誉激励、信息激励、淘汰激励等，企业应综合使用这些手段，加强对供应商的激励，并在此过程中加强对供应商的监督，

通过多种手段的协调配合促进项目的开发。

②　知识产权的明确划分　企业与核心供应商之间的关系是建立在长期互惠互利、互相尊重的基础上的，而不是着重于眼前的利益，因而企业应尊重知识的来源，保护好供应商的知识产权。只有在这样的前提下互信才可能真正的建立，供应商才会积极主动地参与到企业的项目开发中来。

在供应商参与开发的时机和参与程度方面，通常情况下，按照承担责任大小的不同，供应商的参与程度可以分为不参与、非正式参与（项目开发企业就新产品/新技术开发中的问题向供应商进行非正式咨询）、正式参与（项目开发企业与供应商进行联合开发）和供应商独立负责（供应商按照项目开发企业的功能要求独自开发实现该功能的技术或产品）四种类型或级别。

对于独立负责的供应商，因为其主要负责复杂部件、系统部件、关键性核心部件等，所以应该尽早参与项目开发，在项目开发的构思阶段便可以开始介入。而正式参与的供应商主要负责简单任务，则不需要过早地介入项目开发。在项目开发阶段开始介入基本可以满足要求。对于非正式参与供应商，则需要根据具体任务的难易程度来决定介入的时间。难度越大、越复杂的任务需要越早介入，对于难度较小，开发时间较短的任务则可以介入得较晚些。

3.10　研发项目的其他注意事项

除了前面讲了很多管理和技术层面的事情，一个科研项目的成功还有很多其他应该注意的事情。其中最重要的是法规的遵从性——职业健康和安全、环保要求、商业合同的合规性、某些新产品所需的注册和许可等。若不能够满足法规的要求，则不仅是面临执行和诉讼的风险，甚至会导致项目的失败，即使技术上是可实现的。比如一个项目的研发如果不考虑三废的排放问题，即使能够生产出目标产品，但不能满足政府对环保的要求的话，项目也无法落地实施。对公司来说是巨大的资源浪费，对个人来说既浪费了宝贵的时间，也是职业生涯的挫折。回到并行开发方法上来，要从一开始就考虑项目可能碰到的合规性问题，并在立项决策中作为评估因素或在项目实施的过程中并行解决相关问题。

其他还应该注意的事项有：

①　对外合作或委托开发、科研仪器设备采购等要找那些最专业的合作对象，而不是找那些报价最低的合作对象。专业的合作者能让项目事半功倍，而低价投标人则往往会导致项目大幅延误。

②　基于需求、技术难度和资源情况等客观地制订合理的开发计划，而不是因为领导要求制订过短的开发周期（这样做只能导致项目前期准备不足，匆匆赶工和项目混乱而进退失据，最后造成项目的延宕和失败）。

③ 及时灵活地沟通，而不是等定期的会议。

④ 保证整个项目组技术文件和数据的一致性。

⑤ 技术开发是个持续优化的工作，但要避免一直在讨论优化和改进而"议而不决"。适当的方法是在满足目标的情况下先冻结一版技术方案，形成第一代技术并快速实现工业化以抢占市场先机或创造效益，此后就可以在更宽松的开发环境下持续优化，不断提高技术的先进性和经济性，形成一代一代的技术升级，持续保持技术竞争力。

⑥ 避免评审流程的行政延迟、预算延误，以及关键人员的流失。并行开发方法的实施要保持灵活性而不能僵化到阻碍项目的实施，关键是方法学而不是僵化的形式和制度。

3.11 本章总结

① 化工研发的特点是产品开发与工艺开发一体化，因此需要更加科学严密的组织管理，并按照化工并行开发方法的程序和方法来实施。

② 虽然每个具体研发项目的研究内容各有不同，但项目团队构成、项目管理方法、项目决策和计划以及许多具体步骤的实施方法是一致的。积极的科研管理并不会窒息创新，反而会以结构化的方法明确研发活动的过程及相关的职责，允许研发团队把精力集中到技术或产品研发的创新活动上。

③ 并行开发方法的实施是灵活的而不是僵化的。研发机构可以结合实际情况，在其提供的通用框架和方法学基础上，进行具有自身特色的实践探索。

④ 化工并行开发方法的实施需要文化转变和组织保证。要求组织内从上到下都要树立系统观念和市场概念。顶层领导者的强力推动和广大高中基层人员的理解、认同和接受结合起来，才能使化工并行开发方法得到有效的推行，并不断得到反馈从而持续优化。

⑤ 本章介绍了适用于研发项目管理的项目管理工具和相应应用软件，并以化工研发项目实例进行了应用示范。工作分解结构 WBS 是进行过程管理的基础。并行开发的实现是基于任务分解的。WBS 不仅利于资源配置和进度控制，也是并行开发的需要。思维导图软件 MindManager 可方便地实现 WBS 分解。制订项目计划进度。相比 CPM/PERT 图，对于化工研发项目来说，GANTT 图是适合的、实用的。对于化工研发项目，采用 Project 软件可以满足项目进度计划的制订需求。

⑥ 本章对科研项目相关的时间进度管理、成本管理、质量管理、风险管理、绩效管理、营销管理、供应商管理及科研项目评估等进行了讨论。

⑦ 项目组合管理解决如何"做正确的项目"。通过项目的合理组合使组织的长期利益最大化；综合考虑当前和未来的增长机会；根据新技术、风险、成本、

时间等方面的挑战准备和最优化分配资源；关注能够从技术或产品开发、运营和供应链管理等方面具有协同效应的项目组合；为代表未来趋势的项目留出资源和预算；选择成功概率高的项目，放弃成功概率低的项目等。

⑧ 本章还重点探讨了化工行业研发组织形式，对于不同规模大小的企业，需要有集团战略层级和研发中心层级两个层级的决策。对于集团层级，研发组织是集中化还是分散化，或两者结合，很大程度上取决于企业的战略、性质和特点以及开发项目的性质等许多因素。对于研发中心层级，采用哪种组织形式，取决于哪种方式更有利于专业化知识的积累、保持和加强。对于业务比较相似的企业，采用按专业划分为基础的矩阵型管理结构是企业研发中心的最佳实践。但公司越大，业务范围越多元化，组织形式就可以越丰富，即在一个企业内部，也可以是混合型组织。采用哪种组织形式不是一成不变的，只有根据具体情况不断优化调整，与时俱进，与事俱进，才能使组织的效力在动态平衡中保持最优。

参考文献

[1] Basu R. Managing projects in research and development[M]. London: Gower Pub Co, 2016.

[2] Wingate L M. Project management for research and development: Guiding innovation for positive R&D outcomes[M]. Boca Raton, FL: CRC Press, 2014.

[3] McGrath M. Setting the PACE in product development-A guide to product and cycle-time excellence[M]. Burlington, MA: Butterworth-Heinemann,1996.

[4] Priest J, Sanchez J. Introduction to process plant projects[M]. Boca Raton, FL: CRC Press, 2018.

[5] 美国项目管理协会. 项目管理知识体系指南[M]. 5 版. 北京: 电子工业出版社, 2013.

[6] Kerzner H. Project management: A systems approach to planning, scheduling, and controlling[M]. 11th ed. Hoboken, NJ: Wiley, 2013.

[7] 周兴贵,李伯耿,袁希钢,骆广生,袁渭康. 化学产品工程再认识[J]. 化工学报, 2018, 69(11): 4497-4504.

[8] Morgan J, Liker J. 精益产品开发体系[M]. 北京: 人民邮电出版社, 2017.

[9] 青铜器软件系统有限公司. 研发绩效管理手册[M]. 北京: 电子工业出版社, 2018.

[10] 张新琼. LC 研发核心人员绩效管理体系优化设计[D]. 济南: 山东大学, 2019.

[11] 鲍智. JS 公司供应商参与新产品开发的管理研究[D]. 上海: 华东理工大学, 2012.

[12] Ragatz G L, Handfield R B, Scannell T V. Success factors for integrating suppliers into new product development[J]. Journal of Product Innovation Management, 1997, 14(3): 190-202.

[13] 王永书. S 公司新产品协同开发的供应商管理研究[D]. 镇江: 江苏大学, 2019.

第4章

化工过程开发方法及实践
（上）

前三章重点阐述和系统讨论了化工并行开发方法及化工研发项目管理方面的内容。从本章起，将主要结合笔者多年面向工业化的科研实践，系统介绍在并行开发方法指导下，多种类型的反应过程和分离过程开发、系统集成、中试、技术改造、工艺包设计和技术经济分析等过程开发的内容。

4.1 反应过程模型化与应用

4.1.1 建模的意义和作用

模拟与实验的早期结合是充分发挥化工并行开发方法作用的内在要求。反应过程是化工生产过程的核心，因此反应过程的模型化是化工并行开发方法重要的基础性工作。

反应工程的特点在于：a. 反应与传递过程同时进行，除了研究化学反应本身之外，还要考虑质量、热量、动量传递过程对化学反应的交联作用和相互影响。b. 由于反应与传递过程相互交织，以及化学反应速率与温度的非线性关系等，传统的因次分析和相似方法已不能反映化学反应工程的基本规律，而必须用数学方法来描述工业反应器中各参数之间的关系。

因此，反应工程的研究方法主要采用数学模型的方法[1-7]。以相似理论和因次分析为基础的相似放大法用于反应器放大将无能为力。因为要保证反应器同时做到扩散相似、流体力学相似、热相似和化学相似是不可能的。数学模型方法是一种比较理想的反应器放大方法。其实质是通过数学模型来设计反应器，预测不同规模的反应器工况，优化反应器操作条件。

化学反应工程专家、华东理工大学朱炳辰教授说："化学反应工程的研究方法是应用理论推演和实验研究工业反应过程的规律而建立的数学模拟方法，结合工程实践的经验，应用于工程设计，强调工程观点，提倡理论与实际的结合。"[6] E. Bruce. Nauman 教授也说："There are situations where blind scale-up is the best choice based on business considerations; but given your druthers, go for model-based scale-up."[7]

反应过程数学模型的内容主要包括：

（1）动力学方程式

对于均相反应，可采用本征速率方程式；对于非均相反应，一般采用宏观速率方程式。

（2）物料衡算式

$$流入量=流出量+反应消耗量+累积量$$

（3）热量衡算式

$$物料带入热=物料带出热+反应热+与外界换热+累积热$$

（4）动量衡算式

$$输入动量=输出动量+消耗动量+累积动量$$

（5）参数计算式

主要指物性参数、传递参数及热力学等计算公式。

反应工程研究的核心内容包括动力学和反应器两方面。动力学研究的任务是建立反应速率的定量关系，并将实验测定与计算数据相关联；反应器研究的主要任务是研究工业反应器的反应规律和传递规律。特别是工业反应器中的化学反应速率、影响反应速率的各种因素以及如何获取最优化的反应结果等。

数学模型的建立是通过实验研究得到的对于客观事物规律性的认识，并且在一定条件下进行合理的简化工作。数学模型对于反应过程的研究和开发工作来说作用很大，比如说在做理论分析方面，通过研究传递过程对化学反应过程的影响，充分揭示了它们之间强交联、非线性的相互关系，提出了多重定态、热稳定性、参数敏感性等的重要概念；可以用于实验规划，先模拟计算，了解反应特性，再设计实验进行验证，从而节省实验工作的费用和时间；也可以用于危险边界预测、反应影响因素分析、反应器的放大设计和反应过程的优化等。

图 4.1 显示了反应过程的开发流程，可以看到数学模型处于核心的地位，结合热模的动力学研究、冷模的传递过程研究和反应热力学计算，建立反应过程数学模型，用于指导中试放大并验证模型，经过中试的工程参数经过修正后，用于工业反应器的设计。

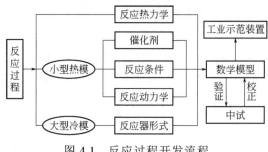

图 4.1 反应过程开发流程

4.1.2 动力学建模

反应动力学研究化学反应进行的机理和速率。对于一定的反应物系，化学反应速率只取决于反应物系的温度、浓度。

恒容反应器体积恒定，反应物系的浓度、温度、压力参数随时间变化；而流动反应器则相反，反应物系的浓度、温度、压力参数随反应空间（位置）变化，不随时间变化。因此，这两类反应器的反应动力学表达形式也有所不同。

对于恒容反应器：

$$r_i = \pm \frac{1}{V} \times \frac{\mathrm{d}n_i}{\mathrm{d}t} = \pm \frac{\mathrm{d}(n_i/V)}{\mathrm{d}t} = \pm \frac{\mathrm{d}c_i}{\mathrm{d}t} = \pm c_{i0} \frac{\mathrm{d}x_i}{\mathrm{d}t}$$

假设反应为：

$$a\mathrm{A} + b\mathrm{B} \Longrightarrow e\mathrm{E} + f\mathrm{F}$$

则各物质的反应速率为：

$$r_\mathrm{A} = -\frac{1}{V} \times \frac{\mathrm{d}n_\mathrm{A}}{\mathrm{d}t} = -\frac{\mathrm{d}c_\mathrm{A}}{\mathrm{d}t}$$

$$r_\mathrm{B} = -\frac{1}{V} \times \frac{\mathrm{d}n_\mathrm{B}}{\mathrm{d}t} = -\frac{\mathrm{d}c_\mathrm{B}}{\mathrm{d}t}$$

$$r_\mathrm{E} = \frac{1}{V} \times \frac{\mathrm{d}n_\mathrm{E}}{\mathrm{d}t} = \frac{\mathrm{d}c_\mathrm{E}}{\mathrm{d}t}$$

$$r_\mathrm{F} = \frac{1}{V} \times \frac{\mathrm{d}n_\mathrm{F}}{\mathrm{d}t} = \frac{\mathrm{d}c_\mathrm{F}}{\mathrm{d}t}$$

$$-\frac{r_\mathrm{A}}{a} = -\frac{r_\mathrm{B}}{b} = \frac{r_\mathrm{E}}{e} = \frac{r_\mathrm{F}}{f}$$

对于流动反应器：

独立变量为反应空间微元，可以是微元体积、微元表面积或微元质量，相应的速率表达式分别为：

$$r_i = \pm \frac{\mathrm{d}N_i}{\mathrm{d}\upsilon_R}$$

$$r_i = \pm \frac{\mathrm{d}N_i}{\mathrm{d}S}$$

$$r_i = \pm \frac{\mathrm{d}N_i}{\mathrm{d}W}$$

反应动力学可以有不同的分类标准，按动力学使用功能来分，可以分为反应动力学、失活动力学和再生动力学。反应动力学描述的是反应过程的速率；失活动力学用于描述催化剂的失活速率；再生动力学描述催化剂的再生速率和对应的催化剂活性。其中反应动力学又可分为均相反应动力学和非均相反应动力学。

对于均相反应，以如下反应为例：

$$\upsilon_A A + \upsilon_B B \Longrightarrow \upsilon_L L + \upsilon_M M$$

如果其是基元反应，则符合质量作用定律，反应速率和反应物浓度幂的乘积成正比，浓度的幂在数值上与反应物系数相同，速率表达式如下所示：

$$r_A = k_c c_A^{\upsilon_A} c_B^{\upsilon_B} - k_c' c_L^{\upsilon_L} c_M^{\upsilon_M}$$

对于非基元反应，不再适用质量作用定律，如下所示速率表达式中，浓度方次 a、b、l、m 都要通过实验测试和数据拟合得到。

$$r_A = k_c c_A^a c_B^b - k_c' c_L^l c_M^m$$

以上速率表达式中 k 代表反应速率常数，可以根据阿伦尼乌斯（Arrhenius）方程求得：

$$k = A\mathrm{e}^{-E/RT}$$

对于非均相反应，按照均匀表面吸附理论（Langnmuir-Hinshelwood，理想吸附模型），得到的是双曲线型的速率表达式：

$$r_A = \frac{k_1 p_A^{\upsilon_A} p_B^{\upsilon_B} - k_2 p_L^{\upsilon_L} p_M^{\upsilon_M}}{(1 + \sum K_i p_i^m)^q}$$

式中，k 表示吸附平衡常数。

$$k = k_0 \mathrm{e}^{-q/RT}$$

式中，q 表示吸附热。

按照不均匀表面吸附理论（焦姆金方程，真实吸附模型），得到的是幂函数型的速率表达式：

$$r_A = k_p p_A^a p_B^b p_L^l p_M^m - k_p' p_A^{a'} p_B^{b'} p_L^{l'} p_M^{m'}$$

实际应用中常以幂函数型来关联非均相动力学参数，其准确性不比双曲线型方程差，且仅有反应速率常数，不包含吸附平衡常数，在进行反应动力学分析和反应器计算中，更能显示其优越性，得到广泛应用。

失活动力学用于描述催化剂的失活速率，催化剂常见的失活原因有中毒、结焦、堵塞、烧结、热失活等。

催化剂的相对活性表示为：

$$a = \frac{r_A}{r_{A0}} = \frac{\text{某一时刻反应物A在催化剂上的反应速率}}{\text{相同条件下反应物A在新鲜催化剂上的反应速率}}$$

则通常失活速率的表达式为：

$$r_d = -\frac{da}{dt} = k_{d0} \exp\left(-\frac{E_d}{RT}\right) c_i^m a^d$$

式中，r_d 为失活效率；a 为催化剂活性；k_{d0} 为指前因子；E_d 为失活活化能；c_i 为结焦量；上角 m 和 d 为反应级数。

比较特殊的是对于结焦失活来说，可以将结焦量和催化剂活性关联起来，因而需要测试结焦（积炭）动力学。

以丙烷脱氢 $Pt-Sn/Al_2O_3$ 催化剂结焦动力学为例，失活动力学采用单层-多层焦机理模型，该机理认为焦的形成有两个不同的阶段，在第一阶段，吸附在催化剂上的丙烯首先形成焦炭前驱体并继续反应生成焦炭沉积在催化剂的表面上，这些直接在催化剂的表面上形成的焦炭称为单层焦。而在第二个阶段，焦炭继续形成并在单层焦之上沉积所以称之为多层焦。它们在原理上的不同主要表现在该机理假定单层焦是焦炭前驱体和吸附态的丙烯反应形成的，而多层焦则是单层焦直接和气态丙烯反应形成的。在第一个阶段结焦速度很快，因此催化剂活性迅速下降，而在第二个阶段结焦速度变缓，因此催化剂的活性也开始缓慢下降。结焦动力学表达式如下：

$$\frac{dc}{dt} = k_{1c}(c_{max} - c_m)^2 + k_{2c}$$

$$c = c_m + c_M$$

$$c_m = c_{max}^2 \frac{k_{1c}t}{1 + c_{max}k_{1c}t}$$

$$c_M = k_{2c}t$$

$$k_{ic} = k_{0ic} \exp\left[\frac{-Ea_{ic}}{R}\left(\frac{1}{T} - \frac{1}{T_m}\right)\right]$$

其中，c 为总焦浓度；c_m 和 c_M 分别为单层焦和多层焦的焦浓度；c_{max} 为最大的单层焦浓度；k_{1c} 和 k_{2c} 分别为单层焦和多层焦反应速率常数；k_{ic} 为单层焦或多层焦反应速率常数，$i=1,2$（后同）；k_{0ic} 为单层焦或多层焦反应速率指前因子；Ea_{ic} 为单层焦或多层焦生焦反应活化能；T 为反应温度；T_m 为参考温度。

焦浓度和催化剂活性的关系用如下经验关联式关联：

$$a = (1 - \alpha_1 c_m) + \alpha_2 c_m \exp\left(-\alpha_3 \frac{c_M}{c_m}\right)$$

$$\alpha_1 = \alpha_{01} \exp\left[\frac{-E_{a\alpha_1}}{R}\left(\frac{1}{T} - \frac{1}{T_m}\right)\right]$$

其中，α_1、α_2 和 α_3 为经验关联常数；α_{01} 为 α_1 关联式中的指前因子。

催化剂的表面结焦是一种非永久性失活，可以通过氧化再生将积炭除去，从而恢复催化剂的活性。建立催化剂烧焦再生模型有助于掌握烧焦再生过程的内在规律，设计合理的反应-再生工艺，并实现操作优化。

烧焦再生动力学表达式通常的形式为：

$$r_m = -\frac{dc}{dt} = kc^m P_{O_2}^n$$

$$k = k_0 \exp(-E_a / RT)$$

式中，r_m 为烧焦速率；c 为焦含量；P_{O_2} 为氧分压；m、n 为反应级数。

丙烷脱氢 Cr_2O_3/Al_2O_3 催化剂烧焦动力学表达式如下：

$$-\frac{dW}{dt} = kP_{O_2}W$$

$$E_a = 7.726 \times 10^4 \, \text{J} \cdot \text{mol}^{-1}$$

$$k_0 = 5.720 \, \text{Pa}^{-1} \cdot \text{s}^{-1}$$

式中，P_{O_2} 是氧的分压；W 是每克催化剂焦的负载量。

按动力学中包含的影响因素，反应动力学可以分为本征动力学、宏观动力学和床层动力学。

本征动力学是指排除流动、传质、传热等传递过程影响条件下的反应动力学，其作用在于：a. 描述化学反应本身的规律，比如可以通过活化能的大小，判断反应对温度的敏感性；通过反应级数的数值，判断反应对浓度的敏感性；从而可以分析温度和浓度变化对复杂反应选择性的影响。b. 与表观动力学研究相结合，判断传递过程对反应结果的影响，从而为加强或消除这种影响，改善反应器的操作状况和改进催化剂的结构等提供参考。

图 4.2 是温度和浓度变化对简单平行反应影响的一个示意图。可以看到，利用本征动力学进行敏感性分析，不但有助于判断反应变化的方向，还有助于反应器的选型。

宏观动力学是指在排除外扩散阻力但包含内扩散阻力的情况下，测得的催化剂颗粒表观反应速率，也称为颗粒动力学。其对工业成型催化剂直接进行测定，可以加快过程的开发速度，在工业反应开发过程中经常采用。

床层动力学是指内外扩散阻力及床层不均匀流动等宏观因素都包含在内时所测定的动力学，其特点在于床层动力学直接在单管或实际反应器中进行测定，针

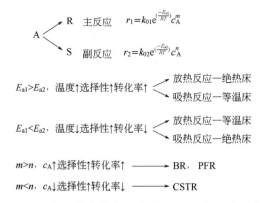

图 4.2　温度和浓度变化对简单平行反应影响示意图

对的是非常具体的反应过程和反应器，模型不能推广。在特殊的情况下，比如已经运行的工业反应器，其构型和操作参数范围都已经确定的条件下，直接测试床层动力学可以简化测试条件，加速反应器的开发和操作优化。

　　总地来说，从本征动力学到床层动力学，普适性逐渐下降，具体性逐渐增强。本征动力学更多应用于基础开发研究，认识反应规律；宏观动力学多用于催化剂已定型情况下的过程开发，方便反应器的设计优化；而床层动力学在工厂改造和技术升级中可以采用。

　　动力学研究中关键是动力学参数的确定，包括指前因子、活化能、反应级数、吸附平衡常数、吸附热等，通常通过实验数据拟合得到。

4.1.3　反应器建模

　　反应器建模是对反应器进行分析计算的基础，这里所说的理想反应器包括间歇反应器、活塞流反应器和全混流反应器三种基本类型。反应器模型其实就是对反应器进行物料衡算、热量衡算和动量衡算。

　　（1）物料衡算

　　对于反应物 A：流入量 － 流出量 － 反应消失量 － 累积量 ＝ 0

　　　　　　　　　　　① 　　　 ② 　　　 ③ 　　　 ④

　　对于间歇反应器：①②项为零。

　　对于定态操作的连续流动反应器：不存在累积，④项为零。

　　对于半连续操作和非定态操作的连续流动反应器：四项均需考虑。

　　（2）热量衡算

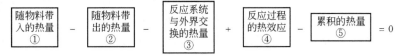

对于间歇反应器：①②项为零。

对于定态操作的连续流动反应器：⑤项为零。

对半连续操作和非定态操作的连续流动反应器：五项均不为零。

对于间歇反应器（BR），反应物系参数随时间而变，所以对整个反应器在微元时间 dt 内进行衡算：

$$-(因反应导致的组分 A 消失的量) = (反应物 A 的累积量)$$

$$-r_A V = \frac{dn_A}{dt}$$

因此，间歇反应器的模型方程为：

$$\frac{dc_A}{dt} = -r_A(c_A, T)$$

$$Mc_p \frac{dT}{dt} = V_R(-\Delta H)[-r_A(c_A, T)] + UA_R(T_c - T)$$

初始条件

$$t=0, \quad c_A(0) = c_{A0}, T(0) = T_0$$

式中，r_A 为反应物 A 的反应速率；V 为反应器体积；n_A 为反应物 A 物质的量；c_A 为反应物 A 的浓度；T 为反应温度；M 为质量、c_p 为气体热容；V_R 为反应器体积；U 为传热系数；A_R 为换热面积；T_c 为冷却温度；c_{A0} 为初始反应浓度；T_0 为初始反应温度。

间歇反应器的模型方程为常微分方程组，其求解可以采用四五阶 Runge-Kutta 法积分求解，在 MATLAB 中有对应的函数 ode45()。

对于活塞流反应器（PFR），反应物系参数随空间而变，因此，对于定态操作的活塞流反应器，取某一微元体积 dV，对组分 A 进行物料和能量衡算：

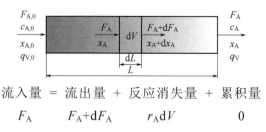

$$流入量 = 流出量 + 反应消失量 + 累积量$$

$$F_A \qquad F_A + dF_A \qquad r_A dV \qquad\qquad 0$$

即：

$$F_A = F_A + dF_A + r_A dV$$

$$\frac{dF_A}{dV} = -r_A$$

$$u_0 \frac{dc_A}{dL} = r_A$$

因此，活塞流反应器的模型方程为：

$$u_0 \frac{dc_A}{dL} = r_A$$

$$Gc_p \frac{dT}{dL} = (-\Delta H)[-r_A(c_A, T)] + 4U(T_c - T)/d_t$$

边界条件为：

$$L=0, \quad c_A(0) = c_{A0}, \quad T(0) = T_0$$

式中，u_0 为反应物流速；G 为反应物流量；ΔH 为反应热；U 为传热系数；d_t 为反应器管径；L 为反应器长度。

活塞流反应器的模型方程也是常微分方程组，其求解同样采用四五阶 Runge-Kutta 法积分求解。

大家经常说间歇反应器与活塞流反应器是等效的，具体来说：

① 两反应器中进行同一化学反应，达到相同转化率时所需反应时间完全相同。

② 当反应体积相等时，其生产能力相同。所以在设计、放大活塞流反应器时，可以利用间歇搅拌釜式反应器的动力学数据进行计算。

③ 间歇搅拌釜式反应器属非定态过程，物料状态函数随时间而变；而活塞流反应器属定态过程，物料状态函数随空间而变。

④ 活塞流反应器是连续操作，而间歇搅拌釜式反应器是间歇操作，需要一定的辅助时间，显然活塞流反应器的生产能力比间歇搅拌釜式反应器要大，生产劳动强度要小。

全混釜（CSTR）是另一类理想反应器，其特点是反应物料在反应器内达到完全混合，以使反应区内各处的浓度和温度都相同，且等于反应器出口处的浓度和温度。所以，可对整个反应器进行物料和能量衡算。

因此，得到全混釜的模型方程为：

$$r_A = \frac{q_V(c_{A,0} - c_A)}{V}$$

$$q_V \rho c_p(T - T_0) = (-\Delta H)[-r_A(c_A, T)] + UA(T_c - T)$$

该模型方程为代数方程组，其求解可采用基于 Levenberg-Marquardt、Gauss-Newton 等的非线性最小二乘法，在 MATLAB 中有对应的代数方程组求解函数 fsovle()。

现实中的反应器都会与理想状况有一定程度的偏离。那么偏离理想流型怎么办？这时我们可以采用非理想流动模型对理想反应器模型进行校正，比如根据不同的情况，结合轴向扩散模型、多釜串联流动模型、层流模型等来模拟真实反应器。

以固定床反应器为例，对于反应器的稳态模拟，在理想模型的基础上，考虑不同的非理想情况，可以建立从简单到复杂的不同固定床反应器模型（表 4.1）。而对于催化剂失活、烧焦再生等，还可以建立动态模型。

表 4.1 固定床催化反应器数学模型分类

类型	A，拟均相模型（$T=T_s$, $c=c_s$）	B，非均相模型（$T \neq T_s$, $c \neq c_s$）
一维模型	AⅠ、理想模型（活塞流模型）	BⅠ、AⅠ+相间及粒内梯度
	AⅡ、AⅠ+轴向返混	BⅡ、BⅠ+轴向返混
二维模型	AⅢ、AⅠ+径向梯度	BⅢ、BⅠ+径向梯度
	AⅣ、AⅢ+轴向返混	BⅣ、BⅢ+轴向返混

注：T 为反应气相主体温度；T_s 为催化剂颗粒外表面温度；c 为反应物在反应气相主体的浓度；c_s 为反应物在催化剂颗粒外表面的浓度。

一维拟均相理想模型是最基础的固定床模型，又称为拟均相一维活塞流模型，是最简单、最常用的固定床反应器模型。"拟均相"系指将实际上的非均相反应系统简化为均相系统处理，即认为流体相和固体相之间不存在浓度差和温度差。"一维"的含义是指只在流动方向上存在浓度梯度和温度梯度，而垂直于流动方向的同一截面上各点的浓度和温度均相等。"活塞流"的含义则是指在流动方向上不存在任何形式的返混。在上述意义下，轴向流动固定床反应器的数学模型可参照均相活塞流模型写出，设在床层内进行 A 生成 B 的简单反应，则模型方程为：

物料衡算：

$$-u\frac{\mathrm{d}c_A}{\mathrm{d}z} = \rho_B(-r_A)$$

热量衡算：

$$u\rho_g c_p \frac{\mathrm{d}T}{\mathrm{d}z} = \rho_B(-r_A)(-\Delta H_r) - \frac{4U}{D_t}(T-T_c)$$

动量衡算：

$$\frac{\mathrm{d}p}{\mathrm{d}z} = -f_r \frac{\rho_g u^2}{d_s} \times \frac{1-\varepsilon}{\varepsilon^3}$$

边界条件：

$$z=0,\ c_A=c_{A0},\ T=T_0,\ p=p_0$$

式中，u 为反应器内流体线速度；ρ_B 为催化剂床层密度；ρ_g 为反应混合气体密度；c_p 为混合气体的比热容；r_A 为反应速率；c_A 为反应物浓度；T 为反应温度；z 为反应器轴向距离；ΔH_r 为反应热；U 为传热系数；D_t 为反应器直径；T_c 为反应管外载热体温度；p 为反应器的压力；f_r 为流动阻力系数；d_s 为催化剂的粒径；ε 为床层空隙率。

反应物流通过固体颗粒床层时不断分流和汇合，并作绕流流动，会造成一定程度的轴向混合（返混），所以当固定床床层太薄时，活塞流的假定不再成立。这时可以用一维拟均相+轴向扩散模型来描述反应器行为。

一维拟均相+轴向扩散模型为：

$$D_{ea}\frac{d^2c_A}{dz^2} - u\frac{dc_A}{dz} = \rho_B(-r_A)$$

$$-\lambda_{ea}\frac{d^2T}{dz^2} + u\rho_g c_p\frac{dT}{dz} = \rho_B(-r_A)(-\Delta H_r) - \frac{4U}{D_t}(T-T_c)$$

边界条件：

$$z=0,\ u(c_{A0}-c_A)=-D_{ea}\frac{dc_A}{dz},\ u\rho_g c_p(T_0-T)=-\lambda_{ea}\frac{dT}{dz}$$

$$z=L,\ \frac{dc_A}{dz}=\frac{dT}{dz}=0$$

式中，D_{ea} 为轴向有效扩散系数；λ_{ea} 为轴向有效导热系数。

该模型为偏微分方程组，求解时可以对某一偏微分项进行差分，将偏微分方程组转化为常微分方程组后再用四五阶 Runge-Kutta 法积分求解。

当列管式固定床反应器的管径较粗或热效应较大时，反应管从中心到管壁不同径向位置处反应温度和反应物浓度会有差别。这时一维模型就不能满足要求，需采用拟均相二维模型来同时考虑轴向和径向的浓度分布和温度分布。

二维拟均相稳态模型：

$$D_{er}\left(\frac{\partial^2 c_A}{\partial r^2} + \frac{1}{r}\times\frac{\partial c_A}{\partial r}\right) - u\frac{\partial c_A}{\partial z} = -\rho_B(-r_A)$$

$$\lambda_{er}\left(\frac{\partial^2 T}{\partial r^2} + \frac{1}{r}\times\frac{\partial T}{\partial r}\right) - u\rho_g c_p\frac{\partial T}{\partial z} = \rho_B(-\Delta H_r)(-r_A)$$

边界条件：

$$z=0,\ c_A=c_{A0},\ T=T_0$$

$$r=0,\ \frac{\partial c_A}{\partial z}=\frac{\partial T}{\partial z}=0$$

$$r=R,\ \frac{\partial c}{\partial r}=0,\ \frac{\partial T}{\partial r}=-h_w(T-T_w)$$

式中，D_{er} 为径向有效扩散系数；λ_{er} 为径向有效导热系数；r 为反应管径向距离；R 为反应管半径；h_w 为壁给热系数；T_w 为反应管壁温度。

对热效应很大且反应速率很快的反应，流体相和固体相会存在浓度差和温度差。这时拟均相就不再适用，需要非均相模型来分别对流体相和固体相进行描述。比如催化剂烧焦过程是一个典型的强放热快反应，催化剂上的积炭随时间不断变化，其可以用一维非均相动态模型来描述。

一维非均相动态模型：

气相：

$$\varepsilon\frac{\rho_g}{M_g}\times\frac{\partial y_A}{\partial t} = -\frac{G}{M_g}\times\frac{\partial y_A}{\partial z} - \rho_B\eta[-r(c_{AS}, T_S, p)]$$

$$(\varepsilon\rho_g c_p + \rho_B c_s)\frac{\partial T}{\partial t} = -Gc_p\frac{\partial T}{\partial z} + (-\Delta H_r)\rho_B\eta[-r(c_{AS}, T_S, p)]$$

$$\frac{dp}{dr} = -f_r\frac{\rho_g u^2}{d_s}\times\frac{1-\varepsilon}{\varepsilon^3}$$

固相：

$$k_G a_m(c_{AG} - c_{AS}) = \eta[-r(c_{AS}, T_S, p)]$$

$$h_s a_m(T_S - T_G) = \eta[-r(c_{AS}, T_S, p)](-\Delta H_r)$$

初始及边界条件为：

$$t = 0, z > 0_i, y_A = 0, T = T_0, p = p_0$$

$$z = 0, t > 0, y_A = y_{A0}, T = T_0, p = p_0$$

以上式中，ε 为床层空隙率；ρ_g 为反应气体密度；M_g 为反应气体分子量；y_A 为反应气体摩尔分数；y_{A0} 为反应器入口气体摩尔分数；t 为时间；G 为反应器内流体流量；ρ_B 为催化剂床层密度；c_p 为混合气体的比热容；η 为效率因子；r 为反应速率；c_{AS} 为催化剂颗粒表面的气相反应物浓度；c_{AG} 为气相主体中的气相反应物浓度；c_s 为固相反应物浓度；T 为反应温度；T_0 为反应器入口温度；T_S 为催化剂颗粒表面温度；T_G 为气相主体温度；z 为反应器轴向距离；ΔH_r 为反应热；p 为反应器的压力；p_0 为反应器入口压力；k_G 为气膜传质系数；h_s 为气膜传热系数。

模型多种多样，需要根据具体情况进行合理选择和简化，总地来说：

① 考虑的因素越多，模型越复杂，模型参数就越多，模型参数的可靠性就越重要。

② 并非模型越复杂越好。模型复杂增加了实验、计算工作量，增加了出错的概率。

③ 以简单实用为好。如返混严重，宜用带轴向返混的一维模型；如径向温差大，宜用拟均相二维模型等。

4.1.4 反应过程模型化案例

反应过程模型化既是反应过程开发放大的主要方法，也是以化工并行开发方法展开高效研发的基础和内在要求。通过模拟与实验的早期结合，将极大地促进以技术经济分析为着眼点的概念设计工作的开展，能够更早地进行工艺和工程的结合，并协同推进各专业研发工作。本节将通过多个案例，介绍多种反应器和反应过程的模型化方法，以及实验与模拟计算如何进行紧密结合，在研究、放大、设计、控制、生产优化等方面推动产生协同作用并提高研发效率。

4.1.4.1 乙酸异龙脑酯反应器放大分析与计算（层流反应器）

本案例主要介绍了液相层流反应器的放大方法，并重点说明模拟计算与实验相结合如何分析和快速解决反应放大过程中出现的问题。

（1）背景

乙酸异龙脑酯又称白乙酯，由莰烯和乙酸通过酯化反应合成，主要用于合成樟脑及香精香料等。莰烯与乙酸反应生成乙酸异龙脑酯的化学反应式如下：

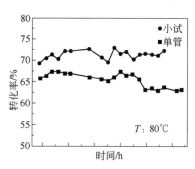

之前工业上莰烯酯化反应采用间歇反应釜，生产效率低，催化剂损失量大，对环境也有不利影响。所以，拟开发新型非均相催化剂和固定床连续生产工艺。

（2）问题提出

采用相同的大颗粒催化剂，分别在小试反应器（d=15mm）和单管反应器（d=50mm）内进行酯化反应评价。结果发现，同小试反应器比较，单管反应器中反应时，选择性基本不变，但反应转化率降低，且催化剂活性下降较快。酯化反应催化剂转化率与考察时间关系如图4.3所示。图中纵坐标为转化率，横坐标为催化剂反应考察时间。

图 4.3　催化剂酯化反应活性

（3）层流反应器分析

对于固定床反应器，催化剂颗粒雷诺数 Re 表示如下：

固定床反应器：

$$Re = \frac{d_s u \rho}{\mu}$$

$$u = \frac{v}{\frac{\pi}{4}d^2}$$

式中，d_s 为催化剂颗粒直径；u 为流体线速度；ρ 为流体密度；μ 为流体黏度；v 为流体体积流速。

分别对小试及单管反应器计算 Re，结果见表4.2。

表 4.2 反应器特征参数及雷诺数计算

项目	小试反应器	单管反应器	项目	小试反应器	单管反应器
反应器内径/mm	15	50	进料量/(mL/min)	0.12	5.23
催化剂床层高度/mm	150	510	表观液速/(mm/min)	0.68	2.7
催化剂颗粒直径/mm	2	2	Re	0.0360	0.1431

对于液相反应，当 Re>40 时可按活塞流处理，所以不管是小试还是单管反应器，都在层流情况下操作，属于层流反应器的放大问题。

根据层流速度分布曲线，对小试与单管反应器径向速度分布进行分析，分析结果示意图见图 4.4。

小试反应器由于径向扩散作用大，所以速度分布更接近活塞流，而单管反应器径向上的速度梯度更大，停留时间更不均匀。所以与小试反应器相比，单管反应器在反应初期转化率即下降，原因就在于对于反应速率随转化率增加而降低的反应，超过平均停留时间的流体单元所获得的增加转化率不能补偿低于平均停留时间的流体单元损失的转化率。

根据上述分析，同样对小试与单管反应器中产物径向浓度分布进行分析，分析结果示意图见图 4.5。

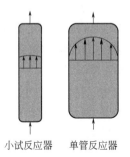

图 4.4 反应器内流体径向速度分布

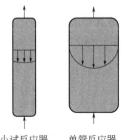

图 4.5 反应器内产物径向浓度分布

与流体速度分布相反，越靠近管壁处流体速度越慢，停留时间越长，所以产物浓度分布也呈抛物线形，且单管反应器由于径向扩散作用小，产物浓度分布也更加陡峭。这样造成的后果是单管反应器靠近壁面处的催化剂更快地积炭失活，而为了补偿催化剂的失活，提高温度及降低空速（导致流体速率和产物浓度径向梯度更大）都又加快了催化剂的失活，形成恶性循环。

（4）按活塞流放大所需反应器长度

由图 4.6 可见，对于层流反应器，径向扩散作用越强，越接近于活塞流反应器；径向扩散作用越弱，越接近于全混釜反应器。本项目小试反应器若按活塞流放大（Re>40），则所需流速为 756mm/min，催化剂床层高度为 145m，显然按活塞流放大，所需的反应器长度会很长（空速 $\tau = \dfrac{v}{V_R} = \dfrac{Au}{Al} = \dfrac{u}{l}$，所以所需的床层高度与管径无关）。

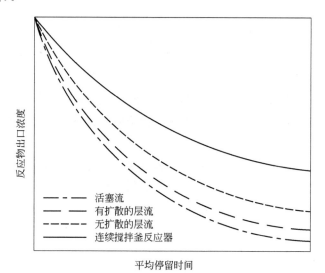

图 4.6　径向扩散对反应性能的影响

（5）层流反应器的放大

如上所述，按活塞流反应器放大可行性较差，所以本项目的重点是按层流反应器的放大原则，争取使单管反应器接近或重现小试实验结果。

对层流反应器的放大，按小试反应器管径直接多管平行放大是最稳妥的方法，但较小的管径，对设备的制作和催化剂的装填等会带来不利的影响。因此以下对层流反应器进行计算和理论分析，以提供白乙酯反应器放大的参考。

管式反应器的径向扩散系数包括两部分，分子扩散系数和对流扩散系数，即：

$$D_A = D_{\text{分子}} + D_{\text{对流}}$$

径向对流扩散系数可以认为与流体速度成正比关系，即：

$$D_{\text{对流}} = ku$$

可利用准数 $\dfrac{D_A \tau}{R^2} = \dfrac{D_A l}{u R^2}$ 对径向扩散影响的大小进行判断[7]，$D_A \tau / R^2 < 0.003$，径向分子扩散的作用可以忽略。而 $D_A \tau / R^2 \to \infty$ 时，说明由于径向扩散的作用，趋近于活塞流反应器。

一般液体的分子扩散系数为 10^{-9}（m^2/s）数量级。以此为计算基准，计算得到小试和单管反应器的 $D_{\text{分子}} \tau / R^2$ 分别为 0.2353 和 0.0212。显然小试反应器分子扩散作用更强，更接近于活塞流。

为使单管反应器反应性能接近小试反应器，必须提高单管反应器的 $D_A\tau/R^2$ 达到小试反应器的水平，措施一是缩小反应器的直径，但这样做对设备的制作和催化剂的装填等会带来不利的影响；二是提高反应器流速，通过提高对流扩散系数来补偿分子扩散系数的下降。

径向对流扩散系数需要实测才能得到，但对于低雷诺数的层流反应器，分子扩散占主导作用，此处假设小试反应器对流扩散系数分别为分子扩散系数的 1%、5% 和 10%，分别计算得到的 $D_A\tau/R^2$ 和 k 值如表 4.3 所示。

表 4.3　小试反应器扩散准数计算

项目	$D_{对流}/D_{分子}$	$D_{分子}\tau/R^2$	$D_{对流}\tau/R^2$	$D_A\tau/R^2$	k
小试	1%	0.2353	0.0024	0.2377	9.00×10^{-7}
	5%		0.0129	0.2471	4.84×10^{-6}
	10%		0.0235	0.2588	8.81×10^{-6}

以此不同的 k 值，计算按不同管径放大所需的催化剂床层高度，见表 4.4。

表 4.4　反应器放大催化剂床层高度计算

k	管径	$D_A\tau/R^2$	$D_{分子}\tau/R^2$	$D_{对流}\tau/R^2$	催化剂床层高度/m
9.00×10^{-7}	DN20	0.2353	0.1324	0.1029	11.43
	DN25		0.0847	0.1506	26.15
	DN32		0.0517	0.1836	52.22
	DN40		0.0331	0.2022	89.87
	DN50		0.0212	0.2141	148.70
4.84×10^{-6}	DN20	0.2353	0.1324	0.1029	2.13
	DN25		0.0847	0.1506	4.86
	DN32		0.0517	0.1836	9.71
	DN40		0.0331	0.2022	16.71
	DN50		0.0212	0.2141	27.65
8.81×10^{-6}	DN20	0.2353	0.1324	0.1029	1.17
	DN25		0.0847	0.1506	2.67
	DN32		0.0517	0.1836	5.34
	DN40		0.0331	0.2022	9.18
	DN50		0.0212	0.2141	15.19

（6）放大结果

按照上述分析结果，单管反应器选型特征尺寸为：内径 D_i=20mm，催化剂装填高度 L=2.5m，考虑到实验室层高，催化剂分两段装填。与小试实验结果对比，小试反应器催化剂 200h 失活，单管单程稳定运行近 2000h，反应器放大结果理想。

（7）结论

首先分析确认白乙酯酯化反应器为层流管式反应器，在此分析基础上成功设计放大单管反应器，达到实验效果优于小试反应器的理想效果。

4.1.4.2　乙酸酯加氢制乙醇反应器的设计（活塞流反应器）

本案例主要讲述如何通过模拟计算进行固定床活塞流反应器的放大设计并保证放大试验的成功。

（1）背景

乙醇是基础工业原料之一，广泛应用于食品、化工、军工、医药等领域。目前工业上乙醇的生产工艺主要采用淀粉糖质发酵法和乙烯直接水合法。乙酸酯加氢制乙醇是生产乙醇的又一条高效路径。

固定床上应用的工业催化剂开发一般经过小试评价、原颗粒评价、单管试验、中试和工业装置示范几个阶段。

单管试验阶段的主要试验目的是：

① 考察催化剂放大性能，验证小试反应条件；

② 在优化条件下进行催化剂的稳定性考察；

③ 考察工程因素：循环氢浓度、床层压降等；

④ 提供产品，进行反应物的分离提纯及后处理工作；

⑤ 获取单管反应器的各项工艺参数，为催化剂优化及反应器的放大设计和工艺包编制提供基础数据。

（2）单管试验工艺条件及流程

① 原料组成及催化剂

乙酸乙酯：工业级乙酸乙酯（GB/T 12717—2007）优等品。

氢气：氯气含量<0.05μmol/mol，氧气含量<5μmol/mol，水分含量<3μmol/mol，其他杂质参照工业氢气质量标准。

氮气：氯气含量<0.05μmol/mol，氧气含量<50μmol/mol，水分含量<15μmol/mol。

表 4.5　催化剂参数

指标	规格	指标	规格
外观	黑色	堆密度	1.5±0.05g/mL
形状	圆柱状	径向抗压碎强度	≥250N/cm
尺寸	$\phi5mm\times5mm$		

② 反应器内发生的反应方程式

主反应：

$$CH_3COOC_2H_5+2H_2 === 2CH_3CH_2OH \qquad \Delta H_{r,298}=-25.49kJ/mol$$

主要副反应：

$$CH_3CH_2OH === CH_3CHO+H_2 \qquad \Delta H_{r,298}=68.72kJ/mol$$

$$CH_3CH_2OH \Longrightarrow CH_2{=}CH_2+H_2O \qquad \Delta H_{r,298}=45.77kJ/mol$$

$$CH_2{=}CH_2+H_2 \Longrightarrow CH_3CH_3 \qquad \Delta H_{r,298}=-136.36kJ/mol$$

③ 单管装置工艺流程图

图 4.7 为乙酸酯加氢制乙醇单管装置工艺流程图。乙酸乙酯与新氢及循环氢混合后进入原料气预热器，预热至一定温度后进入加氢反应器。在催化剂作用下，乙酸乙酯进行加氢反应生成乙醇，反应物与过量的氢气从反应器底部进入反应物冷凝器，经两级冷凝和气液分离后，气体大部分进入循环压缩机进口，经增压后循环使用，另一小部分气体为平衡惰性组分进行驰放。液体产物进入产品罐储存。该装置反应器为单管移热式反应器，夹套循环介质为导热油。

（3）活塞流单管反应器设计标准

乙酸酯加氢为气固相反应，反应器内气体线速度较高，因此单管反应器按活塞流设计。

为满足活塞流条件：

① 消除壁流效应，反应器管径与催化剂粒径之比应在 5～10 的范围内；

② 消除轴向扩散，要求反应器床层高度与直径之比>10；

③ 催化剂颗粒雷诺数>1000。

综合以上要求，结合本反应反应热较小，可以考虑采用较大的管径，最终确定单管反应器的规格尺寸为管径 ϕ45mm×3.5mm，床层高度 4000mm。表 4.6 为颗粒雷诺数的核算结果，该反应器满足活塞流的要求。

表 4.6　催化剂颗粒雷诺数的计算

反应器进料	计算	计算结果
进料量 F/(kg/h)		7.105
进料体积 F_v/(m³/h)		1.438
密度 ρ/(kg/m³)		4.941
管径 d/mm		38
流通面积 A/m²	$A=0.785d^2$	1.13×10^{-3}
空管气速 u/(m/s)	$u=F_v/A$	0.352m/s
颗粒直径 d_p/m		0.005m
颗粒高度 l_p/m		0.005m
颗粒体积 V_p/m³	$V_p=0.785d^2l$	9.81×10^{-8}
颗粒比表面 a_p/m²	$a_p=2\times0.785\times d^2+3.14d_pl_p$	1.18×10^{-4}
颗粒当量直径 d_s/m	$d_s=6V_p/a_p$	0.005
黏度 μ/(Pa·s)	$\mu=1.44\times10^{-5}$	1.44×10^{-5}
空隙率 ε		0.4
颗粒雷诺数 Re_p	$Re_p=\dfrac{d_su\rho}{\mu(1-\varepsilon)}$	1006.5

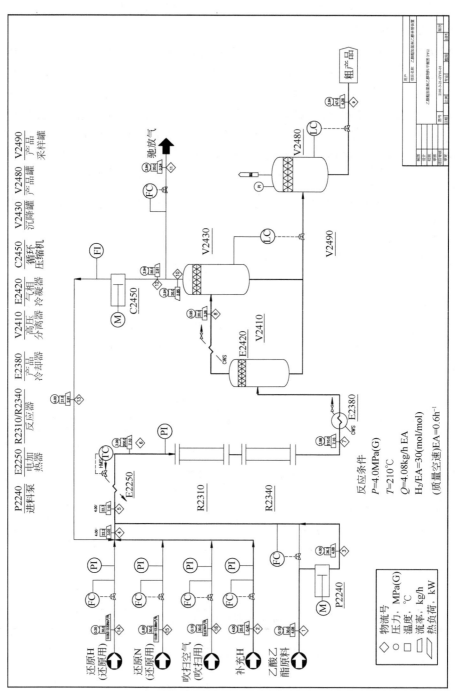

图 4.7　单管装置工艺流程图

（4）单管反应结果

单管反应器放大的成功，验证了小试优化条件下的反应结果（乙酸乙酯的转化率为95%，乙醇的选择性大于99%）并进行了氢酯比、空速、循环氢气浓度、压力、温度等条件试验考察，探索了催化剂还原条件、原颗粒催化剂反应性能、反应条件对催化剂反应性能的影响以及催化剂钝化条件，完成了氢酯比、操作压力、温度、温度-空速操作可行域试验、温度边界试验，为千吨级中试装置的设计提供了基础。

4.1.4.3 硫酸亚铁反应动力学建模

本案例旨在说明通过动力学建模来分析和诊断问题并指导间歇反应器设计，通过反应器模拟和工业试验验证相结合，得到优化的反应条件，从而实现 STEM 的统筹考虑，实现研发项目的成功。

（1）项目背景和意义

铁系颜料主要分为铁黄、铁红和铁黑等产品，在三种铁系颜料中，铁黄的产量最大也最为重要[8]。

氧化铁黄又称羟基铁，分子式为 $Fe_2O_3 \cdot H_2O$ 或（FeOOH），简称铁黄，是一种化学性质比较稳定的碱性氧化物，呈黄色粉末状，色泽带有鲜明而纯清的黄色，并有从柠檬色到橙色一系列色光。具有良好的颜料特性，如着色力，遮盖力均很好。

某公司氧化铁铁黄采用湿法硫酸亚铁二步氧化法生产工艺，即在铁黄晶种存在下，以硫酸亚铁为介质，加入铁皮，通空气，维持一定温度，使二价铁离子和空气中的"氧"缓慢氧化生成三价铁离子，并立即水解为氢氧化铁沉淀，积淀于晶种上，在高温下脱水，使晶种慢慢长大，并且颜色发生改变；同时，氧化反应中生成的硫酸与铁皮继续反应，再生成硫酸亚铁，形成周而复始的循环过程，铁黄晶种逐渐形成合适颜色的氧化铁黄。即铁黄生产中包含三个工段，分别为硫酸亚铁反应、晶种反应和氧化反应。

某公司希望进行技术升级，以新一代清洁生产工艺建设 10 万 t/a 新生产装置。但其老工艺硫酸亚铁反应阶段反应时间过长，约16h，整个过程为间歇操作，工人的劳动强度较大。3000t/a 的铁黄生产装置，共有两套 $20m^3$ 的反应器，如果按此扩产到 10 万 t/a，需 $20m^3$ 的反应器 67 套，整个反应器的数量惊人，占地面积也过大。为此，必须想办法缩短反应时间，扩大反应器的体积，提高生产强度，减少设备数量，减少占地面积，同时反应器数量的大幅减少也会使工人的劳动强度大幅降低。

（2）原装置信息

图 4.8 和表 4.7 为原 3000t/a 装置对应的反应器信息。其为桶形间歇反应器，

反应器底部为平底，硫酸与水分别加入反应器与铁皮发生反应，生产硫酸亚铁并放出氢气。

原料：铁皮（窄带状铁皮卷，60～70kg/卷）、硫酸（96%）、水。

操作程序：

① 硫酸亚铁反应桶内放入铁皮；

② 加水（常温，单点近反应桶壁处加料）；

③ 加浓硫酸（常温，单点近反应桶壁处加料）。

图 4.8　硫酸亚铁反应器简图

表 4.7　原 3000t/a 装置对应的关键设备

名称	规格/mm	容积/m³	材质	数量
硫酸亚铁反应桶	$\phi3200\times4000$	32	铁质环氧贴布	2

操作参数：

① 硫酸浓度：10%～15%。

② 反应温度：初期常温，反应末期 50℃。

③ 反应时间：16h。

终点指标：

① 终点要求：pH=3～5。

② 硫酸亚铁含量：30～70g/100mL。

（3）问题诊断（技术改造的关键）

收集尽可能多的原装置信息并在反应工程理论指导下进行问题诊断是做好技术改造的关键。

图 4.9 是对硫酸亚铁反应影响因素的分析，其中反应温度、硫酸浓度、铁皮表面积都是影响反应速率的关键因素，需要通过动力学研究来优化反应条件和设计新的反应器。

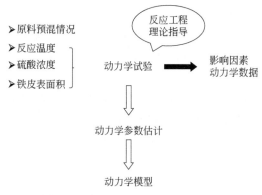

图 4.9　硫酸亚铁反应器问题诊断

（4）硫酸亚铁反应动力学研究[9]

① 实验方法：硫酸亚铁反应动力学试验主要步骤为：三口烧瓶中放入配好的一定浓度的硫酸溶液，置入低温恒温槽中，维持温度恒定；温度恒定后，迅速加入规定量铁皮，同时记录加入的时间，把温度迅速调整为目标温度，在不同时间下用移液管取样分析硫酸亚铁浓度，直至反应结束。

② 反应动力学：从前期的反应条件优化试验结合工业生产实际，反应条件范围如下：反应温度为 50～80℃，硫酸初始浓度为 10%～20%，铁丝与硫酸的物质的量比为(1.5∶1)～(3∶1)，在这一范围内考察反应动力学得出动力学模型，更适用于工业生产。

硫酸与铁反应的化学方程式如下：

$$Fe+H_2SO_4+7H_2O \Longrightarrow FeSO_4 \cdot 7H_2O+H_2 \uparrow$$

假设动力学方程为幂函数型动力学方程：

$$-r = kWc_{H_2SO_4}^n \tag{4-1}$$

式中，r 为化学反应速率；k 为反应速率常数；$c_{H_2SO_4}$ 为硫酸浓度；n 为反应级数；W 为单位体积内铁皮加入量。

反应速率与浓度的关系为：

$$r = \frac{dc_{H_2SO_4}}{dt} \tag{4-2}$$

根据阿伦尼乌斯方程：

$$k = k_0 e^{\frac{E_a}{RT}} \tag{4-3}$$

式中，k_0 为指前因子；E_a 为反应活化能；R 为气体平衡常数；T 为反应温度。综合式（4-1）～式（4-3）得到：

$$-\frac{dc_{H_2SO_4}}{dt} = k_0 e^{\frac{E_a}{RT}} Wc_{H_2SO_4}^n \tag{4-4}$$

表 4.8　不同反应温度下的反应动力学实验数据

硫酸初始浓度（质量分数）	反应时间/min	硫酸浓度/(mol/L)			
		50℃	60℃	70℃	80℃
	0	1.032	1.0321	1.0321	1.0321
	20	0.914	0.8650	0.7962	0.6389
	40	0.865	0.7765	0.5898	0.2852
10%	60	0.806	0.6684	0.3736	0.0985
	90	0.708	0.5014	0.1967	0.01
	120	0.629	0.3638	0.0788	0.0001

硫酸初始浓度（质量分数）	反应时间/min	硫酸浓度/(mol/L)			
		50℃	60℃	70℃	80℃
10%	150	0.560	0.2753	0.0101	—
	180	0.482	0.1181	0.0002	—
	240	0.374	0.0297	0.0001	—
	300	0.207	0.0199	—	—
	360	0.089	0.0002	—	—
	420	0.030	0.0001	—	—
	480	0.010	—	—	—
	540	0.001	—	—	—
	600	0.0001	—	—	—
15%	0	1.667	1.667	1.667	1.667
	20	1.4414	1.384	1.013	0.848
	40	1.2867	1.155	0.753	0.448
	60	1.1422	0.975	0.517	0.137
	90	0.9281	0.763	0.272	0.028
	120	0.7143	0.583	0.112	0.0001
	150	0.5208	0.442	0.084	—
	180	0.2076	0.324	0.028	—
	240	0.1376	0.084	0.0001	—
	300	0.1076	0.028	—	—
	360	0.0076	0.0001	—	—
	420	0.001	—	—	—
20%	0	2.2126	2.2126	2.2126	2.2126
	20	1.5445	1.5445	1.3250	0.7352
	40	1.8309	1.3062	0.8200	0.0982
	60	1.6211	1.0298	0.4772	0.0506
	90	1.3256	0.4015	0.0777	0.0100
	120	1.0684	0.2303	0.0112	0.0001
	150	0.8685	0.2113	0.0017	—
	180	0.6116	0.0687	0.0010	—
	240	0.1552	0.0212	0.0001	—
	300	0.0411	0.0117	—	—
	360	0.0316	0.0021	—	—

表 4.8 为动力学实验数据，采用 Levenberg-Marquart 非线性最小二乘法对式（4-4）进行参数估计，以硫酸浓度的实验值和计算值的残差平方和为最优化目标函数 S：

$$S = \sum_{j=1}^{m} (c_{\text{cal}.j} - c_{\text{exp}.j})^2$$

经计算，得到模型中各参数为：

$$n=1；$$

$$E_a= 58.465\text{kJ/mol}；$$

$$k_0=76670\text{min}^{-1}\cdot\text{g}^{-1}；$$

则硫酸亚铁反应的动力学方程为：

$$r = -76670\text{e}^{-\frac{58645}{RT}}Wc_{\text{H}_2\text{SO}_4}$$

上式的适用范围：反应温度的范围为 50～80℃，硫酸初始浓度的范围为 10%～20%，铁丝与硫酸的物质的量比的范围为 (1.5∶1)～(3∶1)。

利用参数估计得到的动力学方程，对不同初始浓度、不同反应温度条件下的硫酸浓度进行计算。图 4.10～图 4.12 分别为硫酸亚铁反应在硫酸初始浓度分别为

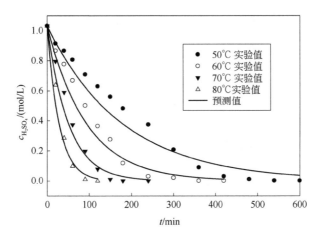

图 4.10　硫酸浓度实验值与预测值比较（硫酸初始浓度 10%）

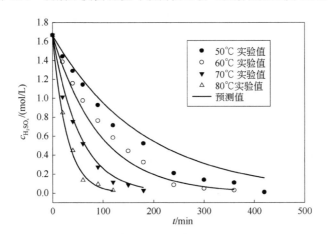

图 4.11　硫酸浓度实验值与预测值比较（硫酸初始浓度 15%）

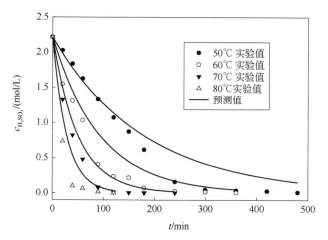

图 4.12　硫酸浓度实验值与预测值比较（硫酸初始浓度 20%）

10%、15%、20%的反应液中，硫酸浓度实验值和预测值的对比图。图中纵坐标为硫酸浓度，横坐标为反应时间，数据点为不同温度下的实验值，数据线为动力学预测值。

从图 4.10～图 4.12 中可以清晰地看到不同反应条件下，硫酸浓度的预测值和实验值吻合良好，说明建立的动力学方程可以较为真实地反映实际反应过程。

对动力学方程进行 F 统计和复相关指数检验，以检验动力学模型的适定性。ρ^2 是决定性指标，F 为回归均方和与模型残差均方和之比。M_p 为参数个数，M 为实验次数。

$$\rho^2 = 1 - \sum_{j=1}^{m}(c_{exp} - c_{cal})^2 \Big/ \sum_{j=1}^{m} c_{exp}^2$$

$$F = \frac{\left[\sum_{j=1}^{m} c_{exp}^2 - \sum_{j=1}^{m}(c_{exp} - c_{cal})^2\right] \Big/ M_p}{\sum_{j=1}^{m}(c_{exp} - c_{cal})^2 \Big/ (M - M_p)}$$

计算的动力学模型的复相关指数 $\rho^2 = 0.9636 > 0.9$，F 统计量 $F = 988.4 > 10F_T(3,111) = 26.87$。综上所述，反应动力学模型是适定的。

（5）反应器模拟及工艺优化

图 4.13 为硫酸亚铁制备工艺流程，工业反应器直径为 3300mm，高为 4125mm。根据以上动力学方程，建立反应器模型：

$$\frac{\mathrm{d}c_A}{\mathrm{d}t} = -r(c_A, T)$$

$$Mc_p \frac{\mathrm{d}T}{\mathrm{d}t} = V_R(-\Delta H_r)[-r(c_A, T)] + UA_R(T_c - T)$$

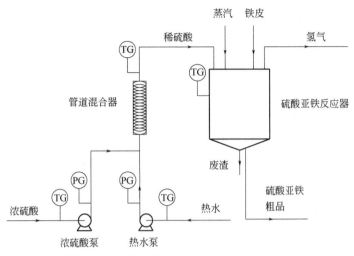

图 4.13 硫酸亚铁装置改造后工艺流程图

初始条件

$$t=0, \quad c_A = c_{A0}; \quad T = T_0$$

式中，c_A 为反应物浓度；c_{A0} 为反应物初始浓度；t 为反应时间；r 为反应速率；T 为反应温度；T_0 为反应初始温度；M 为分子量；c_p 为混合气体的比热容；V_R 为反应器的体积；ΔH_r 为反应热；U 为传热系数；A_R 为换热面积；T_c 为移热介质温度。

反应温度和硫酸浓度是硫酸亚铁制备的两个重要工艺参数，但硫酸初始浓度提高之后，反应结束时硫酸亚铁的浓度也会提高，当反应后的溶液温度降低，由于溶解度降低，硫酸亚铁会以晶体的形式析出。如果此类状况出现在工艺装置，会带来无法出料、堵塞管道的问题，因此工业上硫酸浓度固定为 15%。所以工艺优化重点就变为对反应温度的优化。对于硫酸亚铁反应器，反应热全部转化为反应液的温升，初始反应温度会决定反应器的升温速率和最高反应温度，因此优化反应温度即为优化反应初始温度。反应初始温度太低会造成反应速率过慢，影响时空产率；反应初始温度过高会导致反应液中酸气挥发甚至冲料，造成环境污染，不利于生产安全。从以往经验来看，反应最高温度不宜超过 80℃。之前由于担心冲料，初始反应温度控制得较低，平均反应时间需要 20h。

图 4.14 为利用反应器模型模拟得到的不同反应初始温度下反应温度变化曲线，图中纵坐标为反应温度，横坐标为反应时间。可以看到，随着反应初始温度的提高，反应升温速率和最高反应温度都在提高，当反应初始温度为 40℃时，最高反应温度接近 80℃。

为验证模拟得到的优化条件，在工业反应器中进行了实验验证，图 4.15 为工业反应器验证结果，图中纵坐标为反应温度，横坐标为反应时间，两条数据线分别为反应器顶部和底部的温度值。可以看到实验结果与模拟结果十分接近，最高反应温度不超过80℃，硫酸亚铁制备过程缩短到9h。在保证安全的前提下，时空产率大幅提升。

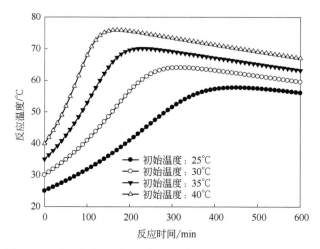

图4.14 不同初始温度下硫酸亚铁反应器反应温度模拟值

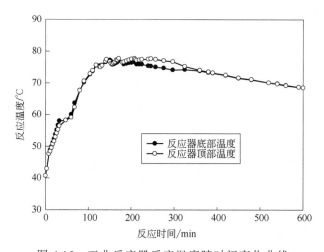

图4.15 工业反应器反应温度随时间变化曲线

（6）结论

在动力学研究的基础上，通过反应器模拟和工业实验验证，得到优化的反应初始温度为40℃，可使反应时间由之前的20h缩短到9h，使时空产率提高2倍。

4.1.4.4 乙烯利重排器的模拟分析与设计优化

本案例讲的是管式反应器的模拟与优化，通过工业反应器的建模计算并结合工业运行数据，实现模拟与试验、工艺与工程的紧密结合，完成反应器的优化设计。

（1）背景和问题分析

乙烯利（2-氯乙基磷酸）是促进成熟的植物生长调节剂，它具有打破种子休眠、减少顶端优势、去雄、催熟、增产等作用，广泛用于棉花、橡胶、香蕉、番茄、烟叶、水稻等植物[10,11]。

工业上乙烯利采用三氯化磷和环氧乙烷经酯化、重排、酸解的方法制取。其中重排是乙烯利生产中最关键的一步，由酯化得到的三(2-氯乙基)亚磷酸酯（也称亚酯）经分子间重排生成二(2-氯乙基)磷酸二酯（也称正酯），反应方程式如下：

$$P(OCH_2CH_2Cl)_3 \xrightarrow{\text{重排}} ClCH_2CH_2 \overset{\overset{O}{\|}}{P} \begin{matrix} -OCH_2CH_2Cl \\ OCH_2CH_2Cl \end{matrix}$$

重排得到的正酯和 HCl 酸解，得到乙烯利。实践证明正酯含量对酸解反应起着决定性作用。重排后的正酯浓度高，才能得到高浓度的乙烯利原药。

重排反应对温度、重排时间的要求非常严格，一般温度控制在 190℃ 以下，若温度过高，可发生分子间重排反应，降低正酯的选择性和收率，并能导致重排物料发生热聚合。

$$2P(OCH_2CH_2Cl)_3 \longrightarrow ClCH_2CH_2O \overset{\overset{O}{\|}}{\underset{ClCH_2CH_2O}{P}} -CH_2CH_2 \overset{\overset{O}{\|}}{\underset{OCH_2CH_2Cl}{P}} -OCH_2CH_2Cl + ClCH_2CH_2Cl$$

重排器为一立式列管式重排器，管内为酯化工序来的亚酯，管间为加热介质导热油，并流加热。重排器顶温控制在(180±5)℃，重排器出口物料进入正酯保温釜，保温釜温度控制为 140～165℃，保温 6～8h 后完成重排过程。

重排工序存在的主要问题是重排器温度不易控制，经常飞温，发生冲料现象，表现为重排物料出口温度经常会急剧上升到 200℃ 以上，有大量气液混合物从重排器顶部排出，生产很不稳定。造成的后果是温度升高，分子间重排加剧，生成正酯的选择性较低，同时分子间重排释放出大量二氯乙烷气体，夹带液体冲出，最终造成过程单耗升高和正酯收率降低。另一个问题是亚酯在重排器中转化率较低，大部分的重排过程需要在重排保温釜中完成。

分析起来，重排器并不是一个简单的换热器，它存在着物料换热和放热反应的耦合。即重排器内分为预热区和反应区，在预热区，亚酯与导热油换热后温度升高，升高到一定程度后发生重排反应，此时亚酯原料即进入反应区。预热区内，亚酯的温度逐渐升高，而导热油的温度逐渐降低，待进入反应区后，由于重排反应放热，原料的温度逐渐升高并超过导热油温度，此时成为原料向导热油传热。即对于亚酯原料来说，重排器前段为加热器，后段为冷却器，而对于导热油来说，在重排器内某处存在着"冷点"。由于这些特性，对于重排器就不能简单地按换热器设计，也不能简单地按比例放大。

2009 年，国家对乙烯利原药及水剂制定了新的国家标准，为生产出符合新国标的乙烯利产品，结合反应动力学和传质传热，建立重排器模型，对重排过程进行模拟分析和设计优化，提高重排工序生产的稳定性及正酯的选择性和浓度，是非常必要的工作。

（2）重排反应器模型化[12]

① 重排反应动力学

重排反应动力学为一级动力学模型，只考虑了由三(2-氯乙基)亚磷酸酯（亚酯）经分子间重排生成二(2-氯乙基)磷酸二酯（正酯）的主反应。

$$r = kc_A$$
$$k = k_0 e^{-E_a/RT}$$
$$k_0 = 1.395 \times 10^{11} \, s^{-1}$$
$$E_a = 124.293 \, kJ/mol$$

表 4.9 为根据此动力学计算得到的不同温度下等温反应转化率，$t_{0.1}$、$t_{0.5}$ 和 $t_{0.99}$ 分别为转化率达到 0.1、0.5 和 0.99 时所需的反应时间。

表 4.9　亚酯不同温度下转化率

反应温度/℃	$t_{0.1}$/min	$t_{0.5}$/min	$t_{0.99}$/min
150	27.77	182.67	1213.66
160	12.28	80.81	536.86
170	5.64	37.09	246.39
180	2.68	17.61	117.03
190	1.31	8.64	57.40
200	0.66	4.37	29.02

可以看到，重排反应的特性是 160℃以上时，反应速率对温度很敏感，由于重排反应是一个热效应较强的放热反应（144.35kJ/mol），所以如果不能及时移走反应热，容易造成重排反应器的飞温。

② 重排反应器模型

图 4.16 为重排器示意图，采用一维活塞流管式反应器模型，取一微元分别对管内物料和管外导热油做质量和热量衡算，得到重排器模型的微分方程：

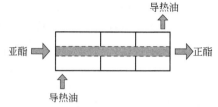

图 4.16　重排反应器示意图

管内：

$$G_A c_{A0} \frac{dX_A}{dl} = A\rho r_A$$

$$c_{p,A} G_A \frac{dT_A}{dl} = K\pi d(T_A - T_t) + A\Delta H_r r_A$$

管外：

$$c_{p,t} G_t \frac{dT_t}{dl} = K\pi d(T_t - T_A)$$

边界条件：

$$l = 0, \; X_A = 0, \; T_A = T_A^0, \; T_t = T_t^0$$

式中，A 为反应管截面积；c_A 为反应物浓度；c_{A0} 为反应物初始浓度；$c_{p,A}$ 为反应物比热容；$c_{p,t}$ 为导热油比热容；d 为反应管直径；G_A 为反应物质量流量；G_t 为导热油质量流量；ΔH_r 为反应热；K 为总传热系数；l 为反应器长度；r_A 为反应速率；T 为温度；T_A 为反应物温度；T_t 为导热油温度；t 为反应时间；X_A 为反应物的转化率；ρ 为反应物密度；上角标 0 表示反应器入口状况。

反应器的数学模型为常微分-代数方程组，在 MATLAB 中用四五阶 Runge-Kutta 法求解。模型中各项物性参数见《化学工程手册》（第三版）。

（3）模拟结果与工况分析

重排器的结构参数为管程：l=2.4m，n=145，正三角形排列，ϕ21mm×2mm；壳程：D=600mm，折流板间距 350mm。重排器亚酯入口温度为 30℃，入口流量为 500kg/h，导热油的入口温度为 185℃，入口流量为 800kg/h。

图 4.17 为基础工况下的模拟结果。图中，横坐标为反应器从入口到出口的位置，左侧纵坐标为反应温度，右侧纵坐标为转化率，T_t 代表导热油温度，T_A 代表反应物温度，X_A 代表反应物转化率。可以看到，重排器入口到 0.6m 为重排器的预热段，在预热区亚酯温度从 30℃被导热油快速加热到接近 160℃。导热油温度则从 185℃降低到 160℃左右。此后随着重排反应速率的加快，重排反应放热量逐渐增大，亚酯的温度超过了导热油的温度，导热油的作用变成了移除反应热，保证反应物在工艺要求的温度下重排。即反应物的温度沿轴向位置不断升高，而导

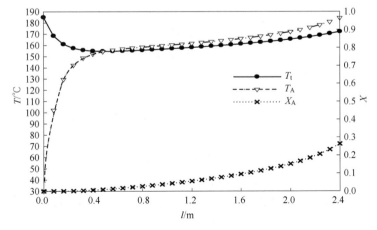

图 4.17　基础工况模拟结果

热油的温度先下降后上升。最终模拟得到的重排物料出口温度为 184.38℃，导热油出口温度为 172.15℃，与装置实际温度都很接近。从模拟结果还可以看到，在预热区，亚酯的转化率很低，进入反应区后，亚酯的转化率逐渐增大，到重排器出口处，亚酯的转化率为 26.28%，模拟结果与此前的分析一致，即亚酯在重排器的转化率较低。

图 4.18 为亚酯入口流量变化对重排器的影响。可以看到，当亚酯流量从 500kg/h 增大到 550kg/h 时，由于亚酯的预热需要更多的热量，预热区延长，反应区缩短，同时导热油在预热区的温度也降得更低。因此，造成亚酯流量增大时，反应区亚酯的温度也始终比流量小的时候要低，相应的出口转化率也降低。相反，当亚酯流量从 500kg/h 减小到 450kg/h 时，预热需要的热量减少，预热区缩短，反应区延长，同时导热油在预热区的温度也相对更高，因此反应区亚酯的温度也始终比流量大的时候要高，并出现了重排器的飞温。虽然转化率增大，但副反应增加，物料损失增大。

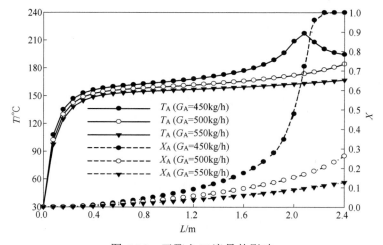

图 4.18　亚酯入口流量的影响

图 4.19 为亚酯入口温度变化对重排器的影响。可以看到，当入口温度从 30℃ 降低到 20℃ 时，同样由于亚酯的预热需要更多的热量，造成预热区延长，反应区缩短，重排器内亚酯的温度始终比入口温度高时低，相应地出口转化率也降低。相反，当入口温度从 30℃ 升高到 40℃ 时，预热需要的热量减少，预热区缩短，反应区延长，重排器内亚酯的温度始终比入口温度低时高，相应地出口转化率也增大，但发生了重排器的飞温。

图 4.20 为导热油入口流量变化对重排器的影响，可以看到，当导热油的流量从 800kg/h 降低到 750kg/h 时，导热油带入的热量减少，重排器内亚酯的温度降低，相应地出口转化率也降低。相反，当导热油的流量从 800kg/h 增大到 850kg/h 时，导热油带入的热量增加，重排器内亚酯的温度升高，相应的出口转化率也增大，并在重排器出口处出现了飞温。

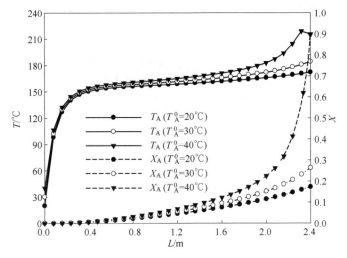

图 4.19　亚酯入口温度的影响

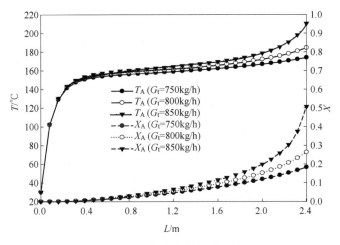

图 4.20　导热油入口流量的影响

图 4.21 为导热油入口温度变化对重排器的影响。可以看到，当导热油入口温度从 185℃降低到 180℃时，导热油带入的热量减少，重排器内亚酯的温度降低，相应的出口转化率也降低。相反，当导热油入口温度从 180℃提高到 185℃时，导热油带入的热量增加，重排器内亚酯的温度升高，相应的出口转化率也增大，并发生重排器的飞温。

综上所述，现有的重排器设计上存在不足，管程短，反应物料停留时间不足，亚酯转化率低。并且预热和反应的高度耦合使得重排器的操作范围很窄，各项工艺条件小幅的变动都容易引起重排器的飞温冲料，操控极其困难，所以急需对重排器重新进行优化设计。

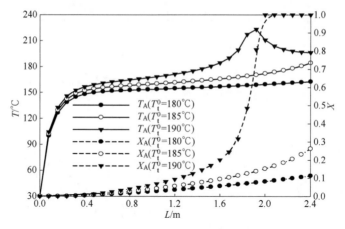

图 4.21　导热油入口温度的影响

（4）优化设计

优化设计的目的是提高重排生产的稳定性，提高亚酯的转化率和正酯的收率。为提高重排稳定性，就要对亚酯预热和重排过程进行解耦，即将原重排器分解为预热器和重排反应器。预热器中亚酯被加热到 160℃ 的重排起始温度，然后进入重排反应器完成重排过程。这样预热器和重排器都可以进行单独控制，将大大提高过程的稳定性。重排反应器中，为了减少副反应的发生，保证正酯的高收率，应该将重排反应出口控制在 180℃ 左右。

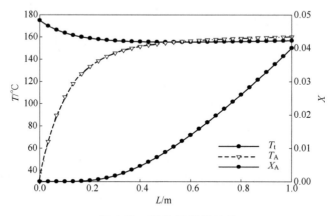

图 4.22　预热器模拟结果

预热器和重排反应器仍都采用并流传热。对于预热器，容易保证亚酯被加热时不会因超过出口温度工艺要求而引发重排反应；对于重排反应器，冷却介质在反应器入口段较强的移热能力能够避免重排反应的飞温。此外，并流传热温度控制的滞后性相对较小，利于反应器的温度控制。

预热器和重排反应器的结构形式与现有重排器相同，图 4.22、图 4.23 为基础工况下的模拟结果。预热器长度为 1m，导热油入口温度为 175℃，出口温度为 157℃，流量为 1250kg/h，亚酯的温度从 30℃ 被加热到 160℃，此时亚酯的转化率约为 4%。重排反应器的长度为 4m，导热油的入口温度为 160℃，出口温度为 175℃，流量为 2500kg/h，反应物的最高温度为 182℃，出口温度为 176℃，亚酯的转化率为 100%。

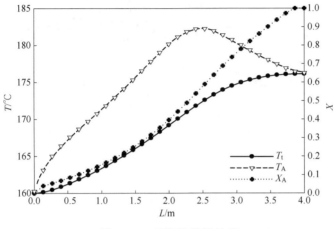

图 4.23　重排器模拟结果

为了对比重排器预热和反应分开后重排反应器操作范围的变化，对新设计的重排反应器分别模拟了各项工艺条件变化对过程的影响，图 4.24～图 4.27 为模拟结果。

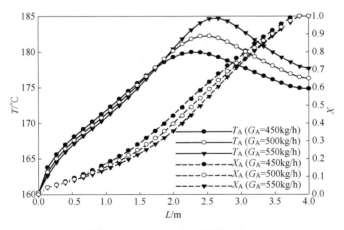

图 4.24　亚酯入口流量的影响

从图 4.24 可以看到，当亚酯流量在 450～550kg/h 之间变动时，反应物的热点温度仅从 179℃ 升高到接近 185℃，而亚酯的转化率均可以达到 100%。从图 4.25

可以看到，当亚酯的入口温度在 150～170℃之间变动时，反应物的热点温度也仅从 178℃升高到 186℃，亚酯的转化率均可以达到 100%，即亚酯入口状况变化对过程的影响大大减弱。

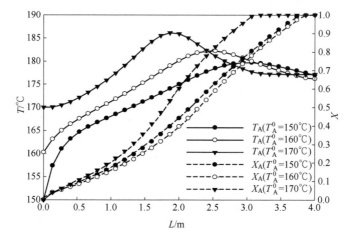

图 4.25　亚酯入口温度的影响

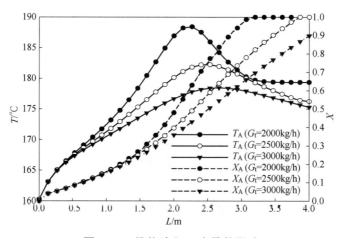

图 4.26　导热油入口流量的影响

从图 4.26 可以看到，当导热油流量在 2000～3000kg/h 之间变动时，反应物热点温度仅从 188℃降低到 178℃，而亚酯的转化率在导热油流量为 3000kg/h 也可以达到 90%，即导热油流量变化对过程的影响大大减弱。从图 4.27 可以看到，当导热油的入口温度从 160℃降低到 155℃时，反应物的温度下降较多，亚酯的转化率下降到了 50%左右。而当导热油的入口温度从 160℃升高到 165℃时，反应器出现飞温，可见导热油温度依然为过程的敏感因素，需要将其严格控制到略低于亚酯的入口温度。

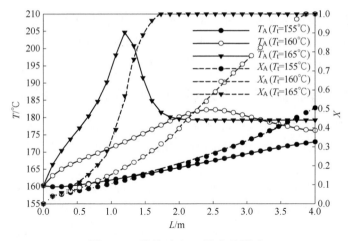

图 4.27　导热油入口温度的影响

　　总地来讲，重排器的优化设计使重排过程的操作稳定性大大加强，控制了反应器的飞温，大大提高了亚酯的转化率。

　　图 4.28 为新的重排工艺流程图，导热油在重排反应器中移热升温后，部分进入预热器用于预热亚酯，部分冷却后与预热器降温后的导热油混合达到 160℃，再进入重排反应器移热。导热油加热系统只需在开工或补充导热油的时候使用，过程能耗降低。

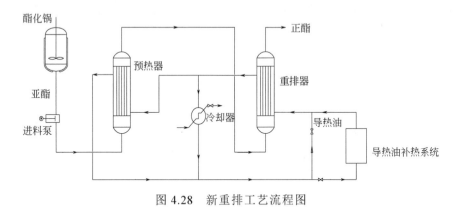

图 4.28　新重排工艺流程图

（5）结论

　　建立了重排反应器数学模型，模拟结果与装置情况一致。模拟结果表明反应物料在现有的重排器中停留时间不足，亚酯的转化率低。由于预热和反应高度耦合，重排器的操作范围很窄，工艺条件小幅变动容易引起重排器的飞温冲料，装置稳定性差。

　　对重排器进行了优化设计，将原重排器分解为预热器和重排反应器，并且都可以进行单独控制，原料在预热器中被加热到重排起始温度后再进入重排反应器完成重排过程。计算结果表明通过优化设计，重排过程的操作稳定性大大加强，控制了反应器的飞温，提高了亚酯的转化率，减少了副反应的发生，且新的重排工艺可以利用反应热预热原料，过程能耗降低。

4.1.4.5　异丁醛加氢制异丁醇宏观反应动力学及反应器模拟

本案例讲的是列管式固定床反应器的模型化，以及如何结合中试工况的模拟，得出中试适宜的操作参数，指导中试快速高效地进行，发挥化工并行开发方法的优势。

（1）背景和意义

异丁醇是合成增塑剂、防老剂、人工麝香、果子精油和药物的重要原料，也是生产涂料、清漆的重要配料。异丁醇主要的生产方法是丙烯羟基化合成丁醇、辛醇时的副产物异丁醛加氢。近年来，为提高丁醇、辛醇产品的收率，丙烯羰基合成法多已被以铑为催化剂的低压羰基合成技术所取代，产品的正异比增加，使市场上异丁醇来源受到限制。甲基丙烯醛加氢制异丁醇是具有工业化前景的合成新工艺之一。

本工作使用铜系气相醛加氢催化剂，对异丁醛加氢的宏观动力学进行深入研究，在不同的实验条件下，依据实验数据，采用有效的动力学模型和算法进行优选和参数估计，最终建立起适宜于工业应用的宏观动力学方程，并针对实验所得的结果做相关比较，以考察不同条件下催化剂的活性、反应速率、转化率等[13]。

本反应涉及的主副反应如下所示，由于主反应的选择性很高，所以本工作只测试主反应的动力学规律。

主反应：

$$(CH_3)_2CHCHO+H_2 \longrightarrow (CH_3)_2CHCH_2OH$$

副反应：

$$(CH_3)_2CHCHO+(CH_3)_2CHCHO \longrightarrow (CH_3)_2CHCOOCH_2CH(CH_3)_2+H_2O$$

$$CH_3CH_2CH_2CHO+H_2 \longrightarrow CH_3CH_2CH_2CH_2OH$$

（2）动力学实验

① 实验条件：结合异丁醛加氢反应的操作条件以及进行宏观动力学实验的基本要求，确定如下实验条件：反应温度 130～180℃，压力 0.5MPa、异丁醛空速 LHSV=3h^{-1}。无梯度反应器内装填柱状催化剂。测定动力学数据之前，进行了反应器无梯度检验和排除外扩散干扰的预试验。所有试验数据均在催化剂活性稳定期内测得。

② 动力学实验数据及处理：考察了不同氢醛比，即原料分压对异丁醛加氢反应中异丁醇收率的影响，计算得到反应速率，并和通过拟合后的动力学方程计算得到的反应速率进行比较，具体数据见表 4.10。

表 4.10　异丁醛加氢宏观动力学数据

组别	$T/℃$	P_{H_2}/kPa	P_{IBD}/kPa	$r_{exp}/[mol/(g·h)]$	$r_{cal}/[mol/(g·h)]$	相对误差/%
1	180	476.2	23.8	0.0337	0.0315	−7.04
	180	468.8	31.3	0.0339	0.0328	−3.45
	180	454.5	45.5	0.0345	0.0345	0.03
	180	416.7	83.3	0.0358	0.0370	3.28
	180	333.3	166.7	0.0370	0.0387	4.46
2	170	468.8	31.3	0.0287	0.0284	−1.18
	170	463.6	46.4	0.0297	0.0301	1.23
	170	450.0	60.0	0.0311	0.0311	−0.14
	170	416.7	83.3	0.0323	0.0321	−0.62
	170	396.7	113.3	0.0334	0.0332	−0.47
	170	340.0	170.0	0.0335	0.0338	0.90
3	160	468.8	31.3	0.0276	0.0261	−5.71
	160	463.6	46.4	0.0277	0.0277	−0.03
	160	450.0	60.0	0.0285	0.0286	0.31
	160	416.7	83.3	0.0295	0.0294	−0.44
	160	396.7	113.3	0.0298	0.0304	2.06
	160	340.0	170.0	0.0303	0.0310	2.29
4	150	468.8	31.3	0.0242	0.0233	−3.77
	150	463.6	46.4	0.0250	0.0247	−1.21
	150	450.0	60.0	0.0256	0.0255	−0.28
	150	416.7	83.3	0.0260	0.0263	0.98
	150	396.7	113.3	0.0266	0.0272	2.03
	150	340.0	170.0	0.0276	0.0277	0.41
5	140	487.5	32.5	0.0217	0.0222	2.07
	140	481.8	48.2	0.0216	0.0234	7.72
	140	441.2	58.8	0.0246	0.0241	−2.14
	140	425.0	85.0	0.0261	0.0251	−4.18
	140	404.4	115.6	0.0263	0.0257	−2.23

③ 动力学模型及参数估计：为便于工程设计应用，宏观动力学方程模型用幂函数形式：

$$r = k_0 e^{-\frac{E}{RT}} P_{H_2}^{\alpha} P_{IBD}^{\beta}$$

式中，α 和 β 分别为氢气和异丁醛的分压指数。

对于无梯度反应器，催化床层内达到理想全混流的组成，所以在编程时无需对床层进行积分。反应速率可以下式表示：

$$r_{IBA} = \frac{N_{in}y_{IBA.out} - N_{in}y_{IBA.in}}{W} = \frac{N_{in}(y_{IBA.out} - y_{IBA.in})}{W}$$

式中，r_{IBA} 为异丁醛反应速率；N_{in} 为反应器进口物质的量；$y_{IBA,in}$ 和 $y_{IBA,out}$ 分别为反应器进口和反应器出口异丁醛的摩尔分率；W 为催化剂质量。

当各实验条件下的异丁醇生成速率已知后，模型方程的参数确定就变成单纯的非线性优化问题。采用非线性最小二乘法对实验数据进行参数估值，目标函数为：

$$S = \sum_{j=1}^{m}(r_{cal.j} - r_{exp.j})^2$$

经计算得到模型中各参数为：$\alpha=0.16$，$\beta=0.30$，$k_0=0.1984\,mol/(g\cdot h\cdot kPa^{-0.46})$，$E_a=15891.19\,J/mol$。则异丁醛加氢反应的宏观动力学方程为：

$$r = 0.1984e^{-\frac{15891.19}{RT}} P_{H_2}^{0.30} P_{IBD}^{0.16}$$

④ 模型适用性检验

a. 残差检验：宏观动力学得到的不同温度下的异丁醛加氢反应速率的模型计算值与实验测定值比较见图 4.29（图中横坐标为实验值，纵坐标为计算值），残差分布见图 4.30（图中横坐标为实验点数，纵坐标为残差），其平均相对误差值为 2.15%。

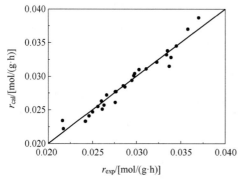

图 4.29 模型计算值和实验值的比较

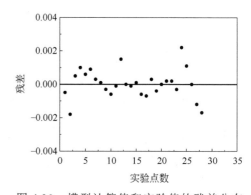

图 4.30 模型计算值和实验值的残差分布

b. 统计检验：对动力学方程进行 F 统计和复相关指数检验，以检验动力学模型对实验数据的实用性。ρ^2 是决定性指标，F 为回归均方和与模型残差均方和之比。M_p 为参数个数，M 为实验次数。

$$\rho^2 = 1 - \sum_{j=1}^{m}(r_{exp} - r_{cal})^2 \Big/ \sum_{j=1}^{m}r_{exp}^2$$

$$F = \frac{\left[\sum_{j=1}^{m} r_{\mathrm{exp}}^2 - \sum_{j=1}^{m} (r_{\mathrm{exp}} - r_{\mathrm{cal}})^2\right] / M_{\mathrm{p}}}{\sum_{j=1}^{m} (r_{\mathrm{exp}} - r_{\mathrm{cal}})^2 / (M - M_{\mathrm{p}})}$$

一般认为，$\rho^2 > 0.9$，$F > 10 F_{\mathrm{T}}$ 时，模型是适用的。F_{T} 为显著水平 5% 相应自由度(M_{p}，$M - M_{\mathrm{p-1}}$)下的 F 表值，可查表获得。计算的动力学模型的复相关指数 $\rho^2 = 0.9987 > 0.9$，F 统计量 $F = 4465.5 > 10 F_{\mathrm{T}}(5,28) = 43.0$。综上所述，宏观动力学模型是适用的。

（3）反应器模型

① 模型假设：异丁醛加氢装置中考虑到反应器内径很小，长径比很大，可以近似采用一维拟均相模型进行模拟计算，并假定：

a．整个反应器处于稳定状态；

b．在工业条件下操作有足够高的表观流速，所以假定反应器内为活塞流，在垂直于气体流动方向的同一截面上，流速、温度和浓度分布均匀；

c．轴向只考虑浓度和温度梯度，忽略压力梯度。在催化剂床层轴向取 dl 长度的微圆柱体进行物料和热量衡算。

② 化学计量学分析：假设进料中含有反应涉及的各种组分且初始组分已知，则根据反应配比，以反应某时刻的 y_{IBA} 为独立变量，经物料衡算推导各组分摩尔分数如下：

$$n_{\mathrm{T}} = \frac{y_{\mathrm{IBD}}^0 + y_{\mathrm{H_2}}^0 + 2 y_{\mathrm{IBA}}^0}{1 + y_{\mathrm{IBA}}} n_{\mathrm{T}}^0$$

$$y_{\mathrm{IBD}} = \frac{y_{\mathrm{IBD}}^0 + y_{\mathrm{IBA}}^0}{y_{\mathrm{IBD}}^0 + y_{\mathrm{H_2}}^0 + 2 y_{\mathrm{IBA}}^0}(1 + y_{\mathrm{IBA}}) - y_{\mathrm{IBA}}$$

$$y_{\mathrm{H_2}} = \frac{y_{\mathrm{H_2}}^0 + y_{\mathrm{IBA}}^0}{y_{\mathrm{IBD}}^0 + y_{\mathrm{H_2}}^0 + 2 y_{\mathrm{IBA}}^0}(1 + y_{\mathrm{IBA}}) - y_{\mathrm{IBA}}$$

式中，n_{T}^0 为初始摩尔质量；n_{T} 为瞬时摩尔质量。

③ 轴向反应器模型：异丁醛加氢是反应后体积减小的变容反应，由固定床反应器的物料平衡基础式开始，得到多个反应物料衡算的微分方程：

$$(n_{\mathrm{T}i} + \mathrm{d}n_{\mathrm{T}i}) - n_{\mathrm{T}i} = \rho_{\mathrm{B}} r_i \mathrm{d}V_{\mathrm{r}}$$

$$\frac{\mathrm{d}n_{\mathrm{T}i}}{\mathrm{d}V_{\mathrm{r}}} = \rho_{\mathrm{B}} r_i, \ i = 1, 2, \cdots, k$$

对于异丁醛加氢反应：

$$n_{IBA} = n_T y_{IBA} = \frac{y_{IBD}^0 + y_{H_2}^0 + 2y_{IBA}^0}{1 + y_{IBA}} n_T^0 y_{IBA}$$

$$dn_{IBA} = [(y_{IBD}^0 + y_{H_2}^0 + 2y_{IBA}^0) n_T^0] \left[\frac{1 + y_{IBA} - y_{IBA}}{(1 + y_{IBA})^2} \right]$$

$$= \frac{n}{1 + y_{IBA}} dy_{IBA}$$

$$\frac{dn_{IBA}}{dV_r} = \rho_B r \Longrightarrow \frac{dn_{IBA}}{dl} = A\rho_B r$$

整理后得到：$\dfrac{dy_{IBA}}{dl} = \dfrac{A\rho_B}{n}(1 + y_{IBA})r$

热量衡算：

$$nC_{pm}dT = A\rho_B r(-\Delta H_r)dl + mK_{ab}\pi d_a(T_b - T_a)dl$$

整理得：

$$\frac{dT}{dl} = \frac{A\rho_B r}{nC_{pm}}(-\Delta H_r) + \frac{mK_{ab}\pi d_a dl}{nC_{pm}}(T_b - T_a)$$

床层压力降的计算（欧根方程）：

$$\frac{dP}{dl} = -f_r \frac{l\rho u^2}{d_s} \times \frac{1 - \varepsilon}{\varepsilon^3}$$

$$f_r = \frac{150}{Re_m} + 1.75$$

$$Re_m = \frac{d_s u \rho}{\mu} \times \frac{1}{1 - \varepsilon}$$

所以最终的模型方程为：

$$\frac{dy_{IBA}}{dl} = \frac{A\rho_B}{n}(1 + y_{IBA})r$$

$$\frac{dT}{dl} = \frac{A\rho_B r}{nC_{pm}}(-\Delta_r H) + \frac{mK_{ab}\pi d_a dl}{nC_{pm}}(T_b - T_a)$$

$$\frac{dP}{dl} = -f_r \frac{l\rho u^2}{d_s} \times \frac{1 - \varepsilon}{\varepsilon^3}$$

式中，r 为反应速率；m 为反应管根数；d_a 为管径；A 为床层截面积；n_T^0 为反应气进口摩尔流量；K_{ab} 为管内床层气体对壳程沸腾水传热系数，由管程给热系数、壳程有相变的给热系数与管子的导热组合计算；l 为反应器高度；T_b 为床层某点处的反应温度；ρ_B 为催化剂床层堆密度；u 为线速度；ρ 为反应物流密度；C_{pm} 为反应物流比热容；ΔH_r 为反应热；P 为反应压力；f_r 为流动阻力系数；d_s 为催化剂粒径；ε 为床层空隙率；Re_m 为固定床的修正雷诺数；μ 为流体黏度。

所建立的微分方程组采用定步长四阶 Runge-Kutta 法积分求解[14,15]，其计算步长设为 $\Delta z(m)$，从反应器入口开始逐段进行计算，可得到浓度与温度随催化床层高度的变化关系。

（4）单管反应器模拟

单管反应器操作条件见表 4.11。

表 4.11　反应器操作条件

操作条件	数值	操作条件	数值
反应器入口温度	180℃	入口压力	0.5MPa
原料中异丁醛含量	0.0385	床层密度	1069kg/m³
原料中氢气含量	0.9615	反应器内径	0.038m
原料气进料量	37.9kg/h	反应器长度	3m

进料量对反应器轴向温度分布的影响见图 4.31（图中横坐标为反应器长度，纵坐标为反应温度）。进料量增加，气体线速度增大，从而增大了床层内侧的给热系数，导致热点温度降低。在保证转化率的前提下提高进料空速是防止飞温的主要措施。而在反应器的运行中，由于设备故障引起的进料量降低或进料停止极易引起反应器的飞温而导致事故。

进料温度对反应器轴向温度分布的影响见图 4.32。结果表明：随着进料温度的增高，热点温度升高，热点位置前移。在进料温度为 433～473K 之间，由于热量可以及时移走，因此没有出现飞温的现象。

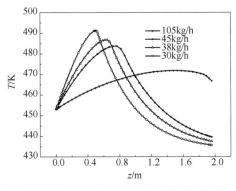

图 4.31　进料量对床层轴向温度的影响

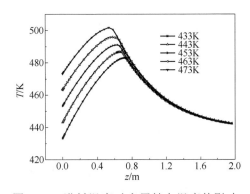

图 4.32　进料温度对床层轴向温度的影响

在管式固定床反应器中，反应热主要通过壳程中的冷却介质循环冷却移去。因此考察冷却介质-导热油进料量和温度的影响。

导热油进料量对反应器工况的影响见图 4.33。由图 4.33 可以看出冷却介质的进料量>500kg/h，对反应工况没有明显影响，热点温度基本不变表明冷却介质的用量足够将反应热移走。但是当冷却介质流量过低，移热量减少，会造成床层温度升高，此时热点温度为 510K。温度急剧升高可能会导致副反应发生和催化剂失活。这就要求在固定床反应器的设计和操作中，应确保足够大的冷却介质循环量，以尽量减少壳程内轴向和径向的冷却介质的温差，特别要防止出现流动死区，否则可能会出现飞温和失控现象，影响反应转化率和操作安全。

冷却介质温度对反应工况的影响见图 4.34。在管式固定床反应器中，反应热主要通过壳程中的冷却介质循环冷却移去。由图 4.34 可以看出冷却介质温度升高会造成反应器热点温度升高。因为冷却介质温度升高与床层移热量减少，当冷却介质温度为 438K 时此时热点温度为 495K。

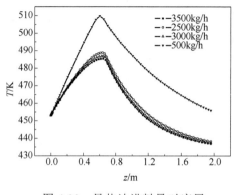

图 4.33　导热油进料量对床层
轴向温度的影响

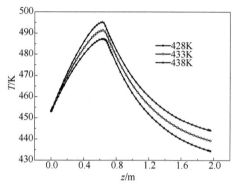

图 4.34　冷却介质温度对床
层轴向温度的影响

不同氢醛比对反应工况的影响见图 4.35。进料氢醛比变化也就是进料浓度变化，是影响化学反应速率的重要因素。由图 4.35 可见，热点温度随氢醛比的降低而增大，在氢醛比为 2 时，出现飞温。原因是一方面氢醛比的增大增加了反应体系本身的带热能力，另一方面气体线速度的提高也增大了传热系数。

（5）总结

以铜系催化剂异丁醛加氢的宏观动力学方程为基础，建立了异丁醛加氢反应器的一维模型。由所建立的模型对中试工况进行模拟，得到中试工况下的反应器轴向温度分布。

由所建立的模型对不同进料量和进料温度、不同冷却介质温度和流量以及不同进料氢醛比下的异丁醛加氢反应情况进行模拟。通过模拟可以得出中试适宜的操作参数。气体进料量<100kg/h，进料温度在 150～180℃均可，冷却介质流量>500kg/h，冷却介质温度在可调范围内对反应影响不大，进料氢醛比应不小于10∶1 为好。

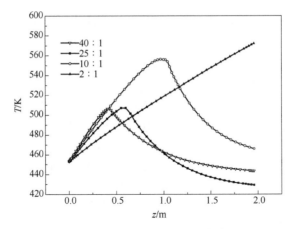

图 4.35　不同氢醛比对床层轴向温度的影响

4.1.4.6　烧焦再生过程的动态模拟

第六个案例讲的是催化剂烧焦再生过程的模拟。模拟结果将有助于深入了解烧焦过程，实现模拟与实验的早期结合，为反应-再生系统的设计和优化提供指导。

（1）研究背景

丙烯是仅次于乙烯的重要基本有机原料，由于原有丙烯来源不能满足需求，丙烷脱氢制丙烯技术已成为一条重要的增产丙烯的技术路径。丙烷脱氢是一个催化反应，在反应过程中，焦的沉积使催化剂活性不断降低，而且失活速度很快。如 Cr_2O_3/Al_2O_3 脱氢催化剂，反应十几到几十分钟后即需要烧焦再生。本工作建立了固定床反应器烧焦动态模型，并对烧焦过程进行动态模拟，研究结果有助于掌握烧焦过程的内在规律，设计合理的反应-再生工艺，并实现操作优化。

（2）烧焦动态模型

① 烧焦动力学：目前烷烃脱氢催化剂主要有 Cr_2O_3/Al_2O_3 和 $Pt-Sn/Al_2O_3$ 催化剂两大类，Cr_2O_3/Al_2O_3 催化剂烧焦动力学表达式如下：

$$-\frac{dW}{dt} = kpW$$

$$E_a = 77.26 \text{kJ/mol}$$

$$k_0 = 5.720 \text{Pa}^{-1} \cdot \text{s}^{-1}$$

式中，p 为氧的分压；W 是焦的负荷量（g 焦/g 催化剂）；k 为反应速率常数；E_a 为活化能；k_0 为指前因子；t 为反应时间。

② 物理模型：固体催化剂烧焦为气固非催化反应，对于气固反应动力学来说，通常有以下几个模型来描述颗粒内的反应行为[16-18]。

a. 均匀模型：该模型假设烧焦不受传递过程控制，气固反应在整个催化剂颗粒内部同时发生，而且是均匀发生。该模型适合于多孔介质或较慢的烧焦过程。

b. 收缩未反应核（清晰界面）模型：反应在固体产物层和未反应核之间狭窄界面上发生，随反应的进行，未反应核不断缩小直至消失。该模型适合于密实固体的反应。

均匀模型和收缩未反应核模型实际上反映的是化学反应过程中的两个极端情况。均匀模型描述了化学反应为控制步骤的情况；而收缩未反应核模型则与之相反，是对反应过程为扩散控制这一极端情况的描述。

以上两种模型针对两种极端情况，是特例。对于实际反应过程，通常反应和扩散要同时考虑。为此人们在上述两种模型的基础上又提出了一些修正或改进的模型，如有限厚度反应区域模型、颗粒-粒子模型、考虑反应影响的缩核模型、修正的颗粒-粒子动态等温物理模型等。

本工作应用内扩散效率因子修正的均匀模型，该模型由内扩散效率因子来体现气体反应物在颗粒内扩散的影响[19-21]。采用该模型不论内扩散影响大小都可以较准确地描述烧焦过程中催化剂颗粒内部的反应情况，因此模型有更好的适应性。

如果不考虑外扩散的影响，固定床动态烧焦模型可采用拟均相模型。但当烧焦速率很快，气体流速较小等原因而使热效应非常大时，外扩散的影响就不得不考虑，此时采用分别考虑气相和固相质量与热量平衡的非均相模型就是必要的。

③ 内扩散影响的研究：烧焦过程是一个非催化的气固反应，当气固反应物都为一级时，内扩散效率因子计算式为：

$$\eta = \frac{1}{\phi}\left[\frac{1}{\tanh(3\phi)} - \frac{1}{3\phi}\right]$$

$$\phi = \frac{V_m}{A_m}\sqrt{\frac{kC}{D_{eff,A}}}$$

而气相反应物 A 在固相中的有效扩散系数由以下各式计算：

$$D_{eff,A} = \frac{\varepsilon_p}{\tau_p}D_{A,pore}$$

$$D_{A,pore} = \left(\frac{1}{D_{A,mol}} + \frac{1}{D_{A,knu}}\right)^{-1}$$

$$D_{A,mol} = \frac{1\times10^{-7}T^{1.75}\sqrt{1/M_1 + 1/M_2}}{P\left[(\sum V)_1^{1/3} + (\sum V)_2^{1/3}\right]^2}$$

$$D_{A,knu} = \frac{d_{pore}}{3}\sqrt{\frac{8RT}{\pi M_A}}$$

将 Cr_2O_3/Al_2O_3 催化剂烧焦动力学方程代入 Thiele 模数计算式中，并由氧的分压和浓度的关系：

$$P = \frac{n}{V}RT = c_A RT$$

及：

$$c = W\rho_p$$

得到 Thiele 模数最终的计算式为：

$$\phi = \frac{V_m}{A_m}\sqrt{k_0 \frac{RT}{101325}W\rho_p / D_{eff,A}}$$

上式中，η 为内扩散效率因子；ϕ 为 Thiele 模数；V_m 为催化剂颗粒体积；A_m 为催化剂颗粒比表面积；k 为反应速率常数；C 为焦的摩尔浓度；$D_{eff,A}$ 为气相反应物 A 的有效扩散系数；ε_p 为催化剂颗粒孔隙率；τ_p 为曲节因子；$D_{A,pore}$ 为孔扩散系数；$D_{A,mol}$ 为分子扩散系数；$D_{A,kun}$ 为努森扩散系数；T 为温度；M_1 和 M_2 分别为组分 A_1 和 A_2 的分子量；P 为压力；V_1 和 V_2 分别为组分 A_1 和 A_2 的扩散体积；d_{pore} 为孔径；M_A 为组分 A 的分子量；W 为焦的质量；ρ_p 为催化剂颗粒密度。

对不同条件下 Cr_2O_3/Al_2O_3 脱氢催化剂烧焦反应的内扩散效率因子进行计算，所用催化剂的物理参数为粒径 0.0032 m，长度 0.0043 m，颗粒密度 $1.63\times10^6 g/m^3$，颗粒平均孔径 280×10^{-10}m，颗粒孔隙率 0.56，曲节因子为 1.33。

图 4.36 为常压下内扩散效率因子随温度的变化情况，图中，横坐标为反应温度，纵坐标为内扩散效率因子，C 代表焦含量。从图中可以看出，同一温度下，焦含量越大，内扩散效率因子越小；而在不同的焦含量下，内扩散效率因子都随温度的升高而减小；随着焦含量的增大及反应温度的升高，内扩散的影响越来越显著。

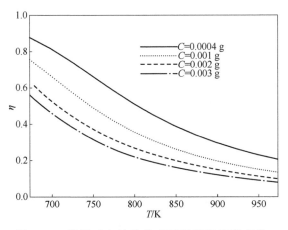

图 4.36　常压下内扩散效率因子随温度的变化

④ 外扩散影响的研究：考虑颗粒界面梯度和颗粒内梯度的相间传递，基本方程为：

$$k_G a_m (c_{AG} - c_{AS}) = \eta[-r_A(c_{AS}, T_S)]$$

$$h_s a_m (T_S - T_G) = \eta[-r_A(c_{AS}, T_S)](-\Delta H_r)$$

该代数方程组可用迭代法计算，结果见表 4.12。可以看到，由于外扩散的影响，气相主体温度与颗粒温度相差显著，因此在描述烧焦过程行为与特征时必须考虑外扩散的影响。

表 4.12 气相主体与颗粒温度对比（$G=1$，$C=0.003$，$y_{O_2}=0.05$）

颗粒温度/K	气相主体温度/K	温差/K
627.1717	623.15	4.0217
681.9988	673.15	8.8488
738.8595	723.15	15.7095
797.8431	773.15	24.6931
858.9325	823.15	35.7825

⑤ 数学模型：相间质量传递和反应是一串联过程，在定态条件下，两者的速率必然相等；传热过程与传质过程密切相关，对于定态过程，流体与催化剂颗粒间交换的热量，等于反应所放出或吸收的热量。再考虑到内扩散对反应速率的影响，分别对气相和固相列出物料衡算和能量衡算方程如下，该表达式即为综合考虑内外扩散影响的绝热固定床一维非均相烧焦动态模型。

气相：

$$\varepsilon \frac{\rho_g}{M_g} \times \frac{\partial y_A}{\partial t} = -\frac{G}{M_g} \times \frac{\partial y_A}{\partial z} - \rho_B \eta[-r(c_{AS}, T_S, p)]$$

$$(\varepsilon \rho_g c_p + \rho_B c_s)\frac{\partial T}{\partial t} = -G c_p \frac{\partial T}{\partial z} + (-\Delta H_r)\rho_B \eta[-r(c_{AS}, T_S, p)]$$

$$\frac{dp}{dr} = -f_r \frac{\rho_g u^2}{d_s} \times \frac{1-\varepsilon}{\varepsilon^3}$$

固相：

$$k_G a_m (c_{AG} - c_{AS}) = \eta[-r(c_{AS}, T_S, p)]$$

$$h_s a_m (T_S - T_G) = \eta[-r(c_{AS}, T_S, p)](-\Delta H_r)$$

初始及边界条件为：

$$t = 0, z > 0_i, y_A = 0, T = T_0, p = p_0$$

$$z = 0, t > 0, y_A = y_{A0}, T = T_0, p = p_0$$

式中，ε 为床层空隙率；ρ_g 为反应气体密度；M_g 为反应气体分子量；y_A 为反应气体摩尔分数；y_{A0} 为反应器入口气体摩尔分数；t 为时间；G 为反应器内流体流量；ρ_B 为催化剂床层密度；ρ_g 为反应混合气体密度；c_p 为混合气体的比热容；

η 为效率因子；r 为反应速率；c_{AS} 为催化剂颗粒表面的气相反应物浓度；c_{AG} 为气相主体中的气相反应物浓度；c_s 为固相反应物浓度；T 为反应温度；T_0 为反应器入口温度；T_S 为催化剂颗粒表面温度；T_G 为气相主体温度；z 为反应器轴向距离；ΔH_r 为反应热；p 为反应器的压力；p_0 为反应器入口压力；k_G 为气膜传质系数；h_s 为气膜传热系数。

烧焦动态模型为一偏微分-代数方程组，求解上述模型方程时，必须在积分气相方程式所用的计算网格的每一个节点上，用迭代法求解固相的代数方程组，得到 c_{AS} 和 T_S，再将其值代入气相的偏微分方程，用数值方法求解。偏微分方程组的求解采用 MOL 法，首先对方程中扩散项用有限差分法进行差分，将偏微分方程组转化为常微分方程组，然后在 MATLAB 调用常微分方程组求解函数 ode45 编程求解。

（3）模拟结果与分析

利用前面所建立的模型，对固定床反应器中烧焦过程进行模拟研究。在所有的模拟中，假设催化剂颗粒中的焦炭均匀分布，整个床层的初始焦含量为每克催化剂 0.003g。再生前床层温度与烧焦气体入口温度相同。

图 4.37 为烧焦气体入口温度的影响，图中横坐标为反应器长度，纵坐标为焦含量，各条曲线分别代表了不同时间焦含量沿床层的分布。可以看到，550℃时，

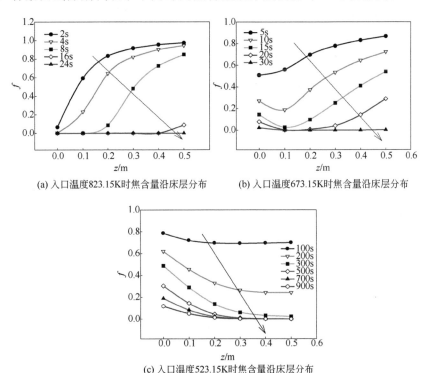

(a) 入口温度823.15K时焦含量沿床层分布　　(b) 入口温度673.15K时焦含量沿床层分布

(c) 入口温度523.15K时焦含量沿床层分布

图 4.37　固定床反应器烧焦过程模拟

[W^0=0.003g（每克催化剂），$y_{O_2}^0$=0.21，G=1kg/(m²·s)]

烧焦过程受外扩散控制，反应器前部氧的浓度更高，有更快的反应速率，即反应器入口处的焦先烧完；400℃时，烧焦过程同时受扩散和动力学的影响，因此就会出现反应器中间位置的焦首先被烧完的情况；250℃时，烧焦过程受反应控制，由于反应器的后部温度更高，所以反应速率也就更高，即反应器出口处的焦先烧完。

图 4.38 为 550℃时，在进气氧气摩尔分数为 0.21，气体质量流量为 1kg/(m²·s) 时，焦含量、氧气浓度、气体温度和固相温度沿床层分布随时间的变化曲线。在此条件下，焦炭在 24s 内几乎耗尽 [图 4.38（a）和（b）]。在烧焦的第一阶段，靠近反应器入口的气相温度有一个热点 [图 4.38（c）]。由于上游焦炭先烧，并且烧焦过程是绝热的，热点最终向下游移动。到最后气体热点温度位于反应器的出口。固体温度与气体的行为相似 [图 4.38（d）]。但后期热点位置不同，固相温度普遍高于气相温度。只有当焦炭几乎完全消耗完时，固相温度才与气相温度相等。

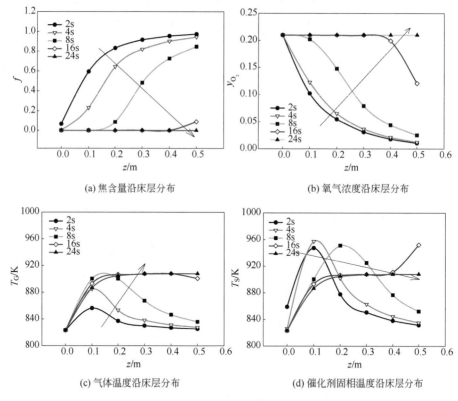

(a) 焦含量沿床层分布

(b) 氧气浓度沿床层分布

(c) 气体温度沿床层分布

(d) 催化剂固相温度沿床层分布

图 4.38　固定床反应器烧焦过程模拟

[W^0=0.003g（每克催化剂），T^0=823.15K，$y_{O_2}^0$=0.21，G=1kg/(m²·s)]

（4）总结

本工作研究了丙烷脱氢催化剂烧焦过程内外扩散的影响，结果表明内、外扩散对烧焦过程都有比较大的影响，在模拟时不能忽略。在此基础上，采用内扩散效率因子修正的均匀烧焦物理模型，建立了综合考虑内外扩散影响的绝热固定床非均相动态烧焦数学模型，并对 Cr_2O_3/Al_2O_3 脱氢催化剂烧焦过程进行了模拟。从模拟结果可以看出，烧焦过程气相主体温度与催化剂颗粒温度有显著差距。烧焦过程沿着床层逐渐推进，床层热点温度也由入口逐渐推进到出口。反应初始阶段，催化剂颗粒温度迅速上升，之后随着烧焦的进行上升变缓，烧焦完成后，颗粒温度逐渐下降到与该处气相主体温度相同。当烧焦受外扩散的强烈影响时，焦炭首先在反应器入口耗尽；而如果外扩散影响减少，焦炭则将首先在反应器的中间或末端耗尽。这些结果有助于深入了解烧焦过程，为反应-再生系统的设计和优化提供指导。

4.1.4.7　案例总结

前面六个案例中，第一个案例讲的是层流固定床管式反应器的放大（非理想反应器）；第二个案例讲的是活塞流固定床管式反应器的放大；第三个案例讲的是间歇反应器动力学及反应器建模；第四个案例讲的是管式反应器的模拟与优化；第五个案例讲的是等温列管式固定床反应器的模型化；第六个案例讲的是催化剂烧焦再生过程的模拟。这六个案例分别讲述了不同反应器和反应过程的模型化过程，并说明了在化工并行开发方法指导下，反应过程的模拟与实验相结合，在过程研究、工程放大、设计优化、过程控制、生产优化等方面的协同作用。尤其是第一个案例，液固相层流管式反应器的放大问题，还未在国内教科书上有过论述。

4.2　微观反应动力学简介

前面反应过程模型化中介绍了反应工程中常用的常规反应动力学，着重研究温度、压力、浓度等对反应的总反应速率的影响。

随着科学技术的不断进步，人们也希望不断加强对化学反应动力学的认识。因为一个反应往往包含许多同时或相继存在的基元反应。即使在某一温度与压力下，反应物也是由许多处于不同量子状态的分子集合而成的，微观反应动力学就是在这种形势要求下逐步发展建立起来的。

微观反应动力学，是从原子、分子的微观性质出发，分析分子间的运动及其相互作用，从而深刻地认识化学反应的本质及其规律的一门学科[22,23]。微观反应动力学研究建立在现代物理有关分子、原子、激光与激光理论、分子束、能谱等实验技术及电子计算机技术基础之上。它应用现代物理化学的先进分析方法和量子力学计算方法，在原子、分子的层次上研究不同状态下和不同分子体系中单分子的基元化学反应的动态结构、反应过程和反应机理。这一研究深入到分子或原子的微观层次，研究不同能态（平动、振动、电子运动）、不同构型的分子反应特征。研究分子内部运动和分子之间的碰撞规律。理论上要解决这样一些问题：给出反应物分子在空间上的势能面，即确定反应体系中各反应物分子在空间不同位置上的相互作用；计算作为反应物初态、产物终态函数的反应概率或反应截面；按反应初态能量分布规律，从反应截面计算反应速率常数并给出常规反应动力学方面的信息。

微观反应动力学模型在建立过程中，不需要进行速率控制步骤等假设，可以在较广的实验范围内描述动力学，所获基元步骤动力学参数还可以拓展至其他反应体系。因此，微观反应动力学可以从微观机理上解释一些用常规反应动力学难以解释的现象；另一方面，它可以为常规反应动力学的数学模拟提供各有关基元化学反应速度常数，以便得出实际反应操作最优化条件，并逐步实现从实验室的研究结果进行直接放大设计。

对于催化反应过程来说，常规动力学都要假定速率决定步和表面最丰物种，并假定每一个独立反应都可单独处理，通过标准程序拟合速率表达式。动力学模型是常微分方程组，使用优化方法拟合实验数据获得动力学参数，如果是颗粒或床层动力学，还可能在动力学模型中加入传递的影响。微观动力学则是为一个给定的催化系统建立一个真实的定量模型，利用新的表面科学技术、新的分析技术、新的动力学技术的出现以及量子化学计算的使用，获取更多反应的微观机理信息，从而可以建立物理上真实的微观动力学模型。微观动力学模型根据表面科学研究结果，确定详细的反应机理，使用测量或预测的速率常数进行计算，使用估计的速率常数模拟动力学数据。

应用于催化反应过程时，微观反应动力学的优点是不需要决速步假设，决速步（如果存在的话）是模型的输出而不是输入；简单和复杂的化学机理都可以处理，由化学特征（而不是方程形式）决定合适的模型；模型容易更新和编辑；可连接到现代表面科学实验和量子计算化学；求解快速；参数范围可预测。而缺点是没有简单明确的动力学方程，应用于反应器设计和优化时不方便使用。可以将两种动力学方法结合，采用微观反应动力学模拟检验速率控制步骤，确定表面物种覆盖率等。在此基础上，建立双曲动力学模型，使其理论基础更加牢固。

4.3　反应过程放大概论

有数据表明，新的化工过程开发成功率从研究阶段到产业化约为 1%～3%，从开发阶段到产业化约为 10%～25%，从中试到产业化约为 40%～60%。因此，过程放大是反应过程开发的核心命题。化工并行开发方法以产业化为目标，目的就是通过科学、技术、工程、市场的通盘考虑，提高研发质量、效率及项目的成功率，本节即在此视角下，对反应过程放大过程做一个概略性的介绍。

4.3.1　过程放大核心理念

不管采用经验法、理论指导下的解析法，还是完全的数学模型法放大，我们的研究目标是要实现放大后的结果与小试保持一致[24,25]，在这个过程中需要做大量结构参数和工艺参数的优化工作。但我们研究放大规律却是在小试、模试、中试等比工业装置小的反应器或设备中进行的，这时候要注意保证小设备和工业大设备之间的等效性，即能实现以小见大。

中试的主要目的有以下几个方面：

① 化学反应过程放大验证；

② 新物系分离、新分离方法和设备使用验证；

③ 取得物料循环、杂质累积数据；

④ 取得物料腐蚀性和关键设备的运行数据；

⑤ 取得批量产品，进行应用试验；

⑥ 检验长期运行的稳定性。

总地来说，中试的作用是检验模型和核对概念设计，对放大负责。中试规模的确定以满足工业化放大需求的最小规模为宜。这样既能达到中试的目的，又可以降低开发费用。

前面说过，反应过程的放大方法有逐级经验放大法、解析法和数学模型法。以上方法中，逐级经验放大是在对过程认识不足的情况下不得已而采取的选择；数学模型放大是追求的方向，而且随着信息技术、计算能力、分析表征技术等技术的不断进步，正在化工过程放大中得到越来越多的应用。目前的实际工作中，由于过程的高度复杂性和受研究手段、条件、能力等的限制，完全采用数学模型方法还无法实现。出于准确直接快速分析问题的需要或者分析数学模型结果合理性的需要，经常用到的是解析法。

我们都知道，在放大过程中，反应本征的特性不会发生变化，变化的是外在的工程因素，如流动、传热、扩散、返混、原料是否预混、加料方式、加料的浓度、反应器构型、连接方式、操作方式等。这些会造成温度、浓度、停留时间分布的变化，并最终影响到每一个反应位点处不同的反应物温度和浓度，最终导致放大后的反应性能（如反应转化率、选择性、催化剂寿命等）和小试产生差异。因此，解析法的放大思路是在反应工程理论的指导下，一方面通过小试研究和模型试验了解反应动力学特征；另一方面，了解各种工程因素对反应物温度、浓度、停留时间的影响。最终，如 4.1.2 节所讲到的，结合动力学特征分析这些温度、浓度、停留时间的变化对反应的影响，从而为放大优化找到合理的方向和改进措施。因此，解析法的工作不再是盲目的工作，其实验是理论指导下的实验，目的在于寻找反应放大特征。

比索给出了一个典型过程的放大倍数（见表 4.13）[24]，经常被大家引用。但这个只能作为工程放大中一个粗略的参考，不是绝对的范围。具体放大多少倍，还是取决于对过程的认识和理解程度。对过程的认识程度越深，就越可以取较大的放大倍数。

表 4.13 典型过程放大倍数

体系	处理规模/(kg/h)		放大倍数	
	实验室	中试	实验室到中试	中试到工业化
主体为气相（氨、甲醇）	0.01～0.1	10～100	500～1000	200～1500
气相反应，液体或固体产品（硫酸、尿素）	0.01～0.2	10～100	200～500	100～500
气液相反应，液体产品（氯苯）	0.01～0.2	1～30	100～500	100～500
液相反应，固体或高黏液体产品（聚合物）	0.005～0.2	1～20	20～200	20～250
固相反应，固体产品（水泥）	0.1～1	10～200	10～100	10～200

4.3.2 固定床反应器放大

（1）列管式固定床反应器

列管式固定床反应器的开发放大一般经历催化剂小试反应器、单管模型反应器和工业列管式反应器三个阶段。有时候在小试评价和单管反应器实验之间，还会有一个原颗粒催化剂评价阶段。列管式固定床反应器开发放大程序见图 4.39。

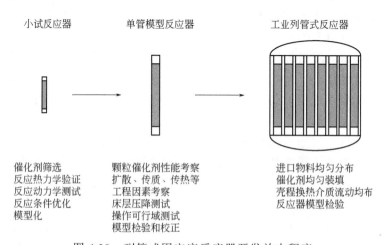

图 4.39 列管式固定床反应器开发放大程序

小试反应器的主要任务是催化剂的筛选、反应热力学验证、本征动力学测试和反应条件优化等，装填的一般是粉末催化剂。催化剂装填量在克级，反应器的管径较细，其实验结果可用于反应器的模型化。

原颗粒催化剂评价的主要任务是在小试催化剂筛选完成之后，对成型的颗粒催化剂进行测试，如反应性能、内扩散的影响、催化剂稳定性和寿命等。原颗粒粒径一般都在毫米级，为消除壁效应的影响，原颗粒反应器装填量通常在百克级，管径有几十毫米。单管反应器实验阶段的主要任务一方面是可以考察颗粒催化剂性能，另一方面重点考察放大后工程因素的影响，如考察内外扩散、轴向扩散、传质传热的影响，测试床层压降，考察操作可行域等，并进行单管反应器模型检验和校正。因单管反应器装填的也是颗粒催化剂，所以其管径通常与原颗粒反应器相同，但反应管长度更长，装填的催化剂量为千克级。因为工业列管式固定床反应器采用多根列管平行放大，所以与工业列管固定床反应器列管规格相同的单管反应器实验是列管式固定床反应器开发的重要阶段。

颗粒催化剂性能的考核，既可以在原颗粒反应器中进行，也可以在单管反应器中进行。在原颗粒反应器中进行的好处是可以尽早获得催化剂放大信息，避免在单管阶段发现颗粒催化剂性能不达标从而造成返工，延长开发周期，并且因为催化剂装填量小，可以减少颗粒催化剂寿命考察实验的原料消耗。缺点是要增设专门的反应装置。在单管反应器中测试颗粒催化剂性能的特点则正好相反。

工业列管固定床的每一根管子都和单管规格相同，大型列管反应器会有上万根管子，因此要解决的问题主要是分布问题，包括进口物料在整个反应器截面上的均匀分布；催化剂在每根管子里的均匀装填；壳程换热介质的流动均布等。这样才能保证每根管子的流动和传热接近一致，从而保证工业反应器的整体性能。

（2）绝热式固定床反应器

绝热式固定床反应器的开发放大程序与列管式固定床反应器基本相同，小试研究依然在管式积分反应器中进行，研究任务也依然是催化剂筛选和反应动力学研究为主，同时要重点考察不同反应温度下的催化剂性能。但在模型反应器阶段，要采用模拟绝热床（通过双层电炉实现），重点关注床层的轴向和径向温度分布。对于工业绝热反应器，重点要解决的问题是进料均匀分布和催化剂的均匀装填。段间换热的多段绝热式固定床反应器研究方法相同。绝热式固定床反应器开发程序见图 4.40。

（3）外循环绝热式固定床反应器

还有一类绝热反应器通过反应物外循环来交换热量，对于这类反应器，重点是循环比的确定和反应物循环（返混）对反应性能的影响，其开发程序见图 4.41。在小试阶段，要通过配制不同循环比下的混合进料浓度，来模拟考察返混的影响。模型反应器阶段，要建立真实的反应物料循环，确定合适的循环比。

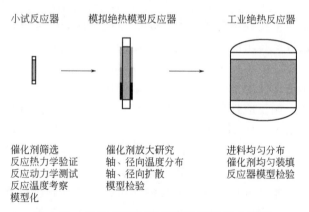

催化剂筛选　　　　　催化剂放大研究　　　　进料均匀分布
反应热力学验证　　　轴、径向温度分布　　　催化剂均匀装填
反应动力学测试　　　轴、径向扩散　　　　　反应器模型检验
反应温度考察　　　　模型检验
模型化

图 4.40　绝热式固定床反应器开发放大程序

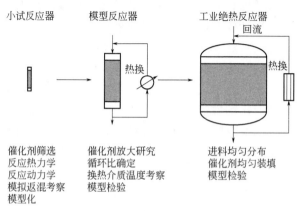

催化剂筛选　　　　　催化剂放大研究　　　　进料均匀分布
反应热力学　　　　　循环比确定　　　　　　催化剂均匀装填
反应动力学　　　　　换热介质温度考察　　　模型检验
模拟返混考察　　　　模型检验
模型化

图 4.41　外循环绝热式固定床反应器开发放大程序

4.3.3　搅拌反应釜放大

搅拌反应釜的放大任务是使模型釜内的搅拌效果得以重现。放大关键是搅拌器的放大（形式、转速、直径等）。放大方法是相似原理（放大准则）结合模拟仿真。通过放大准则的寻找可以初步确定敏感的放大因素，并为流场模拟提供优化的初始构型。在此基础上，通过反应器模拟，不断优化反应构型和操作参数。从小试到工业反应釜之间，要采用模型反应釜用于放大准则研究，并作为工程放大的基准。

表 4.14 给出了一个按几何相似体积放大 512 倍，保证单位体积功率相等，反应釜其他各项参数随放大变化的例子[26]。可以看到，在这种情况下，放大后体积增大 512 倍，而换热面积只增加了 64 倍，并且换热系数还有所下降。同时混合时间增加 4 倍，循环次数减少为原来的 1/4，其他参数也都有相应变化。所以，当存在多个放大准则，且无法同时满足时，则必须打破几何相似，调整釜结构参

数及搅拌器参数。在放大准则判定的基础上，通过数值模拟进行搅拌釜的放大优化。

表 4.14　反应釜放大因子-几何相似（等单位体积功率）

项目	放大因子	S=512 时放大倍数	项目	放大因子	S=512 时放大倍数
容器体积（规模）	S	512	循环次数	$S^{-2/9}$	1/4
单位体积功率	1	1	剪切力	$S^{1/9}$	2
停留时间	1	1	换热面积	$S^{2/3}$	64
混合时间	$S^{2/9}$	4	传热系数	$S^{-1/27}$	0.79

　　一般反应釜的搅拌要求有混合、搅动、悬浮、分散、传热等几个方面，不同的搅拌要求对应着不同的放大准则（见图 4.42）[26,27]，所以我们在进行反应釜放大准则寻找时，就要根据不同反应的反应特性，抓住主要矛盾，兼顾次要矛盾，来进行放大准则的选择并通过模型试验确认。

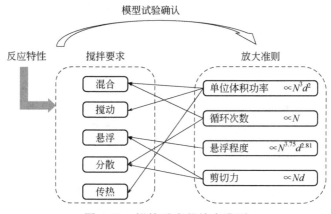

图 4.42　搅拌反应釜放大准则

　　如对于均相放热反应，搅动和传热是主要搅拌要求，这种情况下按单位体积功率相等放大可能就比较合适；而对于气液固三相反应，混合和固体悬浮都要考虑，这时候在单位体积功率相等的基础上，还要核算悬浮程度和剪切力是否能满足要求。不同的反应过程，关注的重点不同，第五章会以实际案例来进一步分析。

4.4　本章总结

　　① 反应过程是化工生产过程的核心,而反应过程的模型化又是反应过程开发的重要工作。本章聚焦反应动力学和反应过程建模研究，重点讲述怎么通过数学模型放大方法实现模拟与实验的紧密结合，从而充分发挥化工并行开发方法

的作用。

② 数学模型在反应过程开发中处于核心地位：结合热模的动力学研究、冷模的传递过程研究和反应热力学计算来建立反应过程数学模型，通过数学模型来指导中试放大并进一步验证和修正模型后用于工业反应器的设计。

③ 本征动力学、宏观动力学、床层动力学各有其适用范围。本征动力学主要应用于基础开发研究，认识反应规律；宏观动力学多用于催化剂已定型情况下的过程开发，方便反应器的设计优化；而床层动力学在工厂改造和技术升级中可以采用。

④ 反应器模型多种多样，需要根据具体情况进行合理选择和简化，总地来说：考虑的因素越多，模型越复杂，模型参数就越多，模型参数的可靠性就越重要；但并非模型越复杂越好。模型复杂增加了实验、计算工作量，增加了出错的概率，以简单实用为好。

⑤ 通过六个反应过程模型化的案例，包括层流固定床管式反应器（非理想反应器）放大、活塞流固定床管式反应器的放大、间歇反应器动力学及反应器建模、管式反应器的模拟与优化、等温列管式固定床反应器的模型化和催化剂烧焦再生过程的模拟，分别讲述了不同反应器和反应过程的模型化过程并说明了反应过程模型化在过程研究、工程放大、设计优化、过程控制、生产优化等方面的作用。特别值得一提的是液固相层流管式反应器放大问题尚未在国内教科书上有过论述。

⑥ 微观反应动力学研究建立在现代物理有关分子、原子、激光与激光理论、分子束、能谱等实验技术及电子计算机技术基础之上。微观反应动力学模型在建立过程中，不需要进行速率控制步骤等假设，可以在较广的实验范围内描述动力学，所获基元步骤动力学参数还可以拓展至其他反应体系。因此，微观反应动力学可以从微观机理上解释一些用常规反应动力学难以解释的现象；另一方面,它可以为常规反应动力学的数学模拟提供各有关基元化学反应速度常数，以便得出实际反应操作最优化条件，并逐步实现从实验室的研究结果进行直接放大设计。

⑦ 过程开发的目标是放大，但研究手段是缩小，需要保证模型设备和模型实验的等效性。数模放大是优选的方法，但在对过程认识不足的情况下，理论分析指导下的解析法是开发放大的有用手段。要注重的是掌握过程的本质规律，而不拘泥于经验的放大倍数。对过程的认识越深入全面，就越可以采取较高的放大倍数。

⑧ 介绍了各种型式的固定床反应器和搅拌反应釜开发放大程序及各阶段应重点关注或考察的问题或因素。

参考文献

[1] 李绍芬. 反应工程[M]. 2 版. 北京: 化学工业出版社, 2006.

[2] Fogler H S. Elements of chemical reaction engineering[M]. 3th. Upper Saddle River, NJ: Prentice Hall,1999.

[3] 陈敏恒, 袁渭康. 工业反应过程的开发方法[M]. 北京: 化学工业出版社,1985.

[4] 朱开宏, 袁渭康. 化学反应工程分析[M]. 北京: 高等教育出版社, 2002.

[5] 张濂, 许志美, 袁向前. 化学反应工程原理[M]. 上海: 华东理工大学出版社, 2007.

[6] 朱炳辰. 化学反应工程[M]. 5 版. 北京: 化学工业出版社, 2013.

[7] Nauman E B. 化学反应器的设计、优化与放大[M]. 北京: 中国石化出版社, 2004.

[8] 朱骥良, 吴申年. 颜料工艺学[M]. 北京: 化学工业出版社, 2004.

[9] 张新平, 顾智平, 蔡芸. 硫酸亚铁制备反应动力学研究及工艺优化[J]. 无机盐工业, 2017, 49(7): 33-36.

[10] 江滕守総. 有机磷农药的有机化学与生物化学[M]. 杨石先, 张立言, 冯致英, 等译. 北京: 化学工业出版社, 1981.

[11] 陈茹玉, 李玉桂. 有机磷化学[M]. 北京: 高等教育出版社, 1987.

[12] 张新平, 王敏华, 赵海泉, 廖本仁. 乙烯利重排器的模拟分析与设计优化[J]. 化工进展, 2011, 30(12): 2615-2620.

[13] 程双, 蔡清白, 张新平, 原宇航, 张春雷. 异丁醛加氢制异丁醇宏观动力学研究[J]. 化学反应工程与工艺, 2012, 28(1): 37-43, 49.

[14] 黄华江. 实用化工计算机模拟[M]. 北京: 化学工业出版社, 2004.

[15] 关治, 陆金甫. 数值分析基础[M]. 北京: 高等教育出版社, 2004.

[16] 葛庆仁. 气固反应动力学[M]. 北京: 原子能出版社,1991.

[17] Gilbert F F, Kenneth B B. Chemical reactor analysis and design[M]. Hoboken, NJ: Wiley,1979.

[18] 时钧, 汪家鼎, 余国琮, 陈敏恒. 化学工程手册[M]. 北京: 化学工业出版社,1996.

[19] 张新平, 周兴贵, 袁渭康. 丙烷脱氢固定床反应器的动态模拟与优化[J]. 化工学报 2009, (10): 2484-2489.

[20] 张新平, 隋志军, 周兴贵. 丙烷脱氢制丙烯催化剂烧焦过程的模型化[J]. 化工学报, 2009, 60(1): 163-167.

[21] 张新平, 隋志军, 周兴贵, 袁渭康. 丙烷脱氢 Cr_2O_3/Al_2O_3 催化剂烧焦再生过程的模型化与模拟[J]. 中国化学工程学报(英文版), 2010, 18(4): 618-625.

[22] J. A. 杜梅西克. 多相催化微观动力学[M]. 沈俭一译. 北京: 国防工业出版社, 1998.

[23] 朱贻安, 周兴贵, 袁渭康.多相催化微观动力学与催化剂理性设计[J].化学反应工程与工艺, 2014, 30(3): 205-211.

[24] A. 比索, R. L. 卡贝尔. 化工过程放大——从实验室试验到成功的工业规模设计[M]. 邓彤, 毛卓雄, 方兆珩, 等译. 北京: 化学工业出版社, 1992.

[25] R. E. 庄士顿, M. W. 史林. 化工中间试验和比拟放大[M]. 王守恒译. 北京: 中国工业出版社, 1982.

[26] 陈志平. 搅拌与混合设备设计选用手册[M]. 北京: 化学工业出版社, 2004.

[27] Paul E L, Atiemo-Obeng V A, Kresta S M. Handbook of industrial mixing[M]. Hoboken, NJ: Wiley, 2003.

第 5 章

化工过程开发方法及实践（下）

本章将继续结合面向工业化的开发案例，讲解在化工并行开发方法指导下，多种类型的反应过程、分离过程开发和系统集成方面的内容。

5.1 固定床开发及系统集成

本节主要介绍化工并行开发方法指导下，固定床反应系统的开发过程。对于固定床开发，数学模型方法是成熟先进的方法。开发上模拟与实验相结合，在反应热力学、动力学研究基础上，建立反应器模型，通过冷模和中试验证，可实现固定床高倍数的放大；对于反应器型式的确定，通过技术与经济相结合，可由反应过程的基本特征结合经济性分析来决定。在中试装置的设计、建设、生产准备、开车、试验、停车等过程中，注重工艺与工程的结合，可提高工程放大的可靠性。在过程系统工程理论指导下，对整个系统进行集成与优化研究，可有效挖掘潜能、提高生产效率、降低能耗。要注意，本节介绍的各部分研发工作都由一个多功能团队并行执行，大大提高了研发效率并保证了中试的成功。

5.1.1 固定床反应器概述

固体催化剂颗粒堆积起来所形成的固定床层静止不动，气体反应物自上而下流过床层，进行反应的装置称作固定床反应器[1-4]。

固定床反应器的优点有：固定床层内的气相流动接近平推流，有利于实现较高的转化率与选择性；可用较少量的催化剂和较小的反应器容积获得较大的生产能力；结构简单、催化剂机械磨损小；反应器的操作方便、操作弹性较大。

固定床反应器的缺点有：催化剂床层的传热系数较小，传热能力差，容易产生局部过热；受压降的限制，催化剂颗粒较大，可能导致较严重的内扩散影响；操作过程中，催化剂不能更换，不适于催化剂需频繁再生的反应过程。

除了固定床反应器，常用的气固相催化反应器还有移动床反应器和流化床反应器。移动床反应器的催化剂随着反应的进行逐渐下移，最后自底部连续排出。流化床反应器则是利用气体或液体自下而上通过固体颗粒层而使固体颗粒处于悬浮运动状态。固定床反应器的催化剂只能在停车状态下进行装卸，而移动床和流化床的催化剂都可以连续排出和补入。总体上来说，固定床反应器适用于催化剂失活周期以月计到以年计的反应，催化剂再生时只能切出反应器原位再生。移动床反应器适用于催化剂失活周期以几小时计到若干天计的反应，催化剂可以在反应器和再生器之间循环，实现连续反应再生。流化床适用于催化剂失活以秒计到以小时计的反应，循环流化床系统可以实现快速反应再生。

固定床反应器分为绝热式和列管式两种。绝热式反应器是指不与外界进行热交换的反应器。可分为单段绝热式和多段绝热式反应器（见图5.1）。

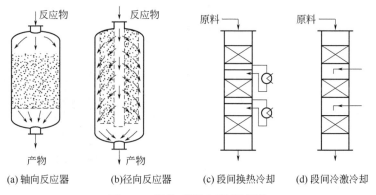

(a)轴向反应器　　(b)径向反应器　　(c)段间换热冷却　　(d)段间冷激冷却

图5.1　绝热式固定床反应器

绝热式反应器结构简单，床层横截面温度均匀，适用于热效应不大的反应。热效应较大时，可采用多段绝热式反应器，把催化剂床层分成几段，段间采用间接冷却或冷激控制反应温度。根据流体流动方向不同，绝热反应器又可分为轴向床和径向床两种，径向反应器的优点是流体流过的距离较短，流道截面积较大，床层阻力降较小。

列管式反应器结构类似管壳式换热器（见图5.2），管内均匀装填催化剂，管间通换热介质，利用换热介质通过管壁移走或供给热量。列管式反应器具有良好的传热性能，单位床层体积具有较大的传热面积，可用于热效应中等或稍大的反应过程，管内温度较易控制。对于极强的放热反应，还可用同样粒度的惰性物料来稀释催化剂。反应器由成千上万根"单管"组成，只要增加管数，便可有把握地进行放大。大型的列管式固定床反应器，反应器直径可以达到 8m 以上，管数可以达到 3 万根以上。

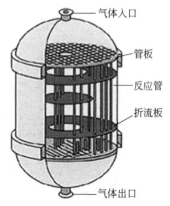

图 5.2　列管式固定床反应器

换热介质的选择对列管式固定床反应器很重要，不同的反应温度，要选择与之相适应的换热介质。热水作为换热介质，使用的温度范围是 40～100℃。这时候水不发生相变。沸腾水使用温度范围为 100～300℃，主要利用水变为蒸汽的相变焓来移热（见图 5.3），使用时需注意水质处理，脱除水中溶氧。导热油适用的温度范围为 200～350℃。导热油黏度低，无腐蚀，无相变。熔盐的使用温度范围为 300～450℃。熔盐由无机盐 KNO_3、$NaNO_3$、$NaNO_2$ 按一定比例组成，在一定温度时呈熔融液体，挥发性很小。但高温下渗透性强，有较强的氧化性（见图 5.4）。

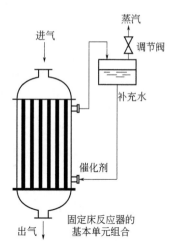

图 5.3　使用纯水作为移热介质的固定床系统

不管是哪种型式的固定床反应器，都要求反应物料的均匀分布，常用的气体分布器见图 5.5。

对于列管式固定床反应器，每根反应管下部的催化剂支撑结构也是重要的内构件，因为大型反应器反应管数很多，最好能方便安装和拆卸，缩短催化剂的装填和卸载周期。图 5.6 是几种催化剂支撑结构，总地来说，发展的趋势是从管帽支托向弹簧支托发展。图 5.7 是复合式弹簧支托的实物照片。

对于固定床反应器，催化剂的装填也是非常重要的事情，总的要求是催化剂床层要装填均匀，尤其对列管式反应器，各个反应管装填均匀、压降一致是保证反应器能够长周期运行的前提。

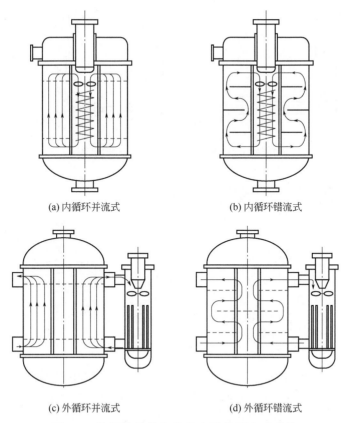

(a) 内循环并流式　　　　　　　　(b) 内循环错流式

(c) 外循环并流式　　　　　　　　(d) 外循环错流式

图 5.4　使用熔盐作为移热介质的固定床系统

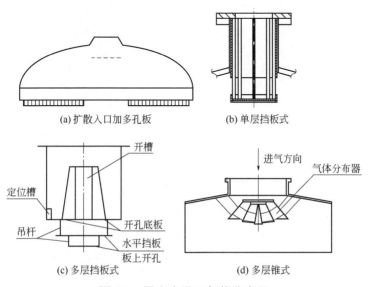

(a) 扩散入口加多孔板　　　　　　(b) 单层挡板式

(c) 多层挡板式　　　　　　　　　(d) 多层锥式

图 5.5　固定床进口气体分布器

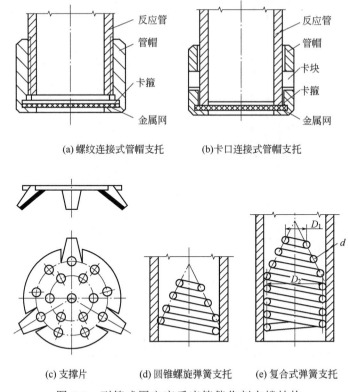

(a) 螺纹连接式管帽支托　　(b) 卡口连接式管帽支托

(c) 支撑片　　(d) 圆锥螺旋弹簧支托　　(e) 复合式弹簧支托

图 5.6　列管式固定床反应管催化剂支撑结构

图 5.7　复合式弹簧支托实物

　　装填催化剂时应选择晴朗的天气，催化剂不要长时间暴露在空气中。催化剂装填前用 10 目筛网过筛，以免将催化剂夹带粉尘带入塔内，增加催化剂床层阻力。为避免催化剂在反应管中发生"架桥"现象，催化剂的装填方法为分段计量法。为了使催化剂装填均匀，催化剂自漏斗匀速进入反应器，各段装填等质量的催化剂，然后测量剩余床层高度，核对装填质量与高度是否相符，力求装填均匀，使催化剂各处松紧一致。装填完毕后，测量反应管的压力降。超出压力降偏差范围

（所有反应管的压降以为平均值的±5%范围为标准）的反应管催化剂卸出、重新装填，直至满足压力降偏差范围。

5.1.2　固定床反应器开发案例

本节以乙酸酯加氢制乙醇为例，讲述固定床反应器的开发。

5.1.2.1　反应过程开发

（1）背景

乙醇是基础工业原料之一，广泛应用于食品、化工、军工、医药等领域，又是非常重要的清洁能源。随着能源供需矛盾的日益突出，燃料乙醇作为一种石油燃料的补充能源，越来越受到人们关注。乙酸酯加氢制乙醇工艺具有反应工艺及产物分离简单，成本低，原料及产物腐蚀性较弱等优点，能够缓解目前国内乙酸行业处于产能严重过剩的情况。

乙酸酯加氢涉及的主要反应及 25℃下的反应热如下所示：

主反应：

$$CH_3COOC_2H_5 + 2H_2 \longrightarrow 2CH_3CH_2OH \qquad \Delta H_r = -25.49kJ/mol$$

主要副反应：

$$CH_3CH_2OH \longrightarrow CH_3CHO + H_2 \qquad \Delta H_r = 68.72kJ/mol$$

$$CH_3CH_2OH \longrightarrow CH_2{=}CH_2 + H_2O \qquad \Delta H_r = 45.77kJ/mol$$

$$CH_2{=}CH_2 + H_2 \longrightarrow CH_3CH_3 \qquad \Delta H_r = -136.36kJ/mol$$

乙酸乙酯加氢制乙醇的开发工作总体上分为以下三个阶段：

① 小试研究：主要研究内容包括催化剂筛选及放大成型、反应动力学研究和工艺条件优化等。

② 单管试验：主要内容为工艺条件验证、工艺条件优化和操作可行域测试等。

③ 工业侧线：主要内容为装置性能考核和工业试验等。

（2）反应热力学分析

① 绝热温升：绝热温升是指反应完全转化时所放出的热量可以使物料升高的温度，其表达式是：

$$\Delta T_{ad} = \frac{-\Delta H y_{EA}}{C_p} X_{EA}$$

式中，分子为反应热（J/mol）与反应物摩尔分数（mol/mol）的乘积；分母为物料平均比热容 J/(mol·K)，X_{EA} 为反应物的转化率。可以看出，对连续操作的反应器而言该温度是与物料流量无关的，因此绝热温升可以作为衡量反应放热程度的指标。

② 乙酸乙酯加氢绝热温升计算：反应原料可视为纯的乙酸乙酯，乙酸乙酯转化率为99%，以 H_2/EA 物质的量之比为30为计算基础，各参数数值见表5.1。

表 5.1　绝热温升的计算式中各参数值

$-\overline{\Delta H}$ /(kJ/mol)	y_{EA}	$\overline{C_p}$ /[kJ/(kmol·K)]	X_{EA}
35.03	0.0322	35.23	0.99

反应绝热温升为：

$$\Delta T_{ad} = \frac{-\overline{\Delta H} y_{EA}}{\overline{C_p}} X_{EA} = \frac{35.03 \times 0.0322}{35.23 \times 10^{-3}} \times 0.99 = 31.7(℃)$$

反应绝热温升在32℃左右，属于弱放热反应体系，在工业反应器选型时，可考虑该反应体系是否适用于绝热式反应器。若改变反应条件中的氢酯比，物料的物质的量浓度和比热容发生变化，不同氢酯比下的绝热温升计算见表5.2。

表 5.2　不同氢酯比下反应绝热温升

H_2/EA	y_{EA}	$\overline{C_p}$ /[kJ/(kmol·K)]	X_{EA}	ΔT_{ad}/℃
10	0.0909	42.04	0.99	75.0
20	0.0476	37.04	0.99	44.6
30	0.0322	35.27	0.99	31.7
40	0.0244	34.48	0.99	24.5
50	0.0196	33.94	0.99	20.0

③ 等温反应器平衡转化率的计算：不同反应条件下平衡常数和平衡转化率见表5.3～表5.5。

表 5.3　不同反应温度下的平衡转化率（P=4MPa）

氢酯比	平衡转化率/%							
	170℃	180℃	190℃	200℃	210℃	220℃	230℃	240℃
2	91.42	84.61	74.88	67.12	64.89	62.76	60.72	58.76
10	97.85	97.42	96.92	96.36	95.72	95.02	94.25	93.40
20	99.05	98.86	98.64	98.38	98.09	97.77	97.40	96.99
30	99.39	99.27	99.13	98.96	98.78	98.57	98.33	98.06
40	99.56	99.46	99.36	99.24	99.10	98.94	98.77	98.57
50	99.65	99.58	99.49	99.40	99.29	99.17	99.02	98.87

表 5.4　不同反应温度下的化学平衡常数

温度/℃	170	180	190	200	210	220	230	240
K_{eq}	0.5757	0.4793	0.4015	0.3383	0.2866	0.2441	0.2090	0.1797

注：X 为平衡转化率，K_{eq} 为化学平衡常数。

表 5.5 不同压力下的平衡转化率（*T*=210℃）

氢酯比	平衡转化率/%		
	2.0MPa	4.0MPa	6.0MPa
10	91.93	95.72	97.19
20	96.30	98.09	98.74
30	97.62	98.78	99.19
40	98.24	99.10	99.40
50	98.61	99.29	99.53

④ 绝热反应器热力学计算：因乙酸乙酯加氢制乙醇反应属于弱放热反应，且温度对目的产物收率影响不大，因此可考虑使用绝热固定床反应器。在绝热反应器内，不同的进料温度下，氢酯比不同则反应的绝热温升不同，造成反应平衡常数和化学平衡转化率均有变化，数据如表 5.6 所示。

表 5.6 绝热反应器热力学计算

进料温度/℃	氢酯比	化学平衡常数 K_{eq}	出口温度/℃	平衡转化率 X
160	20	0.3229	202.8	98.31
	30	0.3982	190.5	99.12
	40	0.4493	183.6	99.43
	50	0.4857	179.3	99.58
170	50	0.4058	189.4	99.50
	40	0.3763	193.7	99.32
	30	0.3348	200.6	98.95
	20	0.2737	212.8	98.01
180	50	0.3411	199.5	99.40
	40	0.3171	203.9	99.19
	30	0.2832	210.7	98.76
	20	0.2332	222.9	97.67
190	20	0.1998	232.9	97.29
	30	0.2409	220.8	98.55
	40	0.2687	214.0	99.04
	50	0.2884	209.9	99.29
200	20	0.1721	242.9	96.86
	30	0.2059	231.0	98.30
	40	0.2289	224.1	98.87
	50	0.2452	219.7	99.17
210	20	0.1489	252.9	96.40
	30	0.1770	241.0	98.03
	40	0.1960	234.2	98.69
	50	0.2095	229.8	99.03
	60	0.2196	226.8	99.23

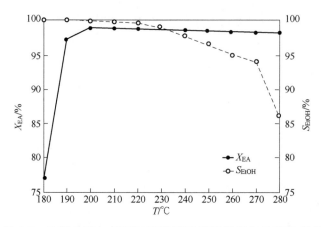

图 5.8　乙酸乙酯加氢制乙醇反应乙酸酯转率与乙醇选择性

比较分析表 5.6 热力学数据与图 5.8（图中横坐标为反应温度，纵坐标 X 为转化率，S 为选择性），较低的入口温度可使平衡转化率增大，但反应速率降低，催化剂装填量增大。提高入口温度，反应速率增大，催化剂装填量可降低，但平衡转化率下降。

（3）本征动力学研究

气固相反应过程中，排除内、外扩散阻力时测得的反应速率，均为本征反应速率。相应的动力学称为本征反应动力学。从反应工程的观点看，多相催化反应的动力学研究，其首要问题是找出反应速率方程。多相催化反应是一个多步骤过程，包括吸附，脱附及表面反应等步骤，如何从所确定的反应步骤中确定反应的速控步骤是研究的关键。建立速率方程一般包括下列几方面的工作：设想各种反应机理，导出不同的速率方程；进行反应动力学实验，测定所需的动力学数据；根据所得的实验数据对所导出的可能的速率方程进行筛选和参数估算，确定出合适的速率方程。显然，这三部分的工作是相互关联的，必须反复地进行才能获得预期的结果。本工作针对乙酸乙酯加氢制乙醇反应，在排除内外扩散的条件下，采用固定床积分反应器，选用双曲形动力学模型，基于 Langmuir-Hinshelwood 机理，进行乙酸乙酯加氢制乙醇本征动力学研究[5]。通过本征反应动力学判断反应机理，为工业放大反应中催化剂的内扩散影响提供判断依据。

① 本征动力学实验装置　本征动力学实验装置如图 5.9 所示。采用 ϕ10mm×600mm 的管式反应器，内装热电偶套管，催化剂与石英砂等体积稀释装在反应管恒温区内。实验开始时先用 N_2 对装置进行吹扫，去除装置中的杂质以及残余空气，然后通入 H_2 按还原温度进行升温还原。H_2 经过减压阀控制压力，然后通过体积流量计计量，原料乙酸乙酯采用体积流量计计量，两者预热后通入反应器，经催化反应生成乙醇，反应稳定后进行实验数据测定。反应后混合气通过保温管路至冷凝器，再经气液分离，液相产物可用作分析，气体经皂膜流量计测量流量后放空。

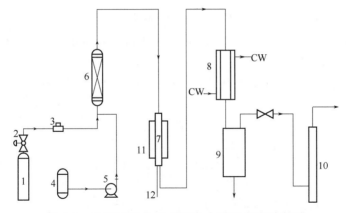

图 5.9　乙酸乙酯加氢本征动力学研究实验装置

1—氢气钢瓶；2—减压阀；3—体积流量计；4—乙酸乙酯储罐；5—进料泵；6—汽化炉；7—等温积分
反应器；8—冷凝器；9—气液分离器；10—皂膜流量计；11—电加热器；12—热电偶

② 本征动力学模型的建立　图 5.10 为描述气固相催化反应基本过程的示意图。

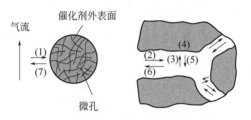

图 5.10　气固相催化反应基本过程

颗粒内部为纵横交错的孔道，其外表面则为一气体层流边界层所包围，是气相主体与催化剂颗粒外表面间传递作用的阻力所在。由于化学反应发生在催化剂表面上，因此反应物必须从气相主体向催化剂表面传递，反之在催化剂表面生成的产物又必须从表面向气相主体扩散。

高温下乙酸乙酯加氢反应中常伴随副反应发生，由于在实验条件范围内乙醇的选择性均高于 99%，因此在研究乙酸乙酯加氢反应动力学时，可以仅考虑主反应。

乙酸乙酯加氢制乙醇反应可能包含以下 4 个主要步骤：

a. 乙酸乙酯吸附变成吸附态乙酸乙酯 EA*；

b. 氢气吸附变成吸附态氢气 H_2*；

c. 吸附态乙酸乙酯 EA* 和吸附态氢气 H_2* 生成吸附态乙醇 EtOH*；

d. 吸附态乙醇 EtOH* 经脱附形成产物乙醇。

反应机理如下：

$$EA + * \longrightarrow EA*$$

$$H_2 + * \longrightarrow H_2*$$

$$EA* + 2H_2* \longrightarrow 2EtOH* + *$$

$$EtOH^* \longrightarrow EtOH + *$$

采用双曲形动力学模型，基于 Langmuir-Hinshelwood 反应机理和速控步骤理论，建立相应的反应速率方程。

a. 假设 EA 吸附为速率控制步骤，该步的速率即等于反应速率。

$$r = \frac{k_{aEA}\left(P_{EA} - \dfrac{P_{EtOH}^2}{K_P P_{H_2}^2}\right)}{1 + \dfrac{K_{EA} P_{EtOH}^2}{K_P P_{H_2}^2} + K_{H_2} P_{H_2} + K_{EtOH} P_{EtOH}}$$

b. 假设 H_2 吸附为速控步骤，该步的速率即等于反应速率。

$$r = \frac{k_{aH_2}\left(P_{H_2} - \dfrac{P_{EtOH}^2}{K_P P_{EA}^2}\right)}{1 + \dfrac{K_{H_2} P_{EtOH}^2}{K_P P_{EA}^2} + K_{EA} P_{EA} + K_{EtOH} P_{EtOH}}$$

c. 假设表面反应为速控步骤，该步的速率即等于反应速率。

$$r = \frac{k\left(P_{EA} P_{H_2}^2 - \dfrac{P_{EtOH}^2}{K_P}\right)}{(1 + K_{EA} P_{EA} + K_{H_2} P_{H_2} + K_{EtOH} P_{EtOH})^3}$$

d. 假设 EtOH 脱附为速控步骤，该步的速率即等于反应速率。

$$r = \frac{\sqrt{K}\left(\sqrt{P_{EA}} P_{H_2} - \dfrac{P_{EtOH}}{\sqrt{K_P}}\right)}{1 + K_{EA} P_{EA} + K_{H_2} P_{H_2} + K_{EtOH} P_{H_2}\sqrt{K_P P_{EA}}}$$

③ 本征动力学数据采集　在反应压力 4.0MPa，液时空速 LHSV=3.2～4.5h^{-1}，反应温度 453.15～503.15K，汽化温度为 453.15K，氢酯比为 5～30 的条件下，获得乙酸乙酯加氢反应中乙酸乙酯和各产物分布数据。通过对其中 25 组数据拟合，得到具体数据见表 5.7。

表 5.7　本征动力学实验数据（模型 c）

T/K	$\dfrac{H_2}{EA}$	LHSV /h^{-1}	X_i[①]（摩尔分数）						η_{EA}[②] /%	S_{EtOH}[②] /%	$-r$/[mol/(g·h)]		η_R[⑤] /%
			乙酸乙酯	氢气	乙醇	乙烷	水	乙醛			exp[③]	cal[④]	
453.15	15	4.0	5.16	92.54	2.29	0.0086	0.0086	0	18.34	99.26	0.0224	0.0227	1.33
453.15	20	4.2	4.03	94.45	1.52	0.0073	0.0073	0	16.06	99.05	0.0204	0.0165	19.11
453.15	25	4.5	3.34	95.62	1.04	0.0066	0.0066	0	13.74	98.75	0.018	0.0166	7.77

续表

T/K	$\frac{H_2}{EA}$	LHSV /h^{-1}	X_i[①]（摩尔分数）						$\eta_{EA}^{②}$ /%	$S_{EtOH}^{②}$ /%	$-r/[mol/(g·h)]$		$\eta_R^{⑤}$ /%
			乙酸乙酯	氢气	乙醇	乙烷	水	乙醛			exp[③]	cal[④]	
463.15	5	4.2	12.93	78.57	8.5	0.1546	0.1546	0	25.73	96.55	0.014	0.0123	12.14
463.15	10	4.5	7.21	88.7	4.09	0.0141	0.0141	0	22.29	99.32	0.032	0.0233	27.18
473.15	30	3.2	1.35	94.79	3.87	0.0064	0.0064	0	59.09	99.67	0.011	0.012	9.09
473.15	10	3.5	4.72	85.7	9.59	0.013	0.013	0	50.51	99.73	0.0122	0.0123	0.81
473.15	15	3.8	2.81	89.88	7.31	0.0099	0.0099	0.0004	56.64	99.72	0.0138	0.012	13.04
473.15	20	4.0	2.51	92.78	4.71	0.0059	0.0059	0.0005	48.46	99.73	0.015	0.0181	20.66
473.15	25	4.2	1.94	94.11	3.95	0.005	0.005	0.0004	50.61	99.73	0.0159	0.0167	5.03
473.15	30	4.5	1.78	95.24	2.99	0.0041	0.0041	0.0003	45.79	99.71	0.0174	0.0189	8.62
483.15	30	3.5	1.23	95.34	3.43	0.23	0.23	0.0004	62.63	88.71	0.0174	0.0189	8.62
483.15	30	3.8	1.3	94.74	3.96	0.0052	0.0052	0.0004	60.41	99.72	0.0217	0.0177	18.43
483.15	10	4.2	4.96	85.99	9.05	0.0118	0.0118	0.0009	47.81	99.72	0.0273	0.0233	14.65
483.15	15	4.5	3.4	90.55	6.0519	0.0091	0.0091	0.0009	47.22	99.67	0.0311	0.0292	6.1
493.15	20	3.8	1.97	92.18	5.85	0.0071	0.0071	0.0007	59.9	99.73	0.0236	0.0267	13.13
493.15	25	4.0	1.66	93.81	4.53	0.0052	0.0052	0.0007	57.85	99.74	0.0327	0.0299	8.56
493.15	30	4.2	1.63	95.08	3.23	0.004	0.004	0.0005	50.51	99.73	0.043	0.0379	11.86
493.15	30	4.5	1.78	95.24	2.985	0.0044	0.0044	0.0003	45.79	99.69	0.0583	0.0438	24.87
503.15	25	3.2	1.21	93.33	5.46	0.0058	0.0058	0.0008	69.33	99.76	0.0174	0.0224	28.73
503.15	20	3.5	1.84	92.1	6.06	0.0249	0.0249	0.0009	62.53	99.16	0.0356	0.0338	5.05
503.15	5	3.8	9.38	73.19	17.43	0.0184	0.0184	0.0018	48.26	99.77	0.0593	0.0441	25.63
503.15	10	4.0	5.07	86.13	8.8	0.0133	0.0133	0.0013	46.56	99.67	0.073	0.0592	18.9
503.15	30	4.2	2.15	95.64	2.21	0.0036	0.0036	0.00067	34	99.67	0.0813	0.0875	7.62
503.15	5	4.5	12.38	77.41	10.2	0.0268	0.0268	0.0026	29.36	99.43	0.08	0.0925	15.62

① X_i 为各组分摩尔分数。

② η_{EA} 和 S_{EtOH} 分别为乙酸乙酯转化率和乙醇选择性。

③ $-r_{exp}$ 为实验中测定的反应速率。

④ $-r_{cal}$ 为计算获得的反应速率。

⑤ η_R 为实验值和计算值的相对误差。

④ 模型的参数估值与识别　模型中 K_P 为化学平衡常数，可通过热力学计算获得，如图 5.11 所示。图中横坐标为温度，纵坐标为反应平衡常数。反应速率常数 $k = k_0 \exp\dfrac{-E_a}{RT}$；表面反应各组分吸附平衡常数 $k_i = k_{i,0} \exp\dfrac{E_{a,i}}{RT}$，$i$ 代表乙酸乙酯、氢、乙醇、乙烷、乙醛和水等反应所涉及的组分。采用单纯形法对实验数据进行参数估值，目标函数为：$S = \sum\limits_{j=1}^{m}(r_{cal.j} - r_{exp.j})^2$。

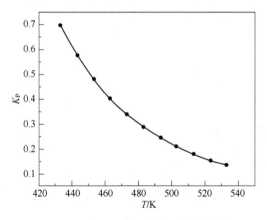

图 5.11　不同温度下的化学平衡常数

将数据带入本征动力学方程，给定模型初值，由式 $k=k_0 \exp\dfrac{-E_a}{RT}$，$k_i=k_{i,0}\exp\dfrac{E_{a,i}}{RT}$ 计算，根据动力学模型 c 可得到 r_{cal}，从而得到目标函数式的值。采用单纯形法优化，如果目标函数值达到最小，就输出结果，否则重新调整模型参数值。以模型 a、b、d 的反应速率控制步骤所得出的动力学模型未能重现实验得到的反应速率数据，得到的结果不合理；仅当模型 c 为控制步骤时，得到的模型计算结果较为合理，实验值和计算值的相对误差如表 5.7 所示。拟合模型 a、b、c、d 得到活化能以及指前因子，见表 5.8。

表 5.8　活化能、指前因子的参数估算

模型	活化能（吸附热）/(kJ/mol)				指前因子/[mol/(g·h·MPa^{-3})]			
	K	K_{EA}	K_{EtOH}	K_{H_2}	K	K_{EA}	K_{EtOH}	K_{H_2}
a	2.9	4.41	91.5	6.9	2.9×10^6	4.4×10^{-8}	4.5×10^{-3}	2.0×10^{-3}
b	237.4	27.2	75.9	0.2	6.3×10^{10}	5.4×10^{-7}	1.5×10^{-3}	1.1×10^{-3}
c	59.4	47.1	24.8	20.9	2.3×10^5	5.9×10^{-6}	3.6×10^{-3}	2.6×10^{-4}
d	139.6	35.77	10.1	2.9×10^{-8}	3.3×10^{12}	3.6×10^{-5}	3.8×10^{-2}	1.9×10^{-2}

⑤ 模型检验　根据 Boudart 等提出的判定反应动力学合理性的四条准则：

$$\Delta S<0；\ |\Delta S|<S_g；\ |\Delta S|>41.8；\ |\Delta S|<51-0.0014\Delta H$$

对所得模型进行进一步校验，上式中 S_g 为标准熵，ΔS 为吸附熵变，ΔH 为吸附焓变。可将 $K_i=K_{i0}e^{Q_i/RT}$ 改成 $K_i=K_{i0}e^{-\Delta S/R}e^{-\Delta H/RT}$，经检验，模型 a、b、d 均不符合以上准则，仅模型 c 符合。检验结果见表 5.9。

综合上述分析，推荐的模型 c 是可取的。

本征动力学得到的不同温度下的乙酸乙酯加氢反应速率的模型计算值与实验测定值比较见图 5.12，图中横坐标为实验值，纵坐标为计算值。

表 5.9　模型检验结果

模型	ΔH/(kJ/mol)			ΔS/(kJ/mol)			S_g/(kJ/mol)			51.0-0.0014ΔH		
	EA	EtOH	H₂	EA	EtOH	H₂	EA	EtOH	H₂	EA	EtOH	H₂
a	−4412.3	−91499	−6857	−140.8	−44.87	−21.5	359.4	282.7	130.7	57.18	179.1	60.6
b	−27176	−75859	−200	−120.1	−54.31	−57	359.4	282.7	130.7	89.1	157.2	51.3
c	−59414	−47117	−24791	−100.2	−46.9	−68.7	359.4	282.7	130.7	117	85.7	80.3
d	−35771	−10142	−2.9×10⁻⁵	−85	−27.1	−33.2	359.4	282.7	130.7	151.1	64.2	51

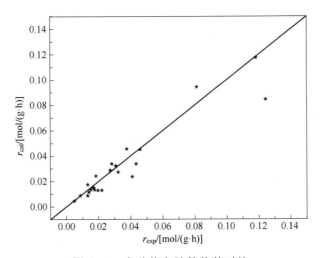

图 5.12　实验值和计算值的对比

对动力学方程进行 F 统计和复相关指数检验，以检验动力学模型对实验数据的实用性，结果见表 5.10。

表 5.10　模型参数统计检验结果

M	M_p	R^2	F	$F_{0.05}$	S
25	8	0.94924	39.739	2.3053	0.019749

F 为回归均方和与模型残差均方和之比：

$$F = \frac{\left[\sum_{j=1}^{m} r_{exp}^2 - \sum_{j=1}^{m} (r_{exp} - r_{cal})^2 \right] / M_p}{\sum_{j=1}^{m} (r_{exp} - r_{cal})^2 / (M - M_p)}$$

R^2 是决定性指标：

$$R^2 = 1 - \sum_{j=1}^{m} (r_{exp} - r_{cal})^2 / \sum_{j=1}^{m} r_{exp}^2$$

M_p 为参数个数，M 为实验次数。由表 5.10 知，所建模型的复相关指数大于 0.9，且 F 统计量比置信区域为 95%的临界 F 统计量大 10 倍以上，说明模型在数理统计学方面能够正确反映实验结果，因此本征动力学模型方程是显著的和可信的。

⑥ 小结　结合反应机理，基于不同的速率控制步骤假设推导出多个反应速率方程表达式，通过实验测试和参数回归，得到最优的速率表达式，本征反应动力学研究有助于判断反应机理，并可为成型催化剂的内扩散影响提供判断基础。

（4）宏观动力学研究

所谓宏观动力学，是指除考虑化学反应步骤外，还需综合考虑传质、扩散、传热等物理过程，是研究多相化学反应速率及其变化规律的科学。在多相催化反应中，包含催化剂内扩散过程影响下测得的反应速率称宏观反应速率。本研究使用铜系酯加氢催化剂，在排除外扩散的条件下，进行宏观动力学深入研究[6]。在不同的实验条件下，依据实验数据，采用幂函数动力学模型和非线性最小二乘优化算法进行参数估计，最终建立起适于工业应用的宏观动力学方程。

① 宏观动力学实验装置　宏观动力学实验装置见图 5.13。

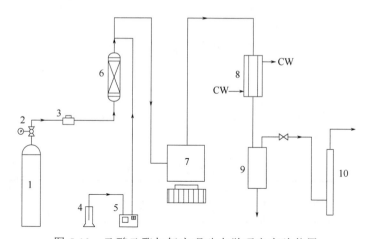

图 5.13　乙酸乙酯加氢宏观动力学研究实验装置

1—氢气钢瓶；2—减压阀；3—体积流量计；4—乙酸乙酯储罐；5—进料泵；6—汽化炉；
7—无梯度反应器；8—冷凝器；9—气液分离器；10—皂膜流量计

实验开始时同样先用 N_2 对装置进行吹扫，去除装置中的杂质以及残余空气，然后通入 H_2 按还原温度进行升温还原。H_2 经过减压阀控制压力，然后通过体积流量计计量，原料乙酸乙酯采用体积流量计计量，两者预热后通入内循环无梯度反应器，经催化反应生成乙醇，反应稳定后进行实验数据测定。反应后混合气通过保温管路至冷凝器，再经气液分离，液相产物可用作分析，气体经皂膜流量计测量流量后放空。

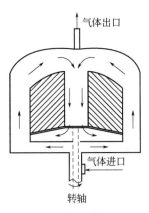

气体出口

转轴

图 5.14 内循环无梯度
反应器结构示意图

结合乙酸乙酯加氢制乙醇反应的操作条件以及进行宏观动力学实验的基本要求，确定实验条件如下：反应温度 180～230℃，压力 2.5～5.5MPa，H_2/EA=5～30，液时空速 0.6～2.5h^{-1}。

内循环无梯度反应器示意图及其参数指标见图 5.14 和表 5.11。

② 动力学模型及参数估计 为便于工程设计的应用，宏观动力学方程模型一般用幂函数形式，反应速率常数采用修正的阿伦尼乌斯方程，形式如下：

$$r = k_0 \left(\frac{T}{T_0} \right)^n \mathrm{e}^{-\frac{E_a}{R}\left(\frac{1}{T} - \frac{1}{T_0}\right)} P_{H_2}^{\alpha} P_{EA}^{\beta}$$

式中，T_0 为参考温度，在本文中取为 T_0=453.15K；α 和 β 分别为氢气和乙酸乙酯的分压指数。

表 5.11 反应器主要技术指标

项目	指标	项目	指标
长时间连续操作温度	≤500℃	加热炉升温电流	<6A
短时间（24h 内）连续操作温度	≤520℃	床层温度波动允差	±1℃
设计压力	11.8MPa	催化剂筐的容积	12mL
搅拌的转速	≤3000r/min	自由空间	145mL
加热炉的功率	2kW	主材质	不锈钢（1Cr8Ni9Ti）
加热炉升温电压	<220V		

对于无梯度反应器，催化床层内达到理想全混流的组成，所以在编程时无需对床层进行积分，反应速率可以下式表示：

$$r_{EtOH} = \frac{N_{out} y_{EtOHout} - N_{in} y_{EtOHin}}{W} = \frac{N_{in}(y_{EtOHout} - y_{EtOHin})}{W}$$

根据各组实验数据，模型方程的参数确定就变成单纯的非线性优化问题。采用非线性最小二乘法对实验数据进行参数估值，目标函数为：

$$S = \sum_{j=1}^{m} (r_{cal.j} - r_{exp.j})^2$$

式中，r_{cal} 为模型计算值，r_{exp} 为实验测定值。

经计算得到模型中各参数为 α=0.32，β=0.28，n=-3，E_a=60555.068J/mol，k_0=1.65×10^{-4}mol/(g·h·kPa$^{-0.6}$)。将各参数值代入乙酸乙酯加氢反应的宏观动力学

方程：

$$r = 1.65 \times 10^{-4} \left(\frac{T}{T_0}\right)^{-3} e^{-\frac{60555.068}{R}\left(\frac{1}{T}-\frac{1}{T_0}\right)} P_{H_2}^{0.32} P_{EA}^{0.28}$$

③ 模型适用性检验　对动力学数据进行残差检验。宏观动力学得到的不同温度下的乙酸乙酯加氢反应速率的残差分布见图 5.15（图中横坐标为实验次数，纵坐标为残差），其平均相对误差值为 12.09%。模型计算值和实验值的对比图如图5.16 所示（横坐标为氢酯比，纵坐标为反应速率）。

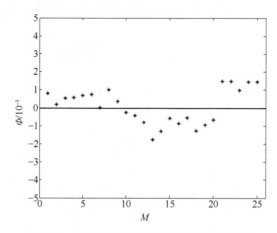

图 5.15　模型计算值和实验值的残差分布

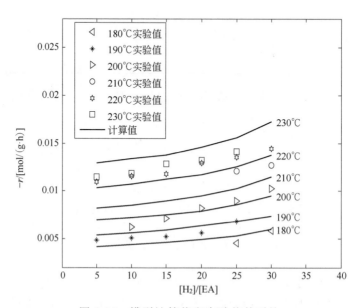

图 5.16　模型计算值和实验值的对比

对动力学方程进行 F 统计和复相关指数检验，以检验动力学模型对实验数据的实用性，结果见表 5.12。表 5.12 中 R^2 是复相关指数，F 为回归均方和与模型残差均方和之比，S 为总平方和，M_p 为参数个数，M 为实验次数。

表 5.12　模型参数统计检验结果

M	M_p	R^2	F	$F_{0.05}$	S
25	5	0.91662	252.842	2.5336	3.972×10^{-8}

由表 5.12 知，所建模型的复相关指数大于 0.9，且 F 统计量比置信区域为 95% 的临界 F 统计量大 10 倍以上，说明模型在数理统计学方面能够正确反映实验结果，因此模型方程是显著的和可信的。

④　内扩散有效因子　将实验室中不同规格的原颗粒 $\phi5\times5$ 和 $\phi3\times3$ 催化剂内扩散有效因子进行比较，进而对催化剂的催化性能进行判断。

表 5.13 中比较了 $\phi5\times5$ 和 $\phi3\times3$ 催化剂在不同温度下的反应速率，通过宏观动力学实验获得两种催化剂的内扩散因子之比，如公式（1）所示为 0.72。$\phi3\times3$ 催化剂比 $\phi5\times5$ 催化剂的内扩散影响更小，催化性能更好。

$$\frac{\eta_{\phi5\times5}}{\eta_{\phi3\times3}}=\frac{r_{\phi5\times5}}{r_{\phi3\times3}}=0.72 \tag{1}$$

表 5.13　$\phi5\times5$ 和 $\phi3\times3$ 催化剂在不同温度下的反应速率比较

温度/℃	230	220	210	200	190	180
$r_{\phi5\times5}$/[mol/(g·h)]	0.00351	0.00347	0.00336	0.00345	0.0029	0.0027
$r_{\phi3\times3}$/[mol/(g·h)]	0.0050	0.00481	0.00441	0.00454	0.00418	0.00384
内扩散因子之比	0.72					

另外，通过宏观动力学和本征动力学的研究获得宏观反应速率和本征反应速率，通过实验数据计算获得内扩散有效因子 η 表达式如下：

$$\eta_a=\frac{内扩散对过程有影响时的反应速率}{内扩散对过程无影响时的反应速率}=\frac{r_{宏观}}{r_{本征}}$$

在温度 180～230℃，氢酯比为 10，液时空速 $2.0h^{-1}$ 实验条件下，分别获得了 $\phi3\times3$ 催化剂宏观反应速率和本征反应速率，见图 5.17（横坐标为温度，纵坐标为内扩散效率因子）。从图中可以看出，随着温度的升高，内扩散效率因子逐渐减小，即内扩散的影响逐渐加大。

通过数据拟合，获得内扩散有效因子表达式如下（T_{as} 为催化剂颗粒温度）：

$$\eta_{\phi3\times3}=60.5117-0.23783T_{as}+0.000235T_{as}^2$$

在实际生产中，要提高多相催化反应的反应速率以强化反应器的生产强度，办法之一就是使内扩散有效因子值增大。缩小催化剂粒径，增大催化剂的孔容和孔径，都可提高内扩散系数，从而提高反应速率。

⑤ 小结 通过对宏观动力学反应速率和本征动力学反应速率比较，获得不同条件下，不同粒径催化剂内扩散有效因子，为原颗粒催化剂的改善提供了技术依据，也为工业反应器选型及反应过程模拟提供了基础。

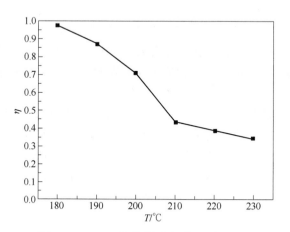

图 5.17 $\phi 3 \times 3$ 催化剂内扩散有效因子

（5）反应动力学模型修正

前面讲到，在实验数据的基础上，采用幂函数动力学模型，运用非线性最小二乘法，拟合得到乙酸乙酯加氢反应体系的宏观动力学方程为：

$$r = 1.6468 \times 10^{-4} \left(\frac{T}{T_0} \right)^{-3} \mathrm{e}^{-\frac{60555.068}{R} \left(\frac{1}{T} - \frac{1}{T_0} \right)} P_{\mathrm{H}_2}^{0.32} P_{\mathrm{EA}}^{0.28}$$

由于热损失等原因，实验室结果与单管装置的实际结果是有差距的。根据单管装置现场的数据对动力学方程进行校正，可以更符合实际生产状况，提高模型的准确度。根据不同工况下的模型计算值和单管装置（图 5.18）的实际值，得到校正因子 $\alpha = 1.4$。因此，校正后的动力学方程表达式为：

$$r' = 1.4r = 2.3058 \times 10^{-4} \left(\frac{T}{T_0} \right)^{-3} \mathrm{e}^{-\frac{60555.068}{R} \left(\frac{1}{T} - \frac{1}{T_0} \right)} P_{\mathrm{H}_2}^{0.32} P_{\mathrm{EA}}^{0.28}$$

（6）反应器模型

为全面了解反应过程的信息，对该过程分别建立了一维拟均相、二维拟均相和二维非均相模型[7-12]。这些模型的特点见图 5.19。

① 一、二维拟均相模型及单管运行数据的比较 在压力为 6.6MPa、控制温度为 204℃时，对不同氢酯比下的四组工况进行模拟，乙酸乙酯转化率模拟值与

图 5.18　乙酸乙酯加氢制乙醇单管装置

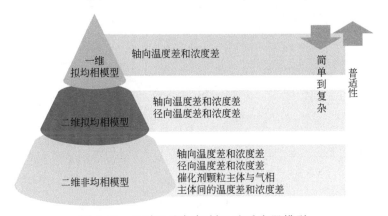

图 5.19　乙酸乙酯加氢制乙醇反应器模型

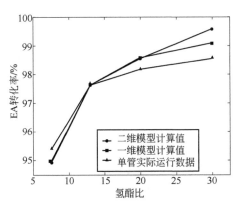

图 5.20　不同氢酯比时的乙酯转化率
实际值与模拟值的对比

实际值的对比如图 5.20 所示，图中横坐标为氢酯比，纵坐标为乙酸乙酯转化率，三条曲线分别代表二维、一维模型计算值和单管实际运行数据。床层温度分布模拟值与实际值的对比如图 5.21 所示。图中横坐标为反应器长度，纵坐标为反应器床层温度。

其中，一维拟均相模拟转化率与实际转化率的平均相对误差为 0.48%，模拟热点温度和实际热点温度的平均相对误差为 0.57%；二维拟均相模拟转化率与实际转化率的平均相对误差为 0.36%，模拟热点温度和实际热点温度的平均相对误差为 0.14%。从模拟结果可以看出，随着氢酯比的增大，反应器出口的 EA 转化率逐渐增大，热点温度逐渐降低，热点位置略微提前。

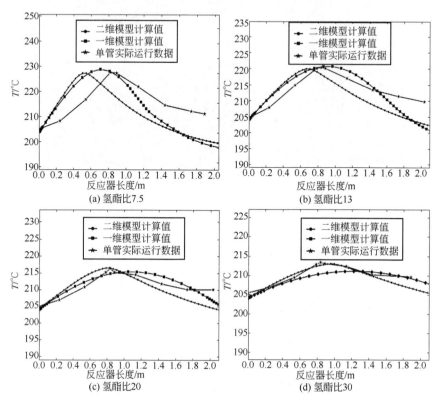

图 5.21　不同氢酯比的床层温度分布实际值与模拟值的对比

在压力为 5.5MPa、氢酯比为 13 时，对不同控制温度下的七组工况进行模拟，乙酸乙酯转化率模拟值与实际值的对比如图 5.22 所示，图中横坐标为反应器进口温度，纵坐标为乙酸乙酯的转化率。床层温度分布实际值和模拟结果如图 5.23 所示。其中，一维拟均相模拟转化率与实际转化率的平均相对误差为 0.32%，模拟热点温度和实际热点温度的平均相对误差为 1.1%；二维拟均相模拟转化率与实际转化率的平均相对误差为 0.31%，模拟热点温度和实际热点温

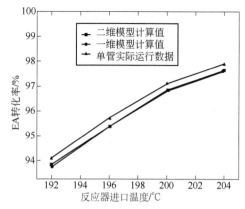

图 5.22　不同入口温度时的 EA 转化率实际值与模拟值的对比

度的平均相对误差为 0.69%。从模拟结果可以看出，随着进口温度的增大，反应器出口的 EA 转化率逐渐增大，热点温度逐渐增大，热点位置略微提前。

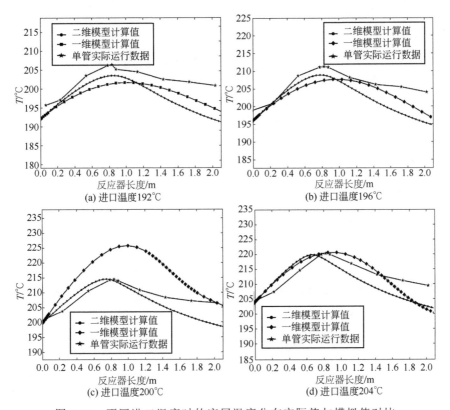

图 5.23　不同进口温度时的床层温度分布实际值与模拟值对比

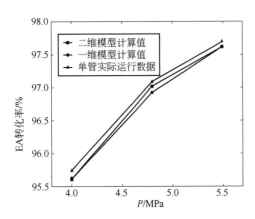

图 5.24　不同压力时的 EA 转化率
实际值与模拟值对比

在控制温度为 204℃、氢酯比为 13 时，对不同压力下的三组工况进行模拟，压力分别为 4.0MPa、4.8MPa 和 5.5MPa 时的乙酸乙酯转化率模拟值与实际值的对比如图 5.24 所示，图中横坐标为反应压力，纵坐标为乙酸乙酯的转化率。床层温度分布模拟值与实际值的对比如图 5.25 所示。其中，一维拟均相模拟转化率与实际转化率的平均相对误差为 0.25%，模拟热点温度和实际热点温度的平均相对误差为 0.77%；二维拟均相模拟转化率与实际转化率的平均相对误差为 0.26%，模拟热点温度和实际热点温度的平均相对误差为 0.47%（表 5.14）。从模拟结果可以看出，随着压力的增大，反应器出口的乙酯转化率逐渐增大，热点温度基本不变，热点位置略微提前。

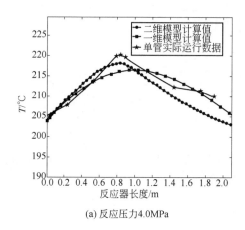

(a) 反应压力4.0MPa

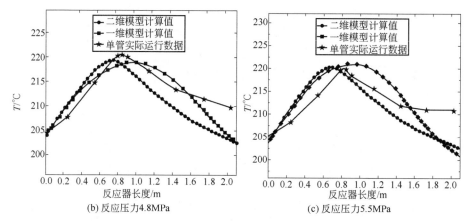

(b) 反应压力4.8MPa

(c) 反应压力5.5MPa

图 5.25　不同压力时的床层温度分布实际值与模拟值对比

表 5.14　一、二维拟均相反应器模型与单管实验数据相对误差汇总

项目	δ_{r1}/%		δ_{r2}/%	
	转化率	热点温度	转化率	热点温度
不同氢酯比	0.48	0.57	0.36	0.14
不同入口温度	0.32	1.1	0.31	0.69
不同压力	0.25	0.77	0.26	0.47

注：δ_{r1} 为一维拟均相反应器模型与单管实际运行结果的相对误差，δ_{r2} 为二维拟均相反应器模型与单管实际运行结果的相对误差。

②　二维非均相反应器模型　在工业上，能够测到的温度通常是气相主体温度，催化剂颗粒实际温度需要通过模型计算和预测。由于反应速率对温度具有敏

感性，气相主体与颗粒的温差对反应速率的影响不可忽视。如果忽略这种影响，在进行反应过程优化计算时，最优温度就可能被颗粒和气相间温度差所覆盖而达不到预计优化的目的。并且由于传热过程与反应过程相互交联，可能产生温度升高，反应速率剧增，反应放热速率愈大，颗粒与流体间温差也愈大，促使反应温度进一步上升的恶性循环。这种现象的存在对传热和反应器的操作、控制都提出了特殊的要求。因此，建立分别考虑气相和固相质量与热量平衡的非均相模型是非常必要的。

对气固相催化反应来说，只有在反应组分能传递到达催化剂表面的活性中心的条件下，催化剂才能发挥作用。由于气固相反应首先发生在固体催化剂表面，再从固体表面扩散至气相主体，因此在乙酸乙酯加氢制乙醇反应中，固相乙酸乙酯浓度应该小于气相主体乙酸乙酯浓度。图 5.26 显示了气、固相主体乙酸乙酯径向平均浓度沿管长的分布情况，图中横坐标为反应器长度，纵坐标为乙酸乙酯气相或固相主体浓度。通过对比分析乙酸乙酯在径向的平均浓度可知，乙酸乙酯在固相主体中浓度 $C_{EA,s}$ 略小于气相主体中的浓度 $C_{EA,g}$。

由于乙酸乙酯加氢制乙醇是放热反应，气相主体温度应高于固相主体温度；又由于反应焓变为 $\Delta H = -40.6\text{kJ/mol}$，放热量较小，因此，气、固相主体温差较小。图 5.27 显示了气、固相主体径向平均温度沿管长的分布模拟结果，图中横坐标为反应器长度，纵坐标为气相或固相主体温度。通过对比分析径向平均温度可知，气相中的温度 $T_{EA,g}$ 略大于其在固相中温度 $T_{EA,s}$，温差很小。

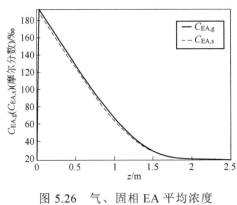

图 5.26　气、固相 EA 平均浓度
沿管长的分布

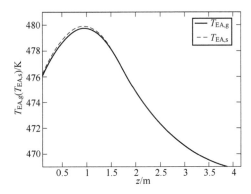

图 5.27　气、固相主体径向平均温度
沿管长的分布

图 5.28 和图 5.29 是不同催化剂粒径下二维非均相模拟结果。从图 5.21 可以看出随着管长增加，乙酸乙酯转化率逐渐增大，最后达到最大值后保持不变。催化剂粒径越小，加氢反应较快达到最高转化率。催化剂催化性能越好，催化剂粒径大于 5mm 后，催化剂催化性能较差，相同条件现难实现高转化率。

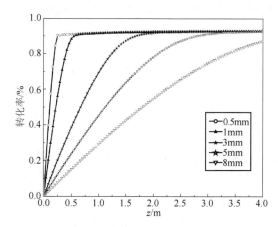

图 5.28　采用不同粒径催化剂 EA 转化率沿管长的分布

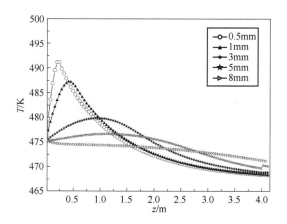

图 5.29　采用不同粒径催化剂温度沿管长的分布

　　从图 5.29 中可看出随着催化剂粒径的减小，床层中温度升高很快，热点温度前移。当粒径为小于 1mm 时，易发生"飞温"。在床层空隙率不变的情况下，颗粒的直径变小后，内扩散影响减小，有效因子变大，实际反应速率增加，床层中边壁给热系数虽然变大，但径向有效导热系数减小得更快，使得反应过程中热量移除速率变慢，床层温度升高，温度升高后又使反应速率增加，使温度升得更快，所以颗粒直径减小后，反应器温度升高很快。

　　从以上分析可以看出，催化剂颗粒的大小直接影响着床层的压降、颗粒温度、浓度的分布、床层的传热等，最终都会影响反应速率。颗粒直径过小，虽然内扩散影响减小，但压降变大，不利于反应；催化剂颗粒直径过大，床层的压降减小虽利于反应和操作，但大颗粒又不利于颗粒的内部传质，所以存在一个最佳的颗粒直径。二维非均相模型中考虑到了所有上述影响。

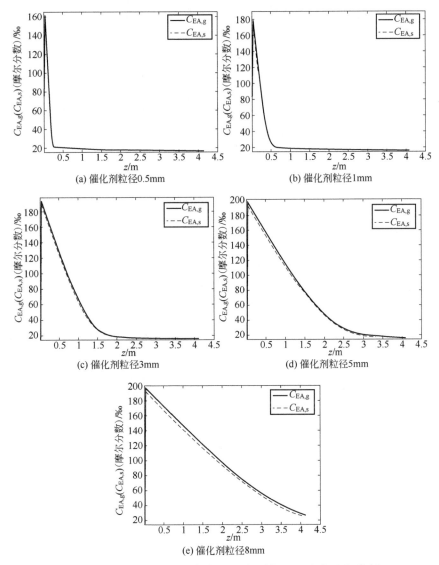

图 5.30 不同粒径催化剂条件下气固相 EA 浓度对比分析

不同催化剂粒径条件下气固相主体 EA 浓度、温度对比分析见图 5.30 和图 5.31。从图 5.30 中可以看出，催化剂粒径小于 3mm 时，气固相主体 EA 浓度没有差异，随着催化剂粒径的增大，气相主体 EA 浓度略高于固相主体 EA 浓度。从图 5.31 中可以看出，催化剂粒径小于 3mm 时，气固相主体温度没有差异，随着催化剂粒径的增大，气相主体温度略低于固相主体温度。上述对比分析结果进一步说明，大颗粒不利于颗粒的内部传质，导致气、固相主体浓度温度存在差异。

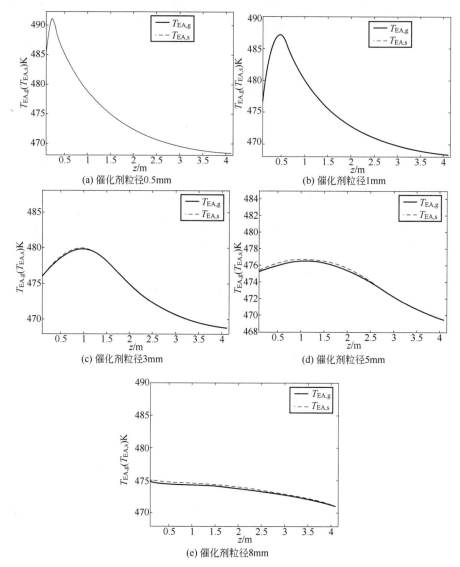

图 5.31　不同粒径催化剂条件下气固相温度对比分析

　　由于乙酸乙酯加氢制乙醇反应的热效应不大，反应受内外扩散影响较小，从模拟结果看，在不同条件下气、固相主体浓度、温度差异较小，但该模型在其他放热量较大的反应中具有较大应用价值，也可以为催化剂合成设计及选型提供参考依据。

　　③ 小结　通过对比分析获知，随着催化剂粒径的增加，气相主体 EA 浓度略高于固相主体 EA 浓度，气相主体温度略低于固相主体温度，但由于乙酸乙酯加氢制乙醇反应的热效应不大，反应受内外扩散影响较小，因此气、固两相传质、传热差异不大。

在反应的热效应不大，反应受内外扩散影响较小的反应中，将气、固两相看成均一的一相，用二维拟均相模型来模拟，计算量小，结果也够精确。但是，随着研究的深入，对催化剂内部的行为要求知道得也越多，所以把气、固两相分开考虑，二维非均相模型模拟的结果可以更接近于实际情况，只是二维非均相模型的计算量很大，存在参数多、模型复杂，不便于工业操作等缺点。因此，我们在工业应用中，可以根据实际需要，选择适宜的模型。

（7）工业应用

① 反应器选型　反应器的形式是由反应过程的基本特征结合经济性分析决定的。乙酸乙酯加氢制乙醇反应原料（乙酸乙酯与氢气）混合汽化后进入反应器，属于气固相反应过程。从工艺要求角度来说，绝热反应器（图 5.32）及等温列管式反应器（图 5.33）均可满足反应的要求，但两者具有各自的特点。

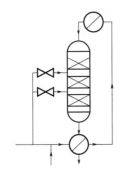

图 5.32　多段冷激式绝热反应器
流程示意图

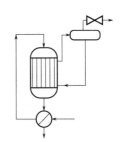

图 5.33　汽包式等温列管式反应器
流程示意图

表 5.15 为绝热反应器和等温反应器各自特点的对比。绝热反应器控制反应温度不超过 220℃，采用氢气冷激的多段绝热床形式。

表 5.15　绝热反应器和等温反应器的对比

反应器类型	绝热反应器	等温反应器
控温方式	物料冷激	汽包
气体流量调节阀组	需要 2 组	不需要
段间气体分布器	需要 2 组	不需要
氢酯比及反应温控便利性	复杂；冷激物料流股相互影响，床层温度波动大	便利；汽包压力调整温度，床层温度更均匀，稳定
催化剂性能	催化剂有效利用率低，不利于保护和延长催化剂寿命	催化剂有效利用率高

反应器选型分析基于 20 万 t/a 乙酸乙酯加氢制乙醇项目反应器系统。为进行合理比较，对比较基准进行统一：

a. 相同热点温度（或床层最高温度）；

b．相同氢酯比；

c．相同的反应指标：乙酸乙酯转化率≥95%，乙醇选择性≥99%；

d．相同催化剂寿命（工业装置通常等温床催化剂寿命比绝热床长）。

比较要素如下：

a．能量利用（蒸汽消耗和生产）；

b．反应系统设备投资；

c．每吨产品对应催化剂成本（空速）。

结合上述要素分析，综合比较每吨乙醇相对生产成本差异，从而选择出具有相对经济效益的工业反应器。

因为绝热反应器为 H₂ 冷激多段绝热床，所以首先对多段绝热床催化剂装填体积进行优化，优化结果见图 5.34。

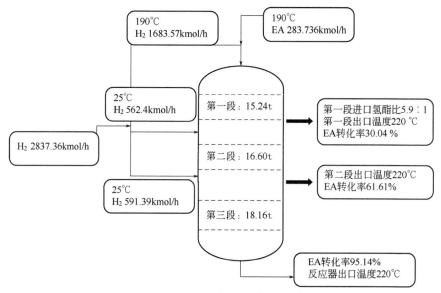

图 5.34　绝热床催化剂装填量优化结果

表 5.16 为 95.1% 的相同转化率下，绝热式反应器和列管式反应器对应的催化剂装填体积和要求的反应器进口温度。

表 5.16　绝热反应器和等温反应器的对比

项目	冷激式绝热反应器	列管式等温反应器
出口转化率/%	95.1	95.1
催化剂装填体积/t	50	41.6
反应器进口温度/℃	190	204

反应系统综合相对成本比较见表 5.17。

表 5.17　反应系统综合相对成本比较

项目		绝热反应器	等温反应器
生产规模/(万 t/a)		20	20
装填体积/t		50.0	41.6
催化剂价格/(万元/t)		50	50
催化剂费用/万元		2500	2080
设备投资/万元		170	320
其他项目成本/(元/t 乙醇)	催化剂成本（8000h）	125	104
	设备折旧	0.7	1.3
	生产蒸汽成本	0	−24.0
	合计	125.7	81.3

从上表可以看出，综合催化剂消耗费用、反应系统设备折旧、产生蒸汽效益、财务支出等因素分析，绝热床催化剂增加费用远大于等温反应器设备投资，等温反应器比绝热反应器多增效益约 888 万元/a，投产两个月即可收回等温反应器设备投资差额，从技术经济角度优先选择等温床反应器。

在千吨级乙酸乙酯加氢工业侧线装置上对等温床反应器和绝热床反应器进行性能验证和工程试验。工业侧线装置实际运行数据表明，在反应工程理论指导下，基于项目团队乙酸乙酯加氢制乙醇动力学研究和反应器模型化成果，不同床型加氢反应器运行结果和理论计算数据吻合。

② 千吨级工业侧线与 STEM　千吨级乙酸乙酯加氢制乙醇工业侧线装置（图 5.35）为项目科研成果转化的重要载体。在此装置上开展工程试验，提取工程数据，为反应器及工艺放大提供了依据，在此基础上编制乙酸乙酯加氢制乙醇工业化工艺包，为科研成果转化提供了有力的技术支持。装置运行主要涉及专业包括工艺、设备及管道、电气、自控仪表、分析、运维等专业。从长期运行的情况来看，装置总体匹配性良好，关键设备、仪表的选型和规格基本合理。

千吨级乙酸乙酯加氢制乙醇工业侧线装置经过累计近 3000h 运行，超额完成运行计划（计划运行 1500h），圆满完成等温床和绝热床性能考核与工程试验：

a. 完成催化剂装填和床层压降测量试验，成功获取列管换热器催化剂装填高度与压降范围数据关系，满足工业装置设计需要。

b. 完成工业侧线装置催化剂还原与性能评价，试验数据表明催化剂还原后性能合格，达到设计保证指标。

c. 完成装置开车与运行操作过程，获取了乙酸乙酯加氢反应性能参数和运行数据，为工业装置工艺包编制提供了大量的试验数据。

d. 通过乙酸乙酯加氢制乙醇反应器建模技术，成功完成了绝热床反应器从小试规模到千吨中试 10 万倍的放大；通过装置运行数据与模型对比发现两者高度吻合。通过理论建模显著提高了研发效率和项目产业化速度。

图 5.35 千吨级乙酸乙酯加氢制乙醇工业侧线装置

e. 乙酸乙酯加氢装置原料来自生产装置，全部乙醇产品直接返回乙酸乙酯生产装置进行酯化反应，对工业原料及产品的工业应用都成功进行了实践验证。

需要重点注意的是：在绝热床反应器数学模型的指导下，绝热床反应器实现了从小试规模到千吨中试 10 万倍的放大，并在催化剂装填、开车过程提升操作负荷、催化剂段间冷激调整等方面出色完成了千吨级开车与运行预测及指导工作，运行数据与模拟数据具有一致性，充分体现了数学模型方法的作用和优势。

除此之外，在中试装置的设计、建设、生产准备、开车、试验、停车等过程中，还积累了大量的工程实践经验，比如氢气压缩机的特性和使用经验、膜分离装置操作负荷调整与渗透氢气纯度的关系、反应器进口温度串级回路输入信号调整与稳态控制的实现、工程试验中流量计根据不同工况的校正、实际操作中才能体会到的设计上的不足等等，使工艺开发人员真正实现了工艺与工程的结合。

③ 小结 动力学模型可为工业反应器选型及反应过程模拟提供基础，通过对绝热反应最佳催化剂分段、装填量及冷激量进行计算，为工业大型反应器开发提供指导。

5.1.2.2 过程系统集成

乙酸乙酯加氢制乙醇过程系统集成采用反应器模型化、全流程模拟及能量集成与优化三个步骤循序渐进的研发方法（图 5.36）。反应过程模型化前面已做了介绍，接下来主要讲流程模拟和能量集成与优化工作。

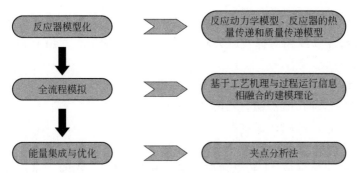

图 5.36　乙酸乙酯加氢制乙醇过程系统集成研究方法

（1）分离流程优化[13-17]

乙酸乙酯加氢制乙醇的液相粗产品组成经分析校正，主要包括乙醇（EtOH）、乙酸乙酯（EA）、水（H₂O）、乙醛（C₂H₄O）、甲醇（CH₄O）、正丁醇（NBA）、异丁醇（IBA）、乙酸正丁酯（BuAc），各组分的具体含量如表 5.18 所示，各物质的主要特性如表 5.19 所示。

表 5.18　加氢产物质量组成

组分	CH₄O	C₂H₄O	EA	EtOH	NBA	IBA	BuAc	H₂O
浓度（质量分数）/%	0.016	0.028	2.329	97.425	0.011	0.033	0.044	0.114

表 5.19　加氢液相产物主要物性

物质	CAS 号	分子量	熔点/℃	沸点/℃	密度（25℃）/(g/mL)
C₂H₄O	75-07-0	44.05	−123.0	20.9	0.78
CH₄O	67-56-1	32.04	−97.8	64.7	0.79
EA	141-78-6	88.11	−83.6	77.1	0.90
EtOH	64-17-5	46.07	−114.1	78.3	0.79
H₂O	7732-18-5	18.02	0	100.0	1.00
IBA	78-83-1	74.12	−108.0	107.9	0.80
NBA	71-36-3	74.12	−88.9	117.3	0.80
BuAc	123-86-4	116.16	−77.9	126.0	0.88

从表 5.18 中的产物组成可以看出，乙酸乙酯加氢产物总共有 8 种物质，若用名单分割法处理，则产生的分离子问题数量计算如下：

$$U_8 = \frac{8(8^2-1)}{6} = 84$$

分离序列优化的计算量太大。我们可以引入石油分离中常见的集总概念，对表 5.18 中的物质进行分类，将复杂体系中性质相似（挥发度接近）的组分用一个虚拟组分来代替，将互相不用分离的物质归为同一类，减少分离的维度。集总的依据是物质沸点（或相对挥发度）和共沸物的组成情况。对所有物质进行集总的结果具体如下：

    A（轻组分）：乙醛、甲醇及少量由甲醇共沸带出来的乙酸乙酯；

    B（共沸物）：乙酸乙酯、乙醇、水；

    C（主产品）：乙醇；

    D（重组分）：正丁醇、异丁醇、乙酸正丁酯。

这 8 种物质能形成 11 种共沸物，其中甲醇、EA、乙醇、水形成的共沸物沸点及共沸组成如表 5.20 所示。

表 5.20　共沸组成及沸点

甲醇/%	水/%	乙酸乙酯/%	乙醇/%	沸点/℃
44.0	—	56.0	—	62.3
—	7.8	83.2	9.0	70.3
—	8.2	91.8	—	70.4
—	—	69.2	30.8	71.8
—	4.5	—	95.5	78.1

水、NBA、IBA、BuAc 之间还能形成 5 种共沸物，在分离方案中因水已在分离 B 集总时全部切割出来，而其他的物质 NBA、IBA、BuAc 则完全没有必要分离开来，它们都是重组分，集总 D 和水之间的共沸组成对分离没有影响，不予考虑。

4 个集总共产生的分离子问题数目为：

$$U_5 = \frac{4 \times (4^2 - 1)}{6} = 10$$

对这 10 个分离子问题分别编号，如表 5.21 所示。

表 5.21　分离子问题编号

编号	分离子问题	编号	分离子问题
1	A/B	6	B/C
2	A/BC	7	B/CD
3	A/BCD	8	ABC/D
4	AB/C	9	BC/D
5	AB/CD	10	C/D

产生的分离流程数为

$$S_5 = \frac{[2 \times (4-1)]!}{4! \times (4-1)!} = 5$$

```
                编号
       ┌ B/CD-C/D    一
  A/BCD┤
       └ BC/D-B/C    二
ABCD ┤ AB/CD-A/B-C/D   三
       ┌ A/BC-B/C    四
  ABC/D┤
       └ AB/C-A/B    五
```

图 5.37　分离流程示意图

产生的 5 个分离流程具体示意图如图 5.37。

Nadgir 和 Liu 于 1983 年提出确定最优分离流程方案的有序试探法，采用的经验规则为：

① 优先使用普通精馏，相对挥发度大于 1.05～1.1 时可以考虑萃取精馏；

② 尽量避免使用减压操作和冷冻剂；

③ 产物数应最少，即对于产物为混合物时，使产物直接由分离器得到产品而不应得出纯产品后再混合；

④ 首先分出具有腐蚀性、危险性或热敏性的物质；

⑤ 最困难的分离最后进行；

⑥ 含量多的物质优先分离；

⑦ 分离时塔顶和塔釜的摩尔流率不应差别很大。

这七条规则具有优先级顺序，排在前面的优于排在后面的。

对于规则 7，在实际情况中，对于接近于等摩尔切割，又具有合理相对挥发度的判别，可以采用分离易度系数来判断。

结合实际情况，图 5.37 中的流程均符合 Nadgir 和 Liu 前五条规则，对于第 6 条规则，集总 C 为系统中含量最多的物质，应当优先分离出来。在图 5.37 所示的五种流程中，流程一、二、四的集总 C 均在第三步分离中才被分离出来，而在流程三、五中，集总 C 在第二步即被分离出来，故流程三、五为接近优化的序列。

由于分离序列会受到宏观经济模型、设备、操作条件等因素的影响，一般应合成出几个接近优化的流程，在本工作中，接近优化的流程为流程三和流程五，采用模拟软件进一步校核流程三和流程五中何种流程经济性更优。

表 5.22 为两种分离流程的模拟结果对比。

表 5.22　不同分离流程的塔顶塔釜负荷及产品质量流率对比

项目	流程三	流程五
塔顶负荷/kW	−5872.09	−6090.33
塔釜负荷/kW	6268.59	6486.83
产品质量流量/(kg/h)	9634.04	9634.27

由表 5.22 中的结果可知，流程三与流程五的产品质量流量基本一致，流程三的塔顶负荷和塔釜负荷都优于流程五，因此最优的加氢产物分离流程为流程三。其中流程三的 A/B 塔塔釜可返回反应器进行物料回收，因此最优分离流程如图 5.38 所示。

以上工作通过对乙酸乙酯加氢制乙醇产物的分离过程进行能量优化研究，得到了单个精馏塔的最优操作条件，以及整个精馏流程的最优分离序列，确定了加氢和分离全流程的具体流程，为乙酸酯化加氢制乙醇全流程的模拟和能量集成与优化奠定了基础。

（2）全流程模拟

从更广的角度看，乙酸乙酯是由乙酸和乙醇酯化生成的，乙酸乙酯加氢生成的乙醇有一半需要循环回去与乙酸酯化生产乙酸乙酯。所以，以乙酸酯化制乙酸乙酯、乙酸乙酯加氢制乙醇整个大系统流程为对象，建立装置的机理模型，以建立的模型为基础进行整个系统的集

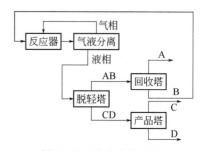

图 5.38　最优分离流程

成与优化研究，可以有效地挖掘装置的生产潜能、提高生产效率、降低能耗。图 5.39 为乙酸酯化加氢制乙醇的完整流程框图。

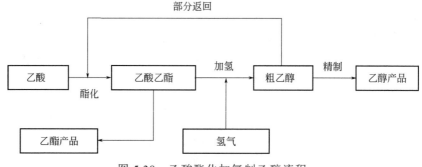

图 5.39　乙酸酯化加氢制乙醇流程

在乙酸酯化加氢制乙醇全流程的建模中，根据实际情况，选用了 NRTL-HOC 方程。由表 5.23 中数据可以看出，模拟的共沸温度和共沸物质量分数与文献数据对比，误差均较小。因此，采用 NRTL-HOC 物性模型对本工艺流程模拟是可行的。

表 5.23　乙酸乙酯-乙醇-水体系的全部恒沸物共沸组成和共沸温度（0.1MPa）

共沸物系	质量分数/%		共沸温度/℃	
	文献数据	模拟数据	文献数据	模拟数据
二元共沸物				
乙醇-水	95.6-4.4	95.89-4.11	78.15	78.18
乙酸乙酯-乙醇	69.02-30.98	69.33-30.67	71.81	71.83
乙酸乙酯-水	91.53-8.47	90.89-9.11	70.38	70.44
三元共沸物				
乙酸乙酯-乙醇-水	82.6-8.4-9.0	83.1-8.7-8.2	70.23	70.20

根据酯化工段模型和加氢工段模型，将酯化工段的精制塔塔顶得到的乙酯产品送至加氢工段作为加氢工段的进料，得到乙酸酯化加氢制乙醇的全流程模型，模型如图 5.40 所示。

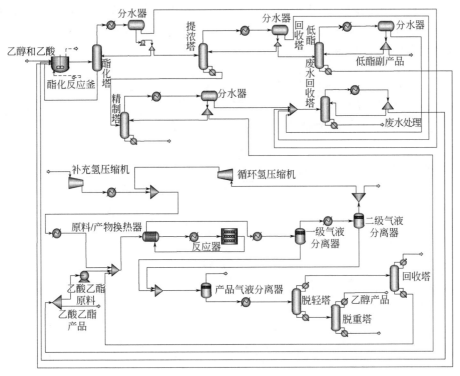

图 5.40　乙酸酯化加氢制乙醇全流程模型

（3）系统能量集成[18-22]

过程工业系统中能源和资源的消耗主要集中在能量传递和质量传递过程中。能量和质量传递之间存在耦合与相互作用。如何在不同功能以及不同目标之间协调以达到高效、节能、减排的整体最大化是研究的主要难点。本工作涉及两个装置的耦合，目标一是进行能量集成优化节约能耗，二是通过能量优化确定流程结构，为乙酸酯化加氢 20 万 t/a 工艺包的设计服务。根据乙酸酯化加氢制乙醇整个流程的模型，确定不同工况下能量的分布情况，进行换热网络优化以及塔的热集成等研究，可以实现系统能量的合理匹配。对整个流程中关系到产能消耗的关键参数进行优化，能够有效提高整个流程的能量利用率。

参照夹点设计法中过程冷、热流股的提取原则，即将装置流程系统作为一个整体考虑，提取过程系统中与工艺物流匹配换热或与公用工程流股匹配换热的所有工艺流股作为参与夹点分析的流股。

应用建立的乙酸酯化加氢制乙醇全流程模型，模拟计算现有工艺流程中的冷热物流数据，并导入软件作为分析现有换热网络和进行优化的基础数据。全流程的冷热物流编号情况如图 5.41 所示，其中 H 代表热物流，C 代表冷物流。

全流程换热网络现状如图 5.42 所示。其中 CW 表示循环水，LP 表示蒸汽。

位于上部热物流区的换热器表示需要循环水来冷却的换热设备，位于下部冷物流区的换热器表示需要蒸汽来加热的换热设备，跨越冷热物流区灰色的换热器表示物流间换热的换热设备。

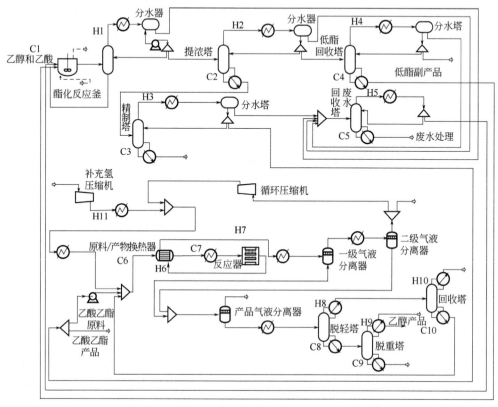

图 5.41　乙酸酯化加氢制乙醇全流程冷热物流编号图

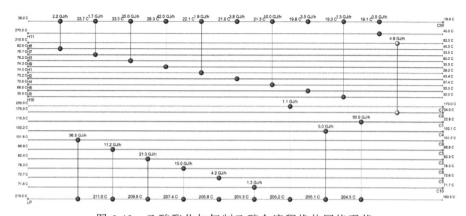

图 5.42　乙酸酯化加氢制乙醇全流程换热网络现状

接下来，我们进行换热网络的优化。第一步是绘制冷热物流温焓图。在最小传热温差为 10℃ 条件下，绘制出原系统的冷热物流组合曲线，如图 5.43 所示。图中横坐标为焓，纵坐标为温度。

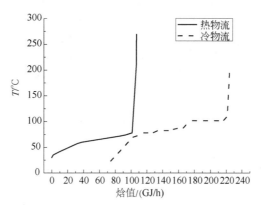

图 5.43　冷热物流温焓值组合曲线图

经 *T-H* 图分析，得到现有换热网络的夹点为：热物流 78.2℃，冷物流 68.2℃。热公用工程 117.5GJ/h，冷公用工程 73.83GJ/h。

通过分析以上换热网络可见，物流 C6 和 H6 之间换热穿过夹点，造成了一定的能量损失，物流 C1 在夹点之下使用了热公用工程，物流 H3、H7 和 H11 均在夹点之上使用了冷公用工程，均造成了一定的能量损失。

针对现有换热网络存在的问题，设计了新的换热网络，得到了五种不同的换热网络优化方案，方案一到方案五分别如图 5.44～图 5.48 所示。

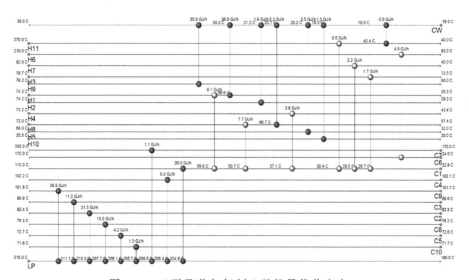

图 5.44　乙酸酯化加氢制乙醇能量优化方案一

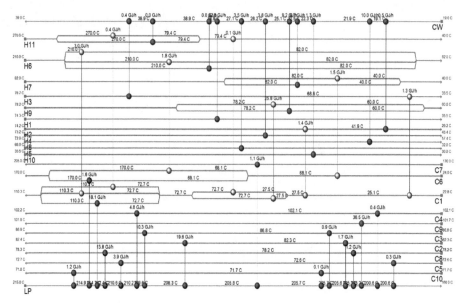

图 5.45 乙酸酯化加氢制乙醇能量优化方案二

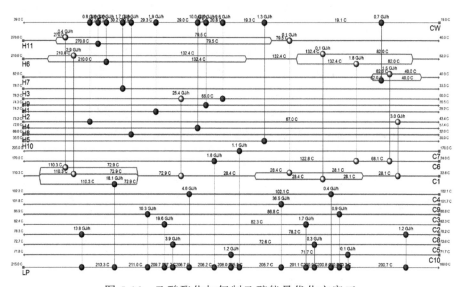

图 5.46 乙酸酯化加氢制乙醇能量优化方案三

方案一的热公用工程量从 145.56GJ/h 减少到 124.53GJ/h，下降了 14.4%，冷公用工程量从 101.89GJ/h 减少到 80.86GJ/h，下降了 20.6%；方案二~方案五的热公用工程量均从 145.56GJ/h 减少到 115.21 GJ/h，下降了 20.9%，冷公用工程量从 101.89GJ/h 减少到 71.54 GJ/h，下降了 29.8%。

以总费用最小为目标，对五种方案进行经济分析，从经济效益角度分析这五种方案的优劣性。经济分析主要通过能量费用节约目标和换热单元目标两方面进行。

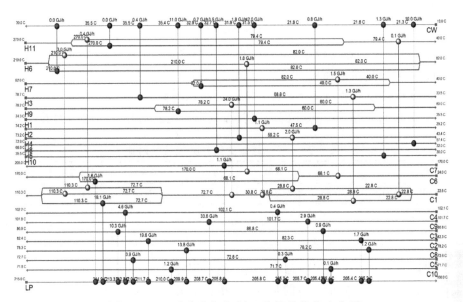

图 5.47　乙酸酯化加氢制乙醇能量优化方案四

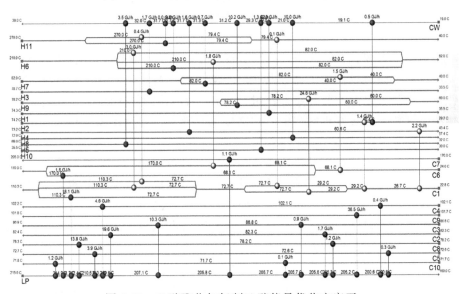

图 5.48　乙酸酯化加氢制乙醇能量优化方案五

① 能量费用节约目标　能量费用节约目标是在能量费用目标基础上求取，为：

$$C_E = C_H Q_H + C_C Q_C$$

式中，C_E 为能量费用，元；C_H 为单位加热公用工程费用，元/kW；C_C 为单位冷却公用工程费用，元/kW；Q_H 为加热公用工程用量，kW；Q_C 为冷却公用工程用量，kW。

② 换热单元目标　换热器投资费用采用拟合的估价方程：

$$C = a + bA^c$$

式中，C 为换热设备价格，元；a、b、c 为价格系数，其中 a=5000，b=55737.6，c=0.631；A 为换热器的面积，m^2。

换热器设备投资费用采用直线折旧法，折旧年限为 15 年。

从表 5.24 可以看出，方案四的总费用最少，因此选择方案四作为最优方案。

表 5.24　五种能量优化方案经济性对比

项目	原方案	方案一	方案二	方案三	方案四	方案五
操作费用/(万元/a)	8695	7673	7186	7186	7186	7186
投资费用/(万元/a)	0	81	129	131	119	129
总费用/(万元/a)	8695	7754	7315	7317	7305	7315

在实际生产中，合理用能总原则是"按质用能、按需用能"，即在按照用户所需要的数量和质量来供给能量的基础上，根据能源的质量合理地提供能源，并且，在能量的利用过程中要特别注意以下五点：

a. 能量的梯级利用。能源的梯级利用主要包括按质用能和逐级多次利用能量两个方面。

按质用能主要包括：首先，不使用高位能量（如高位热能、电能或机械能等）去完成低质能源可以做的工作；其次，当必须使用高温热源时，设备条件允许的条件下，需尽可能减小传热温差；最后，在只需低温加热的场合，而现场只有高温热源，则优先通过热电联产的方式完成加热要求，即使用高温热源发电，再用发电装置的低温余热进行加热操作。

逐级多次利用即是高品位能源不需在一个设备中冷却至最终温度。这主要是由于随着高位能源的使用，其能质即能源的温度应该是逐渐下降的，但对于单个设备来说，其在消耗能源时都有一个较为经济合理的温度使用范围。所以，当高品位能源在某个设备中已降温并已超过经济使用温度范围，此时可将其转移到能够较为经济地使用这种较低能源的其他设备中去。这样，整个系统能源总的利用率可以达到较高的水平，从而尽可能避免浪费。

b. 能尽其用，防止能量降级。在能量利用过程中，要尽可能避免设备保温不良造成的热损失、用高温热源加热低温物料、将高压汽节流降温降压使用等无偿降级现象的发生，即要做到能尽其用。

c. 通过各换热设备终端温度的合理选择，保证能量能得到最大限度利用的同时，也使换热设备具备较高的热强度和传热效率，从而节约设备投资。

d. 换热网络中，通过换热顺序的合理排列及冷、热流股的合理搭配，使整个换热网络系统的能量得到的利用最大化。

e. 合理确定冷、热流股的流体力学状态，既要使换热设备内总传热系数达到最大，又要确保换热系统的动力消耗尽量最小化，从而达到节约设备投资及操作费用的目的。

根据上述合理用能的原则，在方案四的基础上发现如下问题：部分换热设备尺寸过小（如 C1 与 H2 之间的换热器，C1 与 H3 之间的换热器，C1 与 H7 之间的换热器等）。对方案四进行调优得到最优换热网络方案，如图 5.49 所示。

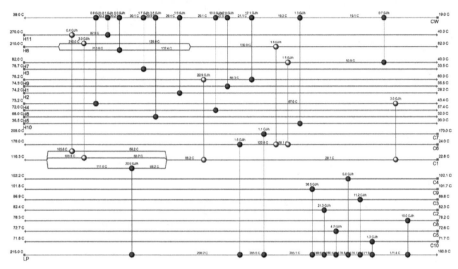

图 5.49　乙酸酯化加氢制乙醇最优能量优化方案

经过能量优化后的工艺与现有工艺的对比如表 5.25 所示，从表中可以看出，经过能量优化以后，需要追加投资约 1690.6 万元，而操作费用每年可节约 1418.5 万元，追加投资回收期约为 1.19 年。

表 5.25　能量优化工艺与现有工艺的对比

项目	现有工艺	能量优化工艺
操作参数		
年操作时间/h	8000	8000
生产规模/(万 t/a)	10	10
消耗蒸汽/(t/h)	69	58
消耗循环水/(t/h)	2441	1825
年节约蒸汽量/(万 t/a)		8.8
年节约循环水量/(万 t/a)		492.8
投资费用		
年节省费用/(万元/a)		1418.5
追加投资费用/万元		1690.6
追加投资回收期/年		1.19

（4）小结

在反应器模型、乙酸酯化加氢制乙醇全流程模拟的基础上，通过系统分析，应用夹点技术进行换热网络优化。经 *T-H* 图分析，得到了现有换热网络的夹点。通过分析现有换热网络，发现了造成能量损失的换热设备。针对现有换热网络存在的问题，设计得到五种新的换热网络优化方案。通过五种方案的经济性对比，得到了最优的方案。采用能量优化工艺，可以大大节约操作费用，提高效益。

5.1.3 开发总结

对于固定床开发，数学模型方法是成熟先进的方法，开发上实验与模拟相结合，在反应热力学、动力学研究基础上，建立反应器模型，通过冷模和中试验证，可实现固定床高倍数的放大。对于反应器型式的确定，通过技术与经济相结合，可由反应过程的基本特征结合经济性分析来决定。在中试装置的设计、建设、生产准备、开车、试验、停车等过程中，要注意工艺与工程相结合，积累工程实践经验，提高工程放大的可靠性。

过程系统集成也以装置的机理模型为基础，在系统工程理论指导下，从全局角度进行整个系统的集成与优化研究，从而有效挖掘潜能、提高生产效率、降低能耗。

5.2 滴流床反应过程开发

本节主要介绍滴流床反应过程的开发方法，结合化工并行开发方法，每个案例又各有侧重：第一个案例通过反应热与移热要求的计算，以及反应器移热方式和反应器工程放大选型分析，重点说明滴流床开发中工艺与工程结合的重要性；第二个案例有两点值得体会，一是在反应流程开发中，技术与经济相结合对研发创新的推动，二是在研发过程中同步推动产品下游应用评价，做到了科学、技术、工程、市场的统筹考虑，提高了项目的成功率；第三个案例则重点介绍结构化的思考和研究任务分解对提高研发效率的作用。不管哪个案例，一以贯之的是过程系统工程指导下系统的思考和工作安排，以及"三个早期结合"下的不断寻优，希望读者能够认真体会。

5.2.1 滴流床反应器分析

气液固三相反应按反应物系的性质一般分为以下三种类型：①气体、液体、固体是反应物或产物的反应；②固体为催化剂的气-液-固三相反应；③有两个反应相，第三个是惰性相的气-液-固三相反应。

气液固三相反应器按催化剂的状态分为悬浮床和固定床两大类。

悬浮床包括机械搅拌的气-液-固悬浮反应器；不带机械搅拌的鼓泡三相淤浆反应器；不带机械搅拌的两流体并流向上的流化床反应器；不带搅拌的两流体并流向上带出固体颗粒的三相携带床反应器和具有导流筒的鼓泡式内环流反应器等。

悬浮床的优点有：具有良好的传热性能；细颗粒催化剂，传递阻力小；方便催化剂更换。悬浮床的缺点有：分离催化剂复杂，费用高；返混大，转化率低；液相均相副反应增加；催化剂及设备磨损大。

气液固三相固定床的固体相固定不动，气体和液体的流动方式有三种情况，第一种是气液并流向下；第二种是液体向下、气体向上逆流流动；第三种是气液并流向上。前两种可以统称为滴流床，第三种又称为填充式鼓泡床。

固定床（填充鼓泡床除外）的优点有：返混小，均相副反应少；气相扩散到催化剂阻力小；并流向下时没有液泛，阻力小。固定床的缺点有：传热能力差，容易局部过热；催化剂未被润湿时影响反应；催化剂颗粒大，有扩散影响；更换催化剂不方便。

滴流床反应器又称为涓流床反应器，液体向下流动，在催化剂表面形成一层液膜，而气体以并流或逆流方式通过床层[23,24]。在滴流床中，气体是连续相，液体是分散相，大多数情况下采用气液并流向下的操作方式。相反，在鼓泡填充床中，液体是连续相，气体是分散相。

气液固三相固定床反应器不同类型的优缺点见表 5.26。

表 5.26　滴流床和鼓泡填充床对比

反应器型式	图例	优点/特点	缺点
并流向下（滴流床）		平推流，高转化率；液体持液量小，可使均相副反应影响降低到最小；液层薄，降低传质阻力，压降低；不易液泛	低液速操作时，催化剂容易润湿不完全，容易催化剂局部过热
逆流（滴流床）		有助于降低气体出口浓度	低液速操作时，催化剂容易润湿不完全，容易催化剂局部过热；增加气相流动阻力，容易液泛
并流向上（填充式鼓泡床）		气体分散相，液体连续相，催化剂完全浸湿；液固间的传热性能好	压降高，返混严重，易发生均相副反应，导致低转化率和低选择性

对于滴流床反应器，反应热的移除方式和优缺点见表 5.27。

表 5.27　滴流床反应热移除方式及分析

移热方式	优点/特点	缺点
单段绝热式	反应器结构简单，生产能力大； 适用于反应热效应不大的放热反应	反应过程中温度变化较大
多段绝热式	催化剂床层的温度波动小； 适用于反应热效应大的放热反应	结构较复杂，催化剂装卸较困难
列管换热式	传热面积大，传热效果好，易控制催化剂床层温度	结构较复杂，设备费用高； 大型化有困难
外循环移热	易控制催化剂床层温度，结构简单	对返混敏感的反应体系不适用

滴流床反应器内构件的作用主要是实现气、液反应物的均匀分配，图 5.50 为一个两段加氢滴流床反应器的主要内构件示意图，包括入口扩散器、第一段和第二段床层的气液分配盘、冷氢管、冷氢箱、出口收集器等。

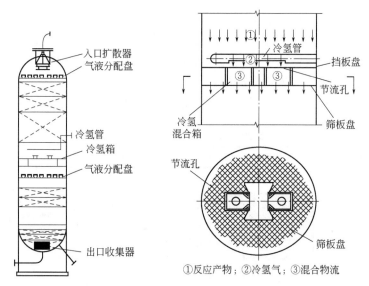

①反应产物；②冷氢气；③混合物流

图 5.50　滴流床反应器内构件示意图

冷氢箱的主要作用是将上床层来的高温流体与冷氢管注入的冷氢充分混合，降低高温流体温度，保证下部再分配盘上的汽液均匀分布，温度场均匀。

气液分配盘的作用是保证良好的气液初始分布，保证气液两相与催化剂良好的有效接触，改善流体的流动状态，达到径向轴向均匀分布的目的。气液分布器分重力式分布器和压力式分布器两种，分别见图 5.51 和图 5.52。

滴流床反应器关注的主要技术参数有流动状态、压降、持液量、润湿率和液体分布均匀性等。

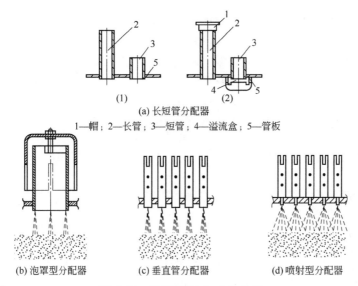

(1)   (2)

(a) 长短管分配器

1—帽；2—长管；3—短管；4—溢流盒；5—管板

(b) 泡罩型分配器   (c) 垂直管分配器   (d) 喷射型分配器

图 5.51 滴流床重力式分布器

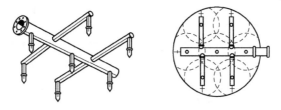

图 5.52 滴流床压力式分布器

在滴流床中，随着气液流速的不同，会出现不同的流动区域，如滴流、鼓泡流、脉冲流、雾状流等，如图 5.53 所示。图 5.53 横坐标为气相雷诺数，纵坐标为液相雷诺数。滴流床放大时，要核算小试及放大反应器的流型，保证放大后的反应器也处于滴流区。

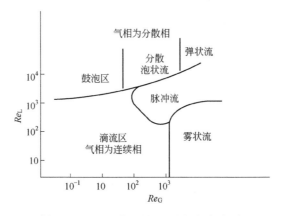

图 5.53 不同流动状况下滴流床流型

润湿率对滴流床放大也有一定的意义。当润湿不良时，仅有一部分催化剂表面被液体润湿，会影响反应效果。通常，放大到工业反应器时，液体负荷都比较大，催化剂表面都接近于完全润湿，这时放大应关注的主要问题是液相分布的均匀性，需要有良好设计的液体分布系统。

通常，为了克服较大的液固传递阻力，滴流床会使用粒径较小的催化剂，因此，核算反应器压降也是滴流床反应器放大必要的工作。

5.2.2 滴流床反应器开发案例

5.2.2.1 案例1：顺酐加氢制丁二酸酐

（1）背景

2007年，国务院办公厅发布了首个"限塑令"，在限制生产、销售、使用塑料购物袋的同时，提出了加大废弃塑料处置利用技术的研发力度。2020年初，国家发展改革委和生态环境部发布了《关于进一步加强塑料污染治理的意见》，对生产生活中塑料的使用、回收、处置等进行了规范，并提出了加强塑料污染治理、推广可降解塑料产品、增加绿色塑料供给等意见。2021年3月，我国"十四五"规划纲要草案中提出要加快发展方式绿色转型，协同推进减污降碳。由此可见，力度加大的限塑政策和绿色产业的推广将共同推动未来我国可降解塑料产业的快速发展。在各种可降解材料中，聚丁二酸丁二醇酯（PBS）是综合性能最为优良的可降解材料。

以顺酐加氢生产丁二酸酐（丁二酸），并进一步加氢生成丁二醇，丁二酸酐（丁二酸）再和丁二醇聚合生成PBS，是非常有竞争力的一条工艺路线。图5.54是该路线的反应网络。

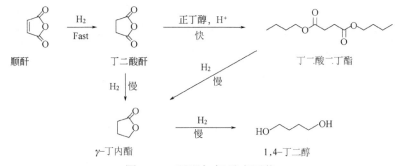

图 5.54 顺酐加氢反应网络

（2）反应特性分析

顺酐加氢制丁二酸酐的反应为放热反应，反应热为-126kJ/mol，具有串联副反应，产品丁二酸酐进一步加氢有可能生成γ-丁内酯。反应为气液固三相反应，采用滴流床反应器，为了使反应获得较高的丁二酸酐选择性，工业反应器出口温度应不超过140℃。因此，可以得出结论：该反应为强放热反应，催化剂使用温度区间窄，采用滴流床反应器，工业放大时需要考虑移热问题。

（3）工程放大方式讨论

该过程放大时，重点要解决移热问题。前面讲过，滴流床反应器移热，可以采用多段绝热床段间移热、列管式反应器和外循环移热三种方式，由于多段绝热床结构和操作都比较复杂，所以首先分析列管式和通过外循环移热的绝热床两种方式。此外，该反应加有溶剂，因此通过溶剂升温移热也是可以考虑的一种方式，我们对其也进行了分析。

列管式滴流床的优点是方便移热，但由于要解决液相反应物均匀分布到每根反应管的问题，所以通常应用于反应器直径小于 1m 的场合。通过核算，一个 1 万 t/a 顺酐制丁二酸酐装置，需要反应管数 4400 根（内径 40mm，长度 3m），反应器直径约 4m。对于滴流床反应器，大直径列管式反应器无法得到较好的气液分布，所以列管式滴流床反应器不适合本体系。

接下来我们分析溶剂移热方式。图 5.55 为不同顺酐浓度下绝热温升和反应器出口温度变化曲线，图中横坐标为顺酐浓度（质量分数），左侧纵坐标为反应器出口温度，右侧纵坐标为绝热温升。

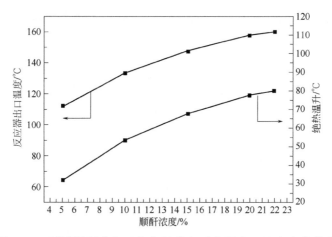

图 5.55　不同顺酐浓度下绝热温升和反应器出口温度变化曲线

可以看到，降低顺酐浓度，绝热温升降低，但后续分离能耗增加（顺酐浓度从 22% 降低 11%，分离能耗从 596 元/t 产品增加到 1681 元/t 产品）；而要使绝热温升 <60℃，则顺酐浓度需要 ≤12.5%，该种方式分离费用太高，因此通过溶剂移热经济性不好，不是理想的移热方式。

最后我们分析外循环移热方式。图 5.56 为外循环移热反应系统构型，图 5.57 为不同循环比下绝热温升变化曲线（图中横坐标为循环比，纵坐标为绝热温升）。可以看到，增加循环比，反应器出口温度降低，绝热温升降低；要使绝热温升小于 60℃，则循环比 ≥1.0。这种移热方式相比溶剂移热能耗更低，即使循环比为 3

时比不循环能耗也仅增加 97 元/t 产品。因此，外循环移热是一种比较经济的移热方式，但要考察外循环造成的返混的影响。

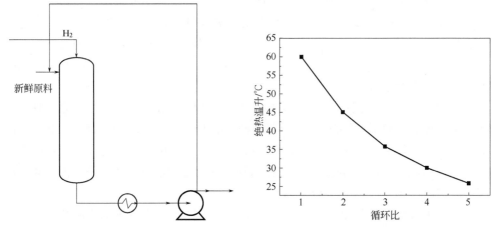

图 5.56　带外循环的反应器　　　　图 5.57　不同循环比下绝热温升变化曲线

（4）单管试验验证

单管试验的整体思路如图 5.58 所示。首先进行实验室最优工艺条件验证，如与小试一致，则直接进行工程试验，如反应结果低于小试结果，则进行反应压力

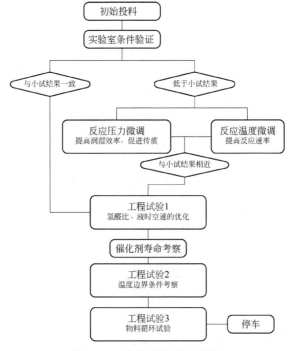

图 5.58　单管总体实验思路

（提高润湿效率，促进传质）和反应温度（提高反应温度，增大反应速率）的微调，调整到与小试结果接近时，再开始工程实验。工程试验共分三个阶段，首先是氢酐比和液时空速的优化，这些实验不会对催化剂造成损伤。通过第一阶段的工程试验，得到单管最优的工艺条件，接着进行比较长时间的催化剂稳定性考察，接下来进行第二阶段的工程试验，主要是对温度等边界条件的考察。因为已经进行过催化剂稳定性评价，所以不再担心边界实验可能对催化剂造成的损伤。最后进行第三阶段的工程试验，即反应产物外循环移热考察。

首先进行小试条件的验证，表 5.28 为小试优化工艺条件和反应结果，表 5.29 为小试和单管实验结果的比较，图 5.59 为单管催化剂稳定性实验结果。

表 5.28　小试优化条件和反应结果

项目	参数
反应温度/℃	60
氢酐比	20
压力/MPa	1.0
空速/h^{-1}	0.2
判断标准	顺酐转化率>98% 丁二酸酐选择性>96%

表 5.29　单管与小试实验结果比较

项目	顺酐转化率/%	丁二酸酐选择性/%
小试	>98%	96%
单管	>99.8	>99.2

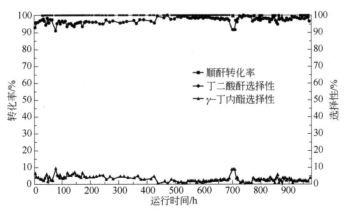

图 5.59　催化剂稳定性考察实验结果

可以看到，单管实验结果略优于小试实验结果。催化剂评价 1000h 性能稳定。接下来进行氢酐比考察，图 5.60 为实验结果。可以看到，氢酐比对顺酐转化率、选择性影响不明显。因此，工业上可以采取低氢酐比操作，从而降低氢气循环能耗。

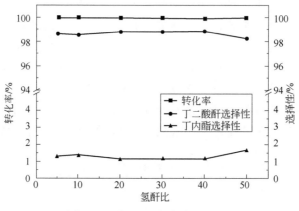

图 5.60　氢酐比考察实验结果

最后进行外循环实验，表 5.30 为低氢酐比下，循环比为 3 时与没有外循环的基准工况实验结果的对比。

表 5.30　外循环实验数据对比

反应条件	转化率/%	丁二酸酐选择性/%	丁内酯选择性/%
外循环 1∶3，氢酐比 1.2	99.85	96.8	3.14
基准工况	99.98	98.8	1.15

可以看到，外循环条件下转化率基本没有变化，丁二酸酐选择性略有下降，丁内酯选择性略有上升，外循环移热可行。

（5）结论

① 采用接近理论消耗量的低氢酐比，取消循环氢压缩机，降低氢气消耗和循环能耗。

② 采用产物外循环形式移除反应热，便于工业放大。

5.2.2.2　案例 2：甲醛异丁醛缩合加氢制新戊二醇

（1）背景

新戊二醇（neopentylgyleol，NPG）是白色结晶固体，无臭，具有吸湿性。熔点 124～130℃，沸点 210℃，密度为 1.06g/cm³（21℃），全称为 2,2-二甲基-1,3-丙二醇，分子式 $C_5H_{12}O_2$，是典型的新戊基结构二元醇。由于新戊二醇分子对称位置的两个伯醇羟基和中心碳原子上没有 α-氢原子的特定新戊基结构，该分子既具有良好的化学反应性能，又具有很好的热稳定性和化学稳定性。由于新戊二醇具有以上的许多特点，因此被广泛应用于汽车、家电、装饰材料等行业，尤其是在粉末涂料领域的应用和发展更为突出，此外新戊二醇在不饱和聚酯树脂、医药、胶黏剂等领域也有很大应用市场。

新戊二醇工业化生产技术主要为歧化工艺和缩合加氢工艺。歧化法又称甲酸钠法，其生产工艺条件温和，设备投资小，易于控制，是最早实现工业化生产新戊二醇的工艺。甲酸钠法生产工艺如下：首先，在碱性催化剂作用下，甲醛与异丁醛先发生羟醛缩合反应生成羟基新戊醛（HPA）；然后在强碱作用下，HPA 与过量的甲醛发生坎尼扎罗（Cannizarro）反应生成 NPG，同时甲醛被氧化生成甲酸，甲酸再与碱作用生成副产物甲酸钠。歧化法投资低，设备简单，比较容易实现工业化生产，是国内早期的新戊二醇企业主要采用的工艺。但是歧化法存在甲醛和碱的消耗量大、成本高、新戊二醇产品质量低等一些缺点，目前逐渐被淘汰。缩合加氢生产工艺产品收率高、质量高、物耗低，无副产物甲酸钠产生。在缩合加氢反应工艺过程中，废水排出少，降低了环保投资；而且催化剂寿命长，加氢反应转化率高。但是加氢反应在高压下进行，所以对设备要求高，投资较大。其缩合工序的收率为 95%（以异丁醛计算），加氢工序的收率为 98%，工艺总收率可达 93%，明显优于歧化法。两种方法工艺特点比较见图 5.61 和表 5.31。

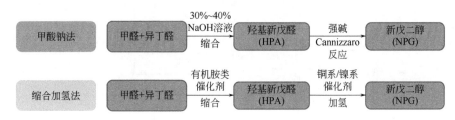

图 5.61 新戊二醇不同工艺路线

表 5.31 新戊二醇不同工艺路线优缺点对比

项目	优点	缺点
甲酸钠法	工艺条件温和 投资小 副产甲酸钠纯度高	副产甲酸钠脱除困难 产品成本高、质量差、容易结块
缩合加氢法	产品收率高、纯度高 无副产物甲酸钠产生 产品成本低	加氢反应需压力设备，投资大 对设计和工艺技术要求高

缩合加氢法是二十几年来，国外公司陆续开发的新工艺。缩合加氢法生产过程为：甲醛异丁醛在碱性催化剂作用下先发生缩合反应生成中间体羟基新戊醛；然后羟基新戊醛在中压或高压下，加氢还原生成新戊二醇。一般缩合加氢生产工艺主要包括羟醛缩合、催化加氢和产品精制三个部分（图 5.62）。

本工作的目的在于开发先进的缩合加氢工艺路线。

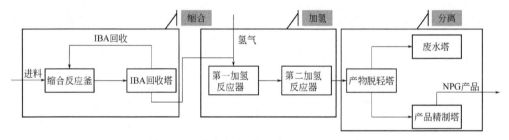

图 5.62　缩合加氢法新戊二醇工艺路线

（2）研究思路

本项目总体研究思路是：

① 工艺开发和技术经济分析早期结合，综合 STEM，并行推进；

② 在打通全流程基础上，针对重点环节系统化研究。

（3）缩合反应过程开发

缩合反应过程的研究方法见图 5.63。缩合反应研究主要分为反应工程研究和反应器型式优化两大部分。

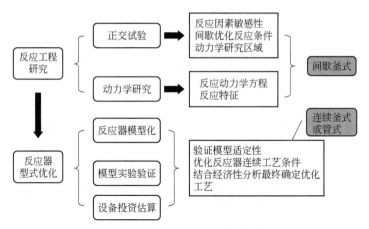

图 5.63　反应过程研究方法

反应工程研究主要分为正交试验和动力学研究两部分。正交试验的目的是确定各因素（压力、温度、停留时间、催化剂加入量、配比）对实验结果影响的主次顺序，得到优化的工艺条件，为后续动力学实验和缩合连续工艺开发奠定基础。在正交试验获得的优化条件的基础上，开展反应动力学研究，了解反应特性并得到动力学方程。正交试验和反应动力学研究都在间歇釜式反应器中进行。

第二项工作是反应器型式优化。包括在动力学基础上进行反应器建模及模型试验验证、评估不同反应器型式和反应系统结构的经济性，从而确定最终的反应器型式和系统结构。评估的内容包括连续釜式、多釜连续、连续釜管串联等几种方式。

正交试验和动力学研究都需要排除外扩散的影响。通过改变搅拌速率考察扩散的影响，一方面确定缩合反应是扩散控制还是反应控制，另一方面通过实验确定排除传质影响的最小转速。

从图 5.64 可知，搅拌转速小于 400r/min 时，随转速增加，IBA 转化率和 HPA 选择性相应增大；当搅拌转速达到 400r/min 后，转速的提高对 IBA 转化率和 HPA 选择性基本不变。表明当搅拌转速大于等于 400r/min 后，可基本排除传质影响。下文正交试验和动力学研究都在 400r/min 下进行。

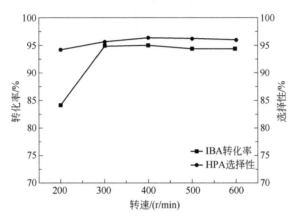

图 5.64　缩合反应转化率和选择性和转速关系图

动力学研究的目的是掌握反应规律，推导动力学模型，得到反应速率方程，为反应器建模和缩合连续工艺的开发奠定基础。

甲醛与异丁醛缩合反应的反应方程式如下：

$$r_{\mathrm{HPA}} = 3.9829 \times 10^6 \exp\left(-\frac{40801}{RT}\right) y_{\mathrm{IBA}} y_{\mathrm{FA}}^{1.2} - 2 \times 3.4440 \times 10^6 \exp\left(-\frac{64088}{RT}\right) y_{\mathrm{HPA}}^2$$

通过实验数据回归，得到反应的宏观动力学方程为[25]：

$$r_{1115\text{酯}} = 3.4440 \times 10^6 \exp\left(-\frac{64088}{RT}\right) y_{\mathrm{HPA}}^2$$

经统计检验与残差分析结果表明，动力学模型是适定的。

缩合连续工艺开发的目的是在反应动力学研究基础上，通过模拟和实验相结合的方法，确定连续反应工艺优化的反应器型式和相应的优化工艺条件。表 5.32 为单釜连续、双釜串联、釜管串联三种反应器结构型式的数学模型[26]。

表 5.32 反应器数学模型

反应器型式	反应器模型	物料衡算式
单釜连续		$Q_V c_{A,0} = Q_V c_A + (-r_A)V$
双釜串联		$q_V c_{A,i-1} = q_V c_{A,i} + (-r_{A,i})V_i$
釜管串联		$Q_V c_{A,0} = Q_V c_A + (-r_A)V$ $(F_A + \mathrm{d}F_A) = F_A + r_A F \mathrm{d}t$

对三种反应器型式模拟优化的结果进行实验验证，得到的实验值与模拟值对比结果如表 5.33 所示。可以看到，模拟值和实验值的相对误差<1%，所建模型是适用的。

表 5.33 模拟值与实验值对比

反应器型式	IBA 转化率/%		HPA 选择性/%	
	计算值	实验值	计算值	实验值
单釜连续	88.55	89.05	96.86	97.45
双釜串联	94.82	94.08	97.23	97.81
釜管串联	96.45	95.83	97.77	97.65

反应器型式对 IBA 转化率、HPA 选择性、HPA 收率的影响如图 5.65 所示。图中 X_{IBA}、S_{HPA}、Y_{HPA} 分别代表异丁醛的转化率、羟基新戊醛的选择性和收率，横坐标为反应器类型，纵坐标为转化率、选择性和收率。

由图 5.65 可看出，反应器型式对 HPA 选择性和 IBA 转化率均有影响。单釜连续返混造成 IBA 转化率和 HPA 的选择性都较低，不建议采用。两釜串联 IBA 转化率明显提高，HPA 的选择性变化不明显，双釜工艺优于单釜连续工艺。釜管串联 IBA 转化率优于双釜串联，HPA 的选择性相差不大。

为进一步评估两釜串联和釜管串联方案（分别见图 5.66 和图 5.67），以 1.2 万 t/a 生产装置为基准，对两种反应系统进行了效益和投资估算，结果见表 5.34。可以看到，釜管反应器串联方案相比两釜串联方案，设备投资增加 56 万元，但每年多创收 20 万元，且设备投资增加仅占整个项目投资的 0.26%，对整体项目财务状况不产生明显影响，所以优选釜管串联方案。

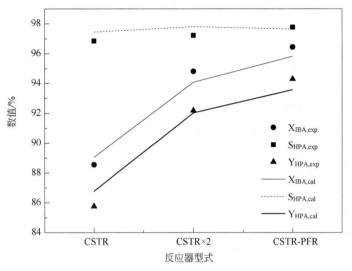

图 5.65　反应器型式对 IBA 转化率、HPA 选择性、HPA 收率的影响

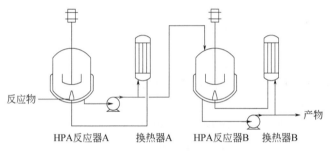

图 5.66　两釜串联反应系统

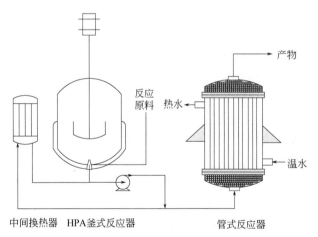

图 5.67　釜管串联反应系统

表 5.34　不同反应器型式技术经济评估

反应器型式	相对收益/(万元/a)	设备投资/万元
双釜串联	0	107.9
釜管串联	20	163.8

此外，为了满足反应器模拟计算要求，还采用反应量热仪测定了缩合反应热，75℃时，模拟值为67kJ/mol，测试的实验值为55～60kJ/mol（热量补偿量热法），可按照模拟数据进行缩合反应换热器的设计。

对缩合反应过程开发进行总结，主要有以下三点：

① 完成缩合反应动力学及反应量热实验，得到动力学方程和反应热数据；
② 以数学模拟法对反应器型式进行优化，通过实验验证，模型适定；
③ 反应器型式优化为釜管串联工艺。

（4）加氢反应过程开发

在羟基新戊醛加氢制新戊二醇催化剂研发及反应工艺小试研究已取得较为满意结果的基础上，开展单管加氢实验。

羟基新戊醛加氢制新戊二醇单管实验目的包括：

① 验证小试反应条件；
② 优化氢醛比、液时空速等因素；
③ 催化剂稳定性实验考察；
④ 提取滴流床床层压降等流体力学性质数据；
⑤ 温度边界条件考察；
⑥ 提供产品，进行反应物的分离提纯工作。

在此基础上，综合评价自制原颗粒催化剂的反应性能、稳定性和机械强度，同时获取单管反应器的各项工艺参数，为催化剂优化及反应器的放大设计和工艺包编制提供基础数据。

首先进行不同工况下操作流区判断和压降核算，计算结果见图5.68。可以看到，单管不同工况下，反应都处于滴流区，且压降较小，都在可接受范围。

单管试验总体思路如图5.69所示，总地来说就是先验证、后优化，再催化剂稳定性试验，最后进行边界条件试验。

表5.35和图5.70分别为原颗粒反应器和单管反应器条件和反应结果对比。可以看到单管装置反应性能优于原颗粒反应器，从原颗粒规模的反应器到单管规模反应器，气液线速度增加约18倍，有效地增大了传质速率。另外，滴流床反应器中持液量的增加也同样增强反应效果，提高了反应的转化率。

图5.71和图5.72为第一阶段工程实验氢醛比和液时空速优化的结果。可以看到氢醛比的变化对反应的转化率和选择性基本没有影响，因此氢气气膜传质非气液传质控制步骤。优化的氢醛比略大于1。随着液时空速增加，HPA 的转化率下降，以 HPA 转化率大于95%为目标，优化的液时空速为 $0.15h^{-1}$。

氢醛比	液时空速	Re_G	Re_L	U_g /[kg/(m²·h)]	U_l /[kg/(m²·h)]	结论
10：1	0.1	16.53	29.89	113.58	3775.86	
5：1	0.1	7.28	30.29	50.04	3808.08	
2：1	0.1	1.82	30.52	12.54	3827.08	
10：1	0.15	24.83	44.68	170.61	5643.49	处于 滴流区
5：1	0.15	11.05	45.26	75.97	5691.48	
2：1	0.15	2.79	45.61	19.22	5720.25	
10：1	0.2	32.77	59.80	225.14	7552.76	
5：1	0.2	14.56	60.57	100.08	7616.16	
2：1	0.2	3.64	61.03	25.09	7654.17	

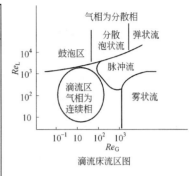

滴流床流区图

氢醛比	10：1	5：1	2：1	10：1	5：1	2：1	10：1	5：1	2：1
液时空速	0.1	0.1	0.1	0.15	0.15	0.15	0.2	0.2	0.2
△Pl,kPa	0.172	0.174	0.175	0.302	0.305	0.307	0.466	0.471	0.474
△Pg,kPa	0.048	0.018	0.004	0.081	0.030	0.007	0.117	0.041	0.009
△Pgl,kPa	1.063	0.732	0.468	1.831	1.247	0.798	2.751	1.854	1.188
△P/L,kPa	0.649	0.252	<1	1.413	0.761	0.217	2.329	1.360	0.598
床层压降	2.60	1.01	<1	5.65	3.04	0.87	9.32	5.44	2.39

图 5.68　单管滴流床流区和压降核算

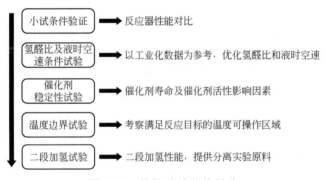

图 5.69　单管试验总体思路

表 5.35　原颗粒和单管反应器参数和反应条件

参数名称	原颗粒反应器	单管反应器
内径/mm	25	40
催化剂装填量	100mL	4.8L
气液线速度/(m/h)	2.15/0.36	39.8/6.7
反应压力/MPa	3.5	3.5
反应温度/℃	130~140	105

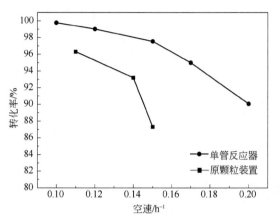

图 5.70　不同反应器反应效果

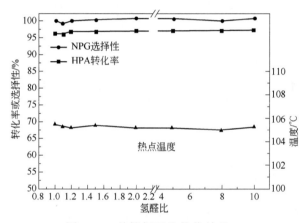

图 5.71　单管氢醛比优化结果

图 5.73 为温度边界条件试验结果，可以看到，床层热点温度达到 159℃，NPG 选择性下降至 95%以下。温度高于 140℃后，羟基新戊醛的分解速率加快，分解产物异丁醛进而加氢生成异丁醇，造成 NPG 选择性下降。

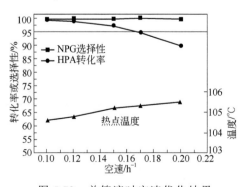

图 5.72　单管液时空速优化结果

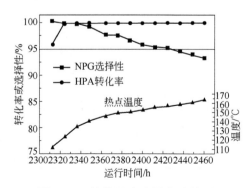

图 5.73　单管温度边界实验结果

对新戊二醇加氢滴流床放大过程进行总结，主要有以下三点：

① 由于滴流床放大后强化了传质，单管反应效果优于小试；

② 采用产物外循环移热；

图 5.74 高熔点物系间歇精馏实验装置

③ 由于氢气气膜传质非气液传质控制步骤，工业上可以采用接近理论化学计量比的氢醛比，从而降低氢气循环能耗和消耗。

（5）加氢产物分离

加氢产物的分离采用精馏方法，新戊二醇的熔点为 130℃，需要采用能处理高熔点物系的精馏塔。但在实验室规模，因为散热量大，很难实现高熔点物料的连续精馏实验。因此，加氢产物分离实验的策略是开展高熔点物料间歇精馏实验，得到合格产品，并验证分离模型。在此基础上，建立连续精馏模型，模拟结果与工业数据进行对比，从而确定精馏工艺参数。

图 5.74 和图 5.75 分别为高熔点物系间歇精馏实验装置的设计图和装置实物。

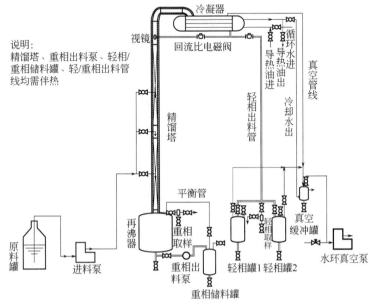

图 5.75 高熔点物系间歇精馏实验装置设计图

间歇精馏模型模拟结果与实验数据对比见表 5.36。从表中可以看出，塔顶温度模拟值与实验值误差很小，模型基本可用。

表 5.36　间歇精馏模型与实验数据对比

操作条件	加氢产物分离					
操作压力	常压		50kPa(A)[①]		10kPa(A)	
步骤	脱轻	精制	脱轻	精制	脱轻	精制
模拟塔顶温度/℃	100	204	81	184	46	143.5
试验塔顶温度/℃	97	212	78	184	50	143
模拟塔釜温度/℃	205	205	186	186	153	153
试验塔釜温度/℃	187～215	210～220	161～192	192～200	150～158	158～167

① 表示绝压。

新戊二醇连续精馏工艺流程见图 5.76，包括脱水塔和新戊二醇的精制塔。各精馏塔的操作条件和控制指标如表 5.37 所示。

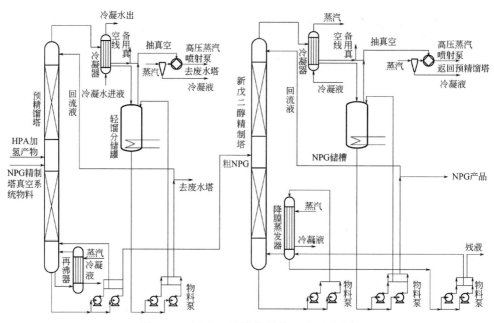

图 5.76　新戊二醇连续精馏工艺流程图

表 5.37　精馏塔模拟结果和工业数据对比表

项目	参数		国外工艺	模拟
装置参数	理论板数	预精馏塔	27	27
		产品精制塔	25	25
		废水塔	15	15

续表

项目	参数		国外工艺	模拟
装置参数	进料位置	预精馏塔	16	16
		产品精制塔	14	14
		废水塔	7	7
工艺条件	操作压力	预精馏塔	23.5kPa	23.5kPa
		产品精制塔	12kPa	12kPa
		废水塔	常压	常压
	塔顶温度	预精馏塔	冷却水冷凝	30℃
		产品精制塔	2.5bar 蒸汽冷凝液	143℃
		废水塔	65℃ 热水	65℃
	塔釜温度	预精馏塔	167℃	165.5℃
		产品精制塔	180～200℃	184.9℃
		废水塔	2bar 蒸汽加热	102℃
	回流比	预精馏塔	—	0.042（需依据塔设计核算）
		产品精制塔	—	0.08
		废水塔	—	2
	采出率	预精馏塔	—	0.78
		产品精制塔	—	0.96
		废水塔	—	0.02
产品	产品含量	产品精制塔	>99%	99.9%

注：1bar=1×10^5Pa。

可以看出，连续精馏模拟的结果和国外公司工业数据相比，基本没有差别，从而证明连续分离模型是可靠的。

对加氢产物分离过程开发工作进行总结，主要有以下三点：

① 通过间歇精馏可以得到合格产品，证明精馏工艺可行；

② 通过间歇精馏模型和实验数据对比，模型基本可用；

③ 连续精馏模型化，模拟数据和国外公司工业数据基本吻合，证明该模型数据可靠。

（6）产品性能评价

新戊二醇主要用途为合成聚酯树脂，评价产品性能的好坏有两个标准：一是产品的分析指标，二是合成的下游产品的性能。项目组提供 5 个样品，考察不同来源的新戊二醇在相同的工艺、相同配方下合成的聚酯产品的性能。考察结果表明，本项目样品可达到进口产品标准。

（7）总结

① 缩合工艺采取创新的釜管串联连续工艺；

② 加氢采用滴流床反应器，低氢醛比，产物循环移热，放大结果优于小试；

③ 针对高熔点物系，以实验结合模拟，完成分离工艺开发；

④ 重视产品性能评价，不仅新戊二醇各项指标达到进口产品标准，而且通过下游聚合应用评价；

⑤ 综合 STEM，完成全流程开发。

5.2.2.3 案例 3：AMP（2-氨基-2-甲基-1-丙醇）的合成

AMP（2-氨基-2-甲基-1-丙醇）广泛地用于金属加工，涂料、油墨、黏合剂、橡胶、个人护理、水处理等多个领域。在金属加工领域主要用作金属加工液的生物稳定和 pH 值稳定剂。AMP 适用于所有类型的乳胶漆，在配方中，AMP 作为一种有效的共分散剂用来防止颜料的重聚集，同时 AMP 可以有效地提高涂料的综合性能。AMP 还被普遍地用在化妆品中作为有机碱中和及溶解含有羧基的聚合物。

本工作由 2-硝基-2-甲基-1-丙醇加氢来制备 AMP：

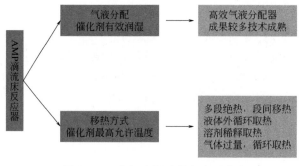

该反应体系的特点是：①反应热高达 505.11kJ/mol，属于强放热反应；②高转化率下才有高选择性。因此，反应器选择返混小、容易实现高转化率的滴流床反应器，但有两个矛盾需要解决：①催化剂颗粒直径与活性的矛盾；②高活性与移热之间的矛盾。其中，移热是需要解决的主要工程问题。

针对该反应过程的特点，开发任务分解见图 5.77。关键还是移热方式的决策。

图 5.77　反应过程开发任务分解

该反应要求床层最高温度<100℃。为实现这个目标，经计算或实验验证，以下几种方式都不适用：

① 多段绝热：段间移热需 5～6 段，反应器结构复杂；

② 液体外循环取热：返混影响大，选择性大幅下降；

③ 溶剂稀释取热：反应物浓度从 20%降到 10%，回收溶剂每吨产品需多消耗

10t 蒸汽。

因此，重点考察气体过量并循环取热的移热方式。为此，考察了不同氢醇比下反应器出口温度，见表 5.38。因为该反应以甲醇为溶剂，在反应工况下甲醇会部分汽化，所以进一步核算了不同氢醇比下甲醇部分汽化所占的移热比例，见表 5.39。

表 5.38 不同氢醇比下的反应器出口温度（入口温度 35℃）

氢醇比	反应器出口温度/℃		氢醇比	反应器出口温度/℃	
	3MPa	5MPa		3MPa	5MPa
25	135.4	149.7	125	84.7	93.4
50	113.5	125.4	150	79.4	87.4
75	100.5	111.1	200	71.5	78.4
100	91.5	101	250	65.8	71.9

表 5.39 不同氢醇比下甲醇和氢气移热比（3MPa）

氢醇比	甲醇移热比/%	氢气移热比/%	氢醇比	甲醇移热比/%	氢气移热比/%
25	81.4	18.6	125	63.0	37.0
50	73.8	26.2	150	61.1	38.9
75	68.9	31.1	200	58.7	41.3
100	65.4	34.6	250	57.5	42.5

结合实验结果，并核算流型、压降和润湿率等，最终确定的移热方式为将反应压力由 5MPa 降低到 3MPa，氢酯比由 25 增加到 100～150，通过氢气和溶剂甲醇部分气化共同移热。

最后一个问题是解决催化剂粒径与活性之间的矛盾。表 5.40 为计算得到的不同粒径催化剂对应的压降。最初选用的为平均粒径 0.85mm 的催化剂，活性高，但高氢酯比下，压降大。因此，开发的任务是需要增大催化剂粒径，降低压降，同时保持活性。通过多方优化，最终确定一款平均粒径 1.2mm 的高活性催化剂。

表 5.40 不同粒径催化剂压降计算

催化剂颗粒尺寸	0.85mm 无定形碳				1.2mm 无定形碳				2mm×2mm 颗粒			
反应器规格	D=0.4m L=3.4m		D=0.5m L=2.2m		D=0.4m L=3.4m		D=0.5m L=2.2m		D=0.4m L=3.4m		D=0.5m L=2.2m	
氢酯比	25	150	25	150	25	150	25	150	25	150	25	150
床层空隙率	压降 ΔP/kPa											
0.36	19	332	11	153	16	307	8	140	12	279	6	124
0.3	27	501	15	230	22	466	12	210	16	427	9	188
0.25	38	743	20	338	31	694	16	310	23	643	12	281

5.2.3 开发总结

（1）滴流床开发流程

① 判断流型；

② 核算压降和润湿率；

③ 保证气液分布；

④ 针对性解决移热问题。

（2）滴流床开发体会

① 找出开发的主要矛盾可事半功倍；

② 滴流床放大后气液传质得到强化（若流型未变），放大结果往往优于小试结果；

③ 流体力学及传热研究的重要性往往大于反应动力学研究的重要性；

④ 氢气气膜传质非传质限制因素，往往可以采用低氢比；

⑤ 高氢比往往为了移热需要；

⑥ 产物循环移热可作为首选移热方式进行考察。

5.3 反应精馏开发方法

作为反应和分离耦合的复杂过程，模拟与实验相结合对于过程开发尤为重要。本节将结合一个具体案例，介绍化工并行开发方法指导下的反应精馏开发方法。

5.3.1 反应精馏技术的原理

反应精馏技术是集反应与精馏耦合于一套精馏塔而同时实现反应物的高转化率和反应产物的高纯度的过程强化技术。其优点在于可以通过精馏的分离作用使反应产物及时移出反应体系而打破化学平衡，同时因反应作用改变塔板上各物质的组成而打破被分离物质的共沸现象。

反应精馏技术的主要优势有：打破化学平衡，提高反应转化率和目标产物的选择性；设备紧凑从而减少了设备投资费用和操作费用；对于难分离的物系可获得较高的目标物质的纯度；缩短反应时间，提高生产力；使温度易于控制，避免出现"热点"问题。

反应精馏一般适用于以下条件：反应停留时间不能过长并且反应产物的泡点与反应温度接近；反应过程最好为放热反应，不能为强吸热反应；主要适用的反应类型为连串反应或可逆反应；主要应用于醚化、酯化、水解、烷基化等领域。

因此，将反应精馏技术应用于 MG 水解反应制备 GA，有望实现较高的 MG

的转化率，并大大简化整个流程。

5.3.2 反应精馏开发案例

本节以乙醇酸甲酯水解制乙醇酸反应精馏过程开发为例进行介绍。

（1）背景

乙醇酸（glycolic acid，GA），又称羟基乙酸、甘醇酸，是最简单的一种 α-羟基酸，主要应用于日用化妆品、皮革、清洗剂、制药以及可生物降解的新材料等行业。尤其聚乙醇酸（PGA）是第一代可降解医用手术缝合线的基材，基于优异的综合性能，PGA 的应用已从传统的医用材料领域走向特殊的工业应用领域，在可降解塑料、阻隔材料、采油用材料、医用材料等领域受到广泛的关注。相比于传统可降解材料，PGA 具有高耐热温度、高强度、高模量、降解速度快、阻隔性能优异等优点。由于 GA 下游产物多处于快速成长期，因此该产品具有非常好的市场前景。

目前，工业上生产 GA 的方法如氯乙酸水解法、羟基乙腈的酸催化水解法和甲醛羰基化法等均存在较多的问题而难以实现 GA 的大规模工业生产，如氯乙酸水解法、羟基乙腈的酸催化水解法中原料的毒性和设备腐蚀性的问题，以及甲醛羰基化法产品组成难以分离的问题等。通过乙醇酸甲酯水解制备 GA 的方法，因环境友好、反应条件温和而受到关注，但是该工艺受限于水解原料乙醇酸甲酯（methyl glycolate，MG）的来源。近年来，由草酸二甲酯（dimethyl oxalate，DMO）部分加氢制备 MG 逐渐成熟，基本解决了 MG 水解制备 GA 的原料问题。MG 水解制备 GA 反应因平衡常数较小而转化率较低，因此常采用水大过量的方法以尽可能提高 MG 的转化率。然而大量水的加入使后期 GA 纯化过程能耗较高，整个水解工艺也相对复杂。

乙醇酸甲酯水解为可逆反应，受化学平衡的限制。试验表明常温下 MG 的转化率在 70%左右，因此为提高 MG 的转化率常采用常规水解工艺下较大的水酯比。这大大增加了水解产物乙醇酸的浓缩能耗，同时还要将大量的未水解的乙醇酸甲酯回收循环使用，因此整个水解过程的能耗较大。为降低整个水解过程的能耗，可采用过程强化的方法打破化学平衡对 MG 转化率的限制，反应精馏技术是过程强化的典型应用之一，经初步的模拟计算采用该技术不仅可获得较高的 MG 的转化率，还可以降低水解过程的水酯比，使整个水解过程能耗和物耗进一步降低。

DMO 加氢水解制 GA 的整体技术方案如图 5.78 所示。

（2）MG 水解反应体系分析

MG 水解反应方程式如下所示，乙醇酸甲酯水解生成乙醇酸和甲醇。反应涉及的四种物质沸点如表 5.41 所示。

$$\text{HOCH}_2\text{COOCH}_3 + \text{H}_2\text{O} \rightleftharpoons \text{HOCH}_2\text{COOH} + \text{CH}_3\text{OH} \qquad \Delta H = 16.12 \text{kJ/mol}$$

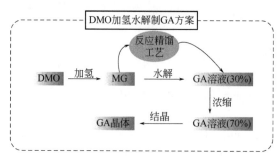

图 5.78　草酸二甲酯加氢水解制乙醇酸工艺

表 5.41　各物质分子量和沸点

组分	MeOH	MG	GA	H$_2$O
M_w/(g/mol)	32.0	90.1	76.1	18.0
沸点/℃	64.7	149～151	112[①]	100

① 沸点下分解。

该反应为弱吸热反应，因此要注意反应精馏塔内不能出现局部剧烈反应的现象，同时乙醇酸受热易分解，100℃时受热分解为甲醛、CO 和水，因此应注意 GA 溶液的热稳定性。甲醇沸点最低，在反应精馏塔内可以迅速移出反应体系，打破水解反应化学平衡，MG 可达到较高的转化率。实验表明，水解反应体系中各物质无共沸现象，整个体系可认为主要是水和甲醇的分离。

（3）MG 水解反应精馏数学模型

反应精馏过程是集反应过程与分离过程耦合于一个精馏塔内的化工强化过程，当且仅当这两个过程有机结合在一起，才能发挥该技术的优势。反应精馏过程开发若仅仅基于实验研究，实验量显然是巨大的。然而近年来反应精馏数学模型的研究成果极大地推动了反应精馏技术开发进程和应用范围。反应精馏过程数学模型开发采用的是过程分解再综合的方法，即将反应精馏过程分解为反应和分离过程分别进行研究。对于反应过程而言通过动力学试验研究，了解各因素对反应过程的影响规律，最终获得反应动力学方程；对于分离部分通过汽液平衡实验获取各组分的气液平衡数据。基于以上两类数据将反应过程和分离过程有机结合起来，建立反应精馏数学模型（图 5.79）。

反应精馏模型基于平衡级数学模型，并有以下基本假定：

① 每一级上离开塔板的气液两相之间均达到相平衡；

② 每一级上的气液相都是完全混合的，组成、温度和压力分布均匀，且相邻塔板之间无返混；

③ 反应只发生在液相；

④ 反应精馏塔采用 MESHR 方程描述。

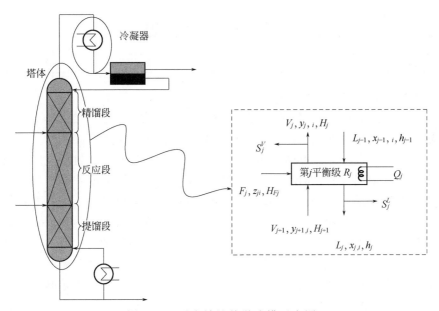

图 5.79 反应精馏数学建模示意图

本工作测试了 MG 水解反应在离子交换树脂催化下的动力学试验[27]，研究发现采用拟均相反应动力学模型可以较好地对 MG 水解反应特点进行描述，下式为 MG 水解反应非均相动力学模型，表 5.42 中列出了动力学参数值。

$$r = k^0 \exp\left(\frac{-E}{RT}\right)\left(a_{MG}^c a_W^d - \frac{a_{GA}^e a_M^f}{K_{eq}}\right)$$

$$\ln K_{eq} = \frac{-a}{T} + b$$

表 5.42 非均相反应动力参数

k^0	E	c	d	e	f	a	b
1.18	27614	0.41	0.12	0.10	2.93	1088.24	2.71

由于 GA 水溶液呈酸性，因此 MG 水溶液本身可以在其产物 GA 的催化下进行水解反应，即自催化反应。黄晓光、徐艳等进行了 MG 水解反应在无外加催化剂的动力学研究[28]，并建立了 MG 水解自催化反应动力学方程，自催化动力学参数见表 5.43。

$$r = k^0 \exp\left(-\frac{E}{RT}\right) a_{GA}^{0.5}\left(a_{MG} a_W - \frac{a_{GA} a_M}{K_{eq}}\right)$$

$$\ln K_{eq} = \frac{-a}{T} + b$$

表 5.43　自催化动力学参数

k^0	E	a	b
285500	44863	2006	3.1986

（4）MG 反应精馏实验与模拟结果分析

① 热稳定性实验　乙醇酸具有热敏性，在一定温度下会发生自聚或分解。为了确定合适的反应温度范围，首先进行 GA 溶液热稳定性实验。

实验表明，温度和乙醇酸溶液浓度越高，乙醇酸越易发生自聚反应生成乙醇酸二聚体或其他高聚物。MG 水解反应精馏过程中，产物 GA 主要在塔釜富集，然而塔釜的温度是由操作压力和塔釜中各物质组成共同决定的，因此要获得较高的 GA 产率，塔釜各物质的组成和操作压力应保证在合理的范围。MG 水解反应精馏过程中要求 MG 的转化率大于 99.0%，而甲醇从塔顶采出，塔釜主要物质为水和 GA。对于反应精馏的操作压力而言，由于 MG 水解体系并无共沸现象，同时较高的温度有利于增大反应速率，因此 MG 水解反应精馏优先选择常压操作，以寻找合适的 GA-水组成。

基于以上分析，以油浴加热的三口烧瓶模拟反应精馏塔塔釜条件（图 5.80）。实验研究了不同 GA-水组成在泡点温度下 GA 质量浓度（游离酸）随时间的变化规律。

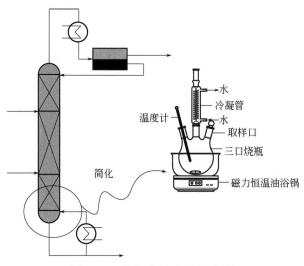

图 5.80　热稳定性实验示意图

这里顺便提一下，在实验室精馏塔理论板数有限的条件下，验证塔顶塔釜条件也是经常采用的开发方法。

图 5.81 和图 5.82 描述了常压下质量分数为 15%、30%、50%、70% 的 GA 在泡点温度下，GA 质量浓度和收率随时间的变化。图中横坐标为反应时间，纵坐

标分别为 GA 的质量浓度和收率。从图中看出，当 GA 质量浓度低于 30%时，泡点温度下 GA 的质量分数基本不随时间变化，说明此时 GA 的稳定性对温度并不敏感。随着 GA 浓度的升高，泡点温度下 GA 的收率逐渐降低，从图中可以看出，当 GA 质量浓度为 50%时 GA 的平衡收率为 97.5%，但是当 GA 质量组成为 70%时 GA 的平衡收率则约为 92%。此外，从图中可以看出 GA 自聚或分解反应一般在 40~60min 后已经达到了平衡。

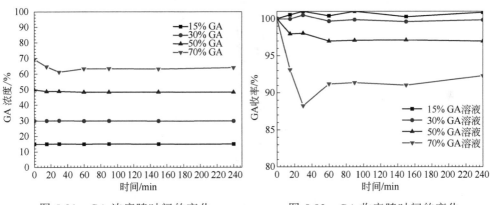

图 5.81　GA 浓度随时间的变化　　　　　图 5.82　GA 收率随时间的变化

从以上分析可以看出，当塔釜中控制 GA 质量浓度小于 50%时，MG 水解反应精馏采用常压操作可获得 97%以上的 GA 收率，这也说明 MG 水解反应精馏采用常压操作具有较大的可行性。

本工作采用 UNIQUAC 物性方法来描述 MG、水、GA、甲醇四元体系的气液平衡状态。由于缺乏关于 GA 和其他物质的气液平衡数据，因此 GA 与水的二元交互因子采用 UNIFAC 方法进行估算。表 5.44 列出了不同 GA 水溶液浓度的泡点温度的实验值和计算值，从表中实验数据和模拟数据对比中可以看出随着 GA 溶液的质量浓度升高，实验值与模拟值偏差越来越大，但是当 GA 质量浓度小于 50%时，计算值和实验值不超过 3℃。这说明在低浓度范围内采用 UNQUAC 物性方法以及 UNIFAC 方法估算的二元交互因子是比较可靠的。

表 5.44　GA 溶液泡点计算值与实验值

项目	泡点温度/℃			
	15%	30%	50%	70%
模拟值	101.0	102.2	104.6	109.4
实验值	101.8	103.3	107.4	113.2

② 实验与模拟结果分析　由于整个反应体系中，甲醇是最轻的组分，从塔顶脱除，所以首先研究催化剂装填在塔釜，反应进料也在塔釜的情况（图 5.83）。

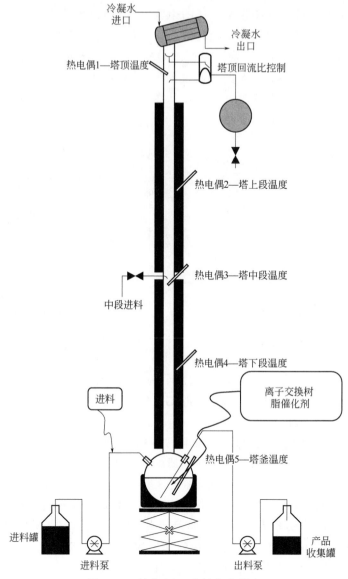

图 5.83　催化剂及进料均在塔釜

表 5.45 所列出的实验和模拟结果表明，塔釜装填催化剂的连续反应精馏具有一定的可行性，且进料负荷越小 MG 的转化率越高，但是采用此种催化剂装填方式的反应精馏由于反应仅发生在塔釜，因此对于全塔而言同时起反应和分离作用的塔板仅在塔釜，所以整个塔的效率较低。

图 5.84 各塔板的模拟组成和温度变化表明，工况 1 甲醇仅在塔底和塔顶几块塔板有分离能力。工况 1 中 MG 的转化率低的可能原因是 MG 的水解反应速率不够高，甲醇不能及时移出反应体系，因此阻碍了反应向正方向移动。相比于工况

表 5.45　催化剂及进料均在塔釜时实验与模拟结果对比

（水酯比 10，催化剂装填量 100g）

项目		工况 1（进料 299g/h，回流比 4）		工况 2（进料 149g/h，回流比 3）	
		实验值	计算值	实验值	计算值
塔釜	MeOH/%	1.57	2.06	0.94	0.79
	MG/%	3.46	3.33	1.92	1.38
	温度/℃	100.2~102.3	101.4	104.0~105.0	103.0
塔顶	MeOH/%	59.79	52.73	38.16	34.12
	MG/%	0.02	0.01	痕量	0.01
	温度/℃	72.8~81.1	75.8	81.4~82.0	80.8
MG 转化率/%		91.32	91.07	95.98	98.35

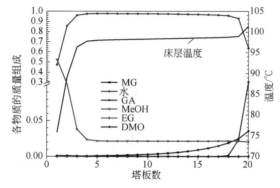

图 5.84　工况 1 塔板上各物质组成和温度变化

1，工况 2 物料在塔釜的停留时间由 10h 增加到 20h。MG 转化率虽有提高，但仍未达到 99%。从图 5.85 看出工况 2 仍与工况 1 一样，塔段对甲醇和水基本没有分离作用，同时也验证了工况 1 的推论及反应过程仍受化学平衡的限制。通过上述实验值与模拟值的对比，模拟计算所用数学模型对该反应精馏过程的预测结果比较接近，因此该数学模型具有较大的参考性。

前期实验室研究以及上述分析表明，MG 的转化率和塔釜甲醇的浓度有很大关系，如图 5.86 所示。因此对于 MG 水解反应精馏过程而言，要获得较高的 MG 转化率，必须使塔釜中甲醇的含量尽可能低，即必须使塔段充分发挥分离作用，将塔釜内的甲醇尽可能快地移出反应体系。

通过上述分析，MG 转化率不高主要是塔釜中的甲醇浓度较高，不能及时移出反应体系，使水解反应受到化学平衡的限制所致，因此接下来的实验将 MG 水解液经预反应后达到化学平衡，使其中含有甲醇和 GA 以及未反应的 MG，从塔中段进料，使塔段的分离作用充分发挥。操作方式见图 5.87。

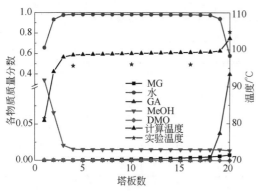

图 5.85 工况 2 塔板上各物质
组成和温度变化

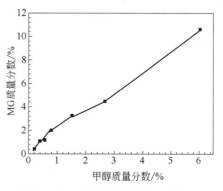

图 5.86 反应釜中甲醇浓度与
MG 浓度的对应关系

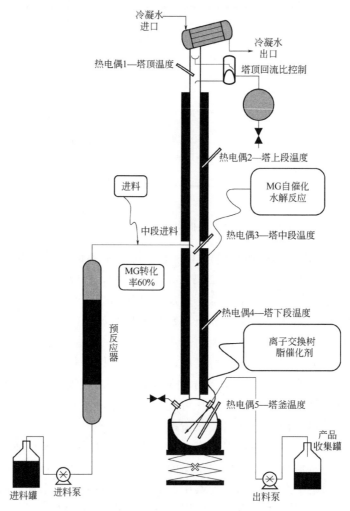

图 5.87 预反应器非均相催化剂操作模式

　　表 5.46 列出了本次实验的实验结果，并结合实验条件通过数学模型预测了实验结果。虽然数学模型与实验结果吻合效果并不理想，但是对反应精馏过程的分析仍具有一定的参考性。图 5.88 是通过计算的精馏塔内各板、各物质的组成和温度分布，从中可以看出塔段对甲醇和水的分离作用较塔釜进料更加显著。可见反应物料进入反应精馏塔前进行一次预反应，不但降低反应精馏塔的反应负荷，同时预反应后物料含有一定量的甲醇，从塔中段进入塔釜后塔段的分离能力会得到增强。水解液经预反应后由精馏塔中段进料的反应性能和分离性能均优于不经过预反应从塔釜进料的工艺，上述工况 2 的推论得到验证。

表 5.46　预反应器非均相催化剂操作模式反应和模拟结果

项目	塔釜				塔顶				总转化率/%
	MeOH/%	MG/%	DMO/%	温度/℃	MeOH/%	MG/%	DMO/%	温度/℃	
实验值	0.12	0.47	0.04	105.0	87.63	0.04	0.02	65.6	98.77
计算值	3.35	0.20	—	101.1	68.65	0.12	—	71.8	99.40

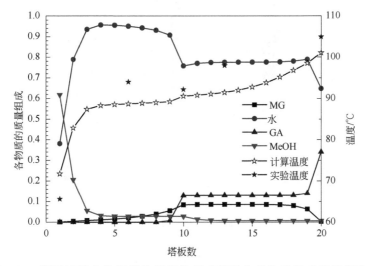

图 5.88　预反应器非均相催化剂操作模式塔板上各物质组成和温度变化

　　MG 水解反应自催化的反应精馏过程具有较大的可行性，所以接下来研究预反应+自催化模式，见图 5.89。

　　结合 MG 自催化水解反应过程的特点和动力学，我们建立了该过程的数学模型。由于自催化过程是均相反应过程，因此反应精馏塔内每块理论塔板的持液量对 MG 的转化率影响较大，且是数学模型建立的必备的参数。因此自催化反应精馏实验前首先测定了反应精馏塔内的持液量（表 5.47），然后又进行了两次自催化反应精馏实验以修正和验证数学模型。

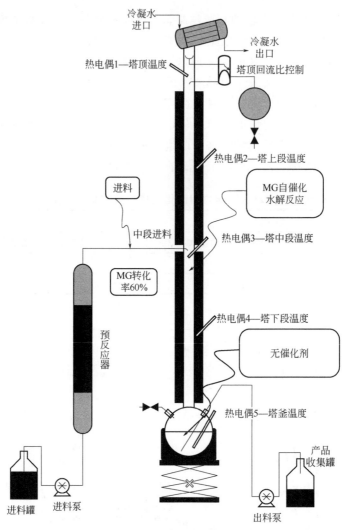

图 5.89　预反应+自催化模式

表 5.47　填料持液量测定结果

总持液量/mL	塔体积/mL	总持液率/%	塔板持液量/mL
267.60	1080.16	24.77	13.38

　　基于实验室条件，持液量是使用实验精馏塔在全回流的状态接近液泛时，通过测量塔釜中液位的变化得到的，实验结果见表 5.47。实验测得精馏塔的总持液量为填料体积的 25%，这与一般的经验值（25%～30%）比较吻合，因此实验结果具有一定的可靠性。

　　从表 5.48 中看出经修正后的 MG 自催化水解反应精馏数学模型具有较好的预测性能，同时也说明自催化反应精馏具有较大的可行性。

表 5.48　预反应+自催化实验及模拟结果

项目	塔釜			塔顶			转化率/%
	MeOH/%	MG/%	温度/℃	MeOH/%	MG/%	温度/℃	
实验	0.0997	0.2658	104.6	63.7656	0.0466	75.1	99.31
模拟	0.1551	0.5194	103.1	60.2911	0.0935	74.0	98.67

非均相催化精馏开发和操作过程中会受到催化剂装填方式和催化剂寿命的限制，然而对于均相自催化的反应精馏而言并不存在这些问题。MG 水解反应精馏完全可以不采用催化剂，大大降低了反应精馏开发的难度。

图 5.90 是以上各项研究所使用的实验室反应精馏装置。

（5）MG 水解工艺优化及验证

以 MG 处理量 1 万 t/a 工业装置为设计基准，优化得到的设备和工艺条件等技术参数[29]见图 5.91 和表 5.49。模拟计算得到的塔釜、塔顶组成、转化率及各塔板温度和浓度分布见表 5.50 和图 5.92。

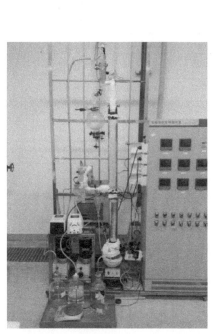

图 5.90　实验室反应精馏装置

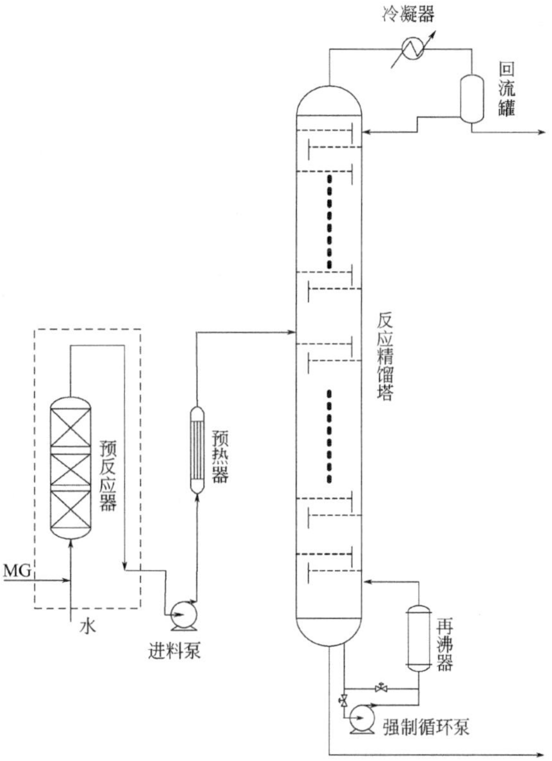

图 5.91　MG 水解自催化工业反应精馏装置

（6）MG 水解反应精馏中试验证

为验证以上研究结果，建立了中试装置（图 5.93），图 5.94 为中试装置试验结果，经验证，实验值与预测值吻合，模型可用于工业装置的设计。

表 5.49　MG 水解自催化工业反应精馏装置技术参数

反应精馏塔工况	技术参数	反应精馏塔工况	技术参数
塔径/m	1.4	塔顶馏出率/(kg/h)	444.44
塔板数	55	进料位置	12
反应段	所有塔板	MG 进料量/(kg/h)	1250
塔板持液量/m³	0.1	进料温度/K	298.15
操作压力/kPa	101	水酯比/(mol/mol)	6
回流比	3	预反应转化率	0.65

表 5.50　MG 自催化水解反应精馏工业装置模拟结果

项目		指标
塔釜	MeOH/%	痕量
	MG/%	0.3
	GA/%	45.5
	水/%	54.2
	温度/℃	115.39
塔顶	MeOH/%	99.5
	MG/%	痕量
	GA/%	痕量
	水/%	0.5
	温度/℃	67.92
转化率/%		99.52

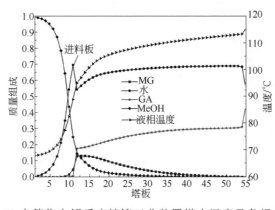

图 5.92　MG 自催化水解反应精馏工业装置塔内温度及各组分浓度分布

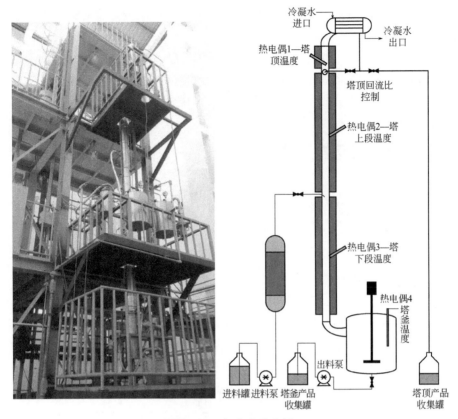

图 5.93　中试试验装置

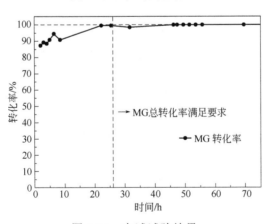

图 5.94　中试试验结果

5.3.3　开发总结

反应精馏技术将反应过程与精馏过程耦合，从而使得反应或精馏过程得以强化。当强化反应过程时，通过精馏的分离作用使反应产物及时移出反应体系而打破化学平衡，提高反应转化率。

反应精馏过程的开发要点：基于反应特性分析，提出反应精馏方案；进行反应动力学研究，并在此基础上建立反应精馏数学模型；通过实验验证数学模型的可靠性，并通过数学模型指导反应精馏过程的开发。

5.4　搅拌反应釜开发

本节将介绍搅拌反应釜的开发方法，同样在化工并行开发方法的指导下，重视系统思维、整体分析、统筹安排，采用数学模型放大方法，注重模拟与实验、工艺与工程的紧密结合。

5.4.1　反应釜概述

搅拌釜反应器主要由釜体部分、搅拌装置、轴封、传热装置和传动装置五大部分组成，见图 5.95。

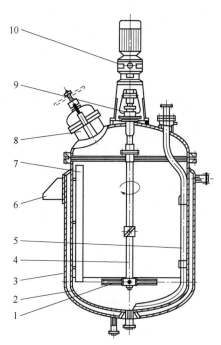

图 5.95　搅拌反应釜结构

1—叶轮；2—槽体；3—夹套；4—搅拌轴；5—压出管；6—支座；7—挡板；
8—人孔；9—轴封；10—传动装置

　　搅拌的目的是使物料混合均匀，强化传热和传质。包括均相液体混合、液-液分散、气-液分散、固-液分散、结晶、固体溶解、强化传热等。

　　液体在设备范围内做循环流动的途径称作液体的流动模型，简称流型。搅拌设备内的流型取决于搅拌方式，搅拌器、釜、挡板等的几何特征，流体性质以及转速等因素。在一般情况下，搅拌轴安装在釜中心时，搅拌将产生三种基本流型：轴向流、径向流和切向流，见图 5.96。其中切向流流速高时，液体表面会形成漩涡，此时的混合效果很差。上述三种基本流型，通常可能同时存在。其中，轴向流与径向流对混合起主要作用，而切向流应加以抑制，可通过加入挡板削弱切向流，以增强轴向流与径向流。

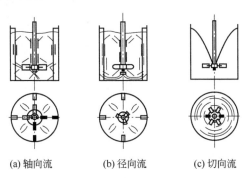

(a) 轴向流　　　　(b) 径向流　　　　(c) 切向流

图 5.96　搅拌反应釜流型

　　夹套用于反应釜换热。常用的夹套型式有空心夹套、内部夹套、螺旋导流板夹套、半管夹套、型钢夹套、蜂窝夹套等，见图 5.97。

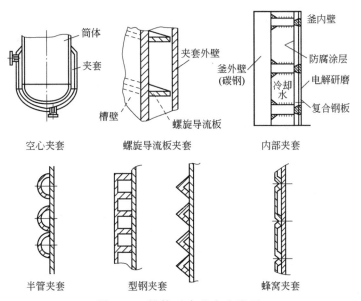

图 5.97　搅拌反应釜夹套类型

内盘管也是常用的换热构件，通常分为螺旋形蛇管和竖式蛇管两种型式，见图 5.98。若承受蒸汽压力，蛇管应采用无缝钢管制造。蛇管热效率高，还可以起挡板的作用，但会增加所需搅拌器的运行功率。

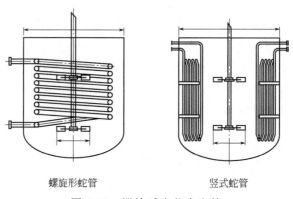

螺旋形蛇管   竖式蛇管

图 5.98 搅拌反应釜内盘管

挡板的作用在于消除漩涡，改善主体循环、增大湍动程度，改善搅拌效果。最常用的挡板类型是竖式挡板（图 5.99）。一般情况下，在容器内壁面均匀安装 4 块，宽度为容器直径的 1/12～1/10 的竖式挡板，就可满足全挡板条件。全挡板条件是指安装的挡板数和挡板宽度使搅拌功率为最大，若再增加挡板数和挡板宽度，功率消耗不再增加。虽然挡板的结构和数量对混合效果影响很大，但挡板也不是越多越好，过多的挡板将把混合限制在局部区域，导致不良的混合性能。

除竖式挡板外，还有底挡板（图 5.100）和指形挡板（图 5.101）。底挡板安装在反应釜的底部，能促进固体悬浮，避免固体在反应釜底部沉积。指形挡板多用于搪玻璃反应釜。因为竖式挡板不方便和搪玻璃反应釜内壁连接，所以搪玻璃反应釜的挡板多做成指形等异形结构，这样既能加强混合，相比竖式挡板也更节省搅拌功率。当指形挡板内部通入冷却水，还能起到换热作用。

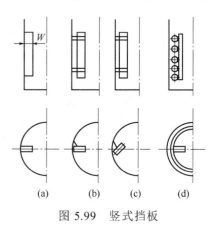

(a)   (b)   (c)   (d)

图 5.99 竖式挡板

导流筒是反应釜内上下开口的圆筒，在搅拌混合中起到导流的作用，既可提高反应釜内流体的搅拌强度，又造成一定的循环流，使容器内流体均可通过导流筒内强烈混合区，提高混合效率。搅拌器可以在导流筒的外部，也可以在导流筒的内部。对桨式或涡轮式搅拌器，搅拌器在导流筒的下方，而对推进式搅拌器，搅拌器一般在导流筒内部（图 5.102）。

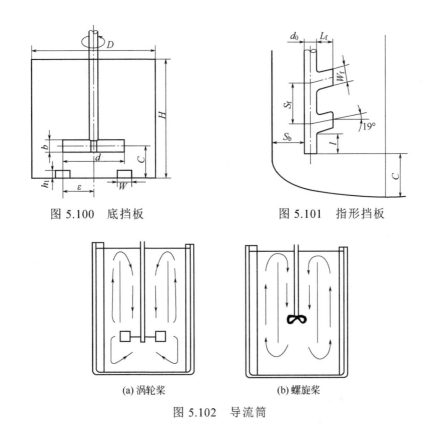

图 5.100　底挡板

图 5.101　指形挡板

(a) 涡轮桨

(b) 螺旋桨

图 5.102　导流筒

图 5.103 为常用的搅拌器类型。不同搅拌器适用的场合见表 5.51。

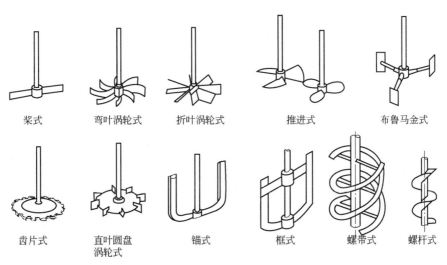

桨式　　弯叶涡轮式　　折叶涡轮式　　推进式　　布鲁马金式

齿片式　　直叶圆盘涡轮式　　锚式　　框式　　螺带式　　螺杆式

图 5.103　常用的搅拌器类型

表 5.51　常用搅拌器选型

搅拌器型式	流动状态			搅拌操作分类									槽容积范围/m³	转速范围/(r/min)	最高黏度/(Pa·s)
	对流循环	湍流扩散	剪切流	低黏度液混合	高黏度液混合传热反应	分散	溶解	固体悬浮	气体吸收	结晶	传热	液相反应			
涡轮式	○	○	○	○	○	○	○	○	○	○	○	○	1~100	10~300	50
桨式	○	○	○	○		○		○			○	○	1~200	10~300	50
推进式	○	○		○		○	○	○	○	○	○	○	1~1000	100~500	2
折叶涡轮式	○	○		○		○	○	○	○	○	○	○	1~1000	10~300	50
布鲁马金式	○	○		○			○			○	○	○	1~100	10~300	50
锚式	○				○		○						1~100	1~100	100
螺杆式	○				○		○						1~50	0.5~50	100
螺带式	○				○		○						1~50	0.5~50	100

注：有○者为适用，表格中空白者为不详或不适用。

图 5.104 为新型立式搅拌器，各种搅拌器也可以按照物系的黏度进行选型，具体已经在 2.5.4.3 节做过介绍，不再赘述。

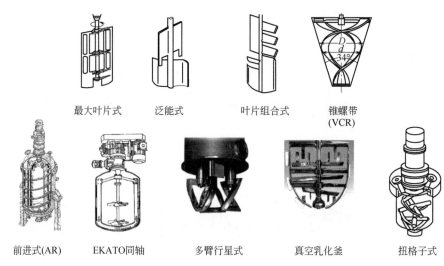

最大叶片式　　　泛能式　　　叶片组合式　　　锥螺带(VCR)

前进式(AR)　　EKATO同轴　　多臂行星式　　真空乳化釜　　扭格子式

图 5.104　新型立式搅拌器

常用的几何相似放大准则见表 5.52。

表 5.52 常用的几何相似放大准则

序号	项目	放大过程中需保持恒定的量（准则）
1	均一系混合速度	$(Q_d/V)^{0.33}P_V^{0.16}$（与 $N^{0.81}d^{0.32}$ 等效）
2	分散相混合速度	$P_V^{0.5\sim1.1}$
3	对应的流速固定	Nd
4	同一液滴直径	N^3d^2（与 P_V 等效）
5	使液滴分散的最小转速	$Nd^{1.1}$
6	相际传质速度	N^3d^2
7	固液悬浮	Nd 或 N^4d^3
8	溶解速度	$(Q_d/V)^{0.24}P_V^{0.11}$ 或 N

表 5.53 为搅拌釜容积按几何相似放大 125 倍时各混合参数的变化。可以看到，取不同的放大准则可使过程能耗相差很大，必须予以重视；保持 Q_d/V 恒定（即翻转次数恒定）的放大法是最耗能的放大法；而保持 Re 恒定，一般不能重现过程结果。实用的放大法是保持 P_V 恒定或 Nd 恒定，或取二者之间。

表 5.53 反应釜容积几何相似放大 125 倍各混合参数的变化

参数	模试釜 0.019m³	工业釜 2.37m³			
		P_V 恒定	Q_d/V 恒定	Nd 恒定	Re 恒定
D	1.0	5.0	5.0	5.0	5.0
P	1.0	125	3125	25	0.2
P_V	1.0	1.0	25	0.2	0.0016
N	1.0	0.34	1.0	0.2	0.04
Q_dN	1.0	0.34	1.0	0.2	0.04
Nd	1.0	1.7	5.0	1.0	0.2
Re	1.0	8.5	25.0	5.0	1.0
Q_d	1.0	42.5	125	25	5.0

表 5.52 和表 5.53 中，N 为搅拌转速；d 为搅拌器直径；P_V 为单位体积物料的搅拌功率；V 为反应器体积；Q_d 为搅拌器排液量；D 为搅拌容器内直径；P 为搅拌功率；Re 为雷诺数。

反应釜传热能力的变化见表 5.54。表中，Q 为反应釜的传热量；Q/V 为单位体积传热量；h 为釜壁对流体的表面传热系数；r 为放大倍数。可以看到表中三种不同的放大准则，随搅拌釜直径增大，单位体积传热量 Q/V 均以较大幅度下降；以 N^3d^2 或 Nd 恒定放大时，二者的 Q/V 相差无几，所以若搅拌槽中仅进行传热过程，可采用省能的使 Nd 恒定的放大法。

表 5.54　放大时反应釜传热能力的变化

釜径放大倍数	N^3d^2 恒定		Nd 恒定		$N^{0.81}d^{0.32}$ 恒定	
	h	Q/V	h	Q/V	h	Q/V
3	0.885	0.295	0.693	0.231	1.086	0.361
5	0.836	0.167	0.585	0.117	1.128	0.226
10	0.774	0.077	0.464	0.046	1.189	0.119
r	$r^{-1/9}$	$r^{-10/9}$	$r^{-1/3}$	$r^{-4/3}$	$r^{0.075}$	$r^{-0.925}$

5.4.2　反应釜开发案例

5.4.2.1　案例1：高浓度乙烯利技术开发

（1）背景

乙烯利，有机化合物，纯品为白色针状结晶，工业品为淡棕色液体，易溶于水、甲醇、丙酮、乙二醇、丙二醇，微溶于甲苯，不溶于石油醚。乙烯利是优质高效植物生长调节剂，具有促进果实成熟，刺激伤流，调节性别转化等效应。

乙烯利工业生产以环氧乙烷和三氯化磷为原料，经过酯化、重排和酸解三个工序，得到乙烯利产品，工艺流程见图 5.105。

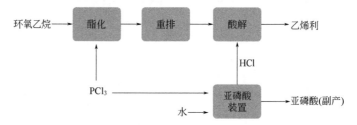

图 5.105　乙烯利生产工艺流程图

酯化反应是一个串联反应，环氧乙烷和三氯化磷反应，逐步生成亚磷酸一酯、亚磷酸二酯、亚磷酸三酯。亚磷酸三酯（亚酯）是目的产物，摩尔反应热为428.75kJ/mol。

酯化反应原工艺见图 5.106，反应釜体积为 5m³，气液反应，反应温度 20～50℃，反应压力为常压。

（2）问题提出

原乙烯利生产工艺生产的乙烯利原液含量为 60%～65%，无法满足新国标乙烯利原液浓度需>89%的要求，需要开发高浓度乙烯利新工艺。酯化工艺优化是其中重要的一环。目前酯化工艺存在以下问题需要解决：

①　反应时间长，时空产率低；

②　单耗高，原工艺环氧乙烷单耗>0.65，行业内普遍单耗<0.55；

③　生产不稳定（酯化结束后亚酯发热严重），存在安全隐患。

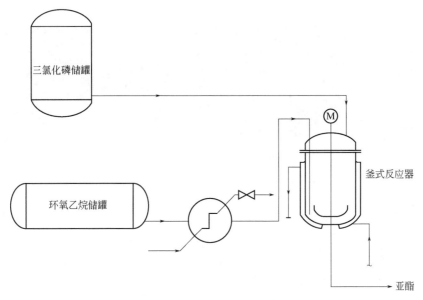

图 5.106　酯化反应原工艺流程图

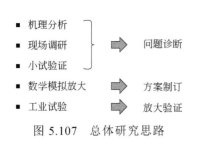

图 5.107　总体研究思路

（3）研究思路

总体的研究思路如图 5.107 所示。结合反应机理分析、现场调研和小试验证进行问题诊断，找到解决问题的方向。通过数学模拟放大制订技术方案，再进行工业试验，进行放大验证。

（4）问题诊断

① 反应初期气相 EO 不溶于 PCl_3，随着反应中间产物的增多，反应产物对环氧乙烷的溶解度增大（生产上可以观察到反应初期釜内的压力较大，此后逐渐降低）；

② 酯化反应初期重点要加强气体分散，增大气液相间的传质面积（气液反应）；

③ 反应的中后期，要解决溶解的环氧乙烷在液相 PCl_3 中的分散问题，以增大反应接触面积，提高反应物的总体转化率（气液反应）；

④ 保温阶段，反应为均相反应，主要问题是要提高反应速率；

⑤ 小试实验验证：相同空速、相同时间、相同反应条件下小试亚酯含量>80%，工业装置亚酯含量<70%；

⑥ 之前工厂 $1m^3$ 反应釜反应时间小于 $5m^3$ 反应釜，反应结果好于 $5m^3$ 反应釜。$5m^3$ 反应釜中间产品一次合格率降低，产品单耗升高；

⑦ 通过 CFD 模拟发现，1000L 酯化釜在封头区域内气含率很低，釜主体气含率较高；相反，5000L 釜气体主要集中在封头区域，然后沿壁面上升，釜主体几乎无气体存在（图 5.108）。

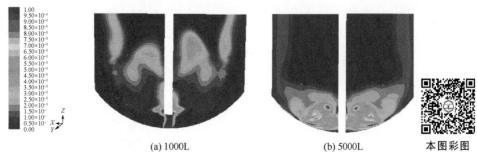

图 5.108　不同容积酯化釜气相分布云图

　　综合以上分析，在反应前半段，因是气液非均相反应，主要需通过强化气液传质来加快反应速度。在反应的后半段，环氧乙烷溶解度逐渐提高，尤其是到了最后的保温阶段，这时已经停止通环氧乙烷，实际是溶解在体系中的环氧乙烷逐渐反应完成的阶段，体系已经变为均相反应，此时需要做的是提高本征反应速率。另一方面，酯化反应是一个放热量很大的反应，反应速率加快后，必须保证反应热能得到及时移除。在反应釜换热面积受限的情况下，加强流体湍动，提供传热效率，也会对提高生产效率有利。

　　因此，解决问题的方案（图 5.109）就确定为一方面通过酯化釜搅拌和内构件的改造，强化气液传质和提高传热效率；另一方面通过添加催化剂或提高反应温度的来加快后期反应速率。

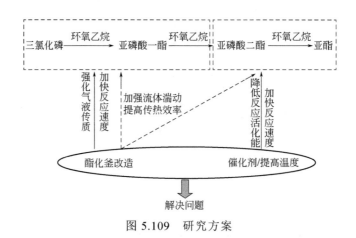

图 5.109　研究方案

（5）技术研究

　　对酯化反应釜进行结构优化，图 5.110 为搅拌转速的影响。可以看到，由于酯化釜内没有安装挡板，增大转速不能有效输入功率，气体分散效果也未得到有效改善。

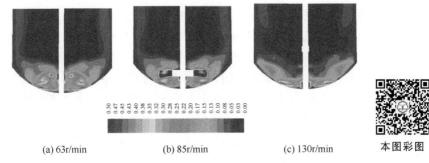

(a) 63r/min　　　　　　(b) 85r/min　　　　　　(c) 130r/min

图 5.110　转速对酯化釜气体分散效果的影响（无挡板）

图 5.111 为挡板对酯化釜气体分散效果的影响。可以看到，无挡板时，酯化釜内气体主要集中在封头区域，上部区域几乎无气体存在。加入挡板后，酯化釜内气体明显在整釜内分散较好。

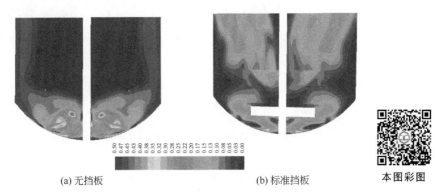

(a) 无挡板　　　　　　　　　　　(b) 标准挡板

图 5.111　挡板对酯化釜气体分散效果的影响

图 5.112 为桨叶形式对酯化釜气体分散效果的影响。可以看到，底层圆盘涡轮桨加上层斜叶桨效果最好，圆盘涡轮桨有助于打散气泡，斜叶桨有助于整釜气体的均布，即既能保证气体的均匀性，又能保证气体的分散度。

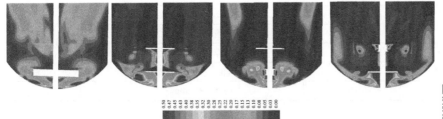

(a) 双层平桨　　(b) 双层圆盘涡轮桨　　(c) 底层斜叶桨+　　(d) 底层圆盘涡轮桨+
　　　　　　　　　　　　　　　　　　上层圆盘涡轮桨　　　上层斜叶桨

图 5.112　桨叶形式对酯化釜气体分散效果的影响

最终优化得到的理想结构为：四块标准挡板；底层直叶圆盘涡轮+上层斜叶双层桨，底层桨离底距离 437.5mm，桨间距 1000mm；转速 130r/min，保证涡轮桨端速度≥6m/s；环形气体分布器，直径 300mm，分布器距底层桨 135mm。

优化的酯化釜反应器基本流场如图 5.113 所示。由图 5.113（a）可见，底层直叶圆盘涡轮桨与上层斜叶桨流场匹配较好，有效地发挥了各自桨叶的作用，既考虑桨叶剪切分散，又能保证液体的循环量。由图 5.113（b）可见，优化后酯化釜整体气体分散均匀。不同轴向位置（z=436.5mm、936.5mm、1436.5mm、1636.5mm），径向气含率分布差异很小，基本处于 0.05～0.07 之间。仅在气体分布器附近，气含率较大。

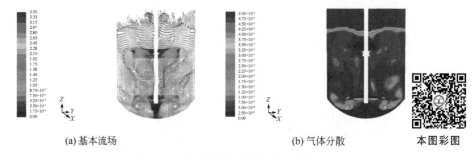

(a) 基本流场　　　　　　　　　　(b) 气体分散　　　　　　　　**本图彩图**

图 5.113　优化的酯化釜模拟结果

受搪瓷釜制造工艺限制，实际改造设备结构由四块标准挡板改为两块 D 型挡板，上层四斜叶桨改为翼型桨，见图 5.114。

图 5.115 为生产装置与工程改造方案气体分散效果模拟结果对比。可以看到，工程改造后气液混合效果会远好于现 5000L 酯化釜的混合，也要优于原 1000L 酯化釜的混合效果。

表 5.55 为改造前后设备参数对比。

表 5.55　改造前后设备参数对比

项目	改造前	改造后	备注
传动系统	63r/min	130r/min，变频控制	整体置换
釜盖	原釜盖	增加挡板位置的新釜盖	
挡板	无	两块 D 型挡板	
搅拌器	双层平桨	底层圆盘涡轮+上层翼形轴流式搅拌桨	
气体分布器	直径 1000mm	直径 300mm	

（6）改造效果

工业试验达到小试预期，主要表现在：酯化完全，保温阶段异常发热现象消失；单耗大大降低，环氧乙烷单耗下降 10%左右；反应时间缩短了 20%左右。工业试验数据见表 5.56。

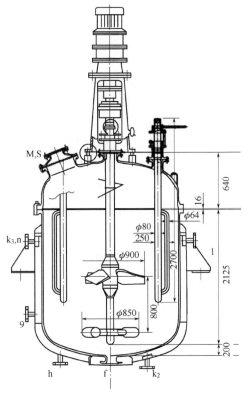

产品技术特点：

传动部分：抗轴向力强、稳定可靠、传动效率高、安装维修便利。

搅拌混合部分：
1.混合更加均匀，时效缩短20%；
2.能耗降低30%以上；
3.产品收率有明显的提高。

折流挡板部分：D型测温式挡板有局部二次搅拌混合作用，实际折流作用是普通平板式挡板的数倍。

图 5.114　实际改造设备结构（尺寸单位：mm）

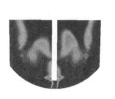

(a) 华原1000L

(b) 华原5000L

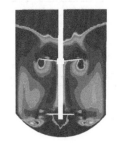

(c) 工程改造方案

本图彩图

图 5.115　气体分散情况模拟结果对比

表 5.56　工业试验数据

项目	试验批号	环氧通入时间/h	保温时间/h	环氧累积通入量/kg	反应总时间/h
新工艺	12～27	42.5	0	2980	42.5
	12～29	42.5	0	2950	42.5
原工艺（试验前三批）	12～21	48	6+4	3350	58
	12～17	42	6	3350	48
	12～13	41	6	3350	47

5.4.2.2 案例2：铬黄新工艺开发

（1）背景

铅铬黄颜料的化学成分是铬酸铅、硫酸铅及碱式铬酸铅，色泽鲜艳纯正，遮盖力强，主要用于涂料中，此外还用在塑料、油墨、橡胶中。

水溶性的铅盐和水溶性的铬酸盐是制造铬黄颜料的主要原料。铬黄的各种制造路线，主要是采用不同品种的铅盐原料形成的，其中以硝酸铅和乙酸铅路线最为普遍。一般认为硝酸铅为原料制造铅铬黄，成本要稍高一些，产品质量要好一些，硝酸铅路线的反应机理如下：

$$Na_2Cr_2O_7 + Na_2CO_3 \Longrightarrow 2Na_2CrO_4 + CO_2 \uparrow$$
$$Na_2Cr_2O_7 + 2NaOH \Longrightarrow 2Na_2CrO_4 + H_2O$$
$$Pb(NO_3)_2 + Na_2CrO_4 \Longrightarrow PbCrO_4 + 2NaNO_3$$

该反应为秒级快反应，产品 $PbCrO_4$ 在水中溶解度极小，为典型反应结晶（沉淀）过程。

铬黄颜料的生产工艺过程：

原料制备→溶液配制→化合→压滤、漂洗→干燥→粉碎、拼色→包装

产品指标如表 5.57 所示。

表 5.57 中铬黄产品指标

项目	指标	项目	指标
外观	中黄色粉末	水溶物/%	≤1.0
颜色（与标准样品比）	近似～微	吸油量/(g/100g)	≤22
相对着色力（与标准样品比）/%	≥95	筛余物 45μm（320 目）	≤0.5
铬酸铅/%	≥90	遮盖力/(g/m²)	≤55
105℃挥发物/%	≤0.8		

（2）装置现状和开发目标

工厂最初使用的为 $1m^3$ 反应釜。现使用的为 $7m^3$、高径比为 1 的反应釜，采用双层或多层两叶斜桨，也曾简单放大到 $20m^3$ 和 $40m^3$。放大后出现的问题是随着反应釜体积的增大，产品着色力不断下降，当前 $7m^3$ 釜也不能满足产品要求。图 5.116 为工厂不同规模反应釜的照片。

为了解着色力与粒径的关系，取四种工业产品进行分析，分别为 BASF1922、高着色力、$7m^3$ 工业釜、$20m^3$（或 $40m^3$）工业釜。图 5.117 为四种工业品的 SEM 图。

表 5.58 为四种工业产品的粒径大小及着色力高低。

(a) 7m³(直径2m)   (b) 20m³(直径3m)   (c) 40m³(直径3.7m)

图 5.116 工厂使用过的不同规模反应釜照片

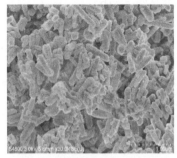 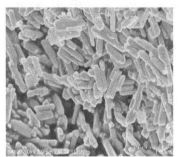

BASF1922   高着色力

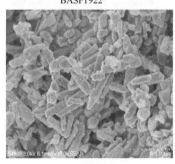 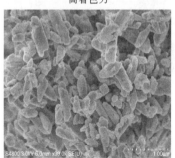

7m³工业釜   20m³（或40m³）工业釜

图 5.117 四种工业品 SEM 图

表 5.58 四种工业品粒径及着色力对比

产品型号	平均粒径/μm	着色力排序
BASF1922	0.495	1
高着色力	0.624	2
7m³ 工业釜	0.685	3
20m³（或 40m³）工业釜	0.852	4

从表 5.58 可以看出，随着平均粒径的增大，着色力不断降低；结合图 5.117，可以看到晶体形状越规则、均匀、完整，平均粒径越小、着色力越高。

本项目的开发目标是在保持产品颜色不变的前提下，提高产品相对着色力，达到甚至超过产品技术指标。

（3）研究思路和方法

搅拌反应釜内混合过程按照尺度划分，可分为宏观混合、介观混合和微观混合（图 5.118）。宏观混合为反应器尺度，主要受大尺度宏观湍流涡影响，关系到颗粒悬浮、全釜固体浓度分布和晶体生长等过程，对应关键操作变量为搅拌转速等；介观混合为漩涡尺度，主要受进料口射流漩涡影响，关系到进料区浓度分布和晶体成核等过程，对应关键操作变量为进料速度、进料位置等；微观混合为微团尺度，主要受分子扩散和微团拉伸影响，关系到晶体形成和晶体成核等过程，对应关键操作变量为搅拌转速、桨叶结构等（图 5.119）。

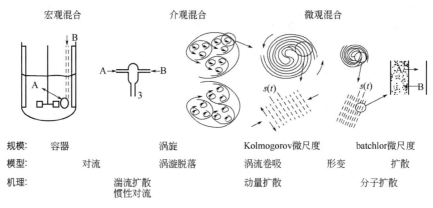

图 5.118　混合过程分类（按尺度划分）

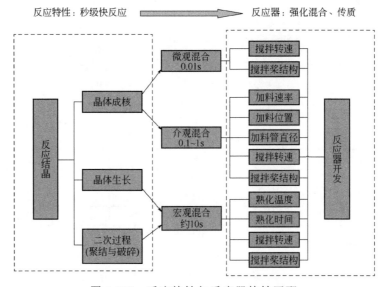

图 5.119　反应特性与反应器特性匹配

各不同尺度混合时间经验计算公式如下：

湍流耗散能计算公式：

$$\varepsilon = \frac{P}{\rho V} = \frac{N_p n^3 d^5}{V}$$

微观混合时间计算公式：

$$t_{微观,扩散} \approx 0.1 \frac{\upsilon^{3/2}}{\varepsilon^{1/2} D_{AB}} \qquad t_{微观,拉伸} \approx 17 \left(\frac{\upsilon}{\varepsilon} \right)^{1/2}$$

介观混合时间计算公式：

$$t_{介观} \approx \frac{Q_B}{u D_t}$$

宏观混合时间计算公式：

$$t_{宏观} \approx \frac{const}{n}$$

式中，ε 定义为单位质量的流体所耗散的输入能量；P 为输入功率；ρ 为流体密度；V 为流体体积；N_p 为功率准数；n 为搅拌桨转速；d 为搅拌桨直径；υ 为运动黏度；D_{AB} 为分子扩散系数；Q_B 为进料体积流量；u 为进料处局部流速；D_t 为局部湍流扩散系数；const 为常数系数。

如前所述，铬黄产品是由硝酸铅和铬酸钠在液相体系中反应结晶得到的，为秒级快速反应体系，反应器放大过程中须保持釜内混合效果，特别是微、介观混合效果相同。

过程放大策略：反应结晶受混合影响显著，可考虑采用单位体积功率为放大准则；该过程产生固体沉淀物，放大时应兼顾固体均匀悬浮。

因此，过程开发的方法是在工业生产现状分析基础上，通过小试工程试验（热模）来进行反应关键因素剖析，包括加料方式、熟化时间、固体浓度等，以及桨型和转速的初筛。通过 CFD 模拟（冷模）来进行反应器关键结构剖析，如底部形状、桨叶位置、桨型和层数、桨叶转速和功率等。即冷、热模相结合、工程实验和计算模拟相结合，得到优化的技术方案，并通过中试验证调整后，应用到工业装置。具体见图 5.120。

（4）小试工程实验

① 加料方式对着色力影响实验　从微观分析着色力影响因素可知，需要采取措施使得产品原始粒径小而均匀，因反应为快速反应，因而加料方式对反应影响较大，故考察加料方式对产品着色力的影响。

图 5.121 为不同加料方式产品的电镜图，表 5.59 为不同操作方式下产品着色力高低对比。

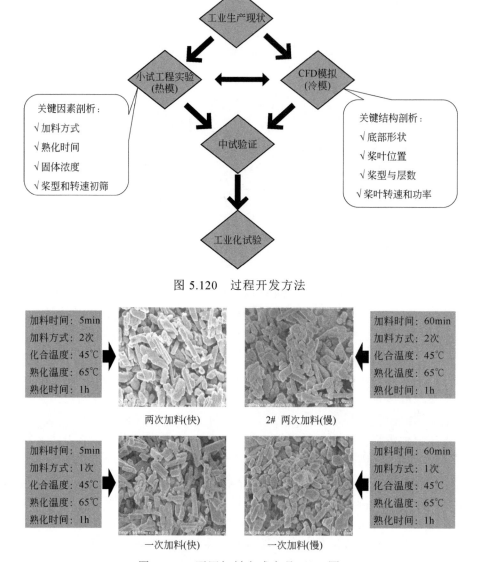

图 5.120　过程开发方法

图 5.121　不同加料方式产品 SEM 图

表 5.59　不同操作方式下产品着色力对比

序号	操作方式	着色力排序
1	一次快速进料（进料时间 5min）	1
2	两次快速进料（总进料时间 5min，中间间隔 15min）	2
3	一次慢速进料（进料时间 60min）	3
4	两次慢快速进料（进料时间 60min）	4

从以上分析结果可以看出，快速、一次性加料产品着色力最好，超过工业品的着色力，表明反应器须具备高浓度进料和良好的微、介观混合效果。两次快速进料，产品着色力次之，慢速进料着色力都比快速进料低。快速进料的晶形也比慢速进料的产品晶形规则、均匀和完整。

② 熟化对着色力的影响　工业生产中，产品化合后熟化是一个重要步骤，熟化的过程就是晶形重整的过程，进而对产品着色力造成影响。熟化的两个重要参数为熟化温度、熟化时间。以下分别对两个因素进行考察。

a. 熟化温度对着色力影响实验　表 5.60 为一次进料，加料时间为 5min，熟化 1h 后不同熟化温度下产品着色力高低对比。

表 5.60　不同熟化温度产品着色力对比

序号	熟化温度/℃	着色力排序
1	55	3
2	65	1
3	75	2

从表 5.60 可以看出，熟化温度在 65℃时，产品着色力最高；结合图 5.122，熟化温度在 65℃时，产品晶形也最规则。

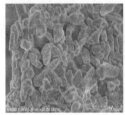  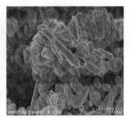

(a) 熟化温度 55℃　　　(b) 熟化温度 65℃　　　(c) 熟化温度 75℃

图 5.122　不同熟化温度下产品 SEM 图

b. 熟化时间对着色力影响实验　表 5.61 为一次进料下，加料时间为 5min，熟化温度为 65℃，不同熟化时间下产品着色力高低对比。

表 5.61　不同熟化时间产品着色力对比

序号	熟化时间/h	着色力排序
1	0	3
2	0.5	2
3	1	1

从表 5.61 可以看出，增加熟化过程可提高产品着色力，熟化时间 1h 时产品

着色力最高，晶形也最好（图 5.123）。

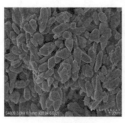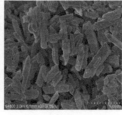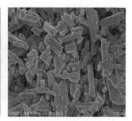

(a) 熟化前　　　　　　(b) 熟化0.5h　　　　　　(c) 熟化1h

图 5.123　不同熟化时间下产品 SEM 图

③ 不同桨型产品着色力对比　在新一代反应器中设计时，除了通过流场模拟外，还需要通过工程试验考察桨型及其参数对产品着色力的影响。根据反应特点，选择了四叶斜桨和六叶涡轮桨两种搅拌器进行比较。图 5.124 为桨型考察实验装置。

图 5.124　小试桨型考察实验装置

根据产品着色力因素实验，初步搅拌转速为 300r/min，一次进料且加料时间为 5min，熟化温度为 65℃，熟化时间为 1h，对不同桨型进行了试验，表 5.62 为不同桨型下产品着色力高低对比。可以看到，相同转速下，剪切作用更强的六叶涡轮桨产品着色力要好于四叶斜桨。

表 5.62　不同桨型产品着色力对比

序号	桨型	着色力排序
1	四叶斜桨	2（着色力 100%）
2	六叶涡轮桨	1（着色力 110%）

考察六叶涡轮桨不同转速下对产品着色力的影响。实验条件为：一次进料且加料时间为 5min，熟化温度为 65℃，熟化时间为 1h，表 5.63 为六叶涡轮桨在不同转速下产品着色力高低对比。

表 5.63　六叶涡轮桨不同转速下产品着色力及颜色对比

序号	转速/(r/min)	着色力排序	颜色排序
1	100	5（着色力<100%）	1（颜色>100%）
2	200	4（着色力≈100%）	2（颜色>100%）
3	300	3（着色力>100%）	3（颜色>100%）
4	500	2（着色力>100%）	4（颜色>100%）
5	800	1（着色力>100%）	5（颜色≈100%）

一个产品除了着色力之外，颜色指标也十分重要。从表 8 可以看出，随着转速的提高，着色力不断升高，100r/min 下产品着色力小于标准品，200r/min 下约等于标准品，故 300r/min 以上转速才能满足着色力要求；但随着转速的提高颜色不断降低，而且随着转速的增加，功耗也不断增加，因而并非转速越高越好，最佳转速 300～500r/min。

④ 小试工程实验总结

a．加料时间对着色力影响最明显，一次进料、快速进料时产品着色力最高，明显高于工业产品。工业化反应器要尽量满足高浓度进料、微/介观混合良好的环境。

b．熟化对着色力有影响，熟化温度 65℃时，熟化时间 1h 产品着色力最高。

c．完成桨型和转速初筛，确定反应釜主桨型为六直叶圆盘涡轮桨，优选转速为 300～500r/min。

d．电镜结果与着色力高低吻合良好，可以作为着色力高低的依据。

（5）CFD 模拟

如前所述，现有工业铬黄反应器存在诸多问题，工程实验进行了桨形、转速等实验，发现六直叶圆盘涡轮桨效果较好，转速范围为 300～500r/min 等重要结论，本节将结合上述工程实验结果和工业反应器现状，通过计算流体力学（CFD）模拟手段对铬黄反应器结构设计进行研究。

① 现有工业反应釜结构参数　工业搅拌反应器槽体为圆柱体，均布 4 块挡板。以 7m³ 反应釜为例，搅拌反应器直径 D_T=2000mm，最终静液位高度 H=1900mm，挡板宽度为 120mm。三层搅拌桨均为双直叶斜叶桨，由下至上，桨径 d_j 分别为 1300mm、1300mm、300mm，桨宽 W=10mm，底层桨离底距离 C=250mm=1/8D_T，桨间距 S=600mm=0.46d_j，搅拌轴直径 d=80mm。反应体系为铬黄-水液固两相体系，其中铬黄颗粒平均直径约为 1μm，密度为 6000kg/m³，悬浮液黏度为 0.001kg/(m·s)，固含率为 10%，桨叶转速为 60r/min，单位体积功率 P_g/V=0.6kW/m³。具体工业搅拌釜结构参数见表 5.64 和表 5.65。

从以上反应器结构来看，存在着很多不合理之处，比如桨叶数目与高径比不匹配（H/D<1，单层桨）；桨叶离底距离不够（C/D_T=0.25～0.33）；桨叶间距太小（S=1.0～1.5d_j）等问题，需要对其进行结构优化设计。

表 5.64　工业反应釜结构参数

反应器体积/m³	釜底形状	直径 D_T/mm	液位 H/mm	高径比（H/D）	挡板宽/mm
7	平底	2000	1900	0.95	120
20	平底	3000	2500	0.83	120
40	平底	3700	3200	0.86	120
40①	碟底	3500	3500	1.0	350

① 新设计铬黄反应器参数。

表 5.65　工业反应釜桨叶结构参数

反应器体积/m³	桨叶层数	桨径 d_j/mm	底桨离底距离 C/mm	桨间距 S/mm	转速 N/(r/min)	功率准数 N_P	单位体积功率 P_g/V/(kW/m³)
7	3	1300/1300/300 (0.65D_T)	250(0.125 D_T)	600(0.46d_j)	60	1	0.624
20	3	1500(0.5 D_T)	255(0.085 D_T)	900(0.6d_j)	60	1	0.447
40	4	1700(0.46 D_T)	255(0.069 D_T)	900(0.53d_j)	60	1	0.418
1L（小试）	1	50	33	—	300～500	4	0.184～0.851
40①	2	1400(0.4 D_T)	860(0.245 D_T)	1700(1.2d_j)	60	1	0.632

① 新设计铬黄反应器参数。

新设计的反应釜结构参数也列在上表中，图 5.125 为其结构示意图。

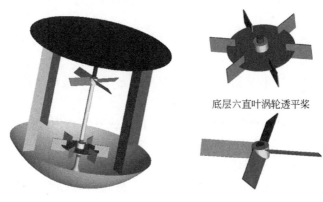

底层六直叶涡轮透平桨

反应器主体　　　　　　　　上层四直叶斜叶桨

图 5.125　40m³ 新结构反应器示意

② 工业反应釜模拟结果　核算各反应釜单位体积功率，结果见表 5.66。可以看到，CFD 模拟功率准数与算图法功率准数差别不大。工业反应釜随体积从 7m³ 增大至 40m³，单位体积功率由 715W/m³ 降至 301W/m³。新结构反应器单位体积功率模拟值为 886W/m³。

表 5.66　工业反应器单位体积功率核算

反应器体积/m³	直径 D_T/mm	扭矩 M/N·m	转速 N/(r/min)	搅拌功率 P/W	物料体积 V/m³	单位体积功率 P_g/(W/m³)	模拟功率准数 N_P	经验功率准数 N_P
7	2000	679.3	60	4266.3	5.9	715.1	1.1	1
20	3000	968.8	60	6084.1	17.6	344.5	0.8	1
40	3700	1649.5	60	10359.0	34.4	301.2	0.7	1
新 40	3500	4190.7	60	26317.4	29.7	886.1	4.9	5

不同规模工业反应釜液固两相体系流场分布见图 5.126。由图可见，因采用两叶斜叶桨，反应釜内流动速度较低，最大速度约为 2m/s，分布在桨叶叶端和桨叶排出流区域，反应釜主体和底部运动速度普遍较低，小于 0.3m/s。这可能是由

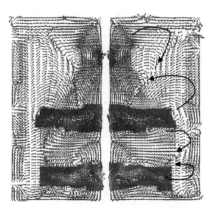

(a) 7m³反应器中两相流场分布

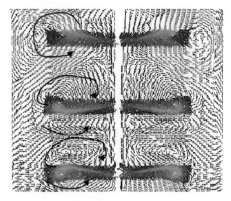

(b) 20m³反应器中两相流场分布

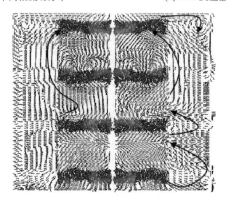

(c) 40m³反应器中两相流场分布

本图彩图

图 5.126　不同规模工业反应釜流场分布图

于整体流场因桨叶布置不合理，导致桨叶排出流无法充分发展；另外，桨叶排出流之间距离太近，有可能出现相互抵消，引起流动速度下降。

不同规模工业反应釜液固两相体系湍动能分布见图 5.127。由图可见，现有工业铬黄反应釜湍动能基本分布在桨叶端和搅拌轴附近区域，其数值为 $0.4 \sim 0.8 \text{m}^2/\text{s}^2$。这可能是由桨叶位置不合理，造成速度场混乱引起。根据进料口位置应设置在湍动能较强区域原则，对 7m^3 和 40m^3 反应釜，加料口可设置近搅拌轴中心处；对 20m^3 反应釜，加料口可设置在上层桨叶端处。而新结构反应釜湍动能则主要集中在底层桨区域，其值增大至 $2.0\text{m}^2/\text{s}^2$。

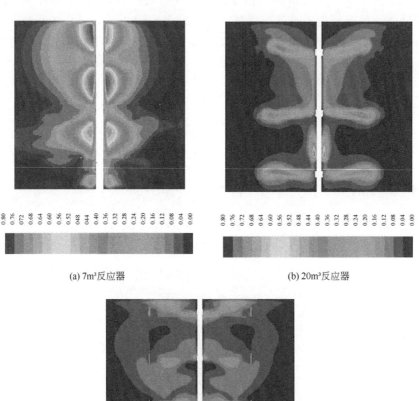

(a) 7m³反应器　　　　　　　(b) 20m³反应器

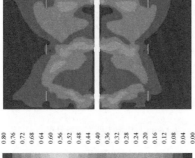

(c) 40m³反应器

本图彩图

图 5.127　工业反应釜液固两相湍动能分布

不同规模工业反应釜液固两相体系固含率分布见图 5.128 和图 5.129。由图可见，固体颗粒沿轴向浓度分布很不均匀，固体颗粒大部分集中在反应器底部区域。随着反应釜体积增大，该轴向分布不均现象更加严重。对 7m³ 反应釜，当轴向位置 $z>550mm$，固体体积分数约为 0.14；当轴向位置 $z<550mm$，固体体积分数约为 0.19。对 20m³ 反应釜和 40m³ 反应釜，当轴向位置 $z>705mm$，固含率极低；当轴向位置 $z<705mm$，固体体积分数约为 0.2～0.4。这主要是由于反应釜底部区域流体运动速度太小，不足以挟带固体颗粒流动，造成颗粒大量沉积；此外，反应釜整体速度场也较弱，造成整体颗粒分布不均匀。

(a) 7m³反应器中固体体积分数分布

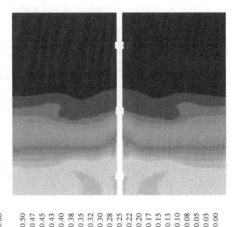

(b) 20m³反应器中固体体积分数分布

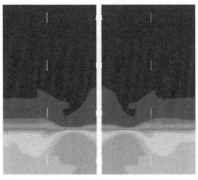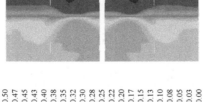

(c) 40m³反应器中固体体积分数分布

本图彩图

图 5.128　反应器中固体体积分数分布

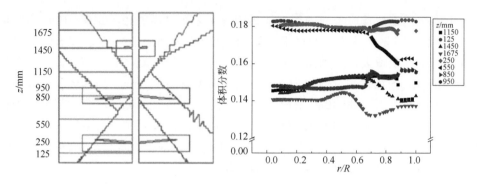

(a) 7m³反应器中不同轴向位置的颗粒分布

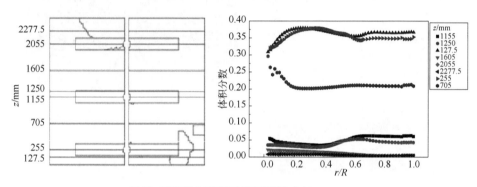

(b) 20m³反应器中不同轴向位置的颗粒分布

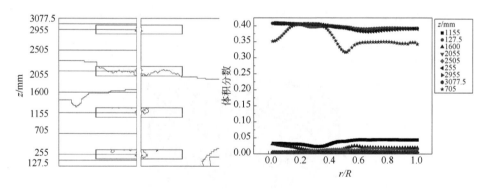

(c) 40m³反应器中不同轴向位置的颗粒分布

图 5.129　不同规模反应器中各轴向位置的固含率分布图

不同规模工业反应釜微观混合时间分布见图 5.130。可以看到，工业反应釜内微观混合最佳区域分布在桨叶端附近，整体较乱，最小值约为 0.025s。

③ 新结构反应釜模拟结果　针对原工业反应釜出现的速度场、颗粒悬浮等问题，新反应器应在保证单位体积功率相等原则下，调整桨叶型式和位置，适当对反应器底部进行优化，力求使反应器内流场分布满足铬黄反应结晶特性要求。为

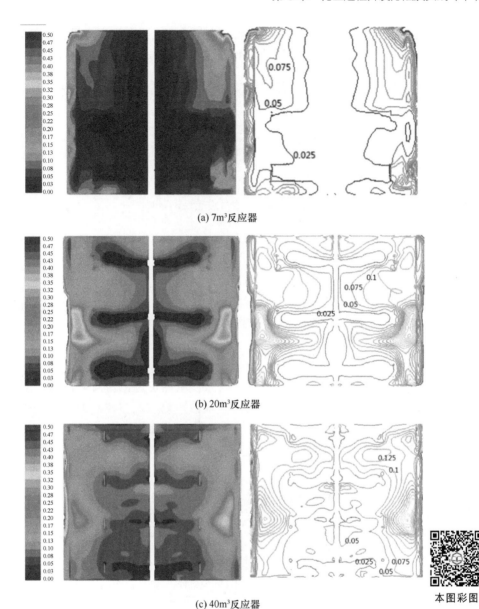

(a) 7m³反应器

(b) 20m³反应器

(c) 40m³反应器

本图彩图

图 5.130 不同规模反应器微观混合时间分布

此，新反应器采用底层六直叶圆盘涡轮桨和上层四叶斜叶桨组合，底部形状为碟形外加轴中心圆锥结构，具体结构参数见表 5.62 和表 5.63。下面就对新反应器的流场分布、湍动能分布和颗粒悬浮性能进行阐述。

新结构反应器流场分布情况见图 5.131。由图可见，新反应器底部流场较原反应器有较大改善，底部流体运动速度由原来的 0.3m/s 提高至 2m/s，底部死区面积大幅减少，甚至消失。此外，整体流场分布均匀，速度为 1m/s 至 2m/s 之间，无明显差异。这主要是因为新反应器内桨叶布局合理，桨叶排出流得到充分发展，且注重桨叶流型的匹配，进一步强化整体液体流动，改善全釜流动状况。

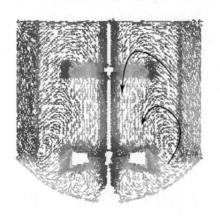

本图彩图

图 5.131　新 40m³反应器中两相流场分布

　　新结构反应器湍动能分布情况见图 5.132。由图可见，新反应器湍动能主要集中在底层桨叶端附近区域，湍动能大小较原反应器有明显提高，由 $0.8m^2/s^2$ 提高至 $2.0m^2/s^2$，故而新反应器内进料口位置应布置在底层圆盘涡轮桨叶端处，此时微观混合效果最好。

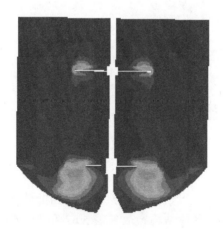

本图彩图

图 5.132　新 40m³反应器中两相湍动能分布

新结构反应器固含率分布情况见图 5.133 和图 5.134。由图可见，新反应器整体颗粒分布均匀，底部死区已基本消失，固体颗粒体积分数约为 0.019%～0.02%，达到了预期效果。

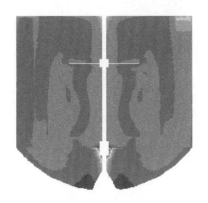

本图彩图

图 5.133　新 40m³ 反应器中固体体积分数分布

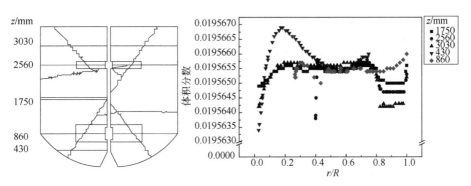

图 5.134　新 40m³ 反应器中不同轴向位置的颗粒分布

新结构反应器微观混合时间分布见图 5.135。由图可见，新结构反应釜微观混合最佳区域主要集中在底部桨区域，最小值约为 0.01s。比工业反应器的最小值 0.025s 降低了很多。

④ 模拟小结

a. 原铬黄工业反应釜因桨叶布置不合理、底部为平底、单位体积功率随体积增大而下降等因素，引起反应釜流场速度分布和湍动能分布不均匀，进一步导致颗粒分布效果差，有大量颗粒沉积在反应器底部，且该现象随反应釜体积增大进一步恶化，这可能是导致铬黄产品质量不合格的重要原因。

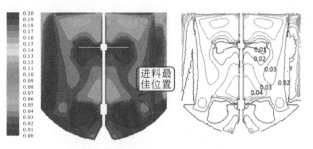

本图彩图

图 5.135　新 40m³ 反应器微观混合时间

b. 新反应器采用底层圆盘涡轮桨和上层斜叶桨组合方式,底部为碟底的改进结构,强化微观混合,大大改善了反应釜内流场速度分布,强化了进料口湍动能,反应釜内颗粒可达到均匀悬浮。

(6) 工艺创新点

① 优化进料方式。进料位置由气液界面处改为桨叶端进料,分批进料改为单次进料,总进料时间由 30min 缩短至 5min。

② 优化熟化时间。总熟化时间由原工艺 160min 缩短至 60min。

③ 优化反应器结构。铬黄固体颗粒可达到均匀悬浮效果。

5.4.3　开发总结

这两个搅拌反应釜开发的案例都来源于生产实际,需要解决生产实践中出现的问题,对于这样的项目,仍然要强调 STEM 的紧密结合、早期结合。我们需要注意以下几个方面:

① 生产情况的充分调研;

② 机理、实验、模拟相结合进行问题诊断,找出关键因素;

③ 针对关键因素制订方案,放大验证;

④ 技改项目要与业主密切沟通,达成共识,获取支持。

5.5　本章总结

本章通过多个工业化开发实例,详细介绍了并行开发方法指导下,固定床、滴流床、反应精馏、反应釜等多种类型的反应过程、分离过程开发和系统集成开发方法。

首先介绍了固定床的基础知识以及固定床的开发流程。数学模型方法对于固定床开发来说是成熟先进的方法,基于反应热力学、动力学建立反应器模型,并通过冷模和中试验证后,进行工业反应器的设计,可实现固定床高倍数的放大。

滴流床开发四部曲是：判断流型；核算压降和润湿率；保证气液分布；针对性解决移热问题。笔者对滴流床开发有以下体会：找出开发的主要矛盾可事半功倍；滴流床放大后气液传质得到强化（若流型未变），放大结果往往优于小试结果；流体力学及传热研究的重要性往往大于反应动力学研究的重要性；氢气气膜传质非传质限制因素，往往可以采用低氢比；高氢比往往为了移热需要；产物循环移热可作为首选移热方式进行考察。

反应精馏技术是反应与精馏耦合而同时实现反应物的高转化率和反应产物的高纯度的过程强化技术。其优点在于可以通过精馏的分离作用使反应产物及时移出反应体系而打破化学平衡，同时因反应而改变塔板上各物质的组成进而打破被分离物质的共沸现象。反应精馏过程的开发要基于反应特性分析，提出反应精馏方案；进行反应动力学研究，并在此基础上建立反应精馏数学模型；通过实验验证数学模型的可靠性，并通过数学模型指导反应精馏过程的开发。

搅拌的目的是使物料混合均匀，强化传热和传质。包括均相液体混合、液-液分散、气-液分散、固-液分散、结晶、固体溶解、强化传热等。因此，搅拌反应釜开发的核心任务是如何针对具体的反应特点实现要求的搅拌目的。搅拌反应釜的开发依然强调 STEM 的紧密结合并注意以下几个方面：开发任务的充分调研；机理、实验、模拟相结合进行问题诊断，找出关键因素；针对关键因素制订方案并进行放大验证。

过程系统集成要从全局的角度来思考问题，建立装置的机理模型，以建立的模型为基础进行整个系统的集成与优化研究，从而有效挖掘潜能、提高生产效率、降低能耗。

事无预则不立，在本章面向工业化的开发实例中，笔者总是从研究思路谈起，强调系统工程方法，并强调通过科学、技术、工程、市场的早期结合，实现开发的高效和有效，寓方法于案例，希望读者阅读时能够仔细体会。

参考文献

[1] 朱开宏, 袁渭康. 化学反应工程分析[M]. 北京: 高等教育出版社, 2002.

[2] 李绍芬. 反应工程[M]. 2 版. 北京: 化学工业出版社, 2006.

[3] 张濂, 许志美, 袁向前. 化学反应工程原理[M]. 上海: 华东理工大学出版社, 2007.

[4] Fogler H S. Elements of chemical reaction engineering[M]. 3th ed. Upper Saddle River, NJ: Prentice Hall, 1999.

[5] 于小芳, 孙帆, 程双, 张新平, 张春雷, 唐颐. 醋酸乙酯加氢制乙醇本征动力学研究[J]. 复旦学报(自然科学版), 2014, 53(2): 242-248.

[6] 于小芳, 程双, 孙帆, 张新平, 张春雷, 唐颐. 醋酸乙酯加氢制乙醇宏观动力学研究[J]. 复旦学报(自然科学版), 2014, 53(1): 77-83.

[7] 孙帆, 程双, 于小芳, 张新平, 张春雷, 周兴贵. 醋酸乙酯加氢合成乙醇反应器的模型化[J]. 化工学报, 2015, 66(2): 561-566.

[8] 时钧, 汪家鼎, 余国琮, 陈敏恒. 化学工程手册[M]. 北京: 化学工业出版社, 1996.

[9] 马逸尘, 梅立泉, 王阿霞. 偏微分方程现代数值方法[M]. 北京: 科学出版社, 2006.

[10] 张文生. 科学计算中的偏微分方程有限差分法[M]. 北京: 高等教育出版社, 2006.

[11] 李荣华. 偏微分方程数值解法[M]. 北京: 高等教育出版社, 2005.

[12] 黄华江. 实用化工计算机模拟——MATLAB 在化学工程中的应用[M]. 北京: 化学工业出版社, 2004.

[13] 邓修, 吴俊生. 化工分离工程[M]. 北京: 科学出版社, 2000.

[14] 李志强. 原油蒸馏工艺与工程[M]. 北京: 中国石化出版社, 2010.

[15] 程能林. 溶剂手册[M]. 3 版. 北京: 化学工业出版社, 2002.

[16] 刘光启, 马连湘, 刘杰. 化学化工物性数据手册: 有机卷[M]. 北京: 化学工业出版社, 2002.

[17] 陈敏恒, 丛德滋, 方图南, 齐鸣斋. 化工原理[M]. 北京: 化学工业出版社, 2006.

[18] 王春花, 华贲. 换热网络优化设计方法及多换热网络能量集成的研究进展[J]. 石油化工设备, 2009, 38(5): 50-57.

[19] Nishida N, Stephanopoulos G, Westerberg A W. A review of process synthesis[J]. AIChE, 1981, 27(3): 321-351.

[20] Linnhoff B, Flower J R. Synthesis of heat exchanger networks[J]. AIChE, 1978, 24(4): 633-642.

[21] Biegler L T, Grossmann I E, Westenberg A W. Systematic methods of chemical process design[M]. Upper Saddle River, NJ: Prentice Hall, 1997.

[22] 刘巍, 邓方义. 冷换设备工艺计算手册[M]. 北京: 中国石化出版社, 2003.

[23] V. V. 里纳德, R. V. 乔杜里, P. R. 刚爵. 滴流床反应器: 原理与应用[M]. 刘国柱, 等译. 北京: 化学工业出版社, 2013.

[24] 袁一. 化学工程师手册[M]. 北京: 机械工业出版社, 1999.

[25] 刘齐琼, 于鹏浩, 程双, 张新平. 羟基新戊醛合成工艺及其动力学[J]. 化学反应工程与工艺, 2016, 32(1): 66-72.

[26] 程双. 羟基新戊醛连续合成反应器模型化[J]. 上海化工, 2018, 43(7): 24-29.

[27] 张超. 乙醇酸甲酯水解制乙醇酸工艺过程开发[D]. 上海: 华东理工大学, 2014.

[28] 黄光晓, 徐艳, 李振花, 王汝贤, 马新宾. 乙醇酸甲酯水解制备乙醇酸的反应动力学[J]. 天然气化工, 2012, 37(4): 15-18.

[29] 杨艳婷. 乙醇酸甲酯水解制乙醇酸反应精馏塔的设计与控制[D]. 上海: 华东理工大学, 2016.

第6章

中试数据提取

中试是科学、技术、工程、市场的交汇点，是并行开发之路上的一个关键关口，是技术即将走向市场的关键一步，也是工艺与工程结合的主战场，在产业化之路中起到承上启下的作用，并且从中试研究开始，由于中试装置的建设和运行都需要很大的花费，研发费用也将急剧上升。所以中试装置的合理规划和建设、中试实验的充分准备、中试实验的统筹安排和工程数据的完整获取，对于项目的成功非常关键。本章将在化工并行开发方法的视野下对此进行讨论。

中试时容易犯的错误是重视产品的质量、收率以及反应工艺条件的确定，却忽视工程数据的测定和提取，忽视对过程放大规律的认识。所以本章也着重强调了中试时工程数据获取、过程放大规律认识和工程因素影响分析对项目产业化成功的重要性。

6.1 模试、中试和工业侧线

大家在研发工作中，经常会听到模试、中试、侧线这些概念，到底有什么区别和联系，对于许多研发新手来说，可能并不清楚。

模试指的是模型试验，包括"冷模试验"和"热模试验"。冷模试验是冷态模型试验的简称，其目的是在没有化学反应的条件下，利用廉价的模拟物料进行试验，以探明流体分配的均匀程度等流体力学行为和反应与传质过程中流体阻力等传递过程的规律。研究对象为工业化的大型设备的构型。试验所取得的数据和规律对于工业化反应器和传质设备建模与开发有很大的参考价值，并大大节省了试验费用和时间。热模试验是热态模型试验的简称，是采用实际物料并用与实际工艺相同的条件进行的一种模拟工艺试验研究，其目的是深入认识过程特征，考察影响过程的因素以及测定过程放大的判据或数据。热态模型试验的考察对象既可以是一个完整的流程，也可以是其中的一个关键过程。它是在小试研究之后对被开发的过程所做的一种放大考察，着重于各种工程因素对过程的影响并观察放大效应和分析放大效应产生的原因。总地来说，它的特征就是规模比小试大，流程比小试完整，考察的工程因素比小试全面。如果模试考察的因素比较全面，对过程的认识比较深入的话，也可以作为缩小版的中试，从模试直接放大到工业规模。

中试是中间试验的简称[1-20]，从字面上就能理解它是从小试过渡到工业装置的一个放大环节。中试的目的是要验证技术方案的合理性以及经济上的可行性，验证数学模型，暴露小试中难以发现的工程问题，为工业化工艺包的编制提取工程参数，所以要在原材料规格、设备型式和材质、物料输送方式、操作方法、测量和控制手段、环境保护、安全措施等方面都模拟工业生产条件。中试的规模取决于中间试验的内容，又取决于工业生产装置的预期规模，以及放大倍数。通常中试规模要大于模试，也更接近于工业装置的生产控制模式，可以视为缩小版的工业装置。

而工业侧线是指试验原料直接由现有工业装置管线上设置支线输送而来的中试装置。工业侧线试验由于直接使用工业装置上的原料，更能全面考察实际工业原料的影响，并省去了中试装置的原料制备与加工工序。如果工业侧线试验的原料和产品都与现有装置相同，考察的是工艺、设备或催化剂等方面的技术升级情况，那么中试装置的产物后处理工序也可以省略。这样，工业侧线装置仅需建设核心反应部分，可以大大节省投资和加快开发进度。如果与现有装置相比，原料相同。而产品不同，则工业侧线一般应建设产物分离系统。

6.2 中试试验概述

6.2.1 中试的目的和作用

总结起来，中间试验的目的和作用主要有以下几个方面：

① 验证并修正数学模型：即使应用数学模型放大的方法，也需要通过中试来验证模型，并根据中试的结果对模型进行修正，以用于工业装置的设计和计算。

② 考察工程因素对过程的影响：随着装置的放大，会引起过程的一系列变化。比如反应器的传热比表面积会减小、停留时间分布会发生变化、流体分布的均匀性问题、宏观和微观混合的变化、内构件的增加对传热传质和流体力学的影响、设备材质的影响、密封形式和材料的影响等工程因素，还有一些因素可能是在小试中被忽视和误解的，甚至有些因素是未知和不可预测的，这些都需要通过中试试验来考察。

③ 提取工业化工艺包设计所需的工程数据：中试是为下一步放大到工业装置

服务的，所以需要通过中试获取工业化设计所需的各项工程参数，比如催化剂还原条件和结果、各单元和过程工艺条件、转化率、选择性、物耗和能耗数据、反应过程中的关键参数（包括催化剂床层温度分布，热点位置等）、设备稳定运行数据、催化剂再生周期、装置物料衡算、控制参数以及验证三废处理方案等，以满足工业化工艺包设计为目标。

④ 考核物料循环、杂质累积对过程的影响：杂质的来源主要有两方面，一是工业原料的代入，二是反应生成的副产物。当有物料循环时，就会造成杂质的累积。有些杂质会造成催化剂的失活或中毒，有些杂质会造成反应的恶化，有些杂质可能影响产品的品质，有些杂质甚至会造成管道和设备的堵塞，使装置不能稳定运行。即使是惰性的杂质，当大量循环时，也会增加能耗，降低设备处理能力。这些影响通常在小试中难以考察，需要通过中试来考察其影响。

⑤ 考察工艺、设备、控制等技术方案的可靠性、合理性和安全性：工艺方案和工艺参数设置（包括尾气、废液处理等与主工艺配套的工艺技术方案）、设备选型和参数设置、控制方案和参数设置、仪表选型和参数设置等能否满足工艺要求，能否保证长周期稳定运行，能否保证系统的安全性等，这些也需要通过中试长周期运行来进行考察。

⑥ 提供产品供试用和评价：对于可以产出产品的中试装置来说，应提供少量产品供质量分析、市场试销和下游使用评价。尤其当产品是聚合物单体的话，一定要提供产品供聚合评价和聚合后材料使用性能评价，其他功能性的产品也类似。对于需要开拓市场的产品来说，中试时进行小批量生产有利于早期的市场开发。

⑦ 进行环保及安全评价，收集三废供进一步研究处置方案：随着时代的发展，环保和安全已经成为研发项目能否实施产业化的准入条件。在小试研究阶段，由于反应物料少，副产物含量更少，所以"三废"问题不易受到注意。但在工业规模中，有毒有害物质的产生就可能造成严重的后果，应在中试中发现和解决。同样，小试由于体量小，安全问题也不容易暴露出来。通过中试可以验证环保措施是否有效，"三废"排放能否达标；安全措施是否有效，系统是否安全可靠。

⑧ 评价技术及经济可行性：中试是为工业化服务的，通过中试，可以提取更可靠的物料平衡、消耗和环保等数据，从而可给出更可靠的技术、经济、环境评价，为项目产业化决策做支撑。

⑨ 提供新过程的开工和操作经验，为未来工业装置培训技术和生产人员。

6.2.2　中试的运行周期

中试装置运行周期的长短，取决了是否完成中试任务并提取到工业化装置设计放大所需的工程参数。根据开发对象的不同特征，有一些原则可供参考：

① 对于间歇过程，在完成中试的所有考察内容后，最后要在中试得到的优化条件下，至少安排三次平行试验，以验证工艺的稳定性；

② 如果开发的是以新型催化剂为核心的过程，则中试运行时间应该不低于1000h，一般3～6个月可以得到比较有把握的结论；

③ 如果杂质积累对过程有重要的影响，则中试运行时间应以杂质积累速度来决定，最少应不低于一个月；

④ 如果中试装置是考核整体系统功能，对连续系统，最少要稳定操作72h，一般为720h；

⑤ 对于需提供产品开拓市场或开发下游产品的项目，在中试试验任务完成后，中试装置可以继续长期运行，以持续提供产品满足以上需求。

6.2.3 中试的测试深度

中试测试深度是指中试期间测试数据的范围、内容的多少以及工程化问题研究的深度。中间试验的主要目的是获取可靠的设计与放大依据，发现并解决未来生产运行中的不可靠和不安全因素。为了对过程进行深入了解，中试装置要便于拆装、便于观测和取样。测量点的数目、测试精度以及控制范围等都远远超过今后对工业装置的要求。例如主要设备进出口的流量、温度、压力和成分的测试；反应器的轴向、径向温度和浓度的测试；原料、产品、副产品、杂质的计量与成分分析；等等。总之，要根据过程的复杂程度、对过程的理解深度和未来工业化装置放大的要求来决定合适的测试深度。

6.3 中试装置完整度和规模的确定

中试是并行开发之路上的一个关键关口，因为中试装置的建设和运行都需要很大的花费，所以中试装置的完整度和规模的确定都是需要认真考虑的问题。

6.3.1 中试装置的完整度

一般流程结构主要包括原料预处理、反应、产物分离和物流循环四个主要部分。如果中试流程与将来的工业装置工艺流程完全相同，则最为完整，当然中试费用也最高。中试装置不一定与工业装置完全一样。根据对过程的掌握程度和对中试考察任务的不同，可以是全流程中试，也可以是部分流程中试，甚至可以针对需要考察的局部过程、步骤和关键设备来进行中试。

确定中试的完整程度，可以参考以下几个主要原则：

① 对于新工艺和新产品开发，中试装置首先应包括反应器，它可能是未来工业反应器的某种缩小，也可能相当于工业反应器的一个单元。因为反应是整个过程的核心，所以反应过程是必须重点研究的，至于是否需要包括预处理或后处理系统，应视具体情况而定。

② 如果中试需要包括预处理或后处理系统，在这些系统中，关键是非均相或均相混合物的分离过程。如物系的非理想性不高，物性数据比较完整，采用的又是常规单元设备，它们的计算方法和数学模型比较成熟，通常可不必为此进行中试。但对于新的物系，或采用了新的分离方法和设备，则应与反应过程一起进行中试。对于干燥器、结晶器以及各种固体处理单元（如沉降、过滤等），几乎总是需要中试，因为这些单元操作难以预测的因素要更多一些。

③ 对于带有物料循环的过程，循环物料可能会造成反应结果的变化，杂质的不断累积可能会导致催化剂失活、产品不合格、系统不能长周期稳定运行等各种影响。这些在小试研究中很难发现也无法判断其影响。需要通过中试装置的长周期运行来进行考察。所以对于带有物料循环的过程，通常都应该在中试建设范围内包含涉及循环物流的部分。

④ 尽量把中试装置建在所开发技术或产品相关的园区、工厂内，可能的话尽量采用工业侧线的方式。这样最大程度依托成熟园区的公用工程和环保、安全、消防等各项条件，不必建设原料预处理和产物后处理单元，可以大幅降低中试费用，节省时间、提高效率，加快产业化进程。

⑤ 对于精细化工、高分子聚合等通用性较强的过程，建立多功能（柔性）中试放大平台，是加快中试进度、减少中试费用的有力措施。比如精细化工多采用釜式反应器进行反应，所以可以建设多功能中试放大平台，包含不同规模、不同材质，或使用气液、液液、液固、气液固等不同反应类型的反应釜，再配合建设精馏、萃取、结晶等各种常压的分离单元，在研发项目需要中试的时候，可通过不同单元的快速灵活组合，高效完成中试。

6.3.2　中试装置的规模

中试装置的规模本质上取决于对过程的理解和掌握程度。可能的情况下，理想的中试规模应该是能够实现中试目的的最小规模。这样既能满足中试要求又能节省中试投入。

中试装置规模的确定可参考以下若干原则：

① 对于非均相催化过程，中试催化剂的粒度应与工业装置相同。

② 反应器规模和规格应满足放大和工业操作模式的要求。比如对于绝热反应器，中试反应器的规模要保证能够基本实现绝热条件；对于按活塞流放大的固定床或滴流床反应器，要满足消除壁效应和消除轴向返混的条件。

③ 对于有气泡、液滴、颗粒参加的反应过程，中试装置的尺寸应保证上述三者大小与工业装置基本相同。例如分布孔、筛孔、喷射孔不能按比例缩小，以保证泡内、滴内、颗粒内的传递过程与工业条件大体相同。中试装置尺寸还应当满足泡外、滴外、颗粒外的传递过程与工业装置基本相当。

④ 如工业装置为多管并联或列管式反应器，中试装置可采用单管反应器。

⑤ 中试时，有些反应器内部需加部件或构件（例如加换热器、耐火砖等），尺寸过小将无法施工。例如，对工业炉膛，其内径应不小于500mm。

⑥ 如果过程中有固相或高黏物（例如结晶、析炭、聚合等）生成，中试装置尺寸应特别注意空隙率、壁效应、界面接触效应等与工业装置基本相同。

⑦ 要考虑设备功能、控制阀精度、数据测量和提取的难度等限制性条件。如中试规模的缩小导致试验结果不可靠或装置不能稳定运行，则规模缩小就失去了意义。比如循环流化床反应系统的最小规模应该满足可以实现催化剂的定量可控循环。

⑧ 中试规模还取决于市场开发或下游产品开发评价所需要的产量。如市场开发或下游产品开发评价需要的量大，则需要中试规模大一些，否则就可以小一些，以节约中试投资。

⑨ 中试所在地的公用工程供应能力、环保设施处理能力、安全风险允许程度等都是确定中试规模时需要考虑的因素。

⑩ 还需考虑中试技术未来潜在使用方的认可，尤其是需要向市场推广的技术或产品，中试规模太小可能会导致用户对技术可靠性的担心和不认可。

⑪ 最后还需要理解，中试装置建设费用并非随着规模缩小而等比例下降。装置规模缩小到一定程度后，仪器、仪表、阀门的费用等将占重要份额。

但总地来说，随着社会发展和科学技术的不断进步，例如数学模型放大的不断深入应用，计算机计算能力的快速发展，设备、仪表加工精度的进步和分析检测仪器的发展等，中试规模逐渐朝缩小化的方向发展。

在第4章提到过经常被大家引用的典型过程放大倍数，并且指出这个典型过程放大倍数只能作为工程放大中一个粗略的参考，不是绝对的范围。具体放大多少倍，还是取决于对过程的认识和理解程度。如果数学模型能够比较准确地描述过程，并且物系的物性数据也比较可靠，就可以取较大的放大倍数，从而缩小中试装置的规模。

像前面提到的模试和近些年发展起来的微型中试，都可以大幅降低装置规模和物料处理量，但是其规模足以维持连续操作。采用工业原料，配备各种先进的在线检测手段和计算机数据采集处理系统，可取得工业化设计所需数据，也可以直接根据实验分析结果验证和修正出比较可靠的数学模型以预测生产装置的性能与操作优化条件。这是未来的发展方向。

6.3.3　案例介绍

6.3.3.1　案例1：3000t/a 多功能（柔性）精细化工中试平台

（1）项目建设意义

精细化工产品品种多，单品种数量小，如果每种产品单独中试和生产，建立单独的公用工程、三废处理设施和安全消防设施，必然增加设备投资和生产操作费用，造成资源浪费，生产成本提高。建立多功能精细化工研究平台，通过各功能设备的分配组合，灵活满足多种精细化工产品放大孵化需求，并可在没有中试任务时，满足多种小批量产品的生产任务，可大大提高成果转化效率并降低中试费用。

（2）设计原则

设计上充分结合精细化工中试试验研究及生产的特点，确立以下基本原则：

① 釜式反应及间歇操作为主；

② 多功能：涉及萃取、固液分离、过滤、干燥、精馏等各种常规单元操作；

③ 对设备进行分区布置，利用重力流减少运转物料造成的物料损失、气味扩散、减少设备投资、改善工人操作环境；

④ 规模：50～5000L 不同中试规模反应釜；

⑤ 自控：采用先进的批处理系统控制单元；

⑥ 环保：设置废气集中处理系统，废水装置内预处理达到园区接收标准；

⑦ 公用工程：尽量利用园区现有公用工程。

单元设置和设备布置原则具体见图 6.1 和图 6.2。

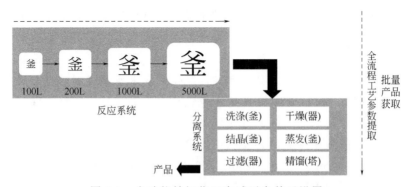

图 6.1　多功能精细化工中试平台单元设置

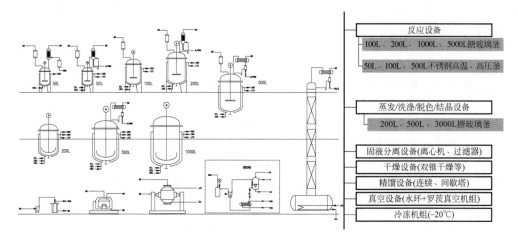

图 6.2　多功能精细化工中试平台关键设备布置原则

（3）方案设计

以四个需要中试放大的精细化工项目为基础，建设规模 3000t/a，按生产装置手续报建，产品可销售。具体方案设计如下：

① 装置布局　车间布局分两大生产功能区，右侧为反应釜区，左侧为分离区。反应釜区集中布置反应设备，采用 4 层钢筋混凝土框架结构，单层层高+6.000m，厂房高度+23.600m。反应釜区按生产流程由上向下依次布置物料暂存及投料区（固体称重分料区域、桶装液体投料站、高位滴加罐等）和反应主设备。溶剂、物料等尽量利用重力流进行转移，节省动力源。分离区按生产流程顺序依次布置，以反应器为中心把结晶、蒸馏、真空、离心干燥、输送等生产工序涉及的设备就近布置，尽量做到流程顺、管线短。采用 3 层钢结构框架，单层层高+6.000m，框架顶层高度+18.000m。

② 多功能设计　汇总四个中试项目生产过程主要参数，对于反应过程和釜处理过程，除了加氢以外，其他基本为常压操作，且反应温度集中在-10～170℃，釜的规格以 0.5～5m³ 居多。基于此，与釜相关的操作工序采用多功能操作会更灵活、高效。

而氢化作为危险工艺，因其特殊性，氢化釜要求专釜专用，只能做单一加氢反应，但可以服务于多个产品。考虑到氢气与空气混合易形成爆炸性混合气体，一般将氢化釜布置在车间一侧，方便外墙泄爆。

反应釜设计的数量除满足必要的年产量要求外，可设计多种规格的实验用反应釜（5m³、3m³、1m³、500L、200L、100L）。除不锈钢反应釜外，还设置部分搪瓷反应釜，以适应不同腐蚀介质的需求。

反应釜、结晶釜、溶剂蒸馏釜设计均采用标准配置，即反应釜+冷凝器+气液分离罐+溶解接收罐的标准配置，设备规格根据反应釜大小定性配置。此种配置生产灵活、高效，可根据不同生产任务排班生产。

设计标准的精馏三塔分离单元满足不同项目精馏分离需求。高低真空系统各配置两套、转鼓干燥配置 2 台、离心机配置 4 台。

最终的反应釜区设备分布情况如表 6.1 所示。

表 6.1　反应釜区设备分布

功能分区	楼层	设备规格及数量								
		5000L（不锈钢）	5000L（搪瓷）	3000L	2500L	2000L	1000L	500L	200L	100L
氢化区域	四层	—	—	—	—	1	—	1	—	—
	三层	—	—	—	—	—	—	—	—	—
	二层	—	—	—	—	3	—	—	—	—
	一层	—	—	—	—	—	—	—	—	—
非氢化区域	四层	2	1	1	—	—	1	1	1	1
	三层	—	—	—	—	—	—	—	—	—
	二层	2	1	—	1	—	—	—	—	—
	一层	—	—	—	—	—	—	—	—	—
总数		4	2	1	1	4	1	2	1	1

反应温度控制采用独立的冷热油一体机（TCU）温控单元，实现反应温度的大范围精确控制，进一步提高装置的多功能特性。TCU 的优点在于对釜内操作温度控制的精确性，夹套内固定的传热介质也避免了流体的互混。

TCU 温度控制单元是一种既可以加热又可以制冷的一体化设备，它不仅升降温速度快，而且加热制冷量大，被广泛应用于生物、化工、石化、医药和科研等领域。TCU 控温系统采用现有的热能（如蒸汽、冷却水及超低温液体——即"初级系统"）基础设施集成到用来控制工艺设备温度的单流体系统或二级回路中。这就完成了只有一种热传导液体流入到反应容器的夹套中（而不是直接通入蒸汽、冷却水或超低温液体）。用户可以在一个较宽的温度范围得到密闭的、可重复的温度控制，实现 -120~350℃ 连续控温。

通过转接板实现物料的灵活切换。反应釜及相应后处理设备之间的物料输送，除按常规工艺流程设置的固定管道连接外，还可以通过转接板来实现化学品的分配和设备的灵活连接。每个转接板都是一个连接站，转接板两端软管连接，切换灵活。

溶剂转接板：由罐区输送来的多种溶剂可通过转接板按需输送至生产线内任何一个目的设备。

工艺转接板：工艺物料、中间反应产品及废水废液均可通过工艺转接板灵活输送至目标反应釜、接收罐、后处理设备或废水、废液收集罐。

在每个生产周期结束，对管线进行清理之后，生产线内的管线连接可以重新排列，并经过检查核对和试水之后，即可进行新的生产周期。每个不同区域的转接板都应标记位号以显示连接关系。图 6.3 为转接板的实物图。

图 6.3　物料转接板实物图

③ 桶装料处理　在工艺过程中,某些反应物需要通过料桶按照固定的质量向反应釜或者高位槽加料。为了在这一过程中控制有毒和有气味化学烟雾的扩散,在操作区域内设置用于加料的可关闭的通风橱,内部设置进料管线接头、泵、地秤等,并设置送排风,将挥发性有害物质抽吸至尾气吸收系统。

④ 真空系统　根据物料性质的要求,多功能装置中涉及酸性物料系统的真空泵选用水冲泵,不涉及酸性物料系统的真空泵选用往复式真空泵,涉及特殊反应的单独配置真空泵,真空烘箱等干燥设备独立配备真空泵。各真空泵前均设置凝液接收罐。

⑤ 紧急泄放和安全设计　所有爆破片或安全阀出口管线都连接至紧急泄放总管,然后由总管连接至一个紧急泄放接收罐后放空。

安全设计理念应一直贯穿于整个设计方案,这包括:

a. 对于所有可能盛放溶剂的反应釜、容器以及储罐都设置氮封;

b. 所有的反应系统均设置爆破片,紧急泄放气体将直接泄放至接收罐;

c. 反应釜冷凝器具有合适的换热面积,能够满足全沸腾工况下的反应釜冷凝操作;

d. 对于可能产生有毒有害物质的场合（如正气压防护服使用的场合）采取屏蔽措施。例如采用储罐隔离罩来进行桶装溶剂或化学品的投料操作,采用袋装隔离罩来进行从干燥器或粉碎机出来的中间体或产品的包装操作。

⑥ 自动化控制水平　多功能装置涉及设备种类较多,工艺相对复杂。对于不

同的控制要求，自动控制定义了 5 个等级（表 6.2）。考虑到多功能车间产品的不确定性和工厂自控系统的经济性，选择第 4 等级的自动控制方案。

表 6.2 多功能精细化工装置控制等级

对象	控制等级 1	控制等级 2	控制等级 3	控制等级 4	控制等级 5
控制系统	全手动	仅控制参数	参数控制+简单重复的顺序控制	参数控制+简单顺序控制+所有均通过电脑操作	参数控制+全配方和顺序控制
阀门	手动	大多数手动	大多数手动+局部自动	所有均采用现场控制盘	所有开关均通过顺序控制
马达	现场人工启停	现场或就地操作盘人工启停	现场或就地操作，简单的自动顺序控制	所有均通过电脑或就地控制盘操作	就地控制盘或控制室顺序控制
参数控制	无	有	有	有	有
现场操作	所有	大多数	局部现场操作+局部电脑操作	固料处理和采样系统	固料处理和采样系统
就地操作盘	无	可有	可有	有	有
工艺路线顺序	无	无	局部	局部	所有
配方	无	无	无	可有	有
批次参数趋势	无	可有	可有	有	有

6.3.3.2 案例 2：乙酸乙酯加氢制乙醇中试规模确定

乙酸乙酯加氢制乙醇中试装置用来验证反应器放大效应、成套工艺技术可靠性、原料及公用工程消耗指标等，建于模试中心。模试中心配有比较完善的公用工程系统，氮气、压缩空气、水蒸气、生产生活用水等均由公司内部管道供应，双回路供电，电力供应充裕，通信设施条件良好，可满足所需的通信条件。

中试装置建设绝热床反应器，中试规模应首先满足绝热床绝热操作要求。经计算，中试规模为 1000t/a 时，绝热床反应器直径为 ϕ220mm×6mm（催化剂装填高度 4m，反应器高度 5m），介质温度按 250℃计，根据保温材料性能指标，用导热系数 λ=0.06W/(m·℃)，保温厚度 110mm，反应放热量 8.469kW，热损失量不大于 0.286kW，反应器热损失率为 3.38%，基本可以实现绝热操作。

以催化剂质量空速 0.6 为设计基础，根据工业装置产能为 20 万 t/a（按每年操作时间 8000h 计，下同）的规模，中试装置规模如定位在千吨（1000t/a），在此规模下，从单管（34t/a）到中试的放大倍数约为 30 倍，从中试到工业装置放大倍数为 200 倍，放大比例也较为合理。

核算模试中心其他条件的满足性。设备布置方面，模试中试当前框架可以满足千吨级中试装置静设备布置要求（反应器、换热器、缓冲罐、分离罐等共 13台）。±0.000m 平面设备布置预留空间有限，通过优化设计，原设备布置合理调整后，基本满足新增的两台氢气压缩机所需空间要求。乙酸乙酯加氢中试装置依托模试中心钢结构平台及土建基础条件，可有效缩短建设周期及投资。

原料与产品储存方面，千吨级中试装置，乙酸乙酯消耗量为 125kg/h，乙酸乙酯每天消耗量为 3t，每周消耗量为 21t，乙酸乙酯加氢制乙醇中试装置原料储罐为 $7m^3$，产品储罐为 $9m^3$。模试中心现有两台不锈钢储罐容积均为 $19m^3$，若调配使用，原料与产品储存基本满足乙酸乙酯加氢制乙醇中试装置运行需求。

根据固定床反应器绝热操作要求，结合工业化工艺包编制规模，同时考虑中试装置建设用地实际情况、设备布置所占空间及原料与产品储存要求，最终乙酸乙酯加氢中试装置的规模确定为 1000t/a。

6.3.3.3　案例 3：脱硝催化剂工业侧线规模的确定

因为工业尾气中一般含尘量较高，因此大多采用蜂窝催化剂，抗堵能力比较强。蜂窝催化剂采用挤出成型，每一根催化剂称为一个单元（图 6.4），多个催化剂组装在一起，形成一个催化剂模块（图 6.5）。

图 6.4　蜂窝催化剂单元　　　　　　图 6.5　脱硝蜂窝催化剂模块

工业脱硝反应器通常采用 2+1 层的催化剂装填方式，新鲜催化剂装填两层，空余一层便于催化剂失活后更换。每层由多个催化剂模块平行放置而成（图 6.6）。表 6.3 是一个典型的蜂窝脱硝催化剂技术参数。

因此，为测试真实工业尾气脱硝效果和对催化剂的影响，采用工业侧线的方式，直接将工业尾气引入脱硝中试反应器将是合理的方式。

对于工业脱硝反应器，其基本的催化剂装填单位为催化剂模块。因此，综合以上因素，某单位组织中低温脱硝催化剂开发时，中试反应器规格与催化剂模块匹配，与工业装置相同，上下串联装填两个催化剂模块，便于考察催化剂长周期使用性能。采用工业侧线的方式，待处理工业尾气直接从园区焦炉烟道引入，原料气量和各公用工程需求量都根据以上规模相应确定。图 6.7 为脱硝催化剂工业侧线评价装置的实景图。

表 6.3　蜂窝脱硝催化剂典型技术参数

催化剂指标		技术参数	催化剂指标		技术参数
催化剂单元	单元尺寸/mm	150×150	催化剂单元	催化剂体积密度/(kg/m³)	435
	节距/mm	6.7		催化剂开孔率/%	73.62
	壁厚/mm	0.85		催化剂开孔数/孔	22×22
	外壁厚/mm	1.2	催化剂模块	模块尺寸（长×宽×高）/mm	1910×970×1120
	单元高度/mm	910		模块内催化剂单元数量/个	72
	单元有效脱硝表面积/m²	10.3		每个模块催化剂表面积/m²	741.6
	单元体积/m³	0.02		每个模块催化剂体积/m³	1.4742
	催化剂比表面积/(m²/m³)	503.36		每个模块催化剂净重量/kg	726.48
	单元质量/kg	10.09		每个模块的总重量/kg	1159

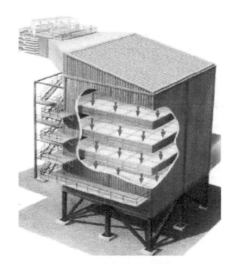

图 6.6　脱硝反应器及催化剂装填方式

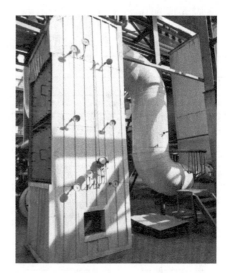

图 6.7　脱硝催化剂工业侧线评价装置

6.3.3.4　案例4：乙酸加氢中试装置材质的确定

乙酸直接催化加氢工艺是制取乙醇的一条可行路径，工艺条件为反应温度 240~300℃，压力 2.5~4.0MPa，氢酸物质的量之比为 15~45，质量空速为 1.0~ 1.5h⁻¹。在较高的温度下，乙酸的腐蚀是必须要重点关注的问题。

为确定乙酸中试装置各设备、管道选材，并为工业装置设计进行中试长周期考察，主要从以下三方面进行了考虑。

首先是参考乙酸生产装置。工业上乙酸生产主要采用甲醇羰化法。图 6.8 是甲醇羰化法乙酸生产工艺流程图，甲醇与一氧化碳羰化反应生产乙酸，闪蒸后催化剂回用，乙酸粗产品经轻组分塔、脱水塔和重组分塔分离后得到乙酸产品。

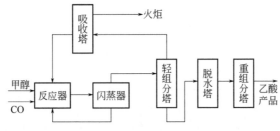

图 6.8　乙酸生产装置工艺流程框图

　　表 6.4 列出了乙酸装置各主要设备材质及对应的温度、压力和对应工艺介质的碘含量和乙酸含量。工艺介质中含碘是因为乙酸生产过程中需要用到碘化物作为催化剂。可以看到，乙酸装置主要考虑的是卤化物的腐蚀，在温度高、碘化物浓度高的设备中使用锆材或哈氏合金；如果没高的碘化物，在甲醇羰化法制乙酸的反应温度和压力条件下，316L 材质是可以使用的。

表 6.4　乙酸装置各设备操作条件及材质

设备名称	反应温度/℃	反应压力/MPa	碘含量/%	乙酸含量/%	材质
反应器	195	2.76	10～10.5		锆复合板
甲醇加热器	30～140	<0.8			304
开车加热器	<205	<2.5			管子 Zr702 壳程 304
闪蒸分离器	204	—			Zr702
返料混合槽	<45	0.1～0.3			316L
催化剂储槽	<70	0.1～0.3	高		316L
轻组分塔	128～146	0.11～0.2	41.5	52.87	塔体 哈氏合金 塔板 Zr705
脱水塔	110～145	0.174	0.55	94.29	塔体 Zr702 塔盘 Zr705
重组分塔	130～160	0.14～0.18	低	99.8	塔体 316L 塔盘哈氏合金/316L
精制塔	140～160	0.06～0.1			塔体 316L 塔盘 316L/哈氏合金 C276
脱有机物塔	60～100	0.14～0.3			316L
丙酸塔	145～167	—			壳体 316L 内件哈氏合金 C
高压甲醇吸收塔	—	0.7～0.8	<250mg/kg		316L
低压甲醇吸收塔	—	0.1～0.24	<250mg/kg		316L

对于乙酸加氢制乙醇项目，主要应考虑的是高温、高压下高浓度乙酸的腐蚀性。针对这种情况，第二个方面的工作就是查阅资料和文献，调查高浓度乙酸材质适应性。

图 6.9 为多种牌号不锈钢在 90%乙酸溶液中的腐蚀速率[21]，可以看到，温度低于 100℃时，高浓度乙酸溶液对各种材质的腐蚀速率都很低，但当温度高于 130℃时，316L 在乙酸溶液中腐蚀速率快速增加。

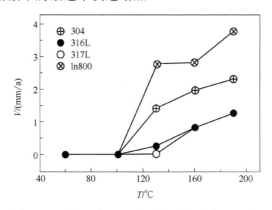

图 6.9　不锈钢在 90%乙酸溶液中的腐蚀速率

表 6.5 中列出了多种耐乙酸腐蚀不锈钢材质的使用条件，可以看到，在不含卤离子的条件下，316L 可以在 120℃下使用，而 2205 可以用于大于 120℃的环境[22]。

表 6.5　耐乙酸腐蚀不锈钢使用条件

钢种	使用温度	应用范围和场合
304	<50℃	适用于低温、低浓度且不含卤离子的乙酸环境，可用于一般容器
316L	65～120℃	当乙酸中含有杂质而具有还原性时，可能引起晶间腐蚀，可用此钢，如脱低沸塔等；也可用于含有卤离子的乙酸溶液环境中
317L	65～120℃	因为含有 Mo 比 316L 多，在含有卤离子的乙酸溶液中表现更优
321	<65℃	含杂质较少，可在常温或低温的乙酸溶液中使用，经常作常温下贮存设备及一般性贮槽
430	<80℃	用于不含卤离子的乙酸环境，可用作耐酸的食品加工设备
2205	>120℃	含 Cr 高，耐腐蚀性强；含 Ni 使奥氏体组织稳定，多应用于甲酸-乙酸混合酸中含甲酸多的场合或含少量卤素离子的环境，如用于脱水塔、甲酸塔、脱水塔冷凝器、甲酸冷凝器等还原性较强介质

经咨询设计院管材专家的意见，认为 200℃ 90%乙酸水溶液对 316L 腐蚀余量在 1.1mm/a，工业通常要求腐蚀余量为 0.1mm/a；乙酸气体的腐蚀性会比乙酸溶液的腐蚀性小很多，气相部分选用 316L 可行；高温、高压高浓度乙酸设备可选用 2205 双相钢。要考虑停工或者其他情况下产生冷凝酸。

第三方面的工作是直接参考小试实验设备腐蚀情况。乙酸加氢制乙醇在 316 材质的小试催化剂评价装置上运行 7000h，反应器腐蚀 1～2mm，冷凝器焊接口有腐蚀现象。

综合以上分析，结合小试7000h稳定运行情况，考虑到反应器对氢腐蚀的要求，最后确定乙酸加氢中试装置大部分设备采用316L材质，小部分有相变设备（如汽化器、加热器等）及要同时耐乙酸和氢腐蚀的反应器采用更耐腐蚀的2205双相不锈钢材质。

图6.10为乙酸加氢流程框图，表6.6为最后确定的各设备材质统计。

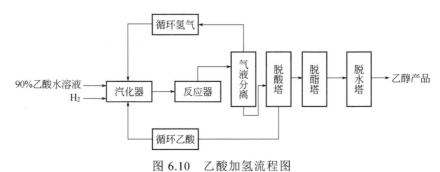

图6.10　乙酸加氢流程图

表6.6　乙酸加氢制乙醇设备材质统计

设备位号	设备名称	反应温度/℃	反应压力/MPa	乙酸含量/%	材质
E301	汽化器	240	4.1	89.9	管子 2205 双相钢 壳程 316L
E302	加热器	260	4.1	89.9	管子 2205 双相钢 壳程 316L
R301	反应器	260	3.5	44.4	2205 双相钢
E303	换热器	220	3.5	3.1	316L
E304	冷凝器	40	3.5	3.1	316L
E305	冷凝器	25	3.5	2.9	316L
D311	脱酸塔	78～105		5.9	316L
D314	脱酯塔	71～81		500mg/L	316L
D317	脱水塔	75～100		500mg/L	316L

6.4　中试其他注意事项

① 小试要尽可能做边界实验和破坏性实验，为中试提供参考；

② 弄清中试所涉及的所有原辅材料和中间产品、副产品、产品的物化特性，确保中试安全；

③ 中试时开展小试平行试验，有助于分析清楚中试中出现的问题；

④ 中试准备时要对所有原料进行小试验证；

⑤ 中试用到的原辅材料一定要定期检测；

⑥ 多在大脑里进行中试装置开车演练，大脑里开得越顺越熟练，中试开车也就会越顺利；

⑦ 为做好中试装置开车工作，应组织技术和操作团队进行模拟开车演练，直至熟练的程度，保证开车一次成功；

⑧ 中试中出现的异常情况不要放过，这可能就是工业化过程中要解决的问题；

⑨ 研发人员应参与中试。

6.5　中试装置试验准备

中试装置进入试验前，需要一系列的准备工作。总体上分为试车（全系统联动试车与投料试车）和中试试验研究两个阶段。试车正常后进入试验研究，根据中试试验方案制订的内容进行中试。

从中试装置建设基本完成到投料试车之间主要有工程扫尾、"三查四定"、单机试车、系统清扫吹扫打压、机械竣工与工程中交、联动试车等工作要完成。联动试车完成并经消除缺陷后，方可开展投料试车工作。对于化工装置的试车和生产准备工作，原化工部和现工业和信息化部都发布过行业标准（HGJ 231—1991、HGJ 232—1992、HG 20231—2014、HG/T 20237—2014）[23-26]，中石化[27]和各化工集团一般也有自己的管理规定，这些都可以作为中试装置试车和试验准备的参考。

"三查四定"中的"三查"指的是查设计漏项、查施工质量隐患、查未完工程。"四定"指的是对查出的问题定任务、定人员、定措施、定整改时间。"三查四定"是为了顺利完成单机试车任务而进行的，由建设单位或总承包单位组织设计、生产和施工单位对工程质量检查、初评的工作。

新建装置开工前，需对其安装检验合格后的全部工艺管道和设备进行吹扫、试漏、试压和清洗。其目的是通过对空气、蒸汽、水及有关化学溶液等流体介质使用吹扫、冲洗、试漏、试压、物理和化学反应等手段，清除施工安装过程中残留在其间和附于其内壁的泥沙杂物、油脂、焊渣和锈蚀物等，捕捉漏点，检验耐压情况。防止开工试车时，由此引发堵塞管道、设备；损坏机器、阀门和仪表；沾污反应介质及各种物料，影响产品质量和防止发生燃烧、爆炸事故。这是保证装置顺利试车和长周期安全生产的一项重要试车程序。

单机试车阶段是工程质量由静态考核转入动态考核的过程，是真正检验工程质量的手段。通用机泵、搅拌机械、驱动装置、大机组及与其相关的电气、仪表、计算机等的检测、控制、联锁、报警系统等，安装结束都要进行单机试车，以检验其除受工艺介质影响外的机械性能和制造、安装质量。

以上工作完成后，就代表装置实现机械竣工，可以进行工程的中间交接。中交标志着工程施工安装的结束。由单机试车转入联动试车阶段，是施工单位向业主单位办理工程交接的一个必要程序，装置中交之前都是施工单位的工作，中交之后由业主单位接管负责。它是装置保管、使用责任的移交，不解除施工单位对工程质量、交工验收应承担的责任。

联动试车一般由业主单位组织(也可以是工程总承包方,具体根据合同约定)。联动试车的主要任务是以水、空气为介质或与生产物料相类似的其他介质代替生产物料，对化工装置进行带负荷模拟试运行。机器、设备、管道、电气、自动控制系统等全部投用，整个系统联合运行。以检验其除工艺介质影响外的全部性能和制造、安装质量，验证系统的安全性和完整性等，并对参与试车的人员进行演练。联动试车的重点是掌握开、停车及模拟调整各项工艺条件，检查缺陷，一般应从单系统开始，然后扩大到几个系统或全部装置的联运。

对于中试装置，业主单位应在完成项目建设，经过中间交工后，组织对项目进行试车前检查，以确认各项条件符合试车的要求。

全系统联动试车应具备下列条件：

① 已建立岗位责任制；

② 专职技术人员和操作人员已经确定，并考试合格；

③ 公用工程系统已稳定运行，能满足全系统联动试车条件；

④ 试车方案和有关技术文件已经公布；

⑤ 各项工艺指标业经中试管理部门批准公布，操作人员人手一册；

⑥ 中试记录报表已经准备齐全，印发到岗位；

⑦ 仪表联锁、报警的整定值已经批准公布，操作人员人手一册。

对查出不适应试车工作的所有问题，提出解决措施，限期完成，为中试投料试车一次成功做好充分准备。

中试投料试车是指中试装置在完成单机、联动试车后，投入真实物料的投料开车工作。

中试投料试车前须进行检查确认（表 6.7），满足条件方能开展工作。

表 6.7　中试投料试车前的检查工作

专业类别	序号	检查内容
生产组织	1	试车指挥组织已经建立，操作人员已配齐，职责明确且已经过培训，考试合格（针对项目的培训和考试）
	2	各生产装置（包括公用工程）已具备同步开车条件
	3	中试指挥系统的通讯已经畅通
	4	原、辅材料等已齐备，质量符合设计要求，并已运至指定地点；各类备品、备件，专用工、器具等已备齐
	5	机电仪修理设施已能交付使用，已组成与中试相匹配的检修队伍
	6	各种挂图、表、原始记录、试车专用表格、考核记录等准备齐全；以岗位责任制为中心的各项制度已经建立

专业类别	序号	检查内容
工艺	1	工艺规程、分析规程、安全规程、岗位操作法等均已批准并颁发至相关岗位
	2	试车方案和应急预案均经批准并颁发至操作岗位
	3	装置控制系统已按工艺规程和岗位操作法要求设定好报警和联锁值并已调试完成
	4	操作人员均已培训合格并具备上岗证
	5	分析仪器（包括试剂）、计量仪器等已校验调试完成，具备使用条件
	6	按方案完成联动试车（水、气联运）并有记录
	7	各系统完成严密性试验并合格；真空系统完成真空试验并合格
	8	各种酸洗、吹扫、钝化、脱脂、煮炉、预干燥、预硫化等工作已完成
	9	主要设备、仪器的位号和介质管道的流向等色标工作已完成
	10	催化剂、助剂、干燥剂等的装填和预处理工作已经完成
	11	装置现场已设置岗位巡检牌
	12	交接班、巡回检查、原始记录等相关规定均已落实到位
设备	1	"三查四定"自查整改完成
	2	施工、监理及监检单位确认设备、装置安装质量合格；工程管理部工程项目交接书
	3	技监部门颁发的特种设备（包括压力容器和压力管道）的使用证
	4	技监部门颁发的特种设备操作人员上岗证
	5	主要设备制造厂家的产品合格证书或复验报告
	6	重要设备单机试车方案及记录
	7	静设备施工质量验收，检查确认
	8	集散控制系统、可编程逻辑控制器的软件检查测试合格
	9	集散系统各有关装置的校线及接地电阻测试合格
	10	电气设备的绝缘试验合格记录
	11	变电站经供电部门或技术部门检查，已批准受电
	12	机泵电源、保护、信号、自启动、自停等电气信号、动作检查记录
	13	电气、仪表系统方案准备
	14	工业炉的烘炉确认合格记录
	15	设备管理制度齐备
	16	设备操作法或操作规程
安全、环保、消防	1	政府环保、消防、安监等部门准许试车的批文（或证明）
	2	防雷、防静电设施和所有设备、管架的接地线要安装完善，测试合格
	3	可燃气体探测仪、有毒气体探测仪等已安装完毕并投入使用，并有专业主管部门检测合格的强检报告
	4	所有的安全、环保、消防设施，包括安全网、安全罩、盲板、防爆板、防毒、防尘、事故急救设施、消火栓、灭火器、火灾报警系统等都已安装完毕，经调试合格并投入使用
	5	凡设计要求防爆的电气设备和照明灯具等均应符合防爆标准
	6	设备标志、物料流向标设齐全，"四牌一图"、交通禁令等标志齐全醒目

专业类别	序号	检查内容
安全、环保、消防	7	现场洗眼器、淋浴器须安装完成，投入使用
	8	沟坑、阴井、楼板穿孔处等盖板齐全完整，地面平整无障碍，道路无杂物、畅通无阻
	9	按标准配备必需的工具及劳动防护用品，在防爆区域必须符合防爆防火要求
	10	设立 HSE 组织机构，配备专职 HSE 管理人员，并取得相关证书
	11	中试管理人员、操作人员经安全技术教育培训，考核合格，取得相关资质证书
	12	建立健全各种规章制度，制订应急预案并已组织演练

中试试车工作应按总体试车方案和各阶段试车方案组织实施。中试装置业主单位应负责组织编制总体试车方案，总体试车方案应包括下列内容：

① 中试装置概况；

② 编制依据和原则；

③ 试车组织机构及职责分工；

④ 试车目的及应达到的标准；

⑤ 试车应具备的条件；

⑥ 试车程序；

⑦ 操作人员配备及培训；

⑧ 技术文件、规章制度和试车方案的准备；

⑨ 公用工程、原辅材料、燃料和运输量等外部条件；

⑩ 总体试车计划时间表；

⑪ 试车物资供应计划；

⑫ 试车费用计划；

⑬ 试车的难点和对策；

⑭ 试车期间的环境保护措施；

⑮ 职业健康、安全和消防；

⑯ 事故应急响应和处理预案。

对于中试装置来说，投料试车工作相比生产装置是更为重要的工作，因为中试作为研发工作的一部分，存在着更大的不确定性，也没有成熟的装置可供参考，所以从某种程度上，从投料试车开始实际上就已经进入试验环节，因此要高度重视。总体试车方案中，对投料试车部分可只规定主要程序，但要精心编制投料试车（开车）方案。

中试装置投料试车（开车）方案应包括以下内容：

① 装置概况和试车目标；

② 组织和指挥；

③ 投料试车前应具备的条件；

④ 原辅材料、公用工程要求；

⑤ 各工序、单元或系统的开车程序；

⑥ 主要工艺参数的控制、调节程序；

⑦ 正常情况下各工序、单元或系统的停车程序；

⑧ 紧急情况下各工序、单元或系统的停车程序；

⑨ 工艺控制指标；

⑩ 取样分析的项目和要求；

⑪ 常见故障的处理；

⑫ 事故应急响应预案；

⑬ 职业健康、安全、消防和环境保护要求。

6.6 中试试验实施和数据提取

6.6.1 中试试验方案

中试装置投料试车（开车）成功后，即进入中试试验研究阶段。但因为中试是新技术的首次放大验证，所以其实往往投料试车（开车）也是中试试验重要的一部分组成内容，尤其是对于技术复杂度高的项目更是如此。

中试试验方案是中试工作的总纲。中试总体上按小试条件验证、工艺条件优化、工程试验、边界试验的顺序安排，在这些试验中，根据试验目的提取需要的工程参数和数据。

在中试的同时开展平行小试是分析问题的有效手段，有助于探究每一个工艺步骤中试与小试异同及原因。

下面将通过三个案例来说明试验方案编制、平行小试开展和工程数据提取的方法。

6.6.2 案例介绍

6.6.2.1 案例 1：NPMI 中试及小试平行试验开展

NPMI（N-苯基马来酰亚胺）是精细化工产品，它是一种新型的耐热改性剂单体，以其为单体合成的耐热改性剂 SMI（NPMI 与苯乙烯的二元共聚物），与本体 ABS 树脂（丙烯腈-丁二烯-苯乙烯共聚物）共混可提高其耐热性。

NPMI 反应过程示意如下：

工艺路线如图 6.11 所示。

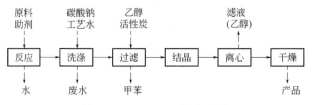

图 6.11　NPMI 工艺流程图

NPMI 工艺过程的特点是间歇操作，工艺流程多，影响因素复杂。为了提高开发效率，项目组的开发思路是工程与工艺早期结合，进行工程化开发研究。并分别从工程和工艺两方面梳理出关键问题，重点突破，提高效率，具体见图 6.12。

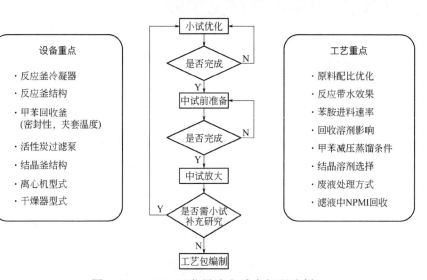

图 6.12　NPMI 开发思路和重点问题分析

NPMI 中试试验的目的是：

① 提供合格的 NPMI 产品供下游使用评价；

② 验证小试工艺优化参数，考察反应单元传质、传热的放大效应；

③ 考察溶剂回收对反应的影响；

④ 补充原材料标准；

⑤ 考察废水处理方式；

⑥ 验证工艺的稳定性，提取工艺包数据。

中试试验采用小试优化工艺参数，试验中重点考察溶剂甲苯和乙醇回用及滤液中 NPMI 回用对产品质量的影响。根据千吨级工业装置工艺包开发需要，中试试验次数为 9 次，包括 4 次验证试验、2 次稳定性试验和 3 次回收 NPMI 循环回用试验，单批周期为 5 个工作日。具体试验内容见表 6.8。

表 6.8　中试试验安排表

试验阶段	批次	试验条件	试验内容
验证试验	1	采用优化工艺参数，甲苯（新鲜）、乙醇（新鲜），苯胺进料时间视冷凝效果而定	a. 提取原料样品，补充原料标准； b. 收集碱洗、水洗废水； c. 回收甲苯、乙醇溶剂； d. 收集滤液残渣； e. 收集各单元料液，如反应料液、碱洗料液、水洗料液、结晶浆液、结晶滤液等，返回小试研究，对比中试、小试结果考察放大效应
验证试验	2	依据试验 1 结果，重复或调整苯胺进料时间，其他条件相同	a. 回收甲苯、乙醇溶剂； b. 收集滤液残渣； c. 验证小试优化条件
验证试验	3	同试验 2 比较，甲苯采用回收甲苯，其他条件相同	a. 回收甲苯、乙醇溶剂； b. 收集滤液残渣； c. 考察回收甲苯对产品质量的影响
验证试验	4	同试验 3 比较，乙醇采用回收乙醇，其他条件相同	a. 回收甲苯、乙醇溶剂； b. 收集滤液残渣； c. 考察回收乙醇对产品质量的影响
稳定性试验	5～6	依据验证性试验结果而定，提供合格的 NPMI 产品	a. 回收甲苯、乙醇溶剂； b. 收集滤液残渣，进行冷却结晶，回收滤液中的 NPMI； c. 验证工艺稳定性，提供合格产品； d. 提取工艺包数据
回收 NPMI 循环回用试验	7～9	同试验 5～6 比较，添加回收的 NPMI，其他条件相同	a. 回收甲苯、乙醇溶剂； b. 收集滤液残渣； c. 考察回收的 NPMI 对产品质量的影响

　　在中试过程中，安排小试平行试验进行过程跟踪分析，分别取中试不同工序的中间物料进行平行小试试验，具体方法见图 6.13。通过过程分解进行逐级分析，对症"下药"，目的是判断中试过程各工序问题，指导第二次试验方案。

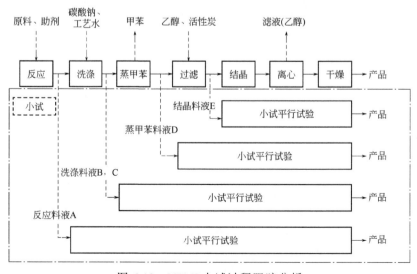

图 6.13　NPMI 中试过程跟踪分析

在中试过程中，根据千吨级 NPMI 工业装置工艺包开发要求，对反应工序、洗涤脱色工序、产品精制工序等操作单元进行数据提取，包括设备操作数据和工艺物流数据两方面，产品精制工序的数据采集表见表 6.9、表 6.10。

表 6.9　NPMI 中试装置产品精制工序操作条件报表

操作条件		结晶条件	
桨形		降温速率/(℃/h)	
转速/(r/min)		干燥温度/℃	
直径/m		干燥时间/min	
液位/m		离心机型号	
设备材质		离心机转速/(r/min)	
结晶时间/min		乙醇回收量/(kg/釜)	
结晶温度/℃		乙醇蒸馏压力（表压）/MPa	
冷冻水流量/(m³/h)		乙醇蒸馏温度/℃	

表 6.10　NPMI 中试装置产品精制工序物流数据报表

编号	1	2	3		4		5		6		7	
名称	进料	粗产品	滤液（取样）		产品（取样）		回收乙醇（取样）		滤液残渣（取样）		回收的 NPMI 产品（取样）	
组分	kg/釜	kg/釜	kg/釜	%	kg/釜	%	kg/釜	%	kg/釜	%	kg/釜	%
质量/(kg/釜)												
温度/℃												
压力（表压）/Pa												

6.6.2.2　案例 2：乙酸乙酯加氢制乙醇工业侧线试验方案及开停车的重要性

该装置包括等温床反应系统和绝热床反应系统。为实现更大规模的反应器的设计和产业化工艺包的编制，进一步加快科研成果的工业化转化，需要在该装置上完成工业侧线试验，采集相关数据。

工业侧线试验装置的试验目的：

① 完成该装置的投料试车验收工作，实现装置的稳定运行；

② 验证催化剂性能、还原、钝化、开停车技术方案的合理性；

③ 验证反应器、关键设备、控制仪表选型的合理性；

④ 验证工艺设计及 HSE 设计方面的合理性；

⑤ 验证操作法的合理性；

⑥ 提取技术经济性核算参数；

⑦ 提取 20 万 t/a 工业化装置设计参数，包括工艺、消耗、设备、仪表、分析、操作参数等。

试验整体安排如图 6.14 和图 6.15 所示。

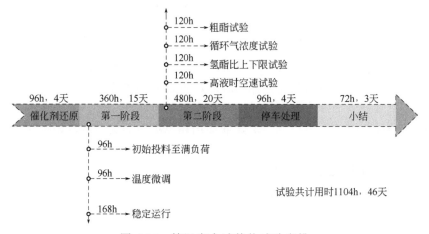

图 6.14　等温床中试整体试验安排

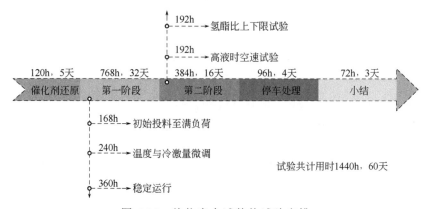

图 6.15　绝热床中试整体试验安排

开车前，需要做好如下准备工作：

① 反应器经吹扫、清洗、吹扫，保证反应管内壁干净，检测放空气体的组成，

确保反应器气密性合格；

　② 根据催化剂使用说明完成催化剂装填；

　③ 氮气置换并检查确认装置的气密性合格。

本装置的试验内容分为两个阶段进行。

第一阶段：主要为验证考核工作，主要包括催化剂性能指标的验证；催化剂装填、还原、钝化等技术方案的验证、优化，提取工业化工艺包设计参数。

第二阶段：主要为补充试验研究工作，主要包括粗酯原料试验、不同氢气原料试验及高液时空速试验等内容。

首先要进行催化剂的还原并验证还原方案的合理性。该过程根据催化剂使用说明中规定的还原程序进行还原。预计催化剂还原时间96h，即4天。

催化剂还原过程中严格遵守"提温不提氢，提氢不提温"的原则；严密监控床层温度，控制床层最高温度与设定温度之差≤10℃；根据出水量多少控制补氢量，使整个还原过程出水均匀。

绝热床反应器催化剂还原方案与等温床还原方案类似，区别在于绝热床的床层温度是由反应器进口的预热器控制且还原过程无移热介质。因此，绝热床反应器催化剂还原时应严密监控床层温度和反应器入口温度。

接下来是初始投料工作。为消除催化剂还原后表面的毛刺，使催化剂物理性能以及活性中心更加稳定，该装置等温床反应器先在低负荷条件下运行，待反应器运行稳定后再逐步调整至正常负荷。

参照同类工业装置初始投料方案，依据催化剂性能、设备稳定负荷、系统稳定负荷、控制仪表操作下限等，该装置初始投料方案如表6.11所示。

表 6.11　反应器初始投料提负荷程序

初始投料	操作负荷
1	50%
2	80%
3	100%（正常负荷）

系统负荷0~50%过程中，由0直接提升至50%；系统负荷50%~80%过程中由50%直接提升负荷至80%；系统负荷80%~100%过程中，由80%直接提升负荷至100%。

乙酸乙酯加氢制乙醇工业侧线试验装置正常运行操作条件按单管试验优化条件执行。

由于反应器的放大以及其他一些客观条件（如环境温度、原料的规格）的变化，可能在反应器达到设计负荷时并未达到装置的设计指标，根据该反应的特点以及单管试验的经验可通过对温度的微调达到反应指标，同时也可以考察微调温度过程中设备操作的灵敏性和稳定性。试验过程中记录反应器每一个进口温度所对应的反应器出口温度及其温差，记录反应器径向温度分布，考察反应器设计合理性，采集工艺包设计参数。

温度微调试验操作指导原则：

① 保持系统压力稳定，补充氢气量可根据实际消耗情况进行微调，控制升温速率为2℃/次，调整前后均需记录催化剂床层热点位置和温度；升温过程严密监视热点温度，若热点温度高于 260℃则暂停升温；若需继续升温，需技术人员讨论确定。

② 改变条件后第4h、8h取气、液相样品测试，8h后气液相的取样频率为8h/次；试验稳定后及时通知技术人员，并将热点温度、转化率、选择性数据告知技术人员并由技术人员决定进行下一组实验。

经温度微调反应指标达到要求后，仍需进一步验证装置的稳定性，提取物料衡算数据等工艺包设计参数，因此，装置需稳定运行一段时间。

综上所述，等温床开车阶段共分为三个阶段，即反应器提负荷阶段、温度微调阶段以及稳定运行阶段。对于绝热床，因为采用了段间氢气冷激移热方式，在温度微调阶段还需进行冷激量的调整。

第二阶段的试验内容主要考察中试装置重要参数的边界条件和工业条件下原料规格的影响，包括高液时空速、氢酯比上下限、循环氢浓度以及粗酯进料试验。

高液时空速试验考察高液时空速下催化剂性能、氢酯比上下限试验考察氢酯比上下限时催化剂性能，探索千吨级规模的反应器的操作弹性和参数灵敏性，优化操作条件，提取工艺包设计参数，为工业规模反应器的设计和操作范围提供支持。

本装置的原料氢气来自冷箱富氢。冷箱富氢经膜分离装置分离后的氢气，作为加氢反应的氢气原料。通过开车加氢系统内循环氢气浓度试验，考察不同氢气和 CO 浓度下催化剂的性能以及反应性能，提取经济性核算数据，探索不同浓度下的驰放比。在该试验过程中，要特别关注循环驰放气各组分的分布情况。

本装置实验所用原料为精制的乙酸乙酯（质量分数≥99.85%）原料，原料成本较高。如能使用乙酸乙酯车间纯度93%左右的粗酯，则可降低生产成本。因此探索粗酯加氢的可行性对于提高系统的整体经济性具有重要的意义。粗酯实验验证粗酯进料条件下催化剂的性能和反应结果，收集反应产物，制订合理的产物分离方案，提取经济性核算数据。

中试装置停车时，需要对催化剂进行钝化。根据催化剂使用说明，先用氮气对床层进行吹扫，再按表 6.12 所示操作程序进行钝化。钝化过程中，要密切观察催化剂床层的温度变化，严格控制床层温升，使床层温度低于 150℃，当床层温度急剧上升时，必须立即减少或停止空气的进气量。

表 6.12　催化剂钝化操作程序

压力/MPa(G)	氧气浓度/%	提氧速率	空速/h⁻¹	预计时间/h	累计时间/h
0.5	0.1	—		3	3
0.5	0.5	0.1%/15min		7	10
0.5	3	0.5%/20min	750	5	15
0.5	10	1%/20min		5	20
0.5	21	1%/15min		5	25

停车后催化剂的封存有两种方案，第一种是氢气封存方案：对于不涉及动火作业，或停车时间<1 天时，装置停车后用氢气吹扫 1h，并维持装置（或反应器）反应温度和压力不变，氢气封存；若停车时间为 1 天至 7 天，则装置停车后用氢气吹扫 1h，并将装置（或反应器）降至常温，保压 0.2～0.3MPa，氢气封存。第二种是氮气封存方案：若装置涉及动火作业，或停车时间>7 天，装置停车后用管道氮气置换至氮气体积分数≥99.8%，降至常温，保压 0.2～0.3MPa，氮气封存。注意催化剂封存过程中要彻底置换反应器内反应物料，封存气体纯度需≥99%。

最后，还要做好试验过程中的应急处理措施。

对于等温床，应急措施指导原则如下：

① 如果床层热点温度超过设定值，则应调低汽包压力以加强移热，降低反应热点温度；若上述措施效果不明显，应直接切断乙酯和氢气进料，但应保证循环压缩机正常运行；

② 正常操作工况，适当加大气体循环量亦可加强移热；

③ 若过程压缩机因故障骤停，则首先停止乙酸乙酯进料，降低汽包压力，温度不可控时应通过泄压迅速降低反应压力；

④ 若反应过程产生飞温则应及时关闭乙酸乙酯进料和氢气补充，降低汽包压力，加大汽包强制循环泵功率，气体循环量保持不变，若温度仍不可控则应通过泄压迅速降低反应压力。

对于绝热床，应急措施指导原则如下：

① 为保证初始投料操作安全性，绝热床初始投料应在低温与低负荷投料；

② 初始投料温度 190℃，保证每段催化剂床层温升不超过 30℃（正常操作），氢气循环量应取正常负荷条件下循环量，从技术上保证操作安全性；

③ 若反应器内部温度超过设定温度 240℃（高报警设定值），则应降低反应进口温度及适当先加大循环量；若上述措施无效，催化剂床层最高温度超过 270℃（安全联锁设定值），直接切断乙酸乙酯和氢气进料，但应保证循环压缩机正常运行；

④ 若过程压缩机因故障骤停，则首先停止乙酸乙酯进料，降低反应器进口温度，温度不可控时应迅速降低反应器压力；

⑤ 若发生飞温，应立即关闭乙酸乙酯进料以及氢气补充，迅速降低反应器进口温度，循环压缩机正常工作，若温度仍不可控则应通过泄压迅速降低反应压力。

6.6.2.3　案例3：DMO加氢中试及中试数据提取方法

前面已经提到，中试时往往重视产品的质量、收率以及反应工艺条件的确定，而对工程数据的测定和提取以及过程放大规律的认识重视不够[28]。本节将通过DMO加氢中试这个案例，说明如何进行工程数据的提取。

除了常规的中试试验目的外，从工程数据提取的角度，DMO加氢中试试验目的如下：

① 验证加氢工艺设计和分离工艺（包括工艺流程设计和控制系统设计）合理性；

② 验证关键设备选型、设计的合理性，包括反应器、换热器、缓冲罐、精馏塔等静设备和泵、循环压缩机等动设备；

③ 验证关键仪表选型的合理性；

④ 验证催化剂还原及钝化方案；

⑤ 验证单管优化条件和分离工艺条件。

需要提取但不限于以下工程数据用于工业化工艺包的设计：

① 提取百吨加氢反应工艺参数（包括转化率、选择性、物耗、能耗等数据），进一步完善技术经济分析；

② 提取反应过程中关键参数（包括催化剂床层温度分布，热点位置等），为反应器结构设计和优化提供数据；

③ 提取反应装置稳定运行数据，完成装置物料衡算以及验证三废处理方案合理性；

④ 考察装置稳定运行性能，提取进一步优化控制系统所需参数和改进目标。

为方便对工程数据提取位置进行说明，先简要介绍一下DMO加氢制MG中试装置流程。

新鲜甲醇和DMO原料分别由各自的进料泵输送至液相混合釜，在搅拌的作用下使DMO在甲醇溶剂中充分混合、溶解。然后DMO溶液经过液相进料泵运送至液相预热器预热，预热后的加氢原料与经和反应产物换热后的循环气经过喷嘴雾化混合后进入汽化器，并在汽化器内汽化。汽化后的混合气体去反应器前加热器使混合气体温度达到反应器入口要求温度。混合气体从加氢反应器顶部进入反应器，加氢催化剂装填在反应器内，在加氢反应器内DMO和氢气发生加氢反应。加氢粗产物从加氢反应器底部流出，经过气体预热器与循环氢气换热后，再经过气体冷却器冷却，最后经过分离罐前冷却器将反应物料进行冷凝。经过分离罐前冷却器冷凝后的加氢粗产物为气液混合物，液相从分离罐底部去MG粗品罐，气相从分离罐顶部出来后分两路。一路为加氢系统驰放管线，以维持系统氢气分压不低于设定值，另一路去循环气压缩机入口缓冲罐。循环压缩机出口管线接有补充氢气管道，补充氢气来自界区管线，经补充氢气压缩机增压后并入循环压缩机出口氢气循环管线。MG 粗品经过一个精馏塔系分离后得到 MG 产品。

对于反应单元，整体中试试验方案如图 6.16 所示。

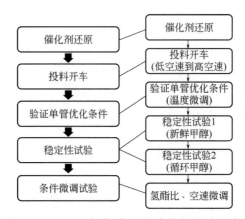

图 6.16　DMO 加氢中试试验整体试验方案

对于中试的每个试验阶段，都有不同的工程数据提取任务和内容。在工艺流程和装置上对应于不同的提取位置。为了做到清晰、直观、没有遗漏，把这些提取内容直接标注在工艺流程图上，作为技术人员的工作依据。

图 6.17 和图 6.18 在中试反应部分的工艺流程图上标出了催化剂还原和钝化过程需要提取的数据和提取位置。反应流程分为反应系统、气相进料系统、气液分离系统和气相循环系统四个部分。对于反应系统，需要提取的工程数据有催化剂装填数据、床层温升及温度分布、压力变化、温度和压力控制方案可行性等。

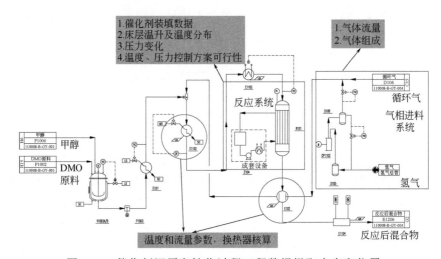

图 6.17　催化剂还原和钝化过程工程数据提取内容和位置

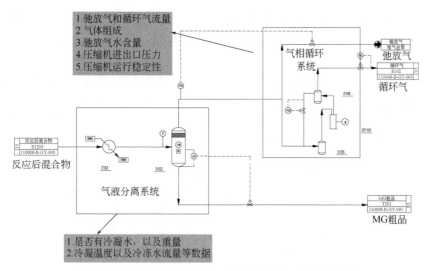

图 6.18　催化剂还原过程工程数据提取内容和位置

由于还原与钝化工况与反应工况不同，所以还要监测反应系统各换热器的温度和流量参数，进行换热器核算。

　　催化剂的还原和钝化是开停车的必要且重要步骤，但与整个装置正常运行周期相比占比较小，所以对于经验不足的开发和设计人员容易只关注主流程开发和设计，而对这些工艺辅助过程的开发和设计有所忽略。DMO 加氢是列管式固定床，对于催化剂装填数据，包括催化剂装填体积、在每根反应管里的装填高度、床层空隙率、各列管床层压降、不同列管装填偏差，以及催化剂钝化后卸载下来的反应管不同位置催化剂的强度、粉化率等，这些数据对于工业反应器的设计、催化剂装填、工艺包工艺手册的编制和催化剂长周期使用物化性能的评价等都有很大的指导意义。在催化剂还原和钝化过程中床层温升及温度分布、床层压力数据的测量、换热器核算、温度、压力控制方案可行性的考察都有助于评价催化剂还原和钝化方案的合理性并优化方案，在工业装置工艺包和工程设计中充分考虑还原和钝化过程的工艺和控制需求并进行针对性的合理设计。

　　同理，在还原和钝化过程中，气体进料是个浓度不断变化的过程，并且有一些维持气体浓度固定不变的台阶，所以要密切监控气相进料系统气体流量和气体组成的变化。对于还原阶段，催化剂在初始干燥过程会排出吸附的物理水，在还原过程金属氧化物会与氢气反应生成水，所以还原过程出水量的收集对于判断还原程度和还原速度就非常重要。因此，对于气液分离系统，要监测冷凝水的出现时间、出水量以及冷凝温度、冷冻水流量等用于换热器工艺和设备设计的工程数据；对于气相循环系统，则要监测和提取驰放气和循环气流量、组成、水含量、压缩机进出口压力、压缩机运行稳定性等工程数据。

表 6.13 为还原和钝化过程各工序需要提取的工程数据汇总，表中打钩的是需要提取的内容。图 6.19 为还原和钝化过程流程框图，配合表 6.13 使用。

表 6.13 还原和钝化过程工程数据提取汇总

各阶段数据采集		气体进料	换热	加热	反应	循环气	冷却分离	气体出料
物料衡算	流量	√				√		√
	气体组成	√				√		√
能量衡算（公用工程）	流量			√	√		√	
	温度			√	√		√	
设备与仪表合理性		√	√	√	√	√	√	√
还原现象	水含量					√		√
	温度变化		√	√	√		√	

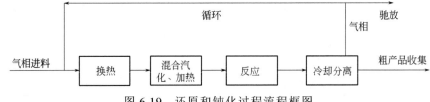

图 6.19 还原和钝化过程流程框图

催化剂还原完成后，即进入中试投料开车和试验阶段，表 6.14～表 6.17 为各阶段的试验安排和工程数据提取需求。

表 6.14 投料开车试验安排

投料开车过程	试验目的	参数调整	数据采集	时间
40%负荷（空速 0.2h⁻¹）	考察投料过程中，催化剂性能变化，为验证单管优化条件试验准备	① 温度 ② 补氢量	① 不同空速催化剂床层温度分布； ② 液相组成变化（包括转化率和选择性，杂质等）； ③ 气相组成变化（氢气浓度，CO 等）	10～12h
60%负荷（空速 0.3h⁻¹）				10～12h
80%负荷（空速 0.4h⁻¹）				10～12h
100%负荷（空速 0.5h⁻¹）				10～12h

表 6.15 验证单管试验安排

验证单管优化条件过程	试验目的	参数调整	数据采集	时间
单管优化条件	① 验证单管优化条件； ② 考察装置运行稳定性	温度	① 催化剂床层温度分布，与单管结果对比； ② 气相和液相组成变化； ③ 物料平衡数据提取	48～72h

表 6.16　稳定性试验安排

稳定性试验过程	试验目的	数据采集	时间
新鲜甲醇+DMO	考察催化剂性能	① 催化剂床层温度分布；	48～72h
回收甲醇+DMO	考察回收甲醇套用情况下催化剂性能变化	② 气相和液相组成变化； ③ 物料平衡数据提取； ④ 考察仪表和设备选型	100～150h

表 6.17　条件微调试验安排

条件微调过程	试验目的	数据采集	时间
氢酯比微调 （氢酯比降低）	在优化的条件基础上微调条件，考察催化剂性能变化，为放大设计提供依据	① 催化剂床层温度分布； ② 气相和液相组成变化	48～72h
空速微调 （空速增加）			24～48h

图 6.20 和图 6.21 为以上中试试验过程中要提取的工程数据内容和位置。这些工程数据的提取对于工业装置技经分析、工程放大、数学模型校正、反应器开发、工艺包设计和工程设计都有重要的作用，是中试真正的价值所在。

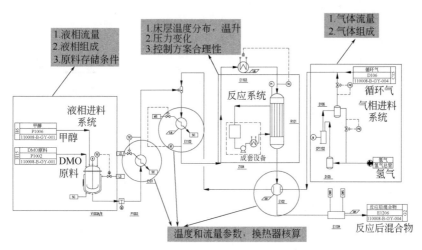

图 6.20　反应过程工程数据提取内容和位置

表 6.18 为反应过程各工序需要提取的工程数据汇总，表中打钩的是需要提取的内容。图 6.22 为反应过程流程框图，配合表 6.18 使用。

表 6.18　加氢过程数据提取汇总

各阶段数据采集		气液进料	换热	加热	反应	循环气	冷却分离	气体出料	液相出料
物料衡算	流量	√				√		√	√
	组成	√				√		√	√

各阶段数据采集		气液进料	换热	加热	反应	循环气	冷却分离	气体出料	液相出料
能量衡算（公用工程）	流量		√	√	√		√		
	温度		√	√	√		√		
设备与仪表合理性		√	√	√	√	√	√	√	√
试验现象与结果	转化率								√
	温度变化		√	√	√		√		

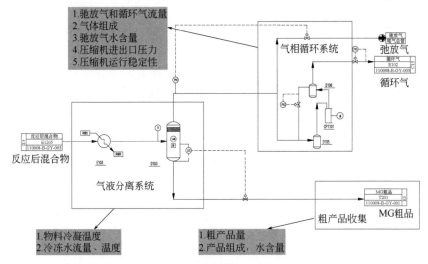

1. 驰放气和循环气流量
2. 气体组成
3. 驰放气水含量
4. 压缩机进出口压力
5. 压缩机运行稳定性

1. 物料冷凝温度
2. 冷冻水流量、温度

1. 粗产品量
2. 产品组成，水含量

图 6.21　反应过程工程数据提取内容和位置（续）

　　产品分离是一个塔系，对于每个精馏塔，提取的数据类似。以一个塔来说明精馏过程数据提取，见图 6.23。

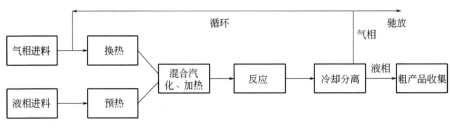

图 6.22　反应过程流程框图

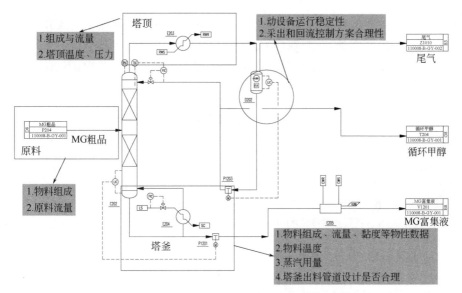

图 6.23　分离过程工程数据提取内容和位置

6.7　本章总结

中试是科学、技术、工程、市场的交汇点，是并行开发之路上的一个关键关口，是化工研发项目从基础研究走向工业化的一个重要环节，也是工艺与工程结合的主战场，在产业化之路中起到承上启下的作用。

本章的主题是"如何进行中试数据提取"，意在强调中试的目的更在于获取工程规律、发现工程问题、校正工程模型、验证工程设计，而不仅仅是打通流程、获取产品。

本章首先厘清了模试、中试、侧线这些概念的区别和联系，接着介绍了中试的目的和作用，重点说明中试的目的不是为了验证小试，而是为工业化装置的放大和设计做准备，再接着对中试的运行周期和中试的测试深度要考虑的因素和原则进行了说明。

由于中试装置建设投入很大，中试装置完整度和规模的确定也是研发单位和研发人员需重点考虑的问题。本章给出了确定中试装置完整度和中试规模的主要原则，并通过四个实践案例，从多功能柔性中试装置建设、关键设备要求、催化剂装填形式对中试规模的影响、中试材质的选择等多个侧面对这个问题做了更进一步的阐述。相信这些案例对读者加深理解、融会贯通、举一反三会有帮助。

中试试验的准备和开展是一项实践性很强的工作，教材和专业书籍对此都没有介绍。本章对中试装置试车前要开展的一系列准备工作进行了简要介绍。

中试试验如何实施、中试试验方案如何编制、中试试验各项内容顺序如何安排、中试数据如何提取，本章最后部分结合三个案例，对这些中试试验开展的具体问题进行了说明。

参考文献

[1] Douglas J M. 化工过程的概念设计[M]. 蒋楚生，译. 北京: 化学工业出版社, 1994.

[2] 徐宝东. 化工过程开发设计[M]. 2 版. 北京: 化学工业出版社, 2019.

[3] 谢明和. 化工过程开发实验方案设计导论[M]. 北京: 石油工业出版社, 2015.

[4] 于遵宏. 化工过程开发[M]. 上海: 华东理工大学出版社, 1996.

[5] 黄英, 王艳丽. 化工过程开发与设计[M]. 北京: 化学工业出版社, 2008.

[6] 张钟宪. 化工过程开发概论[M]. 北京: 首都师范大学出版社, 2005.

[7] 陈声宗. 化工过程开发与设计[M]. 北京: 化学工业出版社, 2005.

[8] 张浩勤. 化工过程开发与设计[M]. 北京: 化学工业出版社, 2002.

[9] 武汉大学. 化工过程开发概要[M]. 北京: 高等教育出版社, 2011.

[10] 韩冬冰. 化工开发与工程设计概论[M]. 北京: 中国石化出版社, 2010.

[11] 李丽娟. 化工实验及开发技术[M]. 北京: 化学工业出版社, 2012.

[12] Zhao W. Handbook for chemical process research and development[M]. Boca Raton, FL: CRC Press, 2016.

[13] Duncan T M, Reimer J A. Chemical engineering design and analysis[M]. Cambridge: Cambridge University Press, 1998.

[14] Sinnott R K. Coulson and richardson's chemical engineering[M]. Amsterdam: Elsevier, 1993.

[15] C.R. Branan. Rules of thumb for chemical engineers[M]. Amsterdam: Elsevier, 2012.

[16] Dimian A C. Bildea C S, Kiss A A. Integrated design and simulation of chemical processes[M]. 2th ed. Amsterdam: Elsevier, 2014.

[17] Richard T. Fundamental concepts and computations in chemical engineering[M]. Upper Saddle River, NJ: Prentice-Hall. 2017.

[18] Utgikar V. Analysis, synthesis, and design of chemical processes[M]. Upper Saddle River, NJ: Prentice-Hall. 2018.

[19] Moggridge C. Chemical product design[M]. Cambridge: Cambridge University Press, 1998.

[20] Ng K M, Gani R, Johansen K D. Chemical product design: Towards a perspective through case studies[M]. Amsterdam: Elsevier, 2006.

[21] Emerson process management. 不锈钢在高温高浓度醋酸中腐蚀情况[Z].

[22] 刘淑萍, 杜世巍. 常用耐醋酸不锈钢材料性能分析及应用[J]. 腐蚀科学与防护技术, 2012, 24(1): 68-70.

[23] 中华人民共和国化学工业部. 化学工业大、中型装置试车工作规范: HGJ 231—91[S]. 北京: 中华人民共和国化学工业部, 1991.

[24] 中华人民共和国化学工业部.化学工业大、中型装置生产准备工作规范: HGJ 232—1992[S]. 北京: 中华人民共和国化学工业部, 1988.

[25] 中华人民共和国工业和信息化部. 化学工业建设项目试车规范: HG 20231—2014[S]. 北京: 化学工业出版社, 2015.

[26] 中华人民共和国工业和信息化部. 化学工业工程建设交工技术文件规定: HG/T 20237—2014[S]. 北京: 化学工业出版社, 2015.

[27] 中国石化建设项目生产准备与试车管理规定: 中国石化建〔2011〕897 号[Z]. 北京: 中国石油化工集团公司, 2011.

[28] 吴敏, 徐文斌, 邵丽莉. 在中试过程中测定有关工程数据的方法[J]. 化工生产与技术, 2000(3): 38-40.

第 7 章
化工技术改造

对于化工研发工作，除了开发新技术、新产品外，还有一类任务是对现有产品和装置进行技术改造和升级。化工并行开发方法同样适用于技术改造项目，本章将针对化工行业的特点，首先介绍和讨论一些技术改造的基本知识和要点，然后介绍化工并行开发方法指导下的开发流程和主要工作，最后通过几个案例，来说明对于这一类课题，应该如何结合化工并行开发方法来开展研究。本章的讨论是以研发单位视角展开的。

7.1 技术改造的概念

通常我们所说的技术改造，是指在坚持技术进步的前提下，用先进的技术改造落后的技术，用先进的工艺和装备代替落后的工艺和装备，达到提高质量、节约能源，降低消耗，扩大规模等目的，全面提高企业和社会综合效益的活动。关注重点在工艺、装备的进步等技术本身上。除此之外，广义的技术改造除了技术进步本身外，还包括通过技术改造提高企业自身整体素质和技术创新水平，增强自我发展能力，实现企业可持续发展等方面[1-9]。

技术改造强调以内涵式发展为手段，有以下几方面的特点：

① 强调技术进步，要有更高、更新的技术因素加入；

② 强调以现有企业、装置或生产过程为对象进行技术改造，不涉及新建项目；

③ 强调不仅要注重提高企业经济效益，也要注重提高社会综合经济效益，如降低能耗，减少环境污染等；

④ 强调持续的、系统的技术改造。

7.2 化工技改项目的特点

曹湘洪院士把炼化装置技术改造按改造目的归结为以下几类[10]：

① 工艺替代型：主要通过技术改造用新的生产工艺淘汰原来相对落后的生产工艺，降低物耗能耗，减少三废排放，提高装置的技术水平。在此类改造中，工艺技术及设备有根本性的变化，原有设备利用率低，改动工作量大，改造要有较长的施工周期。

② 工艺改进型：通过技术改造，改进原有的生产工艺，达到降低物耗能耗，提高产品质量的目的。这类技术改造依托于原工艺装置，主要通过采用新的催化剂，适当改进工艺或设备来完成。工艺流程、主要设备变化不大，改造工作量、施工难度、决策风险相对较小。

③ 规模扩大型：主要通过技术改造，扩大原装置的生产能力，使其更具有经济规模，降低生产成本，增强市场竞争力。此类技术改造一般采用化学工程领域研究开发的新成果，通过改造设备内件、部分设备更新换代、增加部分设备等来达到目的，以在原装置界区范围内实施改造为多。

④ 组合目标型：这种技术改造在改进工艺或采用新工艺替代原工艺过程的同时，使装置的生产能力扩大。目前，炼化生产装置的技术改造一般为组合目标型。这类改造实施难度最大。

对于大型生产通用型产品的化工装置来说，以上分类已经比较全面了。但对于精细化、功能性的化工产品和柔性化、多功能化的化工生产装置来说，技术改造还包括生产新的产品、提升产品质量、改革产品结构、增加产品规格以及增加生产装置的柔性和多功能性等方面。

安全生产和环境保护是促进我国经济发展、构建和谐社会的重要保障。化学生产的特点需要化工行业高度重视安全环保问题。因此，随着时代的进步，减少或消除环境污染、加强生产安全性和劳动保护等方面的技改工作也越来越成为化工行业技改项目非常重要的一个方面。

7.3　研发角度的技改项目

技术改造贵在创新，技术创新是实现技术改造的前提条件。技术创新不仅为技术改造提供技术来源，更是提高技术改造水平的重要保证。技术创新为技术改造提供技术来源，技术改造为创新成果的成功转化提供保障，二者相辅相成，缺一不可。

通常谈到技改，大家都是从生产企业的角度去讨论，本节站在研发单位的角度，来谈一谈技改项目应该如何实施，尤其是企业的研究院（研发中心）如何开展技改项目的研发工作。

一般来说，靠生产企业自身的技术力量能够实施的技改项目，生产企业都已自行实施。需要和研究单位合作的，通常都是技术难度高、需要一定科研条件和专业的科研人员开展研究的项目，即所谓的"难啃的骨头"项目。并且由于是现有装置上待解决的问题，通常要求解决速度要快、投资不能太高，技术方案受现场条件、公用工程等各项条件的制约，是一个有约束的优化问题。

因此，对于技改项目，在生产企业提出需求后，研究单位应迅速响应，指定有实践经验的研发人员尽早和企业对接，并开展现状和问题调研工作。没有调查就没有发言权，这是取得企业信任的第一步。

但这并不是说生产企业提出什么问题，我们就只调研什么问题。研发项目的技术改造，要从全局角度考虑，不能"头痛医头脚痛医脚"。当生产企业提出了一个需求，研发人员不能不加分析就照这个需求一头扎下去做，这样往往不会有好的结果。因为很多情况下生产企业提出的只是现象，并不见得是本质的原因和问题症结所在。所以，研发人员在接到改造任务后，要对生产装置和改造需求进行全面的调研和分析，需要开展比较深入的研究开发工作，对过程有比较本质的认识后，提出合理的改造方案，引导提升企业的认识，达成改造的共识，解决企业真正的问题或能使改造效益最大化，而不能局限于初始的问题。否则问题往往得不到较好地解决，项目失败、信任关系受损。

工艺技术标定是发现问题和分析问题的有效手段。工艺技术标定是指按照规定的方法和程序对化工装置生产过程的工艺参数、物料质量、能源消耗进行系统性评定的技术活动。通过工艺标定可以找出生产装置的瓶颈和薄弱环节，提出解决问题的方法和改进措施，并为改造方案的设计提供数据。除了分析生产单位定期的工艺技术标定报告外，为针对性地解决问题，研发单位还可以和生产单位共同组织工艺标定，并制订有针对性的工艺标定方案。

在确定清楚问题之后，要把待改造的生产装置上的问题转化为小试试验可以研究考察的内容，试验设计上一定要用心，能反映装置特征，考察装置问题，即所谓的"以小见大"。

改造方案还要考虑现场实施的便捷性和操作的可行性，避免过于学术化导致实际操作难以实现。比如换热网络优化方案过于复杂，理论节能效果虽最优，但改造成本高，实施和调节难以实现。

在技改项目研发团队组建上，要根据技改项目的类型确定项目人员的组成。对于工艺改进型或者主要从化学反应层面进行技术改造的项目，则项目研发骨干根据研究领域由化学合成、材料或催化等研发人员为宜，并辅以一定的化学工程研究人员。对于规模扩大型或者主要应用化学工程知识进行技改的项目，则研发骨干应以化学工程研究人员为主，辅以必要的化学研究人员。对于组合目标型，则根据实际需求配置。至于项目负责人，则并不要求某类项目一定配那个专业的研究人员，对项目负责人的要求是要有工程概念、工程经验和管理协调能力。

要充分与改造单位对接，发挥双方的优势，成立联合项目团队，共同攻关（单方面想当然做事通常不会与好结果）。企业的优势是对装置、现场、设备、公用工程等情况熟悉；研究单位则有研究开发能力和先进分析条件，对新技术、新设备等新的技术领域和发展前沿比较熟悉。双方结合起来，更容易保证技改项目的成功率。

改造项目只有得到业主全力的支持，项目才有可能成功。因此，和业主在改造方案、改造目标等方面充分达成共识是至关重要的。直白地说，如果满足业主的需求，得到业主的支持，即使项目做得差一点，也会得到好评，所谓事半功倍。但如果得不到业主的认可和支持，只是研发单位"剃头挑子一头热"，则累死也没人说好，所谓事倍功半。

对于研究单位，尤其是企业的研究院或研发中心来说，技改项目是一把双刃剑，如果项目实施得好，则能让研发单位迅速得到集团和生产单位的认可，但如果实施不成功，再想取得别人的信任会倍加困难。研发单位承担技改的能力需要通过积累不断提升，在研发布局上可根据公司产业链有意识地开展一些平台技术研究，组织过程开发人员消化分析模拟公司所属生产装置工艺技术，这些都有利于技术改造项目的成功。

改造后要对装置的改造效果进行性能考核，工艺标定和性能考核如何实施，会在后面的章节进行讲述。

7.4　技改项目的决策与实施程序

化工装置的技术改造，从装置和技术的调查、改造方案的决策到改造项目的实施，是一项极具难度、极其复杂的系统工程。

依据化工并行开发方法，技术改造项目的决策和实施一般分为调研、分析、制订可行性研究报告（或项目建议书）、立项、研发、制订技术方案、方案评价、实施、性能考核、验收等若干步骤。

装置技术改造应该建立在充分利用新工艺、新设备、新催化剂、新配方等科技进步最新成果的基础上，并用较少的投资实现技改目标。调查和分析阶段，除了对装置进行详细调研外，还应弄清与拟改造装置相关的技术国内外现状和进步情况。

可行性研究报告是技改项目立项评审的重要依据，重在确定改造的目标、内容、规模、技术指标、投资估算和技术经济评价等，以满足项目立项评价的需求。

在可行性研究阶段和立项研究后技术方案评价阶段所进行的技术经济评价深度是不同的，可以进行分层次的决策。在可行性研究阶段，可以根据前期调研分析结果，估算改造的最大效益（能做到的极限），并初步估计采用较先进过程取代现有装置的投入和取得的经济效益，以便于做出是否立项的决策。同时，这也为立项后技术方案的选择和确定树立了目标——至少不能低于可行性研究报告提出的技术和经济指标。此时不需要详细筛选评价多种技术方案的优劣和细节，此工作可留给后面的技术方案制订和评价阶段进行。

确定装置规模和技术指标对改造方案有很大影响，制订可行性研究报告时要全面分析现有装置的生产瓶颈，按照改动工作量小、投资省、工期短、效益好的原则确定合理的改造规模和技术指标。改造内容的完整性也是要考虑的问题，主体装置改造时系统配套条件是否满足装置改造后的生产要求，要根据全厂的平衡结果确定系统及其他配套装置的改造方案，还要考虑公用工程、环保、消防、储运设施等的配套能力和技改措施。

技术改造项目可行性研究报告要由生产单位和研发单位密切配合，共同完成。

经立项评审，同意技改项目立项后，开展相关研发工作，并在研发工作的基础上，制订详细的技术改造方案。此时应形成尽可能多的初始可行的技术方案，然后应用分层次的评估决策方法，对值得进一步细化的方案逐步细化进行进一步的技术经济评价，最终筛选出优化的技术改造方案。

最终的技术方案通过评审后，即可进入技术改造实施阶段，项目改造完成后，要对技术改造后的装置进行性能考察，以确认改造效果，达到技改目标后，进行技改项目验收。

7.5 技术改造项目的经济评价

对于技术改造项目，技术与经济的紧密结合更为必要。在可行性研究阶段和技术方案制订与比选阶段，都要进行经济评价，以便做出立项和项目实施的决策。

技术改造项目的经济效益是指通过技术改造所取得的收益和所发生的费用的比较[11-15]。这里的收益既包括改造后由于产量增加、能耗降低等产生的直接经济效益，也包括减少环境污染、提升安全性等社会效益。所发生的费用是指实施技术改造所支出的一次性费用，包括研发费用、设计费用、工程费用等，但不包括技术改造后在日常生产经营活动中经常发生的费用。

技术改造项目是在现有装置基础之上进行的，不可避免地与原有的生产和技术有种种联系。例如如何合理地计算技术改造后的经济效益和成本，涉及合理分摊费用等问题，所以在经济评价方面，与新建项目相比，其有自身的特点。对于技改项目，一般是对项目的收益和费用进行增量计算，从而以增量评价指标判别项目的经济性能。

应用增量评价时，采用"有无对比法"，即先计算技术改造后（即"有项目"）以及不改造（即"无项目"）两种情况下的效益和费用，然后通过这两套数据的差额（即增量数据，包括增量效益和增量费用），计算增量指标。

在对技术改造项目的经济效益进行评价时，要注意以下原则：

① 全面性原则：全面考虑企业经济效益和社会经济效益；定量和定性评价相结合；

② 统一性原则：应以新增收益计算经济效益；收益和费用的计算方式一致；

③ 相关性原则：只计算直接收益，不计算二次或多次相关收益。

技术改造的企业经济评价指标分为基本指标体系和辅助指标体系。基本指标体系是所有技改项目都要采用的指标，主要包括投资回收期、投资收益率和贷款偿还期等。

一般技改项目相比新建项目，要有更短的投资回收期、更高的投资收益率和更短的贷款偿还期。为了使技术改造项目有较高的投资收益率，一般在确定改造方案时，应以投资收益率最高作为方案选择的重要依据。

辅助指标体系因技术改造项目的目标不同而异，可以是增加品种、提高产量、提高产品质量、节能降耗、提高劳动生产率等带来的直接经济效益，也可以是减少环境污染，改善劳动生产条件、增加产品品种，更好满足社会需求、推广新技术、促进行业技术进步等社会效益，应根据项目的具体情况进行选取。

7.6　技改项目的性能考核

性能考核是指在项目各装置达到稳定运行的条件下，为考核合同和设计文件规定的装置（生产）能力、产品质量、原材料与动力消耗等内容而进行有一定时限的满负荷（或合同规定负荷）运行和测定[16-19]。

技改项目实施后，应通过工艺技术标定进行性能考核。

工艺技术标定一般在以下六种情况下实施：

① 新装置投产后，为考核生产能力、技术经济指标情况而进行的标定；

② 为解决装置上存在的重大瓶颈问题，通过标定找出薄弱环节，提出解决问题的方法和改进措施；

③ 生产装置进行重大技术改造前，为改造设计提供数据而进行的标定；

④ 重大技术改造完成后进行标定，考核效果，总结经验；

⑤ 主要生产装置、"三剂"等化工原材料首次工业应用前后均应进行技术标定或测定，并提交技术总结报告；

⑥ 重大生产方案调整前、后的标定，如采用新工艺、新原料，生产新产品等。

上述第②～⑤条都和技术改造有关，可见工艺技术标定对于技术改造项目的重要性。

性能考核前，应编制考核方案，考核方案应包括下列内容：

① 概述；

② 考核依据；

③ 考核条件；

④ 生产运行操作的主要控制指标；

⑤ 原料、燃料、化学药品要求和公用工程条件；

⑥ 考核指标；

⑦ 分析测试和计算方法；

⑧ 考核测试记录；

⑨ 考核报告。

生产性能考核必须具备下列条件才能实施：

① 装置投料试车已经完成；

② 在满负荷试车条件下暴露出的问题已经解决,各项工艺指标调整后装置处于稳定运行状态；

③ 原料、燃料、化学药品的质量符合设计文件的要求；

④ 原料、燃料、化学药品和公用工程可以确保连续稳定供应；

⑤ 自控仪表、报警和联锁装置已经投入稳定运行；

⑥ 制订了性能考核（工艺标定）方案，并获批准；

⑦ 生产性能考核组织已经建立，测试人员的任务已经落实；

⑧ 测试专用工具已经齐备，化学分析项目已经确定，考核所需计量仪表已调校准确，分析方法已经确认。

生产考核一般包含下列项目，可根据不同技改项目的要求进行增减：

① 产品质量；

② 生产能力；

③ 单位产品的能耗和消耗定额；

④ 主要工艺指标；

⑤ 环境保护。

生产性能考核要满足满负荷运行 72h 或 72h 以上。如首次生产考核未能达到标准，必须另定时间重新考核，但不宜超过三次（或按合同执行）。性能考核完毕后，应由生产单位和研究单位共同签署生产性能考核（工艺技术标定）报告，作为项目验收的依据。

7.7 案例介绍

7.7.1 技术改造项目管理案例

本节就从研究单位的角度，给出某企业研究院基于化工并行开发方法制订的一个完整的技改项目管理规定，供大家参考。

技改项目管理规定

1　技术改造的定义与范围

1.1　技术改造的定义

技术改造（以下简称技改）是指在公司范围内，采用新技术、新工艺、新设备和新材料等，对生产设施及相应配套设施进行改造、更新，以达到调整产品结构，提高产量、质量，促进产品升级换代，增强市场竞争能力，降低能源和原材料消耗，搞好资源综合利用和污染治理，提高经济或社会效益等目的的投资活动。

1.2　技术改造的范围主要包括：

1）生产工艺、技术、装备和检测手段的更新改造；

2）现有企业调整生产结构、提高技术水平或产品档次而建设的新的生产装置和生产线；

3）现有企业为节约能源和原材料、治理"三废"污染、提高资源综合利用效率。

2　技改项目的主体实施部门

根据技改项目的不同类型，技改项目的主体实施部门可以是总院各研究所或园区工程技术中心。

3　技改项目的立项审批

3.1　技改开题

由项目主体实施部门提出技改申请，填写技改申请表。相关部门配合项目主体实施部门完善技改项目建议书。

3.2　技改项目审查

1）由科研管理部组织召开技改开题会，项目主体实施部门进行现场开题阐述并答辩。

2）技术管理委员会从安环、财务、供应、生产、技术、市场、专利和知识产权等方面进行打分，统筹 STEM（科学、技术、工程、市场），填写技改开题评审表，并由委员会给出评审总结。

3）科研管理部汇总技改开题评审意见，通过的项目可进入技改研究环节，各委员评审意见表和评审总结由科研管理部存档。

4）未通过的项目，由项目主体实施部门根据评审意见进一步完善材料，1个月内进行二次答辩，仍不能通过的项目由项目主体实施部门填写项目暂停总结，明确项目缺陷。两次立项评审表、评审总结、项目暂停总结均由科研管理部存档。

4　技改装置的设计与审查

4.1　由过程开发研究所负责工艺包（工艺方案）的编制并督促工程设计的

实施；

4.2 由科研管理部组织集团工程部、生产技术部审查技改工艺包（工艺方案）及工程设计文件。

5 装置建设与验收

5.1 装置建设过程中的监管

项目主体实施部门配合集团工程部对装置建设实行全程监管。

5.2 装置验收

项目主体实施部门配合集团工程部对技改装置进行检查和验收。

6 技改开车准备

6.1 由项目主体实施部门全程参与并提出各项原辅材料采购需求；

6.2 开车前提交如下技术文件：

1）试车方案；

2）工艺规程；

3）操作方法；

4）分析规程；

5）安全技术规程；

6）技改实验方案；

7）催化剂使用说明；

8）工艺卡。

6.3 科研管理部组织进行技术文件审查并存档；

6.4 由项目主体实施部门组织完成对上岗员工的培训；

6.5 项目主体实施部门组织完成开车前的模拟开车演练；

6.6 项目主体实施部门组织完成开车前的条件确认，提交技改开车确认单。

7 技改研究

项目主体实施部门负责技改实验的实施，根据技改实验方案，提取完整的工程参数。

7.1 数据记录

技改过程中要对实验数据及时记录。技改周期结束后，对技改过程中所有记录数据及统计分析数据进行确认，确认数据完整、真实、有效后，由项目主体实施部门经理签字，进入科研管理部进行归档保存。

7.2 项目总结与制度讨论

7.2.1 项目总结与汇报

技改项目实行周总结、月总结、年度总结汇报制度。

1）周总结报告：项目主体实施部门于每周五提交本周总结和下周计划至科研管理部。

2）月总结报告：项目主体实施部门于每月 28 日前将本月总结和下月计划提交至科研管理部。每月底，科研管理部根据工作计划完成程度、工作效率、工作计划、工作质量等因素对各个项目进行评分。

3）年度总结报告：项目主体实施部门于每年 12 月 15 日前向科研管理部递交年度工作总结。

7.2.2　项目专题讨论

技改项目实行不定期专题讨论制度。针对技改过程中不能解决的问题，由项目主体实施部门提出专题讨论会申请，包括讨论议题、拟解决的问题、希望参加人员。科研管理部负责协调不同部门人员（包括外部专家）、组织专题讨论会，并根据会议通过的安排与计划进行协调与跟进。

7.2.3　技改过程中的监管

由科研管理部对技改实行全程监管。

8　技改验收

8.1　技改项目工艺标定

项目主体实施部门配合集团生产技术部完成工艺标定。

8.2　技改项目预验收

项目主体实施部门配合技改项目所在公司和集团生产技术部完成技改项目预验收。

预验收前准备如下书面材料：

1）技改项目立项申请表、项目建议书、项目前期评价表、实施效果评价表、项目论证纪要；

2）技改项目设计方案、施工过程的图纸、费用结算等方面相关资料；

3）技改项目完成后的运行效果及安全环保效果评价；

4）财务部门对技改资金使用情况及经济效益评价；

5）工艺标定报告；

6）项目存在的问题，改进措施。

8.3　技改项目验收

技改项目一般在项目运行一年后进行验收。项目主体实施部门准备相关验收材料，配合技改项目所在公司和集团生产技术部完成技改项目验收。

8.3.1　项目验收书面材料包括：

1）技改项目立项申请表、项目建议书、项目前期评价表、实施效果评价表；

2）技改项目设计方案、施工过程图纸、费用结算等方面相关资料；

3）技改项目完成后的运行效果及安全环保效果评价；

4）财务部门对技改资金使用情况及经济效益评价；

5）工艺查定报告；

6）预验收报告；

7）项目存在的问题，改进措施；

8）工艺规程、岗位操作方法、分析规程、试车方案、催化剂使用说明等技术文件和其他相关资料。

8.3.2　验收：准备相关汇报，配合完成验收。

7.7.2　技术改造项目开发案例

7.7.2.1　某公司甲醇合成塔预热器技术改造调研和分析

对于技术改造项目，在系统调研基础上，技术与经济、模拟与实验、工艺与工程紧密结合依然是高效的工作方法，充分体现在本案例中。

（1）项目概况

经过对某公司甲醇3号装置合成系统进行工艺标定，该装置CO转化率为43%左右（较1、2号装置CO转化率低10%以上），合成塔进口温度为198℃（较1、2号装置低10℃左右），进口温度低降低了催化剂的活性，增大了热量消耗，同时减少了甲醇产量。

（2）装置现状

甲醇车间具体运行工艺参数见表7.1～表7.3。可以看到，甲醇三套装置新鲜气组成差异不大，甲醇3号装置合成塔进口温度低于1、2号装置，合成塔进出口温差为37.9℃，造成催化剂床层上下部活性差异较大，整体利用效率偏低，降低了CO、CO_2的转化率，且造成了热量浪费。同时，较低的转化率意味着驰放气中会有相对较多的碳源直接排放，降低了总碳利用率（3号装置相较于1、2号装置低6%左右），影响甲醇产量。

表 7.1　甲醇各装置工艺参数

参数	1号装置	2号装置	3号装置
合成气入换热器温度/℃	65.4	50.1	59.2
合成塔进口温度/℃	208.7	207.6	**198.6**
合成塔出口温度/℃	226.1	232.1	236.5
反应气出换热器温度/℃	83.1	80.7	96.4
入塔预热器压力/MPa	4.924	5.159	5.373
合成塔进口压力/MPa	4.72	5.089	5.296
合成塔出口压力/MPa	4.627	5.02	5.183
反应气去冷却器压力/MPa	4.606	4.989	5.107
进入塔预热器流量/(m³/h)	321961	275844	344406
合成塔进出口温差/℃	17.4	24.5	**37.9**

参数	1 号装置	2 号装置	3 号装置
合成气温差/℃	143.3	157.5	139.4
反应气温差/℃	143	151.4	140.1
换热面积/m²	1150×2	1150×2	2246
催化剂已投用时间/月	21	36	17

表 7.2　甲醇各装置气相组成参数　　　　单位：%

气源	H_2	N_2	CH_4	CO	CO_2	合计	H/C
1 号新鲜气	70.08	3.91	0.72	18.19	7.09	100.00	2.49
1 号循环气	72.29	18.95	4.16	2.05	2.54	100.00	15.18
1 号合成气	72.59	16.64	3.71	4.03	3.04	100.00	9.84
2 号新鲜气	69.09	4.88	0.66	18.28	7.09	100.00	2.44
2 号循环气	68.01	22.84	3.47	2.42	3.26	100.00	11.41
2 号合成气	68.96	19.61	3.04	4.64	3.75	100.00	7.78
3 号新鲜气	69.77	4.11	0.68	18.01	7.44	100.00	2.45
3 号循环气	71.84	14.69	3.21	4.52	5.73	100.00	6.45
3 号合成气	71.64	12.69	2.43	7.19	6.06	100.00	4.95

表 7.3　甲醇各装置的转化率

装置	CO/%	CO_2/%	总碳转化率/%
1 号装置	55.27	26.60	93.06
2 号装置	55.24	25.27	92.49
3 号装置	45.65	18.17	85.59

甲醇 1 号、2 号装置为同一家设计院设计，3 号装置为另一家设计院设计，表 7.4 为各装置部分设计与工艺参数及甲醇合成塔副产中压蒸汽量。可以看到，1、2 号装置和其他公司装置的中压蒸汽产量基本与设计产能成比例（1.1～1.283），但 3 号装置中压蒸汽产率（0.646～0.72）远小于 1、2 号装置，换热器换热能力的不足不仅降低了 CO 的转化率，同时降低了中压蒸汽产量。

表 7.4　甲醇各装置副产中压蒸汽量

参数	1 号装置	2 号装置	3 号装置	其他公司装置
设计产能/(万 t/a)	10	10	15	15
换热器面积/m²	1150×2	1150×2	2246	2905
合成塔进口温度/℃	211.3	210	199.4	202
合成塔出口温度/℃	228.4	234.2	236.4	230
合成塔进出口温差/℃	17.1	24.2	37	28
中压蒸汽产量/(t/h)	11.6	11.1	**9.7**	14

为了进一步明确甲醇各装置的设计参数和装置的生产能力，对 1 号装置和 3 号装置甲醇合成系统原始设计图纸进行查阅，提取原始设计参数详见表 7.5。

表 7.5　1 号、3 号装置设计出口温度对比

装置	参数	合成气入换热器温度/℃	合成气入合成塔温度/℃	反应气出合成塔温度/℃	反应气出换热器温度/℃
1 号装置	设计温度	73	225	255	103
	运行温度	71.3	216.1	233.8	86.9
	设计温差	152		152	
	实际温差	144.8		146.9	
3 号装置	设计温度	60	225	255	84
	运行温度	65.8	210.1	251.9	101.5
	设计温差	165		171	
	实际温差	144.3		150.4	

1 号装置合成气和反应气（即气气换热器壳程和管程）温差设计温差为 152℃，实际温差分别为 144.8℃、146.9℃，与设计值偏差不大；3 号装置合成气和反应气（即气气换热器壳程和管程）温差设计温差为 165℃、171℃，实际温差为 144.3℃、154.4℃，未达到设计值，且偏差较大。

（3）问题诊断与分析

① 催化剂活性评价　为了确认温度对催化剂活性的影响，在 3 号装置合成现场搭建催化剂评价实验装置，对催化剂性能进行评价，反应条件为：压力 4.8MPa，原料气体积空速 9000h^{-1}，催化剂装填量 4mL。实验结果见图 7.1。

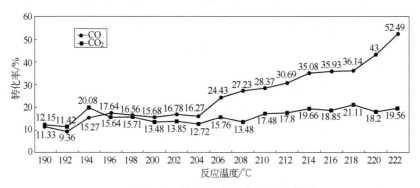

图 7.1　反应温度对转化率的影响

由上图可知，当温度在 196～204℃时，催化剂活性较低。CO 转化率在 16% 左右，温度高于 206℃时，催化剂活性提高，CO 转化率快速上升。而目前 3 号装置入塔气温度 198℃，部分催化剂床层热量用于加热合成气，造成上层催化剂活性较低，升温段较长，整体利用效率偏低；当入塔气温度提升至 206℃后，能够提

高上层催化剂的活性，同时缩短床层升温段，延长合成塔恒温层的高度，提高催化剂的整体利用效率，提高 CO 转化率。

　　② 合成塔预热器　3 号装置入塔气温度偏低是因为合成塔预热器换热能力不足，合成气不能进行充分换热，设计方表示现有换热器换热效率低可能是波纹膨胀节以及换热管和管板连接处泄漏，部分合成气由壳程串漏到管程导致。

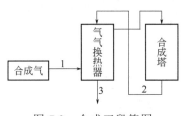

图 7.2　合成工段简图

甲醇合成工艺换热器壳程压力高于管程压力，如有串漏，必然是气体从壳程串漏至管程，即图 7.2 中 2、3 两处气体组分发生明显变化，因此分别在 1、2、3 三个取样点进行取样、检测。

　　三个取样点气体组成分析见表 7.6。由表 7.6 可知，换热器管程进出口气体组分基本一致，且据车间反应，合成塔预热器不存在泄漏可能，因此排除换热器泄漏影响转化率的可能。

表 7.6　合成气三个点气体取样分析

取样位置	取样点	H_2	CH_4	N_2	CO	CO_2	总计
1	合成气	69.64	5.36	13.35	5.99	5.66	100.00
2	反应气入换热器	71.93	5.43	14.75	3.45	4.44	100.00
3	反应气出换热器	72.01	5.56	14.56	3.43	4.44	100.00

　　经计算分析，3 号装置合成塔换热器换热效率低的本质原因在于设计失误。

　　换热器的换热效果与管程、壳程的流体流速密切相关，降低流速，会降低总传热系数，弱化换热效果。1 号和 2 号装置是两个 1150m² 的换热器串联，而 3 号装置只有单个 2246 m² 的换热器。我们分别对 1 号和 3 号装置换热器壳程和管程气体流速进行核算，计算结果见表 7.7、表 7.8。

表 7.7　合成塔预热器壳程流体流速

参数	1 号装置	3 号装置	参数	1 号装置	3 号装置
折流板间距/mm	600	740	壳程流通面积/m²	0.288	0.4736
换热器内径/mm	1200	1600	流体体积流量/(m³/h)	321961	344406
管心距/mm	25	25	壳程流体流速/(m/s)	6.33	3.6
换热管内径/mm	15	15			

表 7.8　合成塔预热器管程流体流速

参数	1 号装置	3 号装置	参数	1 号装置	3 号装置
换热管内径/mm	15	15	流体体积流量/(m³/h)	307903	323654
换热管数量/根	1631	3187	管程流体流速/(m/s)	6.06	3.26
管程流通面积/m²	0.288075	0.562904			

可以看到，3 号装置换热器壳程和管程流速都远低于 1 号装置，这样传热系数必然降低，这是造成 3 号装置换热器换热效率低的本质原因。

③ 拟采取措施 提高原料气的利用效率可以采取以下两种措施：不改变现有的工艺设置，更换低温性能高的甲醇合成催化剂；不更换催化剂，通过改造强化换热效果，提高入塔合成气温度。

a. 催化剂筛选 为了筛选出低温活性更高的催化剂，分别对三家不同公司的甲醇合成催化剂进行评价，反应条件为：压力 4.8MPa，原料气空速 9000h⁻¹，催化剂装填量 4mL。实验结果见图 7.3。

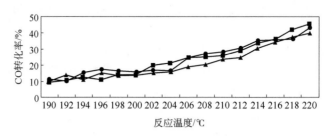

图 7.3　不同催化剂 CO 转化率与温度关系

通过上图可知，三家公司催化剂活性差异不大，无法通过更换催化剂来提高 CO 转化率，提高原料气利用效率。

b. 强化换热效果 换热效果的强化可以通过增大气量或增加换热面积来实现，但是 3 号装置合成气量已经无法增加，只能通过增加换热面积强化换热效果，提高合成气入塔温度，根据合成气中各气体组分的比热容计算合成气从 59.2℃ 加热至 198℃ 需要换热 17787.5kW，根据公式 $Q=KA\Delta T$ 计算。式中，K 为换热器总传热系数；A 为换热器换热面积，3 号装置现有换热面积为 2246m²；ΔT 为换热器对数平均温差。

$$\Delta T = \frac{(236.5-198)-(94.8-59.2)}{\ln[(236.5-198)/(94.8-59.2)]} \approx 37(℃)$$

$$K = \frac{17787.5 \times 1000}{2246 \times 37} \approx 214[W/(m^2 \cdot ℃)]$$

即现有换热器总传热系数 K=214W/(m²·℃)。

同理，将合成气从 59.2℃ 加热至 208℃ 需要换热 18662.0kW，若总传热系数取现有 K 值，K=214W/(m²·℃)。

$$\Delta T = \frac{(236.5-208)-(91.2-59.2)}{\ln[(236.5-208)/(91.2-59.2)]} \approx 30.22(℃)$$

$$A = \frac{18662.0 \times 1000}{214 \times 30.22} \approx 2885(m^2)$$

理论计算合成塔预热器换热面积应为2885m²。

新增换热器与原有合成塔预热器串联使用，实际计算后各换热器进出口温度见表7.9。

表 7.9　改造后各换热器进出口参数

参数	壳程温度/℃		管程温度/℃		$K/[W/(m^2 \cdot ℃)]$
	进口	出口	进口	出口	
改造前原有换热器（$A=2246m^2$）	59.2	198	236.5	94.8	229.3
改造后新增换热器（$A=933m^2$）	59.2	102	126.7	91.2	258
改造后原有换热器（$A=2246m^2$）	102	208	236.5	126.7	234

根据表 7.9 中实际计算选取合理范围的 K 值，经计算得出新增换热器实际面积为933m²。

（4）改造内容

为了提高合成催化剂的整体利用效率，需将合成气入塔温度由 198℃提高至 208℃。因此拟在不改变现有工艺的前提下，在现有换热器（换热面积为2246m²）前串联一换热器，换热面积为 933m²，使合成气先经过新增换热器，再经过原有换热器，工艺改造简图如图 7.4。

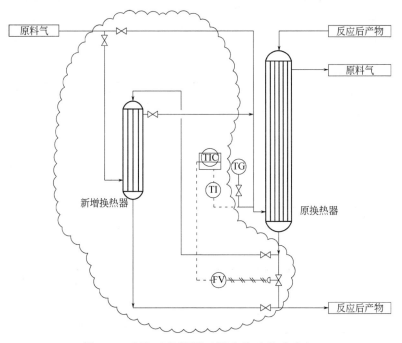

图 7.4　改造工艺简图（圈内为改造内容）

（5）实施预期效果（经济效益和社会效益）

改造后，在现有换热器前串联新增换热器，预计 3 号装置 CO 转化率由 43% 提升至 50%，以此为基准进行以下模拟计算。分别对比改造后压缩机电量变化、中压蒸汽变化、甲醇产量变化，计算过程中假定合成塔出口温度为 236.5℃，合成塔副产蒸汽换热效率不变，CO_2 转化率不变，驰放气阀门开度不变。

① 合成压缩机电耗变化　CO 转化率提升至 50% 后，循环气的计算循环气量降为 276299m^3/h，循环气量降低 7518m^3；3 号装置总碳利用率在现有基础上提高 0.72%，循环气的分子量由 10.06 降低为 10.02，气体组分能够得到明显改善，进一步降低合成气压缩机电耗，另一方面新增换热器及管件，增加气路压降为 95.4kPa，本次经济核算并未计算此部分节省的电耗。

② 增产中压蒸汽和甲醇　增产的中压蒸汽和甲醇是主要的效益来源，表 7.10 显示，增产中压蒸汽年效益为 161.33 万元，增产甲醇效益为 141.52 万元，总经济效益 302.85 万元。

表 7.10　增产蒸汽和甲醇的经济效益

3 号装置	参考设计工况	运行期	改造后
产能/(万 t/a)	10	15.7144	15.8284
中压蒸汽/(t/h)	7.393	9.7	11.256
精甲醇/(t/h)	12.627	18.188	18.32
CO 转化率/%	36	43	50
CO_2 转化率/%	10.8	20	20
总碳转化率/%	87.68		
换热面积/m^2	2246	2246	933+2246
新鲜气流量/(m^3/h)	39717	53051	53051
循环气流量/(m^3/h)	266224	283747.1	276229
中压蒸汽增产/(t/h)			1.556
中压蒸汽增产比例/%			16
预期经济效益/(万元/a)			161.33
甲醇增产/(t/d)			3.12
甲醇增产比例/%			0.72
预期经济效益/(万元/a)			141.52
总经济效益/(万元/a)			302.85

注：上表中甲醇价格按照 2100 元/t、中压蒸汽按照 120 元/t 计算，甲醇预期经济效益中已扣除精馏部分所需电耗（1200kWh/t）。

③ 改造效益　估算改造投资为 328.7 万元，设备折旧费按 10 年计算，则为 328.7÷10=32.87 万元/a，产生效益 302.85−32.87=269.98 万元/a，投资回收期 1.2 年。

（6）结论

甲醇 3 号装置合成换热器技改项目实施后，能副产中压蒸汽，并增加甲醇产量，能够进一步增加甲醇装置的盈利能力，改造投资回收期只有 1.2 年，宜尽快实施。

7.7.2.2　氧化铁颜料技术改造案例

本案例旨在说明问题的清晰定义、研究目标和范围的合理确定、系统思维和结构化任务分解，以及由生产单位和研究单位组成的多功能团队、工艺与工程、模拟与实验的紧密结合等化工并行开发方法和管理流程要素在应用过程中所发挥的作用。

（1）概述

某公司新建成的氧化铁颜料生产线取得很多技术突破，但新装置的运行还没达到理想状态，装置实际产能还未达到设计产能，并且产品质量还存在不稳定的情况。

针对反应装置所存在的问题，由研究单位和生产单位相关技术人员组成联合攻关小组，对反应装置进行了全方位的跟踪调研，结合工艺反应特点，从人（相关技术人员、操作人员）、机（反应器及其附属设备）、料（物料组成、进料量和进料速率等）、法（操作方法）、环（环境因素）、测（过程检测监控等）六个角度对反应装置进行诊断分析，并提出技改实施方案，取得良好效果。

（2）工艺标定

为全面考察新装置技术性能，确认装置的实际生产能力、单耗和公用工程消耗情况，了解生产中存在的问题，由装置所在生产单位和研究单位联合组织了工艺技术标定工作。

标定范围为其中一条生产线氧化铁颜料生产全流程，包括硫酸亚铁制备、晶种制备、氧化反应、洗涤、过滤、干燥及包装工序。

标定内容包括：

① 原料单耗：主要为硫酸亚铁、氢氧化钠、铁皮、工艺用水、空气；

② 公用工程消耗：主要为蒸汽、电；

③ 产品质量；

④ 各单元工艺参数；

⑤ 各单元生产强度（单位时间生产能力）。

标定准备工作包括标定人员分工和各项计量器具的准备和准确计量。标定开始前，各反应釜要保证在清洁状态。

因氧化铁生产为间歇过程，工艺标定总体安排为两部分：短时间的设备强度标定和长周期的物料平衡标定。首先安排技术人员对各单元生产强度、物耗、公用工程消耗及产品质量等进行集中单独标定，在此工作基础上，通过工厂一个月的长周期生产积累数据掌握全流程工艺消耗和产品质量情况并相互印证。

根据标定结果，新装置主要瓶颈在氧化工艺，存在产品质量可控性差及生产效率未达到设计产能的问题，需要进一步加强对氧化过程的研究。

（3）研究范围和目标确定

整个氧化铁黄的生产过程分为晶种制备过程和氧化过程，其中晶种制备是在晶种反应釜中完成，制备晶种的主要目的是保证氧化反应釜内产生的 FeOOH 按照 α-FeOOH 的晶型成长。晶种制备反应过程如下：

$$FeSO_4 + 2NaOH \underline{} Fe(OH)_2 \downarrow + Na_2SO_4 \qquad (7\text{-}1)$$

$$4Fe(OH)_2 + O_2 \underline{} 4FeOOH + 2H_2O \qquad (7\text{-}2)$$

从晶种制备反应式中可以看出晶种制备时需以 $Fe(OH)_2$ 为中间介质，$Fe(OH)_2$ 在与通入的氧气反应时存在沉淀溶解平衡过程，便于氧气与 Fe^{2+} 接触发生反应并利于控制 α-FeOOH 的生成与成长。因此晶种制备过程存在 $FeSO_4$ 与 NaOH（液液反应）和 Fe^{2+} 与 O_2（气液反应）两个化学反应，一个沉淀溶解平衡［$Fe(OH)_2$ 与 Fe^{2+}、OH^- 的沉淀溶解平衡］以及 α-FeOOH 的生成与晶体成长过程。

晶种反应釜制备的 α-FeOOH 作为晶种加入氧化反应釜中，氧化反应釜中发生如下反应：

$$Fe + H_2SO_4 + 7H_2O \underline{} FeSO_4 \cdot 7H_2O + H_2 \uparrow \qquad (7\text{-}3)$$

$$4FeSO_4 \cdot 7H_2O + O_2 \underline{} 4FeOOH \downarrow + 4H_2SO_4 + 22H_2O \qquad (7\text{-}4)$$

从反应方程式中可以看出 H_2SO_4 在式（7-3）中不断被消耗，而在式（7-4）中又不断生成，可见 H_2SO_4 是不需要额外加入的；$FeSO_4$ 在氧化过程中仅仅为中间介质，硫酸亚铁以溶液的方式与空气中的氧气进行接触，反应生成 α-FeOOH，而生成的 α-FeOOH 又会在加入的晶种上不断成长。由以上分析可见氧化反应也是一个存在两个化学反应和多个物理过程共存的过程。

因此，课题组重点对晶种制备、氧化过程进行研究，结合对反应规律的研究和认识，通过优化反应器结构和操作方法（量化操作指标）等，以稳定地提高氧化铁颜料生产效率，提升产品质量。

（4）研究思路与计划

由以上介绍可知，晶种制备和氧化过程极为复杂，影响因素众多。如硫酸亚铁浓度、晶种浓度、晶种质量、铁皮质量、pH、温度、空气量、原料加入顺序与方式、氧化时间、Na_2SO_4 含量等都会对反应过程造成影响；过饱和度、冷度、杂质等对结晶过程影响很大；传递过程、反应过程、结晶过程互相耦合，还存在着各过程速率的匹配问题。因此，氧化铁反应单元是一个多因素、多过程共同作用的极其复杂的反应单元（见图 7.5）[20,21]。

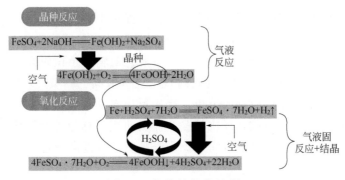

图 7.5 氧化铁氧化过程

因此，项目实施的总体思路是：

① 在现有工业条件下，通过生产现场诊断和分析，查找出影响产能和质量的关键因素和需要解决的关键问题，减少并确定研究变量。如：

a. 质量问题是晶型、还是晶形（形状、粒径）及粒径分布的影响（如 pH 值是该关注的问题吗？）；

b. 如是粒径及分布方面的问题，则要从晶种浓度、速率匹配和强化传递方面着手。

② 基于对关键因素的判断，制订周密的方案，在工业装置上对反应过程进行优化；

③ 充分发挥化学工程的优势，辅以少量小试和机理分析，确保取得实效。

研究计划如下：

在生产现场诊断和分析的基础上，采用先分解后综合的方法，根据所要解决的关键问题，分两条线进行研究：

① 反应过程研究。通过工业氧化反应器调研、工业操作曲线测绘结合小试，研究清楚反应、结晶本质特征和传递过程的影响，确定各阶段速率控制步骤以及硫酸亚铁制备、氧化、结晶三个过程的速率匹配问题。在此基础上，指导工艺条件优化。

具体来说，反应过程研究包括以下内容和任务：

a. 硫酸亚铁生成、氧化哪个是控制步骤（通过反应过程 pH 及二价铁离子浓度测定，结合硫酸亚铁反应动力学）；

b. 氧化与结晶的速率匹配过程（氧化速率过快可能影响生成所需的晶型）及各阶段的优化条件（反应过程中硫酸亚铁浓度、晶型晶貌及粒径分布的变化）；

c. 母液循环套用（Na_2SO_4 含量）对反应的影响；

d. 反应器温度分布问题（如温度分布不均匀，则可推测硫酸亚铁浓度、氧气、晶体等分布都不均匀）；

e. 研究晶种浓度、硫酸亚铁浓度、pH 值、反应温度、通气量等的影响（本

质是反应速率的匹配问题,可研究确认是否是强化手段);

　　f. 量化晶种、铁黄质量指标(晶型晶貌及粒径分布等);

　　重点是生产过程各操作曲线的绘制,不清楚的辅以小试研究。

　　② 反应器流场模拟与分析。通过对现工业气液固三相氧化反应器的温度、浓度、速度场和气相分布等问题的分析,提出反应器结构优化方案,为优化的反应条件提供设备保障。然后综合反应结晶和流场研究,指导工业氧化反应器结构优化和工艺参数调优,缩短反应时间,提升产品质量,提高装置产能。

　　(5)实施方式

　　深入生产一线实地观察、了解整个工厂生产工艺和流程,了解工厂现有分析设备情况和检测范围以及反应器内部的结构情况,结合所了解的情况将流程进行分段,采用序贯的方式,制订相关计划,逐一分析和解决问题。

　　与工厂技术人员深入交流,请生产单位技术与生产管理人员(包括有经验的生产人员)参加技术讨论(尤其在确定关键问题的时候)。技术讨论过程可采用头脑风暴的方式,分析问题采用鱼骨图和柏拉图的方法。

　　通过大量数据采集,找到同种产品中氧化反应时间较少的工艺参数并固化进行确认,循序渐进地解决产能不足的问题。

　　旧装置与当前装置对比研究,深入论证装置放大后传质与传热的变化情况,缩短解决问题的时间。

　　深入分析设计资料、生产技术文件,深入研究文献,重点研究国外专利,提取有用的工艺参数。

　　(6)工艺诊断

　　图7.6为氧化工序流程示意图。针对当前铁黄生产工艺中所存在的产能不足、产品质量不稳定等问题,联合技术攻关小组根据上述制订的研究方案对反应装置进行全方位的跟踪调研。

　　① 晶种工艺操作曲线及影响因素分析　铁黄生产工艺的反应过程均为间歇反应过程,对于间歇反应过程而言,对反应结果具有较大影响的主要包括反应的初始状态(即反应器初始控制条件)和反应过程中关键参数数值与时间点的对应。操作曲线反映了生产过程中各关键参数的变化趋势和变化量,绘制操作曲线对量化和控制操作过程至关重要。

　　跟踪多批次晶种制备的初始工艺条件后,发现晶种制备反应器中所加入的硫酸亚铁温度、pH值、投入量、浊度和碱液的浊度出现较大波动。晶种制备过程是一个反应结晶的过程,硫酸亚铁的温度和 pH 对 $Fe(OH)_2$ 和 O_2 反应生成 $\alpha\text{-}FeOOH$ 的速率和晶型均具有较大的影响(图7.7)[22]。

　　较大的硫酸亚铁和碱液浊度会带入大量大小不均匀的结晶中心,对 $\alpha\text{-}FeOOH$ 的晶型和均匀度也会产生较大的影响。每批次晶种制备反应釜内反应物料的体积

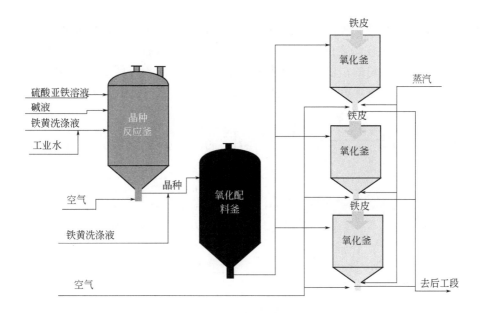

图 7.6　铁黄晶种制备及氧化反应工艺流程示意图

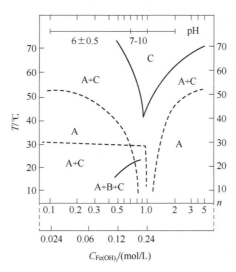

图 7.7　氧化铁微晶生成相图（n 为 NaOH 和 FeSO$_4$ 物质的量之比）

A—α-FeOOH；B—γ-FeOOH；C—Fe$_3$O$_4$

是变化的，然而实际生产过程中不管每批次物料体积是多少，风机的开度均是相同的，这就造成每釜晶种制备时单位体积的分压和搅拌（气体搅拌）功率是不一致的。因此，尽管每批次晶种制备过程的操作曲线趋势一致，但是在同一时间点上的 pH 和黏度均有一定的差异，晶种制备过程重复性较差，这必然导致晶种的质量不稳定和制备时间有差异。

图 7.8 描述的是晶种反应釜内不同空间取样位置所采集的温度和黏度值，其中黏度为采用涂-4 杯测定的条件黏度。从表中数据可以看出晶种反应釜内部物料的宏观分布是不均匀的，晶种反应釜中心存在明显反应不良区域。这也与现场观察的情况一致（现场观察也显示晶种反应釜中心处没有空气鼓动）。

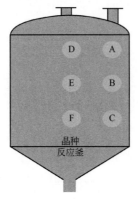

项目	黏度/s	温度/℃
取样点A	14.14	28
取样点B	14.02	29
取样点C	13.72	29
取样点D	13.95	29
取样点E	17.49	29
取样点F	35.98	29

图 7.8　晶种反应釜物料空间取样点和宏观分布

通过对晶种制备过程操作条件和操作曲线的分析，发现晶种制备工艺基本是合理的，但是所跟踪的晶种制备过程的初始条件差别较大，这是造成晶种过程重复性不好，产品质量不稳定的重要原因之一；此外，晶种制备过程中 pH 和黏度的变化趋势基本一致，且晶种制备过程中这两个参数与时间具有较好的对应性，因此可将 pH 和黏度作为晶种制备过程的中控指标；通过对晶种产品的 XRD 和 SEM 分析、对晶种成核与长大机理描述以及对晶种显现出颜色的原理讨论可以看出，所制备的晶种产品均为 α-FeOOH，造成晶种品质差异的主要原因是晶种制备过程中的初始状态（包括温度、pH、硫酸亚铁浓度、物料浊度等等）不同，反应器空间分布不均匀，以及无严格中控指标。

因此，晶种制备过程的改进可集中于制订并严控原料指标及原料温度，增加中控指标和加强中间控制，改善反应器气体分布这三个问题上。

② 氧化工艺操作曲线及影响因素分析　通过对 3 批晶种对应的 6 釜氧化反应的初始条件和氧化过程的操作曲线的测定，氧化生产铁黄颜料过程中反应初始条件（pH、晶种质量和含量等）对反应过程有较大的影响。整个氧化过程中 pH 和硫酸亚铁浓度逐渐降低，说明铁皮与硫酸反应是氧化过程的控制步骤。此外，由于氧化反应过程中所产生的 α-FeOOH 是在晶种上长大的，洗涤液和未经清理的氧化釜中含有大量已经长成的 α-FeOOH 晶体以及其他杂质，若其随晶种再一次进入氧化釜中，会影响最终产品的颜色质量。

图 7.9 描述的是氧化反应釜内不同空间所采集取样的位置以及黏度和温度。可以看出，氧化反应釜内部物料的宏观混合是比较均匀的，但从现场情况来看，空气分布集中在氧化釜中央，整体气体分布效果并不理想。

氧化过程包含硫酸亚铁氧化制备晶种以硫酸亚铁继续氧化为羟基氧化铁并在晶种上成长为合格的黄色颜料的过程，涉及多步物理过程和化学反应过程，过程极其复杂，影响因素非常多。下面将结合氧化过程的操作曲线以及氧化过程所采集到的样品分析，对氧化过程进行分析。

首先，通过 XRD 衍射图分析，本次采集的氧化产物均为 α-FeOOH，且晶体形状均为针形，但是颗粒大小有一定的差别。

pH 对晶体的生长是很显著和复杂的，pH 对晶体的成长一般可归纳为以下几种方式：

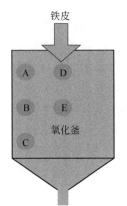

项目	黏度/s	温度/℃
取样点A	11.97	84.5
取样点B	11.89	84
取样点C	12.19	83
取样点D	12.18	83
取样点E	12.27	85

图 7.9　氧化反应釜物料空间
取样点和宏观分布

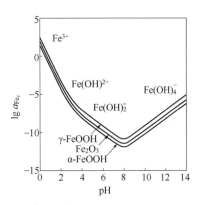

图 7.10　纤铁矿、赤铁矿、针铁矿的
溶解度随 pH 的变化

a. pH 影响溶解度，使溶液中离子平衡发生变化；图 7.10 描述了 α-FeOOH 溶解度随 pH 的变化情况[21]。从图中可以看出，α-FeOOH 在 pH 为 8 时溶解度是最低的，当 pH 值减小或增大时，α-FeOOH 的溶解度均会增大。

b. pH 改变杂质的活性，即改变杂质络合或水合状态，使杂质敏化或钝化，同时，pH 的作用也可能改变晶面的吸附能力。

c. pH 直接影响晶体的生长，通过改变晶面的相对生长速度，引起晶形的变化。

d. pH 影响氧化速率

$$-\frac{d[Fe^{2+}]}{dt} = k[Fe^{2+}]P_{O_2}[OH^-]^2 \qquad (7-5)$$

式（7-5）描述了 Fe^{2+} 与氧反应的动力学方程，从式中可以看出 pH 对氧化速率有重要影响。据报道，pH 每降低一个单位，氧化速率降低 100 倍；而温度每升高 15℃，氧化速率提高 10 倍。从本次操作曲线的数据可以看出，实际生产过程中 pH 是逐渐降低的，这说明氧化速率也是逐渐降低的，同时由于 pH 降低，α-FeOOH 的溶解度又相对增大，因此在氧化工段从反应开始起系统中的 H_2SO_4

就不断累积，Fe^{2+}浓度相应降低。以上因素造成反应速率大幅降低，使铁黄的产能达不到设计值，因此实际生产过程中应通过一定的手段使物料 pH 稳定在一个合理的范围。

通过对过程样品的监测还发现，实际生产过程的前期是晶体沿轴向长大的过程，而后期则是沿径向长大的过程。这提示通过对操作过程的控制和优化，可以加强对晶体形貌的控制。

根据以上分析，因氧化过程中硫酸积累，造成硫酸亚铁浓度和 pH 降低，反应速率降低，这是反应工段限制铁黄产量的主要因素；同时，由于 pH 和黏度在整个氧化过程中具有一定的变化规律，因此可将 pH 和黏度作为除色差外的另两个中控指标，对应的操作变量分别为铁皮补加量、补加时间和通风量；从铁黄产品的 XRD 和 SEM 分析数据和图片中可以看出，铁黄产品均为针状 α-FeOOH，造成铁黄颜色质量参差不齐的主要原因一方面是 α-FeOOH 本身晶体形状（即轴径比）差异，另一方面是受过程中洗涤液带入的杂质影响，造成 α-FeOOH 晶体颗粒的粒径分布不均；从反应釜内晶体成长规律以及对影响 α-FeOOH 晶体生长因素的分析可以看出，较低的温度和较高的 pH 有利于晶体沿轴向生长，而较高的温度下，晶体成长时抵抗杂质的能力增强，可以通过这些因素的调整来控制晶体形貌；此外，氧化反应釜还存在空气分布不均匀的问题，需进一步从反应釜结构上对空气分布进行优化。

因此，氧化过程是整个铁黄生产工艺氧化工段提产能和稳质量的关键工段，氧化工艺改进的重点应集中于通过优化铁皮的加入量和补加新铁皮的加入时机保证氧化釜内 pH、硫酸亚铁浓度的稳定（而不是下降），使铁皮与硫酸的反应不成为氧化过程的控制步骤；通过改变洗涤液的加入时机而减小铁黄晶体粒径的分布范围；通过优化养晶阶段的温度和时间控制从而控制晶体形貌，满足不同牌号的氧化铁产品的要求；通过根据氧化釜内物料的黏度变化优化通风量的大小，从而保证一致的传质与混合效果；以及通过改变反应器结构来优化空气在氧化釜内的分布并提高混合效果。

③ 流场研究　现氧化反应器装置在放大设计过程中，主要依靠经验和定性分析，缺少流场定量计算的支持，使得现有氧化反应器气液分布效果不理想。使用 CFD 技术对氧化反应器进行研究，分析氧化反应釜的内部气液两相流场的细节，找出影响气相分布的关键因素，对于改进氧化反应器的结构，提高气体分布效果，强化铁黄生产具有重要的意义。

本工作结合现场观察到的流场情况，采用计算流体力学方法对氧化反应器进行数值模拟研究，同时考察结构因素对反应器流场影响情况。

通过研究，得到以下结论：

a. 模型计算结果与现场观察流场情况基本吻合，两相流计算模拟基本可靠，气相在氧化反应器的运动是明显的表面自由流动；

b．气液分布主要受气相分布管及其附属装置影响，气液分布板影响不大；

c．工业氧化反应器气相分布主要在集气盒上方一定的区域内，表现为反应器中心气液混合较好，反应器壁附近气液混合较差。

针对以上结论给出两条改进的建议：

a．将气相在集气盒及其附属装置中的流动由表面自由流变为强制流；

b．减少集气盒中心开孔处的气流通量。

④ 问题诊断及改进　根据以上对晶种制备、氧化过程操作曲线的描述和各因素影响的机理分析，从人、机、料、法、环、测（图 7.11）六个角度对晶种制备过程所存在的问题进行诊断。

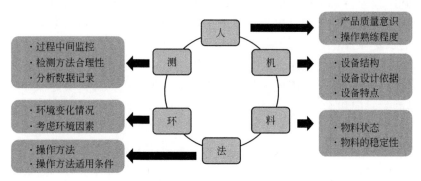

图 7.11　生产工艺诊断内容

a．人　通过现场对氧化铁颜料生产工艺的跟踪以及与现场技术人员和操作人员交流，发现一线人员大多较年轻，从事生产工作年限较短，工作经验较少。尽管现场人员对产品最终质量十分关注，但是缺乏对氧化铁颜料生产过程各步骤基本原理的了解，对中间操作过程、对产品质量的影响认识有限。此外，由于氧化铁颜料生产工艺为间歇过程，生产过程有较多参数需调整，有时会出现操作漏项。

基于此，建议定期对一线管理、技术和生产员工（尤其是新员工）进行铁黄生产工艺原理培训，使其充分了解工艺原理以及各步操作对产品质量的影响。同时，应区分设置内操和外操岗位以杜绝操作疏漏，同时加强对一线生产数据的记录。

b．机　通过现场观测和 CFD 计算，气相在晶种制备阶段和氧化反应釜中均存在不同程度的分布不均匀问题，需加以改善。气液分布主要受气相分布管及其附属装置影响，气液分布板影响不大；工业氧化反应器气相分布主要在集气盒上方一定的区域内，表现为反应器中心气液混合较好，反应器壁附近气液混合较差。建议设置封闭的集气盒，使每个气孔的压力都大于相邻液体的压力，在气体分布管的每个分布孔都形成均匀的射流气体，并减少集气盒中心开孔处的气流通量。

c．料　间歇反应过程中，反应的初始条件对反应结果的影响十分显著，因此，物料的指标控制十分重要。通过对装置现场原料指标的调研，发现生产过程中并无严格的原料指标，晶种制备过程中原料指标不明确，来自上一工段的硫酸亚铁溶液的 pH、澄清度、硫酸亚铁浓度、温度等处于不稳定状态，以及碱液的澄清度不稳定等致使间歇反应过程的初始状态不一致；与晶种制备过程类似，氧化过程初始条件控制也不完善，如每批晶种的加入量、铁皮加入量、反应初始的 pH 等。解决该问题需根据所生产铁黄颜料产品的牌号制订严格的原料指标，以稳定晶种、铁黄产品的质量和产量。

d. 法　由于晶种制备和氧化中间过程缺乏直接的中控指标，所以当前的操作法仅仅是规定了两反应釜的初始条件，对中间过程并无明确有效的控制手段。氧化反应釜的预配料采用铁黄产品洗涤液，洗涤液的各项指标包括温度、pH、固体含量、杂质离子的种类和含量均不明确，这些变量和中间过程均会影响氧化铁颜料产品的稳定性。

从晶种制备过程的操作曲线和因素分析中可以看出，晶种制备过程中 pH 和物料黏度变化比较明显，因此可将这两个指标作为中控指标，实际操作过程中将pH 和黏度与时间相对应加以固化，通过调节风机开度对整个反应过程进行控制。同时，通风量的大小也应根据反应釜内实际物料体积的大小按体积空速一致的原则进行相应调整。

从前面的分析可知，氧化反应速率的主要控制步骤为铁皮和硫酸的反应，这也是物料 pH 不断降低的原因（随着反应进行硫酸不断积累），从 pH 对铁黄产品的影响分析可以看出，pH 的降低对生产有很不利的影响，因此，实际生产过程中，可通过铁皮的加入时机和中间加入量来进行 pH 的控制；从现场生产过程及对氧化工段温度和 pH 的影响可以看出，铁黄洗涤液和翻桶铁皮不应在养晶阶段加入，应在反应釜温度升至 80℃以上再加入，这样可减小杂质对铁黄产品的影响；养晶阶段的时间和工艺条件对晶体形貌有很大影响，因此需要对其进行优化，以满足不同牌号的氧化铁产品的要求；由于氧化过程中物料的黏度是逐渐增大的，因此需要将通风量和物料黏度对应起来进行优化，确定适当的通风量与物料黏度操作序列。

e. 环　由于氧化铁颜料生产工艺中晶种制备反应釜未设置温度控制系统，因此环境温度对晶种制备过程的影响较大。需要确定不同季节不同温度下的晶种制备配方并设置温控系统以应对一年四季的温度波动对晶种制备的影响。

f. 测　现装置晶种制备和氧化过程周期长，过程取样量较少，且检测误差较大。一线生产人员对数据记录重视不够，数据积累较少。

建议在反应釜内安装在线 pH 检测装置，实时检测反应釜内 pH 情况，以利于整个晶种、氧化制备过程控制，同时增加物料黏度测试，用以指导铁皮加入量、加入时机和通风量的调节。

关于测试分析结果，要建立一个完善的数据记录和整理方法，强化一线工作人员对数据测量和记录的重视程度。

7.8　本章总结

对于化工研发工作，除了开发新技术、新产品外，对现有产品和装置进行技术改造和升级也是一类重要的任务。化工并行开发方法同样适用于技术改造项目。本章针对化工行业的特点，以研发单位的视角讨论了技术改造项目如何结合化工并行开发方法和管理流程进行实施，并以案例作为辅助。

根据化工行业的特点，技术改造项目的类型主要包括新工艺替代旧工艺、工艺改进、生产规模扩大、装置多功能化和柔性化，以及产品方面的改进，如品种增加、质量提升、规格优化、结构调整等。

技术改造贵在创新，技术创新是实现技术改造的前提条件。对于研究单位来说，承担的技改项目一般是要求技术创新程度较高的项目，在项目实施时，要注意以下几个方面：

① 技改项目通常要求解决问题速度快、投资省，技术方案受现场条件、公用工程等各项条件的制约，是一个有约束的优化问题；

② 在生产企业提出需求后，研究单位迅速响应，尽早对接，并安排有实践经验的研发人员尽快开展现状和问题调研，这是取得企业信任的第一步；

③ 研发项目的技术改造要从全局角度考虑,通过对生产装置和改造需求全面的调研和分析以及必要的研发工作，获得对改造对象的本质认识，在此基础上提出合理的改造方案，并引导提升企业的认识，达成改造的共识，解决企业真正的问题或使改造效益最大化；

④ 工艺技术标定是发现问题和分析问题的有效手段；

⑤ 在问题清楚定义之后，要对问题进行转化，将待改造的生产装置上的问题转化为实验研究可以考察的内容，使得实验能够反映装置特征，考察装置问题；

⑥ 改造方案还要考虑现场实施的方便性和操作的可行性,避免过于学术化导致改造成本高、实际操作难以实现等问题；

⑦ 在技改项目研发团队组建上,要根据技改项目的类型确定合理的项目团队成员，项目负责人要有工程概念、工程经验和管理协调能力；

⑧ 要充分和改造单位对接，成立联合项目团队，发挥双方的优势，共同攻关，保证技改项目的成功率；

⑨ 改造项目只有得到业主全力的支持才有可能成功，和业主在改造方案、改造目标等方面达成充分共识对于获取业主支持至关重要。

研发单位承担技改的能力需要积累，在研发布局上根据公司产业链有意识地开展一些平台技术研究和组织过程开发人员消化分析模拟公司所属生产装置工艺技术，这些都有利于提高承接技术改造项目的能力。

技术改造项目的决策和实施一般分为调研、分析、制订可行性研究报告（或项目建议书）、立项、研发、制订技术方案、方案评价、实施、性能考核、验收等若干步骤。

技术改造项目的经济评价一般是对项目的收益和费用进行增量计算，从而以增量评价指标判别项目的经济性能。应用增量评价时，采用"有无对比法"，计算增量指标。

性能考核是指在项目各装置达到稳定运行的条件下，为考核合同和设计文件规定的装置（生产）能力、产品质量、原材料、动力消耗等内容而进行有一定时限的满负荷（或合同规定负荷）运行和测定。技改项目实施后，应通过工艺技术标定进行性能考核。

参考文献

[1] 徐宝东. 化工过程开发设计[M]. 2 版. 北京: 化学工业出版社, 2019.

[2] 宋安太. 石化企业技术改造项目风险分析与控制[D]. 天津: 河北工业大学, 2006.

[3] 肖大文. 企业的技术改造及其可行性研究[M]. 西安: 西北电讯工程学院出版社, 1985

[4] 张宇申. 技术改造管理[M]. 沈阳: 东北工学院出版社, 1992.

[5] 张全富. 工业企业技术改造[M]. 北京: 企业管理出版社, 1993.

[6] 陶友之. 技术改造新论[M]. 上海: 上海人民出版社, 1987.

[7] 张仁侠, 李文龙. 企业技术改造实务[M]. 北京: 经济管理出版社, 1996.

[8] 周广平. 技术改造概论[M]. 北京: 新华出版社, 1988.

[9] 伊成贵, 华培基, 王春泽, 等. 企业技术改造理论与实务[M]. 沈阳: 东北工学院出版社, 1993.

[10] 曹湘洪. 炼油化工装置技术改造的决策与实施[J]. 石油炼制与化工, 2003(10): 1-4.

[11] 周广平. 技术改造经济学[M]. 北京: 经济管理出版社, 1992.

[12] 叶远胜, 聂名华. 技术改造经济学[M]. 上海: 上海社会科学院出版社, 1987.

[13] 刘光大. 化工技术进步的经济效益[M]. 北京: 中国科学技术出版社, 1989.

[14] 宋航. 化工技术经济[M]. 3 版. 北京: 化学工业出版社, 2012.

[15] Douglas J M. 化工过程的概念设计[M]. 北京: 化学工业出版社, 1994.

[16] 中华人民共和国化学工业部. 化学工业大、中型装置试车工作规范: HGJ 231—91[S]. 北京: 中华人民共和国化学工业部, 1991.

[17] 中华人民共和国化学工业部. 化学工业大、中型装置生产准备工作规范: HGJ 232—92[S]. 北京: 中华人民共和国化学工业部, 1992.

[18] 化学工业建设项目试车规范: HG 20231—2014[S]. 北京: 化学工业出版社, 2015.

[19] 中国石油化工集团公司. 中国石化建设项目生产准备与试车管理规定: 中国石化建〔2011〕897 号[Z]. 2011.

[20] 张克从, 张乐潓. 晶体生长科学与技术[M]. 2 版. 北京:科学出版社. 1981.

[21] Cornell R M, Schwertmann U. The iron oxides: Structure, properties, reactions, occurrences and uses[M]. Hoboken, NJ: Wiley, 2003.

[22] Takada T, kiyama M. Preparation of ferrites by wet method[J]. Japan: Proc Intern Conf, 1970: 69-71.

第 8 章

工艺包设计

工艺包是研究成果的技术载体，研发项目的最终目标是实现工业化。本章从与工艺包设计紧密相关的工程项目建设程序说起，对工艺包内容和深度要求进行了讨论，并指出以工艺包的系统性内容要求作为研发工作的框架，对促进研发项目在科学、技术、工程、市场的紧密结合，提高项目产业化成功率的重要作用。

8.1　工程建设项目基本流程

工程项目建设程序是指工程项目从策划、选择、评估、决策、设计、施工到竣工验收、投入生产和交付使用的整个建设过程中，各项工作必须遵循的先后工作次序。为了顺利完成工程项目的投资建设，通常要把每一个工程项目划分成若干个工作阶段，以便更好地进行管理。每一个阶段都以一个或数个可交付成果作为其完成的标志。可交付成果就是某种有形的、可以核对的工作成果。

通常，工程项目投资建设周期可划分为四个阶段：投资决策阶段、工程设计阶段、采购与施工阶段和交付使用阶段。

8.1.1　投资决策阶段

投资决策阶段又称为建设前期工作阶段，这个阶段的主要工作有编制项目建议书，进行可行性研究和编制可行性研究报告。该阶段的主要任务是对工程项目投资的必要性、可能性、可行性，以及何时投资、在何地建设、如何实施等重大问题，进行科学论证和多方案比选。本阶段虽然投入少，但对项目效益影响大，前期决策的失误往往会导致重大的损失。该阶段的工作重点是对项目投资建设的必要性和可行性进行分析论证，并作出科学决策。

项目建议书是由投资者（项目建设筹建单位）根据国民经济和社会发展的长远规划、行业规划、产业政策、生产力布局、市场、项目所在地的内外部条件等要求，经过调查、预测分析后，对准备建设项目提出的大体轮廓性的设想和建议的文件，是对拟建项目的框架性设想，是基本建设程序中最初阶段的工作，主要是为确定拟建项目是否有必要建设、是否具备建设的条件、是否需为进一步的研究论证工作提供依据。

项目建议书的内容视项目的不同而有繁有简，但一般应包括以下几方面的内容：

① 建设项目提出的必要性和依据；

② 产品（生产）方案、拟建规模和建设方案的初步设想；

③ 建设的主要内容；

④ 建设地点的初步设想情况、资源情况、建设条件、协作关系等的初步分析；

⑤ 投资估算和资金筹措及还贷方案设想；

⑥ 项目进度安排；

⑦ 经济效益和社会效益的估计；

⑧ 环境影响的初步评价。

项目建议书经批准后，可进行可行性研究工作，但并不表明项目非实施不可，项目建议书不是项目的最终决策。

可行性研究是在项目建议书被批准后，对项目在技术上和经济上是否可行所进行的科学分析和论证。可行性研究应完成以下工作内容：

① 进行市场研究，以解决项目建设的必要性问题；

② 进行工艺技术方案的研究，以解决项目建设的技术可能性问题；

③ 进行财务和经济分析，以解决项目建设的合理性问题。

凡经可行性研究未通过的项目，不得进行下一步工作。

可行性研究的成果是可行性研究报告，一般应具备以下基本内容：

① 项目提出的背景、投资的必要性和研究工作依据；

② 需求预测及拟建规模、产品方案和发展方向的技术经济比较和分析；

③ 资源、原材料、燃料及公用设施情况；

④ 项目设计方案及协作配套工程；

⑤ 建厂条件与厂址方案；

⑥ 环境保护、劳动安全卫生、消防、防震、防洪等要求及其相应措施；

⑦ 节能、节水措施；

⑧ 企业组织、劳动定员和人员培训；

⑨ 建设工期和实施进度；

⑩ 投资估算和资金筹措方式；

⑪ 财务评价；

⑫ 经济效益和社会效益评价；

⑬ 风险分析；

⑭ 研究结论与建议。

可行性研究报告经批准后，不得随意修改和变更。如果在建设规模、建设方案、建设地区或建设地点、主要协作关系等方面有变动以及突破投资估算时，应经原批准机关同意，重新审批。经过批准的可行性研究报告，是确定建设项目、编制初步设计文件的依据。可行性研究报告批准后即表示同意该项目可以进行建设，接下来可以开展工程设计工作。

对于一些影响因素相对单一、技术工艺要求不高、前期工作比较完善的项目，也可以将项目建议书和可行性研究阶段合并，直接编制项目可行性研究报告。

8.1.2　工程设计阶段

设计阶段的划分分为基础工程设计和详细工程设计两个阶段。一般大多数项目都会经历这两个阶段，但对于技术简单成熟的小型工程项目或简单复制的工程项目，可以直接进行详细工程设计。此外，对于一些大型化工联合企业，为了解决总体部署和开发问题，还要进行总体规划设计或总体设计。具体情况，在下一节还要展开讲述。

除了设计工作外，该阶段的主要工作还包括工程项目征地及建设条件的准备，货物采购，工程招标及选定承包商、签订承包合同等。本阶段是战略决策的具体化，在很大程度上决定了工程项目实施的成败及能否高效率地达到预期目标。

8.1.3　采购与施工阶段

该阶段的主要任务是将建设投入要素进行组合，形成工程实物形态，实现投资决策目标。在这一阶段，通过施工、采购等活动，在规定的范围、工期、费用、质量内，按设计要求高效率地实现工程项目目标。该阶段的主要工作包括：工程项目施工、联动试车、试生产、性能考核、竣工验收等。工程项目试生产正常并经业主验收后，工程项目实施阶段即告结束。本阶段在工程项目建设周期中工作量最大，投入的人力、物力和财力最多，工程项目管理的难度也最大。

8.1.4　交付使用阶段

工程项目竣工经验收后投入正常运行。该阶段主要工作由业主单位自行完成或者由专门的项目公司承担，运营阶段工作包括经营和维护两大任务，保证工程项目的功能、性能能够满足正常使用的要求。

项目后评估是在项目建成投产或投入使用后的一定时期，对项目运行进行全面评价，即对项目的实际费用、效益进行系统地审核，将项目决策的预期效果与项目实施后的实际结果进行全面、科学、综合的对比考核，对建设项目投资产生的财务、经济、社会和环境等方面的效益与影响进行客观、科学、公正的评估。

项目后评估的目的是总结项目建设的经验教训，查找在决策和建设中的失误和原因，以利于提高以后项目投资决策和工程建设的科学性，同时对项目投入生产或使用后存在的问题提出解决办法，弥补项目决策和建设中的不足。

8.2　设计阶段划分

开展工程设计的基础是工艺包，因此，从设计的角度来说，完整的设计工作还包括工艺包的设计。

国际上比较通行的设计阶段划分见表 8.1，分为工艺包设计、工艺设计、基础工程设计和详细工程设计四个阶段。其中工艺包由技术专利商负责设计和提供，作为工程设计的依据。工艺设计、基础工程设计和详细工程设计由工程公司来完成。

表 8.1　国际通行设计阶段划分

提供者	专利商	工程公司		
设计阶段	工艺包（process package）或基础设计（basic design）	工艺设计（process design）	基础工程设计（basic engineering design）	详细工程设计（detailed engineering design）
主导专业	工艺	工艺	工艺系统/管道	工艺系统/管道
目的	提供工程公司作为工程设计的依据，技术保障的基础	把专利商文件转换成工程公司文件，给有关专业开展工程设计，并提供用户审查	为开展详细工程设计提供全部资料，为设备、材料采购提出请购文件	提供施工所需的全部详细图纸和文件，作为施工依据及材料补充订货

根据国家标准 GB/T 50933—2013《石油化工装置设计文件编制标准》，我国把设计程序划分为三个阶段，如表 8.2 所示。

表 8.2　我国设计阶段划分

提供者	专利商	工程公司	
设计阶段	工艺设计包	基础工程设计	详细工程设计
主导专业	工艺	工艺系统/管道	工艺系统/管道
目的	作为技术载体，解决技术来源和技术可靠性问题。 应为基础工程设计提供可靠的技术基础，并应满足开展基础工程设计和指导业主编制详细操作手册的要求	解决技术方案和工程化问题。 为开展详细工程设计提供全部资料，为设备、材料采购提出请购文件	解决工程建设实施问题，按照确定的技术方案和原则，绘制建设图纸，编制安装、检验和验收标准方面的要求

工艺设计包应为基础工程设计提供可靠的技术基础，并应满足开展基础工程设计和指导业主编制详细操作手册的要求。工艺设计包设计内容应包括设计文件

及工艺手册两部分，业主有要求的还应包括分析化验手册。设计文件应包括设计基础、工艺说明、工艺流程图（PFD）、物流数据表、总物料平衡、消耗量、全部物料进出界区的条件，还应包括安全、卫生、环境保护方面的说明。工艺手册应包括工艺过程说明、正常操作控制步骤和方法、开车准备和开停车程序、事故处理原则、催化剂装卸、工艺危险因素分析及控制措施、环境保护、设备检查与维护。分析化验手册应包括原料、产品以及过程控制的中间产品分析的频率和分析方法。

基础工程设计应解决具体技术方案和工程化带来的问题。基础工程设计文件应依据合同及批准的总体设计或可行性研究报告、工艺设计包和设计基础资料进行编制。基础工程设计文件内容和深度应满足业主审查、工程物资采购准备和施工准备、开展详细工程设计的要求，还应满足"消防设计""环境保护""安全设施设计""职业卫生""节能"和"抗震设防"专项设计审查的要求。基础工程设计文件应包括概述、工艺、静设备、动设备、工业炉、总图运输、装置布置及配管、仪表、电气、电信、建筑、结构、暖通空调、分析化验、给排水、消防、概算文件等内容。

详细工程设计应按确定的技术方案和原则，绘制工程建设需要的各类图纸，确定施工、安装、检验和验收标准方面的要求。详细工程设计文件应依据合同、批复确认的基础工程设计文件和设计基础资料进行设计。详细工程设计是在基础工程设计的基础上进行的，其内容和深度应达到能满足材料采购、设备制造与安装、工程施工及装置投产运行的要求。详细工程设计文件应包括工艺、静设备、动设备、工业炉、总图运输、装置布置及配管、仪表、电气、电信、建筑、结构、暖通空调、分析化验、给排水、消防设计文件。

一个大型典型化工建设项目的设计进度安排如表 8.3 所示。

表 8.3 大型典型化工建设项目设计周期

序号	时间/月	1	2	3	4	5	6	7	8	9	10	11	12	13	14	15	16	17	18	19	20	21	22	23	24	25
1	合同生效																									
2	工艺包设计	■	■	■	■																					
3	工艺包审核					■																				
4	基础工程设计					■	■	■	■	■	■	■	■	■												
5	基础工程设计审核													■												
6	设备、材料采购服务						■	■	■	■	■	■	■	■												
7	详细工程设计														■	■	■	■	■	■	■	■	■	■	■	
8	详细工程设计交底																									■
9	制造厂资料确认													■	■	■	■	■	■	■	■	■				

在安排设计工作时，要考虑各项审查工作对设计进度的影响。比如设计 HAZOP 审查，业主中间审查，以及提高配管设计质量使用的三维配管系统和审查等，上述工作都会明显增加设计时耗，在安排设计进度时应加以考虑。

从表 8.1 和表 8.2 可以看出，不同设计阶段的主导专业又分为工艺和工艺系统两个专业，这两个专业的职责和区别见表 8.4。

表 8.4　工艺与工艺系统专业分工

专业	研究对象及主要解决的问题	工作重点	主要发表资料或成品	责任
工艺	化学反应；传热；传质；动量传递	物料平衡计算；热量平衡计算；设备计算；工艺流程	PFD、UFD；工艺设备表、工艺设备数据表；工艺说明；建议布置图	对生产技术可靠性负责
工艺系统	动量传递安全可操作性	管道流体力学计算泵的计算；管道附件计算、选择；安全可操作性研究	PID、UID；管道命名表；特殊管件数据表；界区条件表	对系统的安全性和可操作性负责

工艺专业是设计的龙头专业，工艺设计人员要具备以下基本技能：

① 了解工艺设计的任务、设计范围、工艺设计人员的职责；

② 掌握化工基本理论的应用；

③ 能把化工热力学和反应动力学的理论用于分析实际问题；

④ 熟练使用各类计算软件，并具有分析判断计算结果的能力；

⑤ 熟悉设计基本程序和相关专业的基本知识；熟悉相关的设计规范和设计导则；

⑥ 清楚工艺设计成品文件的内容和深度以及工艺设计的质量保证程序；

⑦ 掌握生产、开停车的基本知识，具备分析生产事故的能力以及相应的实践经验；

⑧ 熟悉有关劳动安全卫生、消防和环保等方面的法规；

⑨ 沟通和协调能力。

8.3　工艺包内容和深度要求

通过前面两节的介绍，我们对化工装置工程建设和设计程序都有了了解。化工装置的建设要通过工程设计来实现，工程设计要依据工艺包来进行。随着石油化工产品生产技术的市场化，不管是引进的还是国内开发的专利技术、专有技术提供方，为确保工程设计的质量，都必须提供工艺包，这是开展基础设计和详细设计的主要基础和依据。工艺包作为技术的载体，到底有哪些内容、设计深度有何要求，是本节要讨论的话题。

工艺包也称工艺软件包或工艺技术包，其作为技术的载体，主要解决技术来源和技术可靠性问题，应为基础工程设计提供可靠的技术基础，并应满足开展基础工程设计和指导业主编制详细操作手册的要求。

目前关于工艺包设计内容及深度的标准共有三个，其中两个企业标准，一个国家标准[1-3]，见表 8.5。

表 8.5　工艺包设计标准

序号	标准名称	标准编号	发布单位	设计文件内容
1	《石油化工装置工艺设计包（成套技术工艺包）内容规定》	SPMP-STD-EM2001	中国石油化工集团公司	①设计基础；②工艺说明；③物料平衡；④消耗量；⑤界区条件表；⑥卫生、安全、环保说明；⑦分析化验项目表；⑧工艺管道及仪表流程图 PID；⑨建议的设备布置图和说明；⑩工艺设备表；⑪工艺设备；⑫自控仪表；⑬特殊管道；⑭主要安全泄放设施数据表；⑮有关专利和专有技术文件目录；⑯有关专利或专有设备
2	《石油炼制与化工装置工艺设计包编制规定》	Q/SY 1802—2015	中国石油天然气集团公司	①概述；②设计基础；③工艺说明；④工艺方块流程图（BFD）；⑤工艺流程图（PFD）；⑥物料和热量平衡；⑦消耗量；⑧管道及仪表流程图（PID）；⑨设备；⑩设备布置及说明；⑪自控；⑫管道；⑬主要安全泄放说明；⑭节能节水和减排分析；⑮安全、卫生、环保和消防说明
3	《石油化工装置设计文件编制标准》	GB/T 50933—2013	中华人民共和国住房和城乡建设部、中华人民共和国国家质量监督检疫总局	①设计基础；②工艺说明；③工艺流程图（PFD）；④物料数据表；⑤总物料平衡；⑥消耗量；⑦分析化验项目表；⑧管道及仪表流程图（PID）；⑨设备布置图；⑩工艺设备表；⑪工艺设备说明；⑫仪表说明；⑬特殊管道说明；⑭特殊阀件说明；⑮专利信息

从以上三个标准所列内容来看，对工艺包设计内容的规定基本是相同的。但涉及的具体项目，根据每个项目的具体条件，工艺包的设计内容和深度可以做适当的增减和调整。

下面我们就来看看标准编制单位的专家怎么说。

① 中国石化工程建设有限公司（SEI）肖雪军（SEI 是中国石化标准的编制单位，肖雪军为标准编制组的主要成员）

以下内容即为工艺包编制的内容。

业主方：如工程公司实力强，尽可能少买（包括深度和范围，工时费率高）。

技术许可方：保证许可技术实现，尽可能多卖（重复许可有较多的经验积累，技术受控，可靠性强）。

平衡点：内容深度规定只是一般性要求，可根据实际情况确定平衡点。

② 中国寰球工程公司胡健（寰球工程公司是中国石油标准的编制单位之一，胡健为该标准的主要起草人）

工艺包的核心技术应包括以下四个方面：

a. 原创技术要素：专利、研究论文、实验报告；

b. 过程模拟：物料与热量衡算、节能减排；

c. 关键设备：安全设计、投资成本；

d. 控制方案：因果关系、联锁方案。

③ 唐宏青（1996 年任中国石化集团兰州设计院副总工程师，2003 年任中国石化集团宁波工程有限公司副总工程师，2008 年任中科合成油工程有限公司技术专家）

工艺包的内容应该包括以下 15 条，其中前 6 条是工艺包的主体，当条件不具备时，如果仅完成前 6 条，可以称为基本工艺包。

a. 设计范围；

b. 设计基础；

c. 工艺说明；

d. 物料平衡及热量平衡；

e. 工艺流程图（process flow diagram，PFD）；

f. 主要设备的工艺规格书和计算书；

g. 初步的管道仪表流程图（必要时）；

h. 特殊要求的配管规定；

i. 初步设备布置图；

j. 生产操作和安全规定要领；

k. 特殊要求的化验要领；

l. 特殊要求的检修要领；

m. 环境保护；

n. 有关专利文件；

o. 工艺技术手册。

④ 海川化工论坛资深设计人员谷新春

按照《石油化工装置工艺设计包（成套技术工艺包）内容规定》，其内容如果全部具备的话，有些深度基本相当于基础工程设计的深度。国内按照这个标准在做工艺包的应该大多是工程公司或者设计院，设计院最终的目的是做详细设计或者施工图设计，这样在做工艺包的时候，就会形成一种思维，感觉深度总是不够，感觉问题都要在工艺包阶段提出。根据石化规范，要求很多，但具体情况具体分析，最低要求是所提供的东西能让设计院进行工艺及后续设计。最高要求是基本完成设计院工艺专业方面的核心任务，设计院只是更细化的设计。实际中只要提供 PFD（物料和热量衡算）、初步 PID、设备条件、初步平面布置就可以满足设计院的要求。当然，这和设计院签订合同的价格有关，需要设计院劳动的量越少，费用越低。

再回到本节的题目上来，广义地来说，平时大家所说的工艺包、工艺软件包、工艺技术包等所指的都是同一个东西。但狭义一点，有时工艺技术包特指含设计范围、设计基础、工艺说明、物料平衡及热量平衡、工艺流程图（PFD）及主要设备仪表条件表的工艺包核心内容，也称基本工艺包、基础工艺包或工艺数据包。

从工程公司的角度来说，希望技术方提供的工艺包深度越深越好，这样可以节省很多工作量；从研究单位的角度来讲，最好提供能满足基础工程设计的工艺技术包或基础工艺包，这样可以聚焦工艺本身的可靠性研究，并充分发挥工程公司的专业设计能力。

工艺包的深度根据工程设计的需要可深可浅。有些初次引进或复杂的技术可以让专利商提供加深工艺包，主要指联锁逻辑、仪表条件、配管研究等方面可以接近基础设计的深度，以便于国内工程公司更方便地开展工程设计。有些技术相对简单成熟，没有太多工艺问题的项目，不做工艺包可不影响基础设计完成，可以不做工艺包设计。工艺包的内容范围、深度应在技术合同谈判时确定。

除设计文件外，工艺包还应包括工艺手册（如业主要求）和分析化验手册。

随着时代的进步，社会分工越来越细、越来越专业。通过研发孵化出来的新技术，既要有关键技术的突破，也要有成熟技术的应用，这样组成的完整工艺流程才能既突出先进性，也能保证可靠性。在各单元操作技术方案的确定、设备和仪表的选型等方面，不可避免地要和专业单元技术提供商、专业设备厂家、专业仪表厂家等进行合作。专业的人做专业的事，在工业包设计过程中，要充分、尽早和这些专业厂商进行交流合作，充分利用社会资源，可使事情做到事半功倍。

8.4　工艺包设计具体内容

8.4.1　设计文件

①　设计基础内容

a. 项目背景及来源、设计依据、技术来源及授权、设计范围；

b．装置组成、装置规模、装置的年操作时数和不同工况下的装置处理能力；

c．产品、中间产品、副产品的产率、转化率、产量；

d．原料、产品、中间产品、副产品的规格；

e．催化剂理化性质和参数，化学品的化学特性参数及其商品名、产品标准编号；

f．水、蒸汽、压缩空气、氮气、燃料、电等规格；

g．装置性能保证指标的期望值和保证值；

h．工程设计执行的国际标准、国家标准、行业标准或专利、专有技术持有者指定的标准等。

对于技术来源及授权，应说明工艺技术使用的专利、专有技术及工艺技术的提供者；说明专利使用、授权的限制及排他性要求；说明专有技术的范围以及专利编号。国内开发的技术应有鉴定书。

对于装置规模及组成，可以用原料每年或每小时加工量或主要产品每年或每小时产量表示装置规模。要说明规模所依据的年操作小时数。如果有不同的工况，应分别说明装置在不同工况下的能力（如原料不同）。如果有多个产品、中间产品、副产品，或装置由多部分组成，要列出各部分的名称；各部分加工量和产品、副产品、中间产品的产率、转化率、产量。

② 工艺说明内容

a．工艺过程的物理、化学原理及特点：说明设计的工艺过程的物理、化学原理及特点，可以列出反应方程式。复杂的多步骤过程可以用方框图表示相互关系并分别说明各部分原理。

b．工艺过程及不同工艺工况的主要操作条件：说明工艺过程的主要操作条件，如温度、压力、物料配比等。要分别给出不同工艺工况的条件。

c．物料通过工艺设备的过程以及分离或生成物料的去向、主要工艺设备的关键操作条件以及过程中主要工艺控制要求和事故停车的控制原则。这部分要通过工艺流程说明和工艺流程图（PFD）来表达。对于间歇过程还要给出操作周期、物料一次加入量等。

工艺流程图（PFD）应包括以下内容：工艺设备及其编号、名称；主要工艺管道，特殊阀门位置；物流的编号、操作条件；工业炉、换热器的热负荷；公用物料的名称、操作条件、流量；主要控制、联锁方案。物流数据表应按不同工况列出各物流所有操作条件数据及相关的物理和化学性质数据。

③ 总物料平衡内容

a．装置所有产品方案的总物料平衡。多个产品、中间产品、副产品和由多部分组成的装置，可用物料平衡图表示物料量及各部分的相互关系。

b．对于多次利用或逐级利用的复杂情况，可采用平衡图说明物料量及各用户之间的相互关系。

④ 消耗量包括内容

a. 原料的年消耗量。

b. 催化剂名称、首次装入量、寿命、年消耗量、折合每吨原料或产品的消耗量。

c. 化学品名称、年消耗量、折合每吨原料或产品的消耗量。

d. 水、电、蒸汽、氮气、压缩空气等正常和最大工况的消耗量。

⑤ 界区条件表：消耗确定后应列出界区条件表，列出包括原料、产品、副产品、中间产品、化学品、公用物料、不合格品等所有物料进出界区的条件——状态、温度、压力（进出界区处）、流向、流量、输送方式等。

⑥ 卫生、安全、环保说明

a. 装置中危险物料性质及特殊的储运要求。列出装置中影响人体健康和安全的危险物料（包括催化剂）的性质，如比重或密度、分子量、闪点、爆炸极限、自燃点、卫生允许最高浓度、毒性危害程度级别、介质的交叉作用。如果有特殊的储运要求也需提出。

b. 主要卫生、安全、环保要点说明。根据工艺特点提出有关卫生、安全、环保的关键点，如工艺条件偏差或失控后果，建议的主要预防处理措施以及对安全仪表系统的要求。

c. 安全泄放系统说明。说明不同的事故情况下安全泄放和吹扫数据，给出火炬系统负荷研究的结果，提出建议的火炬系统负荷。

d. 三废排放说明。列表说明废气、废水、固体废物的来源、温度、压力、排放量、主要污染物含量、排放频度、建议处理方法等。

⑦ 分析化验项目表应列出为满足生产需要和产品质量要求需要分析的物料名称、分析项目、分析频率（开车/正常操作工况）、分析方法。

⑧ 工艺管道及仪表流程图（PID）应表示下列内容：

a. 工艺设备及其编号、名称；

b. 主要工艺管道、开停工管道、安全泄放系统管道、公用物料管道及阀门的公称直径；

c. 特殊管道材料等级和特殊要求；

d. 安全泄放阀；

e. 主要控制和联锁回路。

⑨ 建议的设备布置图应表示主要设备相对关系和建议的相对尺寸，说明特殊要求和必须符合的规定。

⑩ 工艺设备表应列出 PID 中设备的位号、名称、台数（操作/备用）、操作温度、操作压力、技术规格、材质等。专利设备应列出推荐的供货商。

⑪ 工艺设备说明应描述主要工艺设备特点、选型原则、材料选择的要求，并应按反应器、塔器、一般容器、换热器、工业炉、机泵、机械等分类逐台列出数

据表，给出介质性质、操作条件、工艺设计和机械设计条件、规格尺寸、材料、关键的设计要求及与工艺有关的必须说明的内容。主要的静设备应附简图。

⑫ 自控仪表

a．仪表索引表列出工艺管道及仪表流程图（PID）中的检测和控制回路的编号、名称等；

b．主要仪表数据表列出工艺管道及仪表流程图（PID）中的仪表的名称、编号、工艺参数、形式或主要规格等；

c．主要的联锁逻辑关系。

⑬ 特殊管道应说明内容：

a．规定特殊管道的材料等级及相应配件的要求；

b．特殊管道表应列出管道号、公称直径、工艺管道及仪表流程图（PID）图号、管道起止点、物流名称、物流状态和操作条件等；

c．如果有特殊管道附件，要逐个提出工艺和机械要求，必要时附简图。

⑭ 列出安全阀、爆破片、呼吸阀等名称、编号、泄放介质、工艺参数、泄放量等。

⑮ 列出相关专利名称、专利号及授权区域。

8.4.2　工艺手册

工艺手册应包括工艺过程的技术原理、开停车和操作的要点。

工艺过程的技术原理应包括下列内容：

① 工艺过程的物理、化学原理及其特点；

② 与工艺过程有关的操作变量对工艺过程的影响；

③ 装置操作中可能发生的主要危险，相应采取的防护措施、原则或方法；

④ 正常操作、开停车、检修时等过程中减少污染的控制方法或原则；

⑤ 易燃、易爆及有毒、有害物料的安全和卫生控制指标。

开停车和操作的要点应包括下列内容：

① 正常操作控制步骤和方法；

② 开车准备工作程序，包括容器检查、水压试验、管道检查等过程的步骤和工作要点；

③ 按先后次序和单元说明开车步骤及要点；

④ 按先后次序和单元说明停车步骤及要点；

⑤ 对可能发生的事故所采取的紧急处理方法、步骤及要点；

⑥ 催化剂装填步骤及要点，催化剂卸载步骤及要点；

⑦ 分析化验采样地点、正常操作时的频次、采样方法。

工艺手册还应说明专利设备或专有设备、设施的检查与维护方法，如检查步骤、主要维修点，使用的润滑油、液压油等的介质规格要求，特殊检修方法和工具，检修的安全注意事项与安全措施，设备和设施控制系统的调试要求和调试参数等。

8.4.3　分析化验手册

分析化验手册应满足装置原料、产品分析和监控分析的要求。包括以下内容：
① 原料、产品、排放物、催化剂、化学品等物质的分析方法及分析频率；
② 说明分析化验方法名称和标准编号；
③ 使用的仪器设备及其安装调试方法、操作方法、精度要求。

8.5　按工艺包要求进行研发项目技术完整性梳理

研发项目的终极目标是实现产业化，对于一个研发单位来说，其最终的成果要以工艺包为呈现形式，因此，研发项目的内容和结果最终需要满足工艺包设计的要求。按工艺包设计要求进行研发项目技术完整性梳理，可以确保研发项目完整系统不漏项，并在研发过程中充分考虑工程化实施的可行性和要求，减少项目返工，提高项目产业化的成功率。本节以乙酸异龙脑酯新技术开发项目为例，说明如何按工艺包设计要求来进行研发项目技术完整性梳理。

该项目已经确定了项目实施的业主单位，接下来按照工艺包内容要求逐条落实。其中最重要的是设计基础，基础不确认好，就容易出各种各样的问题。

设计基础方面，首先是项目背景和来源。业主单位应提供包括项目来源、建设地点、配套情况、与相关单位关系、与相关装置关系，项目背景相关资料等信息。

其次是设计依据，包括技术报告、评审意见、成果鉴定结果、可参考的技术资料、技术研发方和项目建设方双方鉴定的协议和合同文件等。

技术来源及授权方面，尤其要注意知识产权情况，梳理发现研发项目成果缺少专利等知识产权保护时，要提醒技术研发方及时申请专利，避免不必要的知识产权纠纷。

设计范围是开展具体设计前必须落实的重要问题，否则容易造成设计工作返工。需业主与技术研发方共同确定，并给出项目设计范围清单列表。

装置组成、装置规模、装置的年操作时数和不同工况下的装置处理能力需综合考虑技术特征、市场需求、原料供应和组成、建设条件等多方面因素，由技术研发方确定，需业主确认。如对于乙酸异龙脑酯项目，考虑到中间产物莰烯也有很好的市场需求和盈利能力，结合原料供应能力和市场分析，确定装置由四部分组成，分别为松节油精馏部分、蒎烯异构化部分、莰烯酯化部分及双戊烯蒸馏部分，装置规模为 4000t/a，其中莰烯 1000t/a，白乙酯 3000t/a，年操作 8000h，操作弹性 70%～120%。

产品、中间产品、副产品的产率、转化率、产量，原料、产品、中间产品、副产品的规格，催化剂理化性质和参数，化学品的化学特性参数及其商品名、产品标准编号这些涉及技术特征的问题，需要由技术研发方提供。对于乙酸异龙脑酯项目，因副产品量在反应过程生产较少，所以依据原料松节油的规格不同而变化。原料规格依据国标，选用优级松节油标准。产品、副产品因无国标，选用目前市场中比较有代表性的企业标准，并由技术方与业主共同确认。其中，原料的规格参数是必须认真核实确认的问题，因为不同产地、不同原料路线、不同技术路线生产出来的原料虽然都符合原料的产品标准，但在杂质种类、含量上可能会有不同，从而对项目的实施造成重大影响。

对于水、蒸汽、压缩空气、氮气、燃料、电等公用工程的规格，由业主提供，技术方反馈，双方协同确定。

装置性能保证指标的期望值和保证值需技术提供方确定，并得到业主的认可。装置性能保证指标的期望值和保证值的确定是非常严肃的问题，因为这是项目实施后性能考核的依据，决定着项目成功与否的评价和合同双方的经济利益，必须认真对待。一般来说，保证值是技术方考虑了工程不利因素后确保可以达到，并有技术经济竞争力的数值，期望值是技术方在研究阶段可以稳定达到的最优值。

工程设计执行国际标准、国家标准、行业标准或专利、专有技术持有者指定的标准等，采用相应的标准执行即可。

通过梳理，对于技术研发方，还有下列工作需要完善：

① 补充业主提供松节油原料全流程验证实验及产品检验，催化剂反应性能需达到和单管实验相同的转化率和选择性结果；

② 产品、中间产品、副产品的产率、转化率等的确定；

③ 装置性能保证指标的期望值和保证值的确定；

④ 催化剂理化性质和参数的确定；

⑤ 原料、产品、中间产品、副产品的分析方法和规格确定；

⑥ 补充确定循环乙酸及莰烯质量指标；

⑦ 补充确定莰烯循环回用方案。

业主方需确认以下事项：

① 项目背景及来源；

② 设计范围；

③ 装置组成、规模及年操作时数；

④ 原料、产品、副产品的规格；

⑤ 公用工程规格。

　　按此原则，根据工艺包编制内容和深度要求，逐条分析项目开发和工艺包编制需落实的工作。主要问题汇总如下：

　　① 设计依据和设计范围确定；

　　② 业主提供原料的全流程连续工艺实验验证；

　　③ 原料、产品和中间产物分析方法及指标确定；

　　④ 催化剂和原辅材料的储存、运输、装卸、装填、封存技术要求。

　　根据梳理结果，该研发项目主要研究工作已经完成，并有旧工艺技术资料可以参考，设计工作可以有效开展。同时建议技术研发方完善以下工作：

　　① 采用业主原料进行全流程连续工艺实验验证；

　　② 原料、产品和中间产物分析方法完善及指标确定；

　　③ 催化剂和原辅材料的储存、运输、装卸、装填、封存技术要求。

　　在此基础上确定各项技术参数和各项性能指标的期望值和保证值。

8.6　本章总结

　　在化工技术创新活动中，工艺包是一个经常被提起的名词，但究竟何为工艺包，包括哪些内容，设计深度有何要求，大多数人都不是非常清楚。本章从与工艺包设计紧密相关的工程项目建设程序说起，通过工程设计阶段划分、工艺包设计内容与深度要求、工艺包设计具体内容三节，系统回答了以上问题。并结合案例，说明了按工艺包设计要求进行研发项目技术完整性梳理对确保研发项目完整系统不漏项，提高工程化实施的可行性，减少项目返工，促进研发项目在科学、技术、工程、市场的紧密结合，提高项目产业化成功率方面的作用。

　　① 工程项目建设程序是指工程项目从策划、选择、评估、决策、设计、施工到竣工验收、投入生产和交付使用的整个建设过程中，各项工作必须遵循的先后工作次序。通常，工程项目投资建设周期可划分为四个阶段：投资决策阶段、工程设计阶段、采购与施工阶段和交付使用阶段。投资决策阶段的主要工作包括编制项目建议书，进行可行性研究和编制可行性研究报告。该阶段的工作重点是对项目投资建设的必要性和可行性进行分析论证，并做出科学决策。工程设计阶段分为基础工程设计和详细工程设计。对于技术简单成熟的小型工程或简单复制的工程项目，可以直接进行详细工程设计。对于一些大型化工联合企业，为了解决总体部署和开发问题，还要进行总体规划设计或总体设计。采购和实施阶段的主要工作包括工程项目施工、联动试车、试生产、性能考核、竣工验收等。交付使用阶段包括工程项目经竣工验收后投入正常运行以及项目后评估。项目后评估的目的是总结项目建设的经验教训，查找在决策和建设中的失误和原因，以提高后续项目投资决策和工程建设的科学性，同时对项目投入生产或使用后存在的问题

提出解决办法，弥补项目决策和建设中的不足。

② 国际上比较通行的设计阶段分为工艺包设计、工艺设计、基础工程设计和详细工程设计四个阶段。根据国家标准 GB/T 50933—2013《石油化工装置设计文件编制标准》，我国把设计程序划分为工艺设计包、基础工程设计、详细工程设计三个阶段。工艺设计包作为技术载体，解决技术来源和技术可靠性问题，应为基础工程设计提供可靠的技术基础，并应满足开展基础工程设计和指导业主编制详细操作手册的要求。工艺设计包设计内容应包括设计文件及工艺手册两部分，业主有要求的还应包括分析化验手册。设计文件应包括设计基础、工艺说明、工艺流程图（PFD）、物流数据表、总物料平衡、消耗量、全部物料进出界区的条件，还应包括安全、卫生、环境保护方面的说明。工艺手册应包括工艺过程说明、正常操作控制步骤和方法、开车准备和开停车程序、事故处理原则、催化剂装卸、工艺危险因素分析及控制措施、环境保护、设备检查与维护。分析化验手册应包括原料、产品以及过程控制的中间产品分析的频率和分析方法。

③ 目前国内关于工艺包设计内容及深度的标准共有三个，其中两个企业标准（中石化、中石油），一个国家标准，这三个标准对工艺包设计内容的规定基本是相同的。广义地来说，工艺包、工艺软件包、工艺技术包等意义相同，但狭义一点，有时工艺技术包特指含设计范围、设计基础、工艺说明、物料平衡及热量平衡、工艺流程图（PFD）及主要设备仪表条件表的工艺包核心内容，也叫基本工艺包、基础工艺包或工艺数据包。工艺包达到基础工艺包深度即可满足工程设计的要求。从工程公司的角度，希望技术方提供的工艺包深度越深越好，这样可以节省设计工作量；从研究单位的角度，提供工艺技术包或基础工艺包即可，这样可以聚焦于工艺本身的可靠性研究，并充分发挥工程公司的专业设计能力。根据每个项目的具体条件和合同约定，工艺包的设计内容和深度可以做适当的增减和调整。

参考文献

[1] 石油化工装置工艺设计包（成套技术工艺包）内容规定: SPMP-STD-EM2001[S]. 北京: 中国石油化工集团公司, 2015.

[2] 石油炼制与化工装置工艺设计包编制规定 Q/SY 1802—2015[S]. 北京: 中国石油天然气集团公司, 2015.

[3] 石油化工装置设计文件编制标准 GB/T 50933—2013[S]. 北京: 中华人民共和国住房和城乡建设部, 2013.

第 9 章
研发项目技术经济分析

科学技术是第一生产力，研发项目的目标是技术先进，经济上有竞争力，这样才有希望实现产业化。一般来说，先进的技术总是伴随着较高的经济效益，但技术先进并不等价于效益良好。单纯追求技术先进忽略经济性等其他因素导致研发项目失败的案例比比皆是。比如著名的"协和号"超声速客机的例子。该客机速度超过 2000km/h，飞行速度在客机中有绝对优势，但由于油耗大、运营成本高，项目最终失败。

研发项目投入大，不确定性和风险性也大，技术与经济早期结合，在研发的各个阶段进行技术经济分析，是化工并行开发方法的内在要求。研发项目技术经济分析的作用主要体现在以下几个方面：

① 在研发过程中配合概念设计，估算产品的成本，从而为研发方向提供指导，并与竞争技术或产品进行对比，明确研发差距。

② 在项目的立项、中试、工业装置投资等各个阶段通过技术经济分析服务于投资决策。

③ 在技术转让或进行技术许可时，确定新技术的定价。

对于指导研发的技术经济分析，要求计算简单、容易掌握。计算精度满足给项目组提供研发方向的要求即可（最低要求是给出某项技术方案或参数调整对经济效益的影响是正向的还是负向的），但成本要素要包括全面，如环保、安全方面的投入和影响都要考虑在内，以免做出错误的决定。

对于用于决策的各阶段关口的技术经济评价，则应与建设项目的技术经济评价一致，采用全面的分析，但不同阶段深度可以有所不同，从立项阶段到工业化阶段，技术经济评价的深度逐渐加深。

9.1 化工技术经济学的定义

技术经济学是技术科学和经济科学相互渗透和外延发展形成的一种交叉性学

科。它是研究为达到某一预定目的可能采取的各种技术政策、技术方案及技术措施的经济效果，进行计算、分析、比较和评价，选出技术先进、经济合理的最优方案的一门科学，是一门研究如何使技术、经济及社会协调发展的科学。

化工技术经济学是技术经济学的一个分支学科，它所研究的内容，就是运用技术经济学的基本原理和方法，结合化学工业的特点，对化学工业发展中的规划、研发、设计、建设和生产各方面和各阶段进行系统、全面的分析和评价，将化工技术与经济有机地结合和统一，以取得最佳的经济效益[1-6]。

进行经济效益评价时，要遵循以下几项原则：

① 技术、经济和政策法规相结合：某项技术是否要采用，并不完全取决于技术本身的先进性，还要看其具体项目投资环境的适用性和经济上的合理性，以及对国民经济发展的促进作用。此外，还要考虑政策、法规的适应性和合规性，对于化工项目，安全、环保、碳排放等都是重点要考虑的因素。

② 宏观经济效益与微观经济效益结合：宏观经济效益指的是社会效益或国民经济效益，微观经济效益则是指企业或项目本身的经济效益。在评价经济效益时，应使两者做到统一。

③ 短期经济效益与长期经济效益相结合：这样既能让项目及时产生效益，提高项目各相关利益方的积极性，同时也使项目具有持续的发展能力和经济效益，是保证化学工业持续发展的重要内容。

④ 定性分析和定量分析相结合：经济效益有些是可以定量化的，有的则不能定量化，因而在评价技术方案时，不仅要从定量方面衡量其经济效益的大小，还要从定性方面分析经济效益的优劣。

9.2 化工项目经济评价原理及方法

为了达到某项目的经济目的，可采用不同的技术方案。可比性原则就是研究如何使不同的技术方案能建立在同一基础上进行比较和评价，从而保证技术经济评价结果的科学性和可靠性。

技术经济评价的可比性原则主要包括四个方面，即满足需要可比性、消耗费用可比性、价格可比性和时间可比性。认识和掌握这四项原则是保证技术经济评价结论科学、正确的基础。

（1）满足需要可比性

达到同一目的或满足同一需要，可采用不同的可替代技术方案。因而需要对这些可替代技术方案进行比较、评价。通常技术方案主要是以提供产品的产量、质量和产品的品种来满足社会需要。因此，满足需要的可比性应在产品的产量、质量、品种（功能）等方面可比。

产量可比是指相比较的各方案在其他条件都相同的情况下，如果产品产量相等或基本相等，则具有产量可比性，可直接进行技术经济比较和评价。但若各方案生产规模不同，产品产量不相等，则没有可比性，不能直接进行比较，需进行可比性的产品产量修正。当方案产量相差不大时，可用单位产品指标进行比较和评价，如方案的产量指标相差较大时，可用重复建设方案来满足需要可比性原则。例如一个 10 万 t/a 装置和一个 5 万 t/a 装置进行对比时，需用两套 5 万 t/a 装置方案与一套 10 万 t/a 方案做比较，以满足产量可比。

质量可比是指方案在品种和产量相同的条件下，产品的寿命或有效成分的含量等主要质量指标相同或基本相同，即具备质量可比，可直接进行技术经济比较和评价。但有的时候由于不同技术方案的技术性能有差异，产品质量也不一定相同。为了满足质量可比条件，一般可把质量问题转化为数量问题进行比较。例如产品的产量可按产品寿命进行修正。

品种可比是指各技术方案所提供的产品品种或功能相同或基本相同。对于这类技术方案，可直接进行技术经济比较和评价。但是，如果相比较的技术方案的产品品种结构差别较大，各方案满足需要的效果将可能有较大差别，不能直接相互比较，需要进行可比性处理。通常可采用分解法或效果系数进行可比性处理。分解法是指对一个单品种方案与一个多品种方案比较时，需要把多品种方案分解成多个单品种方案，并合理地把费用分摊到分解出的各个单品种方案上，然后，与相应的品种方案进行比较。效果系数是指某些技术方案涉及的产品品种从实物形态上看不相同，但其基本功能相同，如煤炭与燃油不同，若均作为燃料，其功能是相同的，对此可用发热量作为效果系数加以修正后进行两方案的技术经济分析和评价。

（2）消耗费用可比性

消耗费用可比是指在计算和比较各技术方案的消耗费用时，必须考虑相关费用，以及对各种费用计算时必须采取统一的规定和方法。

考虑相关费用就是要从整个国民经济出发，计算和比较因实施各技术方案而引起的生产相关环节（或部门）增加（或减少）的费用。比如对于不同的技术方案，要考虑原料运输、处理和环保费用的不同。采取统一的规定和方法，是指各方案费用构成项目的范围应当一致，同时各方案费用的计算方法也应一致。

（3）价格可比性

价格可比就是要求采用合理、一致的价格。价格合理是指价格能够真实地反映产品的价值、相关产品之间的比价合理。在技术经济分析中，对不可比价格进行可比性修正有如下方式：

对一些价格与价值严重背离的商品，为了合理地利用资源、保护环境，取得最佳的投入产出效益，使国民经济效益达到最优，可按"合理价格=单位产品社会必要成本+单位产品合理盈利"来确定合理价格；对涉及进出口贸易或利用外资、引进技术等项目的投入品或产出品的价格，可采用国际贸易价格进行方案的分析和评价。对于一些投入品或者产品比价不合理的方案，可以不用现行市场价格，而采用各项相关费用之和确定的折算费用来达到价格的对比。例如在"用煤方案"与"用电方案"比较时，对"用煤方案"采用煤炭开采、运输的全部消耗费用加上合理利润的煤折算费用，计算其经济效益。对"用电方案"也采用类似的折算费用。这样两种方案的价格具有可比性，从而能正确地比较和评价其经济效益。可采用影子价格。影子价格是在最佳的社会生产环境和充分发挥价值规律作用的条件下，供求达到均衡时的产品和资源的价格，也称为最优计算价格或经济价格。影子价格能比较准确地反映社会平均劳动量的消耗和资源的稀缺程度，达到资源优化配置的目的。对技术方案进行国民经济评价时，应采用影子价格计算项目或方案的效益、费用，并进行各方案的比较和评价。可采用不同时期的变动价格。由于技术进步，劳动生产率提高，产品成本将降低，或者需求变化，价格将随时间的延长而发生变化。因而，在计算和比较方案的经济效益时，应考虑不同时间价格的变化。比如，近期方案相比较时，要采用现行价格或近期价格；远期方案相比较时，应采用预测的远期价格；不同时期的方案相比较时，则应采用统一的、某一时期的不变价格，或者用价格指数折算成统一的现行价格，从而使相比较方案的价格具有可比性。

（4）时间可比性

时间可比是指经济寿命不同的技术方案进行比较时，应采用相同的计算期。此外，技术方案在不同时期发生的费用支出和收益不能简单地加和，而必须考虑时间因素的影响。

对经济寿命不同的技术方案的比较，可采取它们寿命周期的最小公倍数作为共同的计算期。例如，有甲、乙两方案，甲方案的经济寿命是 3 年，乙方案是 6 年。在两方案相比较时，它们共同采用的计算期应为两方案经济寿命周期的最小公倍数 6 年。这就是设想甲方案重复建设一次，即以两个甲方案的费用支出和收益，与一个乙方案的费用支出和收益相比较，从而满足时间可比性的要求。

考虑到时间因素的影响，即由于资金具有时间价值，各方案有关费用发生的时间不同，持续的时间长短不一致，各时期发生的数额不一样，因而所产生的费用和经济效益有差别。必须在同时期基准上，考虑资金的复利后才能进行计算和比较。

9.3　化工项目投资估算

对于研发项目来说，进行投资估算有两方面的作用。一方面，对中试装置进行投资估算，便于对中试装置是否建设进行决策，并对中试规模、中试范围、中试深度的决策提供参考。另一方面，对未来工业规模装置进行投资估算，一可以为是否实施工业化的决策提供参考，如是否因投资过高而导致经济性变差，从而使项目没有经济竞争力；二可以确定研发项目未来工业化的经济规模；三可以为单位产品成本估算提供基础数据，便于研发过程中和竞争性技术进行对比，从而指导研发方向。

化工项目建设投资组成如图 9.1 所示。建设项目总投资是指建成一座工厂或一套生产装置、投入生产并连续运行所需的全部资金，它主要由固定资产投资和流动资金两部分构成。

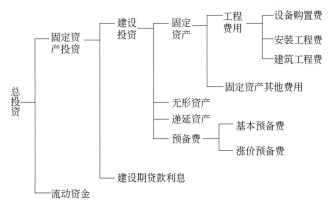

图 9.1　化工项目建设投资组成

固定资产投资是指按拟定的建设规模、产品方案、建设内容等，建成一座工厂或一套装置所需的费用，包括建设投资和建设期贷款利息。建设投资包括固定资产、无形资产、递延资产和预备费。

固定资产是指使用期限超过一年，单位价值在规定标准以上，并且在使用过程中保持原有物质形态的资产，包括房屋及建筑物、机器、设备、运输设备，以及其他与经营活动有关的设备、工具、器具等。无形资产是指企业长期使用但没有实物形态的资产，包括专利权、商标权、土地使用权、非专利技术、商誉等。递延资产是指不能全部计入当年损益，应在以后年度内分期摊销的各项费用，包括开办费等。预备费是指考虑建设期可能发生的风险因素而导致的建设费用增加的部分。预备费包括基本预备费和涨价预备费。基本预备费是指在初步设计和概算中难以预料而在设计变更及施工过程中可能增加工程量的费用。涨价预备费是对建设工期较长的投资项目，在建设期内可能发生的材料、人工、设备、施工机械等价格上涨，以及费率、利率、汇率等变化，而引起项目投资的增加，需要事先预留的费用。

固定资产包括工程费用和固定资产其他费用两部分。工程费用主要分为设备购置费、安装工程费和建筑工程费。固定资产其他费用指在固定资产建造和购置过程中发生的，不包括在工程费用之中的其他费用，如土地使用费、工程建设项目管理费、临时设施费、环境影响咨询费、劳动安全卫生评价及节能评估费、前期准备费、设计费、工程建设监理费、压力管道监督检测费、特种设备监督检测费、设备采购技术服务费、设备监造费、工程保险费、联合试运转费等。

流动资金是使建设项目生产经营活动正常进行而预先支付并周转使用的资金。流动资金用于购买原材料、燃料动力、备品备件，支付工资和其他费用，以及垫支在制品、半成品和制成品所占用的周转资金。铺底流动资金是项目投产初期所需，为保证项目建成后进行试运转所必需的流动资金，一般按项目建成后所需全部流动资金的30%计算。

估算流动资金的方法有多种，但可大致分为两类。一类是类比估算法，另一类是分项详细估算法。类比估算法是指由于项目的流动资金需要量与项目的产业类别及产业特点有密切的内在联系，所以可以参照同类现有企业的流动资金占销售收入、经营成本、固定资产的比率以及单位产量占用流动资金的数额等，来估算拟建项目的流动资金需要量。属于此类的具体估算方法有多种，如按经营成本估算、按建设投资估算、按销售收入估算、按生产成本估算等，运用时需结合具体项目的情况和特点，选用适宜的估算方法。分项详细估算法是指对建设项目的流动资金金额需要进行比较详细的估算时，可按照流动资产和流动负债各细项的周转天数或年周转次数来估算各细项的流动资金需要量。以上两种方法具体的算法和取值，可参考文末所列参考文献。

表 9.1 是某个中试装置的投资估算表。编制时，按单项给出各个工程费用，再按《石油化工工程建设费用定额》《石油化工工程建设设计概算编制办法》等概算文件规定的费率[7,8]，给出项目投资的其他建设费用。其中石油化工建设工程安全生产费用依据财企〔2012〕16 号的规定。专利及专有技术使用费依据专利提供商的销售价。流动资金项和建设期利息来源于财务报表。

表 9.1　某 500t/a 中试装置投资估算表

序号	工程项目或费用名称	估算价值/万元					占投资/%	含外币金额/万欧元	备注
		设备购置费	安装工程费	建筑工程费	其他费用	合计			
一	建设投资	557.86	198.03	121.80	307.36	1185.05			
（一）	固定资产投资	557.86	198.03	121.80	158.28	1035.97	87.42		
1	工程费用	557.86	198.03	121.80		877.69			
1.1	工艺设备	388.17	19.60			407.77			
1.2	储罐设备	94.67	10.69			105.36			
1.3	工艺管道		56.84			56.84			

序号	工程项目或费用名称	估算价值/万元					占投资/%	含外币金额/万欧元	备注
		设备购置费	安装工程费	建筑工程费	其他费用	合计			
1.4	自控	61.31	28.69			90.00			
1.5	电气	5.70	79.30			85.00			
1.6	土建、钢结构			120.00		120.00			
1.7	工器具及生产家具购置费	8.00				8.00			
1.8	安全生产费		2.93	1.80		4.73			
2	固定资产其他费用				158.28	158.28			
2.1	土地使用费				0.00	0.00			暂不含
2.2	工程建设管理费				39.41	39.41			
2.3	临时设施费				4.39	4.39			
2.4	环境影响咨询费				5.00	5.00			暂估
2.5	劳动安全卫生评价及节能评估费				5.00	5.00			暂估
2.6	前期准备费				0.00	0.00			暂不含
2.7	设计费				60.00	60.00			
2.8	工程建设监理费				7.46	7.46			
2.9	压力管道监督检测费				5.00	5.00			暂估
2.10	特种设备监督检测费				5.00	5.00			暂估
2.11	设备采购技术服务费				12.00	12.00			暂估
2.12	设备监造费				8.00	8.00			暂估
2.13	工程保险费				2.63	2.63			
2.14	联合试运转费				4.39	4.39			
（二）	无形资产				50.00	50.00		4.22	
	专利及专有技术使用费				50.00	50.00			暂不含
（三）	其他资产投资				15.00	15.00		1.27	
	生产人员准备费				15.00	15.00			暂估
（四）	预备费				84.08	84.08		7.09	
	基本预备费				84.08	84.08			
二	建设期投资贷款利息				0.00	0.00	0.00		暂不含
三	流动资金								
1	全额流动资金				0.00	0.00			暂不含
2	铺底流动资金				0.00	0.00	0.00		暂不含
四	项目总投资	557.86	198.03	121.80	307.36	1185.05			
五	报批（上报）项目总投资	557.86	198.03	121.80	307.36	1185.05	100.00		

对于固定资产投资费用的估算，根据估算的目的和研发项目不同的阶段，可以采用不同的估算方法。在立项评审等早期阶段，以及研发过程中对不同技术方案评估时，可以采用单位生产能力指数法、装置能力指数法、费用系数法等比较简单粗略的估算方法，在进行工业化决策和建设项目实施阶段，则可采用编制概算法，做较为详细的测算。采用并行开发方法，概念设计贯穿研发的整个过程并不断完善和细化，因此在进行投资估算时可以有更多的信息支撑，在各个阶段都可以做更为详细准确的投资估算。

下面将分别介绍几种常用的计算方法。

（1）单位生产能力估算法

如果拟建的装置与已建成的装置产品品种和生产工艺基本相同，可从已知装置单位生产能力的投资费用为基础，估算拟建装置的投资额。

其估算公式为：
$$C_2 = C_1(S_2/S_1)$$

式中，C_2 为拟建装置投资额；C_1 为现有装置投资额；S_2 为拟建装置生产能力；S_1 为现有装置生产能力。

若拟建装置的生产能力是已知同类装置的两倍以上或不到其二分之一，这种方法不宜采用。装置位于未开发地区时，其投资费可能比已开发地区多 25%～40%，而在现有厂址基础上扩建，投资额则可能比全部新建少 20%～30%。另外注意不同年份的投资额应按物价变动率做适当的修正。

（2）装置能力指数法

如拟建装置与已知装置的生产工艺相同，可用装置的规模来估算装置投资。

其估算公式为：
$$C_2 = C_1(S_2/S_1)^n$$

式中，C_2 为拟建装置投资额；C_1 为现有装置投资额；S_2 为拟建装置规模；S_1 为现有装置规模；n 称为规模指数，是一个经验数据，一般对于靠增加装置设备尺寸扩大生产能力的，n 取 0.6～0.7，靠增加装置设备数量扩大生产能力的，n 取 0.8～1.0。石油化工项目，通常取 $n=0.6$。同样也不能忽略物价变动的影响。

（3）费用系数法

费用系数法是以方案的设备投资为依据，分别采用不同的系数，估算建筑工程费、安装费、工艺管路费以及其他费用等。

其估算公式为：
$$K_{固} = K_{设备}(1 + R_1 + R_2 + R_3 + R_4) \times 1.15$$

式中，$K_{固}$ 为建设项目固定资产总投资额；$K_{设备}$ 为设备投资额，一般是取各主要设备的现行出厂价之和，然后再乘以与次要设备、备品配件的投资及运杂费相关的附加系数，通常该系数可取为 1.2。设备价格估算可参考中国石油化工集团公司设计概预算技术中心站主办的《工程经济信息》，有不断更新的概算指标相关信息、主材费综合单价信息及非标设备价格信息等。当然，如果进行了设备的初步设计，也可以直接向设备厂家询价。R_1、R_2、R_3、R_4 分别为建筑工程费用系数、安装工程费用系数、工艺管路费用系数以及其他费用系数，分别表示该项费用额相对于设备投资额的比值，1.15 为综合系数。其中建筑工程、安装工程、工艺管路以及其他费用的系数，在不同产品和生产工艺中有比较大的差别，可查阅相关资料或收集分析同类型装置的决算数据来获取。

（4）编制概算法

编制概算法是指根据建设项目的初步设计文件内容、采用概算定额或概算指标、现行费用标准等资料，以单位工程为对象，按编制概算的有关规则和要求，分单项进行工程测算投资，最后汇总形成项目固定资产总投资。编制概算法的计算依据较为详细、准确，是一种较精确的投资测算方法。

9.4 化工项目财务评价

建设项目的财务评价，是从企业的角度考察项目的获利能力、清偿能力、抵抗风险能力、外汇平衡能力，以判别项目在财务上的可行性。

建设项目的财务评价一般分为以下三个步骤：一是汇集整理项目的财务基础数据，包括拟定项目技术方案及其生产规模，估算项目建设投资、生产成本、销售收入和各项税金等；二是编制项目财务基本报表；三是计算与项目有关的评价指标，评价项目的经济效益，并进行不确定性分析。

由于建设项目的财务评价是凭借一套基本报表和辅助报表的编制，采用一系列评价指标来具体进行的，故其内容主要有编制基本报表和计算评价指标两部分。在可行性研究报告中，财务分析报表包括：综合经济指标表，建设期利息估算表，项目总投资和资金筹措表，流动资金估算表，项目资本金现金流量表，原料、燃料及公用工程计算表，总成本费用表，营业收入及税金表，项目投资现金流量表，利润及利润分配表，固定资产折旧估算表，无形资产和其他资产摊销估算表，财务计划现金流量表，借款还本付息计划表，资产负债表和敏感性分析表。

财务评价指标依据这些报表中的数据完成，主要有以下几个方面的指标：

（1）考察投资盈利水平的指标

① 财务内部收益率（FIRR）：是指项目在整个计算期内各年财务净现金流量的现值之和等于零时的折现率，也就是使项目的财务净现值等于零时的折现率。财务内部收益率是反映项目所占用资金的盈利率及考察项目盈利能力的主要动态评价指标。

② 投资回收期（Pt）：也称为投资偿还期或投资返本期，是指技术方案实施后的净收益或净利润抵偿全部投资额所需的时间，一般以年表示。投资回收期是考察项目的财务上的投资回收能力的主要静态评价指标。

③ 财务净现值（FNPV）：是指把项目计算期内各年的财务净现金流量，按照一个给定的标准折现率（基准收益率）折算到建设期初（项目计算期第一年年初）

的现值之和。财务净现值是考察项目在计算期内盈利能力的主要动态评价指标。

④ 总投资收益率（ROI）：又称投资回报率，是指税前年利润总额占投资总额的百分比。它是考察项目单位投资盈利能力的静态指标，总投资收益率高于同行业的收益率参考值，表明用总投资收益率表示的技术方案盈利能力满足要求。

⑤ 资本金净利润率（ROE）：是公司税后利润占净资产的百分比，该指标反映股东权益的收益水平，用以衡量公司运用自有资本的效率。指标值越高，说明投资带来的收益越高。该指标体现了自有资本获得净收益的能力。

表 9.2 是某研发项目工业示范装置综合指标表。

表 9.2　某研发项目工业示范装置综合经济指标表

序号	项目	单位	数额	备注
1	总投资	万元	16494	
1.1	建设投资	万元	14172	
1.2	建设期利息	万元	335	
1.3	流动资金	万元	1987	
2	资本金	万元	4531	
3	销售收入	万元	16053	年均
4	流转税金及附加	万元	957	年均
4.1	增值税	万元	870	年均
4.2	城市维护建设费	万元	61	年均
4.3	教育附加费	万元	26	年均
5	总成本	万元	12189	年均
6	利润总额	万元	2907	年均
7	所得税	万元	727	年均
8	税后利润	万元	2181	年均
9	总投资收益率		19.69%	
10	项目资本金净利润率		48.13%	
11	项目投资回收期Ⅰ（税前）	年	4.80	自建设之日起
12	项目投资内部收益率Ⅰ（税前）		26.31%	
13	项目投资净现值Ⅰ（税前）	万元	11769.93	$i=12\%$
14	项目投资回收期Ⅱ（税后）	年	5.65	自建设之日起
15	项目投资内部收益率Ⅱ（税后）		20.76%	
16	项目投资净现值Ⅱ（税后）	万元	6984.38	$i=12\%$
17	盈亏平衡点		0.00%	正常年份

（2）考察项目偿债能力的指标

这些指标主要是考察项目的财务状况和按期偿还债务的能力，它直接关系到企业面临的财务风险和企业的财务信用程度。偿债能力的大小是企业进行筹资决策的重要依据，主要包括以下指标：

① 资产负债率：是企业负债总额占企业资产总额的百分比。这个指标反映了在企业的全部资产中由债权人提供的资产所占比重的大小，反映了债权人向企业提供信贷资金的风险程度，也反映了企业举债经营的能力。如果资产负债比率达到 100%或超过 100%，说明公司已经没有净资产或资不抵债。

② 固定资产投资国内借款偿还期：它是考察项目偿还贷款本息能力的主要指标。其含义是在国家财政法规和项目的具体财务条件下，以项目投产后可用于还款的资金偿还固定资产投资国内借款本金和建设期利息所需要时间的期限。显然，当借款偿还期满足贷款机构的要求期限时，即认为项目具有清偿能力。

③ 流动比率：是流动资产对流动负债的比率，用来衡量企业流动资产在短期债务到期以前，可以变为现金用于偿还负债的能力。一般说来，比率越高，说明企业资产的变现能力越强，短期偿债能力亦越强。

④ 速动比率：是指速动资产占流动负债的比例。它是衡量企业流动资产中可以立即变现用于偿还流动负债的能力。速动资产包括货币资金、短期投资、应收票据、应收账款及其他应收款，可以在较短时间内变现。而流动资产中存货及 1 年内到期的非流动资产不应计入。

在评价项目经济效益的指标中，有一类不考虑资金时间价值的指标，叫作静态评价指标。利用这类指标对技术方案进行评价，称为静态评价方法。静态评价比较简单、直观、运用方便，但不够准确。静态评价可以应用于立项评审等研发项目早期的阶段，以及研发过程中不同技术方案的评估。

动态评价是指在项目方案的效益和费用进行计算时考虑了资金的时间价值，用复利计算的方式，将不同时点的支出和收益折算为相同时点的价值，从而完全满足时间可比性的原则，能够科学、合理地对不同项目方案进行比较和评价。而且，动态评价中采用的大多数动态评价指标考虑了项目在整个寿命周期内支出与收益的全部情况，使动态评价比静态评价更加科学、全面，评价结论的科学性、准确性及全面性更好。动态评价方法是现代项目经济评价常用的主要方法，可用于研发项目后期的投资决策。

资金的时间价值是指资金随时间变化而引起的资金价值变化，即不同时间发生的等额资金在价值上的差别。图 9.2 为对应于不同收益率 i 的资金等值线图，可以看到，资金收益率越高，资金在未来时间的价值就越高。

财务评价是从项目本身的角度考察项目的盈利能力和偿债能力，但对于一些大型的化工项目还需要进行国民经济评价，从国民经济的角度评价项目是否可行。国民经济评价是指按照资源合理配置的原则，从国民经济整体出发。从宏观角度来分析评价建设项目的经济效益。它是经济评价的一个重要内容，是项目可行性研究的一个重要组成部分，也是对拟建项目投资决策的主要依据。具体可参考相关专著。

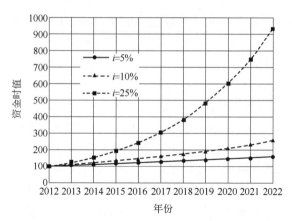

图 9.2　对应于不同收益率 i 的资金等值线图

　　在财务评价工作中，要进行生产成本的估算。生产成本亦称制造成本，是生产单位为生产产品或提供劳务而发生的各项生产费用，包括各项直接支出和制造费用。直接支出包括直接材料（原材料、辅助材料、备品备件、燃料及动力等）、直接工资（生产人员的工资、补贴）、其他直接支出（如福利费）；制造费用是指企业内的分厂、车间为组织和管理生产所发生的各项费用，包括折旧费、维修费和管理费（车间管理人员工资、办公费、差旅费、劳保费等）。如果生产过程中产生副产品，则副产品回收的净收入应从主产品成本中扣除。

　　期间费用是指建设项目在生产经营活动中除生产成本以外的其他支出，包括管理费用、财务费用和销售费用等。管理费用是指企业行政管理部门组织和管理全厂生产经营活动中支出的各项费用，包括企业管理人员的工资及附加费、办公费、职工教育经费、劳动保险费、待业保险费、审计费、排污费、土地使用费、无形资产摊销、开办费摊销、业务招待费、坏账损失、存货亏损以及其他各项管理支出。财务费用是指企业为筹集生产经营所需资金而发生的各项支出，包括贷款的利息支出、汇兑损失、金融机构手续费、调剂外汇手续费，以及为筹集资金而支出的其他财务费用。销售费用是指企业销售产品和促销产品而发生的费用支出，包括运输费、包装费、广告费、保险费、委托代销费、展览费，以及专设销售部门的经费，例如销售部门职工工资、福利费、办公费、修理费等。

　　总成本费用是指建设项目在一定时期（一年）为生产和销售产品而支出的全部成本和费用。总成本费用等于生产成本加期间费用。

　　生产成本计算中的折旧费是指企业在生产经营过程中使用固定资产而使其损耗导致的价值减少。固定资产期初原值与期末残值之差在其使用年限内分摊，即为固定资产折旧。折旧的计算方法根据其主要特点，基本可以分为三种：第一种是平均分摊法，通常称为直线法，是在设备使用年限内分摊设备的价值，适用于项目前期论证阶段；第二种是加速折旧法，其基本思想是在设备使用初期提取的折旧额比后期多，逐年递减。由于递减的方式不同，又有年数总和法、余额递减法以及双倍余额递减法等。以上两种方法计算简便，但都未考虑资金的时间价值。第三种是复利法，它考虑资金的时间价值，有年金法、偿债基金法等。具体的计算方法和折旧年限可参考文末所列参考文献。总地来说，对于生产年限较长的大化工装置，可取较长的折旧年限和采用直线折旧法，对于精细化工等产品市场迭代较快的化工项目，可取较短的折旧年限或采用加速折旧法。对于研发项目科研设备仪器的折旧，也常采用加速折旧法。

大家还会经常接触固定成本和可变成本的概念，这种总成本计算方法叫作要素成本法，也列在这里供大家参考。这种方法把产品成本费用按照与产量变化的关系，分为固定成本和可变成本。

固定成本是指在一定生产规模范围内，总成本费用中不随产品产销量的增减而变化的那部分成本费用，包括计时工资及福利、折旧费、检修费、摊销费用、贷款利息支出和其他费用等。就产品成本的总额而言，固定成本是不随产量变化的，但将该部分成本分摊到单位产品中，则单位产品的固定成本是可变的，并与产品产量成反比。

可变成本是指产品成本费用中随产品产销量变化而变动的成本费用。一般包括构成产品实体的原材料费、燃料及动力费、计件工资及福利费等。催化剂要根据具体情况，计入固定成本或可变成本。可变成本显著的特点是其成本总额与产量的增加或降低成比例变化。但对单位产品而言，这部分成本则与产量多少无关，是固定的。有些成本费用介于固定成本和可变成本之间，称为半可变成本或半固定成本。例如化工生产中的一些催化剂的活性与产品的产量有关，但也与催化剂本身寿命周期有关，从而催化剂的费用不与产量成比例。通常也可以将半可变成本进一步分解为固定成本和可变成本两部分，所以产品总成本费用仍可划分为固定成本和可变成本。

销售收入是产品作为商品售出后所得的收入，销售收入=商品单价×销售量，是衡量生产成果的一项重要指标。在经济评价中，销售收入是根据项目设计的生产能力和估计的市场价格计算的，是一种预测值。

税金是国家依据税法向企业或个人征收的财政资金，用以增加社会积累和对经济活动进行调节，具有强制性、无偿性和固定性的特点。无论是盈利或亏损，都应照章纳税。与项目的技术经济评价有关的税种主要有增值税、城市维护建设税和教育费附加等。增值税是以商品生产流通和劳务服务各个环节的增值因素为征税对象的税种，增值税额=销项税额-进项税额。城市维护建设税目的在于加强城市的维护建设，扩大和稳定城市维护建设资金的来源。对于生产企业，城市维护建设税额=增值税额×城建税率。教育费附加是由税务机关负责征收，同级教育部门统筹安排，同级财政部门监督管理，专门用于发展地方教育事业的预算外资金，教育费附加=增值税额×教育费附加税率。资源税是为调节资源级差收入，促进企业合理开发国家资源，加强经济核算，提高经济效益而开征的一种税，征收对象是涉及资源开发利用的项目，资源税额=资源数量×单位税额。所得税是指国家对法人、自然人和其他经济组织在一定时期内的各种所得征收的一类税收，所得税额=应纳税所得额×所得税率。

利润是反映项目经济效益状况最直接、最重要的一项综合指标。利润以货币单位计量，有多种形式和名称，其中有：

$$毛利润（盈利）=销售收入-总成本费用$$

$$销售利润（税前利润）=毛利润-销售税金$$

$$利润总额（实现利润）=销售利润+营业外收支净额-资源税-其他税及附加$$

$$税后利润（净利润）=利润总额-所得税$$

上述销售税金包括增值税和城市维护建设税，其他税及附加包括调节税、教育费附加等。

9.5 用于研发项目的单位产品成本估算

上一节的财务评价都是以年度为单位、年度产品总额为基础进行计算的，并且需要一套互为关联的报表来计算各项评价指标，计算、掌握和使用都比较复杂耗时。对于研发项目，尤其是研发过程中不同技术方案、技术参数的对比，寻优过程中，以单位产品成本作为评价指标更为简单、快捷、方便。表 9.3 为某研发项目的单位产品成本估算表。

表 9.3　某研发项目单位产品成本估算表

序号	主项	价格/(元/t)	税前价/(元/t)	增值税/(元/t)	质量/kg	总价/元	增值税金额/元
1	主产品销售收入					6500.00	944.44
1.1	乙醇	6500.00	5555.56	944.44	1000.00	6500.00	944.44
2	副产品收入					1770.40	257.24
2.1	甲醇	2400.00	2051.28	348.72	560.41	1344.98	195.42
2.2	乙酸乙酯	5750.00	4914.53	835.47	63.00	362.25	52.63
2.3	硫黄	1130.00	965.81	164.19	4.43	5.01	0.73
2.4	电/(元/kWh)	0.30	0.26	0.04	193880.50	58.16	8.45
3	原材料费用					2065.38	300.10
3.1	原料煤	550.00	470.09	79.91	3369.53	1853.24	269.27
3.2	各种催化剂	100000.00	85470.09	14529.91	1.21	120.91	17.57

续表

序号	主项	价格/(元/t)	税前价/(元/t)	增值税/(元/t)	质量/kg	总价/元	增值税金额/元
3.3	石灰粉	554.00	473.50	80.50	14.17	7.85	1.14
3.4	丙烯	10000.00	8547.01	1452.99	0.31	3.07	0.45
3.5	阻垢剂	5668.00	4844.44	823.56	14.17	80.32	11.67
4	**燃料及动力费**					**967.44**	**138.47**
4.1	燃料煤	550.00	470.09	79.91	1619.20	890.56	129.40
4.2	生活水	2.35	2.08	0.27	320.00	0.75	0.09
4.3	工业水	3.30	2.92	0.38	20751.40	68.48	7.88
4.4	废水排放	4.00	3.42	0.58	1911.30	7.65	1.11
5	**直接工资**					**112.50**	
6	**其他支出费用**					**15.75**	
7	**制造费用**					**1420.21**	
7.1	基本折旧费					851.71	
7.2	维修费					426.00	
7.3	其他费用					142.50	
8	**管理费用**					**85.21**	
9	**财务费用**					**253.14**	
10	**销售费用**					**82.70**	
11	**总成本费用（3+4+5+6+7+8+9+10-2）**					**3231.94**	
12	**毛利润（1-11）**					**3268.06**	
13	增值税					763.11	
14	城市维护建设税					38.16	
15	**销售利润（12-13-14）**					**2466.79**	
16	教育费附加					22.89	
17	资源税					0.00	
18	**利润总额（15-16-17）**					**2443.90**	
19	所得税					610.97	
20	**税后利润（18-19）**					**1832.92**	

　　利用该表计算时，输入条件也可以大为简化，主要有催化剂寿命、用各种方法或参考信息估计的固定资产投资、资本金率、贷款利息率、产品年产量、装置使用年限等，具体见表9.4。

　　表9.3中直接工资包括直接从事生产人员的工资、津贴及奖金等附加费；其他支出主要是福利费，可按直接工资总额14%计取；制造费用中的维修费可按固定资产原值的一定比例（如4%）计取，或者按基本折旧额的一定比例（例如50%）

计取，其他费用可按基本折旧额的一定比例计取或年其他费用取固定资产的 1%再折算到单位产品成本。如固定资产难以估计从而折旧无法计算时，制造费用也可以按照制造费用=(直接材料费+直接工资+其他直接费用)×(15%～20%)来估算。管理费用与企业组织管理形式、水平有关，管理费用=制造费用×(6%～9%)。财务费主要是银行贷款利息，主要由建设贷款和流动资金贷款产生的利息。销售费用=销售收入×(1%～3%)，表 9.3 里取 1%。其他各项税率可参考国家最新规定。

表 9.4　某研发项目单位产品成本估算输入条件

催化剂寿命/h	8000
固定资产投资/亿元	57
资本金率/%	30.0
10 年期贷款利息率/%	7.8
产品年产量/万 t	40
装置使用年限/a	15
建筑、房屋使用年限/a	30

注：折旧费采用年限平均法计算。

9.6　研发项目技术价格评估

技术经济分析也是研发项目进行技术转让或许可时，进行技术价格评估的基础。技术价格评估是指技术作为商品出售时买卖双方所认同的使用价值的估定。

技术资产评估使用的三种方法分别为收益法、成本法和市场法[9-11]。

收益法通过计算未来使用某技术资产可获得的现金流的现值，评估目标技术的价值。预期经济收益是在该技术的寿命期限（或者专利技术和软件技术的有效期限）内该技术每年产生的经济效益的累加和，可以用财务分析里的净现值来体现。

成本法以研发投入为基础，评估技术的价值。研发成本是指在研发活动中投入的人力、物力的总和，一般由三部分组成：直接成本，包括资料费、设计费、原材料费、加工费（含工资）、模具费、设备费、管理费、房租、水电费、税金等；间接成本，包括为推广该技术的展示费、广告费、公关费、培训费、技术服务费等；知识产权成本，包括专利申请费、代理费、年费、计算机软件有关保护费用、纠纷调处费等等。

市场法则利用市场交易产生的价格及其他信息来评估目标技术的价值。使用市场法评估的前提条件是市场活跃、样本易寻、信息充分。

对于技术开发者来说，希望技术转让价格不低于研发成本并和技术受让方分享新技术实施后的经济效益，这种方法称为利润分享率法（LSLP法），按这种方法，技术成果转让价格=技术成果利润分享率×受让方利润。其中利润分享率按国际惯例取值在0.25~0.33之间。依据是"三分说"和"四分说"。"三分说"认为企业因实施该项技术所获收益是由资金、营业能力、技术这三个因素综合形成的，所以技术收益的1/3分享给技术许可方。"四分说"认为企业获利由资金、组织、劳动和技术这四个因素综合形成，技术收益比重为1/4。通常在进行技术成果评估时，将利润分享率控制在15%~30%。

技术价格的确定还受政策、技术、地域、转让方式等各种因素的影响，最终的转让价格是在财务分析基础上考虑各种因素的影响后双方谈判的结果。各种影响因素举例如下：

政策因素：政策因素的取值可参照国内外的经验，一般系数在0~1.4之间选取。对于国家重点鼓励发展的技术，取值应在1~1.4之间。对于国家限制发展的技术，取值应在0~1之间选定。对于违反国家法律、社会公德或者妨害公共利益的技术该值取0，即项目没有价值，直接否决。

技术因素：技术因素的影响主要有以下三方面。第一是技术含量。先进的、开创性的、稀缺的技术价值高。已有技术的改进则价值相对较低。第二是技术的成熟程度。一般说处于创意、研发、中试、工业示范等不同阶段的技术，在转化为工业装置时风险不同，其价值也必然不同。第三是技术的类型和法律状态，也会使其价值不同。

地域因素：当技术转让合同对技术转让实施或产品的销售无地域限制时，系数取1；有限制时，系数取值小于1。

转让方式因素：对于独占许可、独家许可、普通许可等不同的方式，系数取值也会有所不同。独占许可价格相对普通许可就要更高。转让次数越多，转让价格也越低。

对于技术改进类的研发项目，技术价格的确定采用提成率法更为方便，该种方法技术成果转让价格=提成率×产品销售收入。

提成率即提成的比例，是指技术转让方收取的提成费在受让方实施技术所产生的产品的销售收入中所占的百分比。提成率与技术的复杂程度、产品的产销量、销售额、提成年限及利润的高低相关。提成率的确定应考虑到受让方利润分享率。同样，对于技术转让方来说，技术价格的低限是研发成本，高限是受让方的所有利润。最终价格结合各项因素，由双方协商协定。

9.7　本章总结

① 化工技术经济学研究的内容是运用技术经济学的基本原理和方法，结合化

学工业的特点，对化学工业发展中的规划、研发、设计、建设和生产各方面和各阶段进行系统、全面的分析和评价，将化工技术与经济有机地结合和统一，以取得最佳的经济效益。

② 技术先进并不等价于效益良好。单纯追求技术先进忽略经济性等其他因素导致研发项目失败的案例比比皆是。研发项目投入大，不确定性和风险性也大，技术与经济早期结合，在研发的各个阶段进行技术经济分析，是化工并行开发方法的内在要求。

③ 研发项目技术经济分析的作用主要体现在以下几个方面：在研发过程中，配合概念设计，估算产品的成本，从而为研发方向提供指导，并与竞争技术或产品进行对比，明确研发差距；在项目的立项、中试、工业装置投资等各个阶段通过技术经济分析服务于投资决策；在技术转让或许可时，确定新技术的定价。

④ 研发项目的投资估算根据估算的不同目的和研发项目不同的阶段，可以采用不同的估算方法。在立项评审等早期的阶段，以及对研发过程中不同技术方案进行评估时，可以采用单位生产能力指数法、装置能力指数法、费用系数法等比较简单粗略的估算方法；在进行工业化决策和建设项目实施阶段，则可采用编制概算法做较为详细的测算。采用并行开发方法，概念设计贯穿研发的整个过程并不断完善和细化，因此在进行投资估算时可以有更多的信息支撑，在各个阶段都可以做更为详细准确的投资估算。

⑤ 建设项目的财务评价是从企业的角度考察项目的获利能力、清偿能力、抵抗风险能力、外汇平衡能力，以判别项目在财务上的可行性。其内容主要有编制基本报表和计算评价指标两部分。静态评价比较简单、直观、运用方便，但不够准确，可以应用于立项评审等研发项目早期阶段，以及研发过程中不同技术方案的评估。动态评价科学性、准确性及全面性更好。可用于研发项目后期的投资决策。

⑥ 对于研发项目，尤其是研发过程中不同技术方案、技术参数的对比、寻优过程中，以单位产品成本作为评价指标更为简单、快捷、方便。本章提供了一种简洁的计算方法。

⑦ 技术经济分析也是研发项目进行技术转让或许可时，进行技术价格评估的基础。技术价格的低限是研发成本，高限是受让方的所有利润，对于技术开发者来说，希望技术转让价格不低于研发成本并和技术受让方分享新技术实施后的经济效益，最终价格应在此基础上，结合各项影响因素，由双方协商协定。

参考文献

[1] 国家发展改革委 建设部. 建设项目经济评价方法与参数[M]. 3 版. 北京: 中国计划出版社, 2006.

[2] 宋航. 化工技术经济[M]. 3 版. 北京: 化学工业出版社, 2012.

[3] 王光华. 化工技术经济学[M]. 北京: 科学出版社, 2007.

[4] 苏健民. 化工技术经济[M]. 北京: 化学工业出版社, 2014.

[5] 李庆东, 林莉, 李琦. 化工技术经济学[M]. 北京: 中国石油大学出版社, 2019.

[6] 王世娟, 郑根武. 化工项目技术经济分析与评价[M]. 北京: 化学工业出版社, 2010.

[7] 石油化工工程建设费用定额: 中国石化建〔2018〕207 号[Z]. 北京: 中国石油化工集团公司, 2018.

[8] 石油化工工程建设设计概算编制办法: 中国石化建〔2018〕207 号[Z]. 北京: 中国石油化工集团公司, 2018.

[9] 陈炫宇. 国际技术转让中的价格确定问题[J]. 现代经济信息, 2016(3): 136.

[10] 宫乃斌, 王相华. 技术价值和技术转让费的估算公式[J]. 科技进步与对策, 1999(5): 94-95.

[11] 孙裕君. 技术成果转让价格的评估准则、方法与参数[J]. 情报科学, 2003(8): 804-807.